高等院校计算机教材系列

操作系统原理

第2版

孟庆昌 张志华 等编著

机械工业出版社
CHINA MACHINE PRESS

图书在版编目（CIP）数据

操作系统原理 / 孟庆昌，张志华等编著 . —2 版 . —北京：机械工业出版社，2017.8（2024.6 重印）
（高等院校计算机教材系列）

ISBN 978-7-111-58128-4

Ⅰ. 操… Ⅱ. ①孟… ②张… Ⅲ. 操作系统 - 高等学校 - 教材 Ⅳ. TP316

中国版本图书馆 CIP 数据核字（2017）第 243323 号

本书全面而系统地介绍了现代操作系统的基本理论和最新技术，并以 Linux 系统为实例介绍操作系统的设计与实现。全书共分 7 章：第 1 章是操作系统概述；第 2 ～ 6 章分别讲述进程管理、处理机调度、存储管理、文件系统和设备管理；第 7 章简述现代操作系统的发展和安全保护机制。为强化操作系统课程的实践环节，附录 A 给出了 8 个实验指导，附录 B 和 C 分别给出 Linux 常用系统调用、库函数和常用命令，供教师和学生参考。

本书可作为大学本科及专科计算机相关专业教材或考研参考书，也可作为计算机工作者的自学用书。

出版发行：机械工业出版社（北京市西城区百万庄大街 22 号 邮政编码：100037）
责任编辑：佘 洁　　责任校对：殷 虹
印　　刷：固安县铭成印刷有限公司　　版　　次：2024 年 6 月第 2 版第 8 次印刷
开　　本：185mm×260mm 1/16　　印　　张：22
书　　号：ISBN 978-7-111-58128-4　　定　　价：49.00 元

客服电话：（010）88361066 68326294

前　言

本书在修改之前，课程组征询和归纳了使用本教材的部分院校师生的反馈意见，参考硕士研究生入学考试大纲，并结合实际教学中的体会，研讨了操作系统理论、技术和应用的最新发展。在本次修订中，我们力求能够突出理论基本点，讲清技术发展脉络，导入最新知识应用，并专门增加了有关Linux的设计实现技术的内容。近来，"勒索"病毒在网上肆虐，运行Windows系统的机器纷纷中招，在全球造成了重大损失和严重恐慌，然而，在运行Linux系统的机器上并未出现这种灾难。可见，推广、使用和开发Linux系统是正确的选择。

与第1版相比，本次修订进行了一系列重要修改，主要包括以下几个方面：

1）在第1章中，1.1.1节增加了"看待操作系统的进程管理观点"的内容，对操作系统的运行环境做了补充，详细讨论了系统程序和系统调用之间的关系，借助图例进一步阐述了命令行接口和图形用户接口，详细讨论了微内核结构。

2）在第2章中，采用了较规范化的进程定义，详细讨论了进程挂起状态，给出Linux中task_struct结构的简要定义；详细讨论了Linux有关进程操作的命令和系统调用使用示例；更严谨地描述了同步和互斥的含义，对信号量的类型做了界定，改写了"哲学家进餐问题"的算法；增加了"使用信号量的几点提示"内容，以答复实际授课中学生对信号量和P、V操作解决进程同步等问题时的疑惑，这仅是粗浅体会，希望起到"抛砖引玉"的效果；增加了2.8节；修订了对活锁概念的介绍。

3）在第3章中，增加了3.4节，增加了关于"高响应比优先法"的例题。

4）在第4章中，4.1节增加了"用户程序的主要处理过程"方面的内容，将动态重定位的实现过程并入"动态重定位"，补充了"覆盖技术"的相关介绍，添加了空闲分区链的图示；将原4.9节调整为4.5节；增加了4个页面置换算法，即"第二次机会置换法""时钟置换法""最少使用置换法"和"页面缓冲算法"；删除了4.9节中有关"链接中断处理"的内容；增加了4.10.3节。

5）在第5章中，补充了关于"UNIX文件系统的i节点"的内容，增加了5.7.3节。

6）在第6章中，增加了6.1.3节、6.5.2节、6.5.3节，以及补充了6.5.4等的内容。

7）在第7章中，扩充了"嵌入式系统"和"分布式系统"方面的内容；增加了7.2.7节，以适应当前信息技术最热门应用的潮流。

8）各章后面增加了有代表性的习题，附录A中增加了一个实验指导。另外，对书后给出习题参考答案的做法一直存在争议，褒贬不一。此次修订时我们取消了原书附录中的参考答案，意图是提升学生自主思考、分析、解决问题的能力，培养勤信作风，帮助教师了解学生对相关知识的真实掌握情况。为辅助教师备课，我们将另外提供这部分资料。

9）最后，对原书中不妥、不确切、不明了的表述做了修订。

全书共分 7 章：

第 1 章是操作系统概述，主要介绍操作系统的概念、基本功能、主要特征、在计算机系统中的地位，以及操作系统的基本类型及主要结构、UNIX 和 Linux 系统的核心结构。

第 2 章是进程管理，主要介绍进程的概念、进程的状态和组成、进程管理、进程同步与互斥、进程通信、线程和管程、死锁的定义及各种对策。

第 3 章是处理机调度，主要介绍调度的级别、各级调度的功能和模型、调度性能评价标准及常用调度算法、中断处理和系统调用、shell 基本工作原理。

第 4 章是存储管理，主要介绍与地址空间有关的基本概念、分区管理、基本的分页技术和分段技术、虚拟存储器、请求分页和请求分段技术、Linux 中的存储管理技术。

第 5 章是文件系统，主要介绍文件分类、文件系统的功能、文件的逻辑组织和物理组织、文件的目录结构、文件的存储空间管理、文件的可靠性、文件共享和保护、Linux 文件系统。

第 6 章是设备管理，主要介绍设备管理的有关概念和功能、设备分配技术、I/O 软件构造原则、磁盘调度和管理、Linux 系统设备管理。

第 7 章是操作系统的发展和安全性，主要介绍操作系统发展的动力、现代操作系统的发展、系统的安全性、系统性能评价。

书后三个附录分别给出了实验指导、Linux 常用系统调用和库函数、Linux 常用命令。

由于各学校课程设置、学时安排及学生程度等方面存在差异，在应用本书授课时，可以对内容进行适当取舍。下面列出的理论课学时安排建议是我们多年授课的体会，仅供参考。

理论课学时安排（建议）

总学时	课时分配						
	第 1 章	第 2 章	第 3 章	第 4 章	第 5 章	第 6 章	第 7 章
48	4	12	6	12	6	6	2
56	6	14	6	12	7	7	4
64	6	16	6	14	8	8	6

本次修订工作主要由孟庆昌、张志华完成，参与编写、整理、录入工作的还有刘振英、牛欣源、路旭强、孟欣、马鸣远等。

由于编者水平有限，时间仓促，对广大读者的需求尚缺乏广泛深入的了解，书中难免存在不妥甚至错误之处，恳切期望广大读者给予批评指正，并及时反馈用书信息。

作者

2017 年 7 月

于北京信息科技大学

目　　录

第 1 章　操作系统概述

学习内容

你知道你所用的计算机上安装的是什么系统吗？它是怎样启动的？为什么要安装它？它是什么类型的操作系统？有什么功能？操作系统又是什么？……下面就介绍这些内容。

为什么要学习操作系统？因为计算机离不开操作系统，它是计算机系统的基本组成部分，是整个系统的基础和核心。操作系统的性能直接影响各行各业的应用。在当今网络时代，它关乎信息安全、产业发展乃至国家安全。学好操作系统是后继课程的需要，是社会应用的需要，是设计、开发具有自主知识产权国产核心软件的需要。

怎样学习操作系统呢？本书围绕着“操作系统是什么、操作系统干什么、操作系统如何干”等内容逐一讲述操作系统的基本概念、基本理论、基本技术以及 UNIX/Linux 系统的基本知识。

本章主要介绍以下主题：

- 什么是操作系统
- 操作系统的地位和特征
- 操作系统的主要功能
- 操作系统的基本类型
- 操作系统的主要结构
- UNIX 和 Linux 系统的核心结构

学习目标

了解：系统初启一般过程，看待操作系统的观点，操作系统的发展历程，操作系统在计算机系统中的地位，UNIX 和 Linux 系统核心结构。

理解：系统调用与系统程序，操作系统的基本类型，分时概念，分时和实时操作系统的特点，操作系统的特征，操作系统的主要结构。

掌握：多道程序设计，操作系统的定义，操作系统的主要功能。

1.1　操作系统概念

通常，一个完整的计算机系统是由硬件和软件两大部分组成的。硬件是指计算机物理装置本身，它是计算机软件运行的基础。从计算机的外观看，它由主机、显示器、键盘和鼠标等几个部分组成；软件是与计算机系统操作有关的计算机程序、过程、规则以及相关的文档资料的总称。简单地说，软件是计算机执行的程序，如Windows、Microsoft Office Word、Linux以及IE等都属于软件范畴。在所有软件中，操作系统（Operating System）占有特殊的重要地位，它是配置在计算机硬件之上的第一层软件。它控制硬件的工作，管理计算机系统的各种资源，并为系统中各个程序的运行提供服务。众所周知的Windows、Linux都是当前最流行的操作系统。

1.1.1 什么是操作系统

大家几乎天天用到计算机，每次开机后都要启动系统，即引导操作系统。你的机器上或是安装了Windows，或是Linux，等等。它们有许多相同之处，又有众多差别。那么，什么是操作系统呢？

1. 操作系统的定义及其理解

操作系统是一类软件的总称。虽然操作系统已存在很多年，但至今仍没有一个统一的定义。通常情况下，可以这样定义操作系统：

操作系统是控制和管理计算机系统内各种硬件和软件资源、有效地组织多道程序运行的系统软件（或程序集合），是用户与计算机之间的接口。

怎样理解操作系统的定义呢？我们要注意以下几点：

第一，操作系统是软件，而且是系统软件，也就是说，它由一整套程序组成。例如，UNIX系统就是一个很大的程序，它由上千个模块组成，有的模块负责内存分配，有的模块实现CPU管理，还有的完成读文件工作，等等。程序中还使用了大量的表格、队列等数据结构。

第二，它的基本职能是控制和管理系统内各种资源，有效地组织多道程序的运行。想象一下你编写的程序在计算机上执行的大致过程：程序以文件形式存放在磁盘上，运行之前计算机把它调入内存，然后在CPU上运行，产生的结果在屏幕上显示出来。这些工作都由操作系统完成。

第三，它提供众多服务，方便用户使用，扩充硬件功能。例如，用户可以使用操作系统提供的上百条命令或者图形界面完成对文件、输入输出、程序运行等许多方面的控制、管理工作；可以在一台机器上完成多项任务；甚至可以多个人同时使用一台机器。

2. 如何看待操作系统

出现“操作系统难以准确定义”这个问题，一方面由于操作系统实现两项相对独立的功能——扩展机器和管理资源，另一方面取决于从什么角度来看待操作系统——用户观点还是系统观点，以及静态角度还是动态角度。

（1）作为扩展机器的操作系统

裸机（仅有硬件的计算机）提供的机器语言（即“0”“1”码）难记、难用，又难懂。在裸机之上安装操作系统之后，就把硬件细节与程序员隔离开。用户可以使用系统提供的各种命令，直接打开文件、读写文件、更改目录、将文件复制到U盘上，等等。在做这些事情时，我们只关心自己要实现的目标，并未考虑硬件如何动作，从而隐藏了底层硬件的特性，实现简单的、高度抽象的处理。

抽象是管理复杂事物的一个关键。良好的抽象可以把繁杂的、难于管理的任务划分为可以管理的两部分，即有关对象的抽象定义和实现，以及应用这些抽象解决相关问题。可见，操作系统的实际客户是应用程序（当然是通过应用程序员），它们直接与操作系统及其抽象打交道。而终端用户是与用户接口所提供的抽象（如 shell 命令行或图形接口）打交道。

经过操作系统的加工，呈现在用户面前的机器是功能更强、使用更方便的机器。通常在裸机之上覆盖各种软件，从而形成功能更强的机器，称为扩展机器或虚拟机。

这种功能扩展可以重叠。在裸机之上覆盖一层软件后，得到第一层扩展；在此基础上再加一层软件，就得到第二层扩展，以此类推。

（2）作为资源管理器的操作系统

上述把操作系统看作向应用程序提供基本抽象的概念是一种自顶向下的观点。另外一种观点是自底向上的观点，它考察操作系统如何管理一个复杂系统的各个部分。大家知道，现代操作系统允许同时运行多道程序。所以，操作系统的功能就是管理系统中的硬件资源和数据、程序等软件资源，控制、协调各个程序对这些资源的利用，尽可能地充分发挥各种资源的作用。这就涉及资源共享问题，即时间复用（如 CPU 分时）和空间复用（如内存和磁盘的共用）。

因此，作为资源管理者，操作系统主要完成以下工作：

1）监视各种资源，随时记录它们的状态。

2）实施某种策略以决定谁获得资源，何时获得，获得多少。

3）分配资源供需求者使用。

4）回收资源，以便再分配。

总之，操作系统确实是计算机系统的资源管理器。当今看待操作系统作用的众多观点中，这种观点仍占主导地位。

（3）看待操作系统的用户观点和系统观点

从计算机用户的角度来看，操作系统处于用户与计算机硬件系统之间，有助于用户使用计算机系统的接口和各种资源。因此，操作系统应当使用方便、功能强、效率高、使用安全可靠、易于安装和维护，等等，当然价格应该便宜。这些看法反映了普通用户对操作系统的需求和期望，是从系统外部看待操作系统的作用。

另一种观点是系统观点，即从系统内部实现的角度来看待操作系统的作用。操作系统是硬件之上的第一层软件，它要管理计算机系统中各种硬件资源和软件资源的分配问题，如 CPU 时间、内存空间、文件存储空间、I/O 设备，等等，要解决大量对资源请求的冲突问题，决定把资源分配给谁、何时分配、分配多少等，使得资源的利用高效而且公平。这样，操作系统就是资源分配者。

另外，操作系统要对 I/O 设备和用户程序加以控制，保证设备正常工作，防止非法操作，及时诊断设备故障等。从这个意义上讲，操作系统就是控制程序。

（4）看待操作系统的进程管理观点

上述两种观点是从静态的角度看待操作系统的。其实操作系统的内部活动是一个动态过程，很多并发执行的程序要占用系统资源，在活动过程中会直接或间接地产生相互制约的关系，从而引入"进程"概念。简单地说，进程就是程序在并发环境中的执行过程（详见2.1.3节）。进程是有生命周期的，从创建到终止要经历不同过程，处于不同状态；进程是有族系关系的，父进程创建子进程，子进程还可再创建子进程；进程是被调度、独立运行的单位，在其活动过程中会与其他进程发生联系或冲突，等等。用进程观点来研究操作系统就会明白其内部众多"生命体"是如何生存、活动、联系的。

还可以从其他角度来看待操作系统，这里不一一列举。

1.1.2　操作系统运行环境

操作系统是运行在计算机硬件之上的第一层软件，它控制和管理系统内各种硬件与软件资源。操作系统与承载它的计算机硬件之间有着密切联系。下面简要介绍操作系统运行的硬件环境。

1. 现代计算机体系结构

现代计算机体系结构基本上仍沿用Von Neumann（冯·诺依曼）体系结构，采用存储程序工作原理，即：把计算过程描述为由许多条命令按一定顺序组成的程序，然后把程序和所需的数据一起输入计算机存储器中保存起来，工作时控制器执行程序，控制计算机自动连续地进行运算。

大家知道，现代通用计算机系统由CPU、内存和若干I/O设备组成。它们经由系统总线连接在一起，实现彼此通信，如图1-1所示。从功能上讲，计算机系统由五大功能部件组成，即运算器、控制器、存储器、输入设备和输出设备。这五大功能部件相互配合，协同工作。其中，运算器和控制器集成在一片或几片大规模或超大规模集成电路中，称之为中央处理器（CPU）。

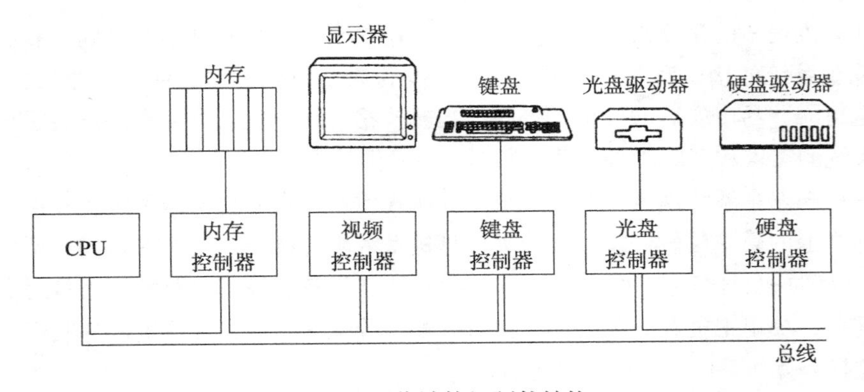

图1-1　现代计算机硬件结构

请注意，图1-1中示出的控制器是设备控制器。每个设备控制器负责对特定类型的设备进行控制和管理，如硬盘控制器用来控制硬盘驱动器，视频控制器用来控制显示器，等等。CPU和设备控制器可以并行工作，它们都要存取内存中的指令或数据。为保障对共享内存的有序存取，内存控制器对这些访问实施同步管理。

2. 与操作系统相关的几种主要寄存器

处理器中包含若干寄存器（因具体型号而异），它们交换数据的速度比内存更快，体积更小，但是价格也比内存单元贵。这些寄存器的功能分为两类：用户可编程寄存器及控制与状态寄存器。应指出，上面对寄存器的分类并不是很明确的，如在有些机器中程序计数器是用户可编程的，而在多数机器上是不允许的。所以，在不同的系统中，这些寄存器的功能和作用不尽相同。

（1）用户可编程寄存器

程序员可以利用机器语言或汇编语言来对用户可编程寄存器进行操作，以减少对内存的访问。程序员也可以使用像C语言这样的高级语言对它们进行操作（如指定某些变量的类型为register）。典型的用户可编程寄存器包括数据寄存器（data register）、地址寄存器（address register）、条件码寄存器（condition code register）。

数据寄存器又称通用寄存器，用来保存关键变量和中间结果。本质上是通用的，凡对数据进行操作的任何机器指令都可以访问它们。但在实际使用时往往受到限制，如指定它们仅用于浮点运算等。

地址寄存器一般用来存放数据和指令的内存地址或者计算完整地址时所用的入口地址。地址寄存器也往往用于特定的寻址方式，如作为索引寄存器、段指针、堆栈指针等。

条件码寄存器也称作标志寄存器，处理器硬件依据运算结果设置其二进制位，如算术运算的结果可能为正、为负、等于0或者溢出。不管运算结果本身是存放在一个寄存器中还是内存中，都要设置条件码寄存器。随后测试它的值，决定运行程序的哪个分支。

（2）控制与状态寄存器

控制与状态寄存器可被处理器用来控制自身的操作，或者被有特权的操作系统例程用来控制相关程序的执行。处理器中有很多控制与状态寄存器，用来控制处理器的操作。它们往往是专用的。当然，在不同的机器上它们是有差异的。

最主要的控制与状态寄存器包括程序计数器（Program Counter，PC）、指令寄存器（Instruction Register，IR）、程序状态字（Program Status Word，PSW）寄存器。程序计数器中存放有要取出的指令的内存地址，在指令取出后，它就指向下一条；指令寄存器中存放有待执行的指令；程序状态字寄存器包含条件码位、CPU优先级、运行模式（用户态或核心态），以及各种其他控制位。在系统调用和I/O中，PSW的作用很重要。

所有的处理器都有若干寄存器，它们与操作系统有着非常直接和密切的关系，操作系统必须知晓所有的寄存器。

3. 特权指令和 CPU 运行模式

指令是控制计算机执行某种操作（如加、减、传送、转移等）的命令。一台计算机所能执行的全部指令的集合称作指令系统或指令集。不同型号的 CPU 有不同的指令集，也就是说，指令集与计算机系统密切相关，没有可移植性。

（1）特权指令

特权指令是指计算机指令集中一类具有特殊权限的指令，它们只用于操作系统或其他系统软件，一般普通用户不能直接使用。它主要用于系统资源的分配和管理，包括改变系统工作方式，检测用户的访问权限，控制 I/O 设备动作，访问程序状态，修改虚拟存储器管理的段表、页表，完成任务的创建和切换，等等。普通用户能使用的指令是非特权指令，它们是指令集中除特权指令之外的指令，如算术运算指令、访管指令等。

（2）CPU 运行模式

为了使操作系统程序（特别是其内核部分）免受用户程序的干扰和损害，在多数 CPU 的设计中都提供两种运行模式：核心态（Kernel Mode，又称内核态、系统态、管态）和用户态（User Mode，又称目态）。

核心态指特权状态，是操作系统内核所运行的模式。此时，CPU 具有较高的权限，可以执行机器指令集中的全部指令，包括特权指令。这样，在核心态下，操作系统就具有对所有硬件的完全访问权，其代码可以不受限制地对系统存储、外部设备进行访问，从而实施有效地控制和管理。

用户态指非特权状态，是普通用户程序所运行的模式。当用户程序在机器上运行时，CPU 处于用户态，其权限较低，只能执行非特权指令，即执行的代码被硬件限定，不能进行某些操作（如写入其他进程的存储空间）。

在特定条件下，这两种模式可以相互转换：在用户程序运行过程中，当发生中断或者系统调用时，CPU 状态就转为核心态，这样就可以执行操作系统的程序了。而当中断或者系统调用的事件处理完成后，通常就转回用户态，以便继续完成用户的任务。

4. 中断和异常

现代计算机系统的一个重要特性就是允许多个进程同时在系统中活动，即并发。实施并发的基础是由硬件和软件结合而成的中断机制。中断对于操作系统非常重要，许多人称操作系统是由“中断驱动”的。

所谓中断是指 CPU 对系统发生的某个事件做出的一种反应，它使 CPU 暂停正在执行的程序，保留现场后自动执行相应的处理程序，处理该事件后，如被中断进程的优先级最高，则返回断点继续执行被“中断”的程序。

按中断事件来源，中断分为两类：

1）中断。它是由 CPU 以外的事件引起的，如 I/O 中断、时钟中断、控制台中断等。

2）异常（Exception）。它是来自 CPU 内部的事件或程序执行中的事件引起的过程，如 CPU 故障、程序故障等。

有关这部分的详细内容，请参见 3.9 节。

1.1.3 系统初启一般过程

当打开计算机电源以后，计算机就开始初启过程，即引导操作系统。系统初启过程的细节与所用计算机的体系结构有关，但对所有机器来说，初启的目的是相同的：将操作系统的副本读入内存，建立正常的运行环境。对于 Intel i386 系列来说，初启过程分为硬件检测、加载引导程序、初始化内核和实现用户登录。

1. 硬件检测

当计算机加电启动时，首先 CPU 进入实模式，开始执行 ROM-BIOS 起始位置的代码。BIOS 执行加电自检程序（POST），完成硬件启动，然后对系统中配置的硬件（如内存、硬盘及其他设备）进行诊断检测，确认各自在系统中存在，并且处于正常状态。自检工作要经历约 2 ～ 3 分钟。自检完成后，按照预先在系统 CMOS 中设置的启动顺序，ROM-BIOS 搜索 CD-ROM、硬盘或者软盘等设备的驱动器，读入系统引导区（通常是磁盘上的第一个扇区）的程序，并将系统控制权交给引导装入程序。

2. 加载引导程序

整个磁盘的第一个扇区是引导扇区。加电后就从此处“引导”，所以它称为“主引导记录”（MBR）。MBR 中存有磁盘分区的数据和一段简短的程序，该程序并不直接引导操作系统，但它能根据盘区划分的信息找到“活动”分区，然后从活动分区中将引导程序读入内存；运行系统引导程序，它从硬盘中读入其他几个更为复杂的程序，由后者加载操作系统的内核。

内核加载完毕后，系统跳转到 setup 程序，并在实模式下运行，该程序设置系统参数（包括内存、磁盘等，由 BIOS 返回）、检测和设置显示器与显示模式等。最后进入保护模式，并转到内核映像的开头，执行内核初始化。

3. 初始化内核

系统初始化过程可以分为三个阶段。

第一个阶段主要是 CPU 本身初始化，如设置内核页表、启动页面映射机制、建立系统的第一个进程、初始化内核的全局变量和静态变量、设置中断向量表的初始状态等。

第二个阶段主要是系统中一些基础设施的初始化，如设置内存边界、初始化内存页面、设置各种处理程序入口地址、定义系统中最大进程数目、创建 init 内核线程等。

第三个阶段是对上层部分初始化，如初始化外部设备、加载驱动程序、创建核心线程、初始化文件系统并加载它等。

内核初始化工作完成后，就由初始化进程完成系统运行的设置工作，如设置操作系统启动时默认的执行级别、激活交换分区、检查磁盘、建立用户工作环境、显示登录界面及提示信息等。

4. 实现用户登录

在用户态初始化阶段，init 程序在每个 tty 端口上创建一个进程 login，用来支持用户登录。login进程接收用户输入的账号和密码，予以验证。合法用户通过验证后就可以进入系统，使用shell交互地执行用户命令，或者在桌面环境上操作。

1.1.4　操作系统的构建目标和地位

1. 操作系统的构建目标

操作系统是控制应用程序执行的程序，扮演计算机用户和计算机硬件之间的接口。设计操作系统时人们可以提出形形色色的要求，归纳起来，构建操作系统的目标主要有以下几点。

（1）高效性

计算机系统中的所有软硬件资源都在操作系统的统一控制、管理下，通过合理的调度和分派，这些资源得到有效的利用，从而在有限的时间内完成更多的任务。

（2）方便性

操作系统通过对外提供的接口，大大方便了用户的使用。例如，程序员可以在程序中利用系统调用直接对磁盘上的文件进行读写，终端用户可以通过输入命令或者点击鼠标来操纵计算机的动作。

（3）安全性

当今社会处于信息时代，人们把大量的信息存放在计算机系统中，特别是随着网络技术的普及与应用，这既为信息交流带来了极大的方便，又产生了日趋严重的信息安全问题。操作系统应保护信息不被未授权人员访问。

（4）鲁棒性

鲁棒性（robustness）就是系统的强健性。众所周知，使用计算机的用户形形色色，在利用操作系统时会出现各种情况，如输入错误、磁盘故障、网络过载或有意攻击等，操作系统应在这些情况下做到不死机、不崩溃，这就是操作系统的鲁棒性。

（5）移植性

计算机硬件平台千差万别，而操作系统的开发环境是有限的。当操作系统从一种硬件平台移植到另一种平台时，所做的修改应尽量少，而且要容易实施。

2. 操作系统的地位

如上所述，计算机系统是由硬件和软件组成的。软件“裹”在硬件之上。硬件是软件建立与活动的基础，而软件对硬件进行管理和功能扩充。没有硬件，就失去了计算机系统的物理基础，软件也就无法存在。反过来，若只有硬件而没有软件，则硬件就失去了“灵魂”，很难使用，没有活力，也就没有多大应用价值。硬件与软件有机地结合在一起，相辅相成，才使得计算机技术飞速发展，并在当今信息时代占据举足轻重的地位。

（1）软件分类

按照所起的作用和需要的运行环境，软件通常可分为三大类，即系统软件、应用软件和支撑软件。

系统软件包括操作系统（如 Windows、Linux 等），编译程序（如 C/C++、Java 语言编译程序等），汇编程序（如 Intel 8080、8086 汇编语言等），连接装配程序（如 Loader）、数据库管理系统（如 SQL Server、Oracle 等），网络软件（如 IE、NetMeter、瑞星杀毒软件）等，这些软件对计算机系统的资源进行控制、管理，并为用户的使用和其他程序的运行提供服务。它们为计算机应用提供最基本的功能和共性服务，并不针对某一特定应用领域。

应用软件是为解决某一类应用需要或某个特定问题而设计的程序，包括图形软件（如 Photoshop、Flash 等），财务软件（如用友、金蝶等财务软件），软件包（如 All-in-One、RPM）等。与系统软件恰好相反，不同的应用软件根据用户和所服务的领域提供不同的功能。这是范围很广的一类软件。

支撑软件是辅助软件技术人员从事软件开发工作的软件，包括各种开发工具（如 JBuilder、Eclipse 等），测试工具（如 IBM Rational Robot、Microsoft Web Application Stress Tool 等）等，所以又称为工具软件，借以提高软件生产率，改善软件产品质量。

（2）操作系统的地位

计算机系统中硬件和软件以及各类软件之间是按层次结构组织的，如图 1-2 所示。

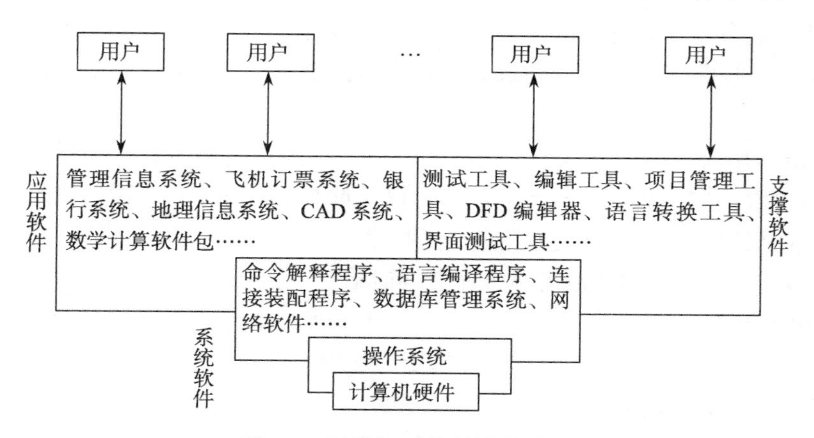

图 1-2 计算机系统的层次关系

由图 1-2 可以看出，操作系统是裸机之上的第一层软件，与硬件关系尤为密切。它不但对硬件资源直接实施控制、管理，而且其很多功能的完成是与硬件动作配合实现的，如中断系统。操作系统的运行需要有良好的硬件环境。这种硬件配置环境往往称作硬件平台。

操作系统是整个计算机系统的控制管理中心，其他所有软件都建立在操作系统之上。操作系统对它们既具有支配权力，又为其运行建造必备环境。因此，在裸机之上每加一层软件后，用户看到的就是一台功能更强的机器，通常把经过软件扩充功能后的机器称为“虚拟机”。在裸机上安装了操作系统后，就为其他软件和用户提供了工作环境，往往把这种工作环境称作软件平台。

1.1.5 操作系统提供的服务及其方式

1. 操作系统提供的服务

操作系统为运行用户程序提供一种环境，同时也为程序和用户提供众多服务。当然，各个操作系统所提供的服务并不完全相同，但有些是相同的。通常，操作系统提供的主要服务包括以下几个方面：

1）用户接口。几乎所有的操作系统都提供用户接口（User Interface，UI）。详见下节。

2）程序执行。用户需要执行程序时，系统必须先把它们装入内存；当程序正常完成或发生意外事故而无法运行下去时，必须终止程序的执行。

3）I/O 操作。正在运行的程序往往需要进行输入和输出，包括文件读写和 I/O 驱动。专用设备需要专门的程序（如倒带驱动、打印机驱动，等等）。

4）文件系统管理。为用户的程序和数据建立文件后，才能把它们保存在系统中，以后可以按名字对它们进行读写操作；当它们无存在必要时，可以利用名字予以删除，等等。

5）出错检测。操作系统需要经常了解可能出现的错误。错误来源是多方面的，既可能存在于 CPU 和内存硬件中（如内存出错或掉电），也可能发生在 I/O 设备上（如磁带机的奇偶错、软盘划盘或打印机脱纸），还可能由于用户程序有错（如算术溢出、地址异常或占用 CPU 时间过长），操作系统对每类错误都要检测到并采取相应措施，保证计算的一致性。

6）通信。在很多情况下，一个进程要与另一个进程交换信息。进程间交换信息的方式主要有两种：同一台计算机上的进程可以通过共享内存实现，而通过计算机网络连在一起的不同机器上的进程可利用消息传送技术。

7）资源分配。多个用户或者多道作业同时运行时，每一个都必须分得相应的资源。系统中各类资源都由操作系统统一管理，像 CPU 调度、内存分配、文件存储等都有专门的分配程序，而其他资源（如 I/O 设备）有更为通用的申请和释放程序。

8）统计。系统管理员往往需要了解各个用户对系统资源的使用情况，如使用什么类型的资源、使用的数量等，以便了解系统状况、优化系统性能，或者只是简单地对使用情况进行统计等。操作系统要随时统计系统资源的使用情况。

9）保护。在多用户计算机系统中，文件主能对所创建的文件进行控制使用，并且规定其他用户对它的存取权限。此外，当多个不相关进程同时执行时，一个进程不得干扰另一个进程。在多道程序运行环境中，各种资源的需求经常发生冲突，为此，操作系统必须进行调节和合理的调度。

即使从用户角度来看，系统安全问题也是非常重要的。只有合法的用户（通过密码验证）才能进入系统，存取被授权使用的资源。网络用户也必须经过身份验证才能登录上网。

2. 操作系统的服务方式

操作系统对外提供的服务可以通过不同的方式实现，其中两种基本的服务方式就是系统调用和系统程序。这也是操作系统提供给用户的两种接口。

（1）系统调用

如上所述，系统调用是操作系统提供的、与用户程序之间的接口，也就是操作系统提供给程序员的接口。它一般位于操作系统核心的最高层。当 CPU 执行到用户程序中的系统调用（如使用 read() 从文件中读取数据）时，处理机的状态就从用户态变为核心态，从而进入操作系统内部，执行它的有关代码，实现操作系统对外的服务。当系统调用完成后，控制权返回用户程序。

虽然从感觉上系统调用类似于过程调用，都由程序代码构成，使用方式相同——调用时传送参数。但两者有实质差别：过程调用只能在用户态下运行，不能进入核心态；而系统调用可以实现从用户态到核心态的转变。

不同操作系统所提供的系统调用的数量和类型是不一样的，但基本概念是类似的。系统调用通常是作为汇编语言指令来使用的，往往在程序员所用的各种手册中列出。然而，有些系统中直接用高级程序设计语言（如 C、C++ 和 Perl 语言）来编制系统调用。在这种情况下，系统调用就以函数调用的形式出现，且一般都遵循 POSIX 国际标准，如在 UNIX、BSD、Linux、MINIX 等现代操作系统中都提供用 C 语言编制的系统调用。当然，在细节上它们还有些差异。

系统调用可大致分为 5 个类别：进程控制、文件管理、设备管理、信息维护和通信。

（2）系统程序

在现代计算机系统中，都有系统程序包（又称库函数），其中含有系统提供的大量程序。它们解决共性问题，并为程序的开发和执行提供更方便的环境。尽管它们很重要，也很有用，但它们确实不是操作系统核心的组成部分。一些系统程序只是简化了用户与系统调用的接口，而另一些要复杂得多。系统程序要获得操作系统的服务也要通过系统调用这个接口。系统程序和系统调用之间的关系如图 1-3 所示。

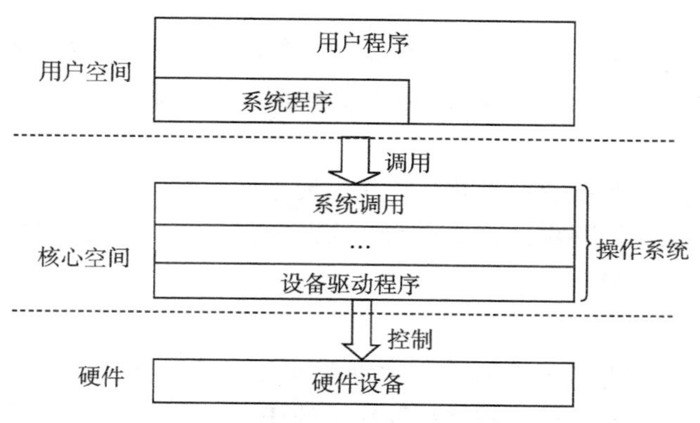

图 1-3　系统程序与系统调用之间的关系

系统程序可以分为 6 大类：文件管理、状态信息、文件修改、程序设计语言的支持、程序装入和执行、通信。

很多操作系统都提供解决共性问题或执行公共操作的程序，通常称作系统实用程序或应用程序，如 Web 浏览器、字处理程序、文本格式化程序、电子表格、绘图和统计分析软件包，以及游戏等。

对操作系统来说，最重要的系统程序就是命令解释程序。它的主要功能是接收用户输入的命令，然后予以解释并且执行。在 UNIX 系统中，通常将命令解释程序称作 shell。虽然它不是操作系统核心的组成部分，但它体现许多操作系统的特性，并且很好地说明如何使用系统调用。shell 也是终端用户与操作系统之间的一种界面（另一种界面是图形用户界面）。实现命令的常见方式有内置方式（命令代码就在 shell 内部）和外置方式（命令以单独文件形式存放在磁盘上）两种。

大多数用户看待操作系统是说它的命令如何，而不是说它的实际系统调用怎样。从这种意义上讲，系统程序是对系统调用的功能集成和应用简化。

1.2 操作系统的功能

我们知道，仅由硬件组成的计算机通常统称为裸机。一台裸机即使有很强的功能，有上亿次的运算速度，但是如果没有安装操作系统，用户几乎就无法使用它。有了操作系统这个最基本的系统软件，它就能把计算机系统中的各种资源管理得井井有条，并且提供友好的人机界面，现在大家使用计算机已经是一件轻松愉快的事情了。下面介绍操作系统应具备的五大基本功能，即存储管理、进程和处理机管理、文件管理、设备管理、用户接口。

1. 存储管理

用户程序在运行之前都要装入内存。内存就是所有运行程序共享的资源。存储管理的主要功能包括：内存分配、地址映射、内存保护和内存扩充。

（1）内存分配

内存分配的主要任务是为每道程序分配一定的内存空间。为此，操作系统必须记录整个内存的使用情况，处理用户提出的申请，按照某种策略实施分配，接收系统或用户释放的内存空间。

由于内存是宝贵的系统资源，并且往往出现这种情况：用户程序和数据对内存的需求量总和大于实际内存可提供的使用空间。为此，在制定分配策略时应考虑到提高内存的利用率，减少内存浪费。

（2）地址映射

我们在编写程序时并不考虑程序和数据要放在内存的什么位置，程序中设置变量、数组和函数等只是为了实现这个程序所要完成的任务。源程序经过编译之后，会形成若干个目标程序，各自的起始地址都是“0”（但它并不是实际内存的开头地址！），各程序中用到的其他地址都分别相对起始地址计算。这样一来，在多道程序环境下，用户程序中所涉及的相对地址与装入内存后实际占用的物理地址就不一样。CPU 执行用户程序时，要从内存中取出指令或数据，为此就必须把所用的相对地址（或称逻辑地址）转换成内存的物理地址。为了保证 CPU 执行指令时可正确访问内存单元，需将用户程序中的逻辑地址转换为运行时由机器直接寻址的物理地址，这一过程称为**地址映射**。当然，操作系统实施地址映射时需要有硬件支持。

（3）内存保护

不同用户的程序都放在内存中，就必须保证它们在各自的内存空间中活动，不能相互干扰，更不能侵犯操作系统的空间，为此就必须建立内存保护机制。例如，设置两个界限寄存器，分别存放正在执行的程序在内存中的上界地址值和下界地址值。当程序运行时，所产生的每个访问内存的地址都要作合法性检查，也就是说，该地址必须大于或等于下界寄存器的值，并且小于上界寄存器的值。如果地址不在此范围内，则属于地址越界，产生中断并进行相应处理。另外，还要允许不同用户程序共享一些系统的或用户的程序。

（4）内存扩充

一个系统中的内存容量是有限的，不能随意扩充其大小，而用户程序对内存的需求越来越大，很难完全满足用户的要求。这样就出现各用户对内存“求大于供”的局面。怎么办？物理上扩充内存不妥，就采取逻辑上扩充内存的办法，这就是虚拟存储技术。简单来说，就是把一个程序当前正在使用的部分（不是全体）放在内存中，而其余部分放在磁盘上，在这种“程序部分装入内存”的情况下启动并执行它。以后根据程序执行时的要求和内存当时使用的情况，随机地将所需部分调入内存；必要时还要把已分配出去的内存回收，供其他程序使用（即内存置换）。

2. 进程和处理机管理

计算机系统中最重要的资源之一是 CPU，所有的用户程序和系统程序都必须在 CPU 上运行，对它管理的优劣直接影响整个系统的性能。进程和处理机管理的功能包括：作业和进程调度、进程控制、进程同步和进程通信。

（1）作业和进程调度

简言之，用户的计算任务称为作业（详见 1.4.2 节）；程序的执行过程称作进程，它是分配和运行处理机的基本单位。一个作业通常要经过两级调度才得以在 CPU 上执行。首先是作业调度，它把选中的一批作业放入内存，并分配其他必要资源，为这些作业建立相应的进程。然后进程调度按一定的算法从就绪进程中选出一个合适进程，使之在 CPU 上运行。

（2）进程控制

进程是系统中活动的实体，它有其生命周期。进程控制包括创建进程、撤销进程、封锁进程、唤醒进程等。

（3）进程同步

多个进程在活动过程中彼此间会发生相互依赖或者相互制约的关系，为保证系统中所有进程都能正常活动，就必须设置进程同步机制，它分为同步方式和互斥方式。

（4）进程通信

相互合作的进程之间往往需要交换信息，为此系统要提供通信机制。

3. 文件管理

在计算机上工作时，经常要建立文件、打开文件、对文件读/写等。所以，操作系统中文件管理功能应包括：文件存储空间的管理、文件操作的一般管理、目录管理、文件的读写管理和存取控制。

（1）文件存储空间的管理

系统文件和用户文件都要放在磁盘上，为此需要由文件系统对所有文件以及文件的存储空间进行统一管理：为新文件分配必要的外存空间，回收释放的文件空间，提高外存的利用率。

（2）文件操作的一般管理

包括文件的创建、删除、打开、关闭等。

（3）目录管理

目录管理包括目录文件的组织、实现用户对文件的“按名存取”，以及目录的快速查询和文件共享等。

（4）文件的读写管理和存取控制

根据用户的请求，从外存中读取数据或者将数据写入外存中。为保证文件信息的安全性，防止未授权用户的存取或破坏，应对各文件（包括目录文件）进行存取控制。

4. 设备管理

只要使用计算机，就离不开设备，如用键盘输入数据、用鼠标操作窗口、在打印机上输出结果等。设备的分配和驱动由操作系统负责，即设备管理的主要功能包括缓冲区管理、设备分配、设备驱动和设备无关性。

（1）缓冲区管理

缓冲区管理的目的是解决 CPU 和外设速度不匹配的矛盾，从而使它们能充分并行工作，提高各自的利用率。

（2）设备分配

根据用户的 I/O 请求和相应的分配策略，为该用户分配外部设备以及通道、控制器等。

（3）设备驱动

实现 CPU 与通道和外设之间的通信。由 CPU 向通道发出 I/O 指令，后者驱动相应设备进行 I/O 操作。当 I/O 任务完成后，通道向 CPU 发中断信号，由相应的中断处理程序进行处理。

（4）设备无关性

设备无关性又称设备独立性，即用户编写的程序与实际使用的物理设备无关，由操作系统把用户程序中使用的逻辑设备映射到物理设备。在很多系统中将设备抽象成特殊文件，按普通文件使用方式统一管理。

5. 用户接口

用户上机操作时直接用到操作系统提供的用户接口。操作系统对外提供多种服务，使得用户可以方便、有效地使用计算机硬件和运行自己的程序。现代操作系统通常向用户提供如下三种类型的接口。图 1-4 示出三种接口在系统中的位置。

（1）程序接口

顾名思义，程序接口是程序一级的接口，也称系统调用或者广义指令，它们是操作系统内核与用户程序、应用程序之间的接口，它位于操作系统内核的最高层，并且只能在核心态下执行。在 UNIX/Linux 系统中，系统调用以 C 函数的形式出现。例如：

```
#include <sys/types.h>
#include <sys/stat.h>
#include <fcntl.h>
…
fd=open("file.c",2);
```

其中，open 是系统调用名字，其功能是根据模式值 2（允许读、写）打开文件 file.c。

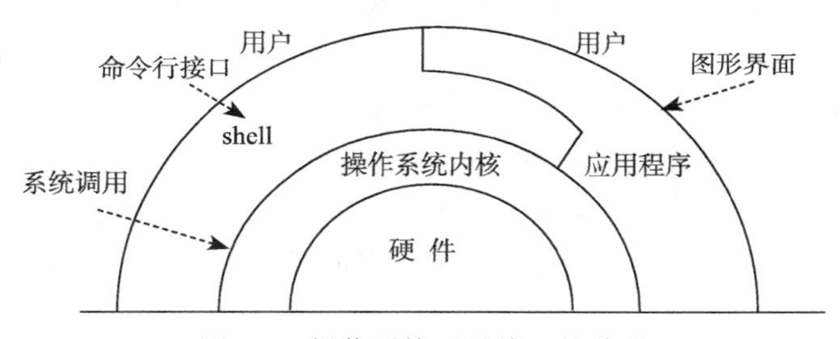

图 1-4　操作系统三种接口的关系

所有内核之外的程序都必须经由系统调用才能获得操作系统内核的服务。系统调用只能在程序中使用，不能直接作为命令在终端上输入和执行。由于系统调用能够改变处理机的执行状态——从用户态变为核心态，直接进入内核执行，所以其执行效率很高。用户在自己的程序中可以使用系统调用，从而获取系统提供的众多基层服务。

（2）命令行接口

这是操作系统与用户的交互界面。在 UNIX/Linux 系统中，称其为 shell。例如，在 Linux 系统中，用户输入如下命令行：

```
$ date
```

在屏幕上会显示系统当前的日期和时间。如图 1-5 所示。其中，“$”是系统提示符（由字符“$”和一个空格组成）。用户可以修改提示符（如图中第 1 行命令所示）。

在提示符之后用户从键盘上输入命令，命令解释程序接收并解释这些命令，然后把它们传递给操作系统内部的程序，执行相应的功能。这些命令及其解释程序都在用户态下运行，需要操作系统内核提供服务，最起码是接收来自键盘的输入数据、在屏幕上显示执行结果。为此，实现各命令的程序代码中要使用相应的系统调用。

```
mengqc@localhost:~
File  Edit  View  Terminal  Tabs  Help
[mengqc@localhost ~]$ PS1='$ '
$ date
Sat Jan 21 23:09:56 PST 2017
$ ls
Desktop  Mail  program  shell
$ who
mengqc   pts/0        2017-01-21 23:08
mengqc   pts/1        2017-01-21 23:09
$ cal 5 2017
      May 2017
Su Mo Tu We Th Fr Sa
    1  2  3  4  5  6
 7  8  9 10 11 12 13
14 15 16 17 18 19 20
21 22 23 24 25 26 27
28 29 30 31

$ 
```

图 1-5　命令行接口

（3）图形用户接口（GUI）

图形用户接口通常称作图形用户界面（简称图形界面）。用户利用鼠标、窗口、菜单、图标等图形界面工具，可以直观、方便、有效地使用系统服务和各种应用程序及实用工具，如图 1-6 所示。

图形界面可以让用户以三种方式与计算机交互作用：

- 通过形象化的图标浏览系统状况。
- 用鼠标点击方式直接操纵屏幕上的图标，从而发出控制命令。
- 提供与图形系统相关的视窗环境，使用户可以从多个视窗观察系统，能同时完成几个任务。

严格地讲，在以上三种接口中，只有系统调用属于操作系统核心的组成部分，其余二者是核外的用户接口程序。操作系统代码只能在核心态下运行，而核外的用户接口程序在用户态下运行；在应用计算机时，用户不能绕过操作系统来执行自己的程序，但是可以不通过命令行接口或图形接口；与核外应用程序相比，操作系统是规模更大、更复杂和“寿命”更长的程序，它很难编写，会在长时间内进行演化。

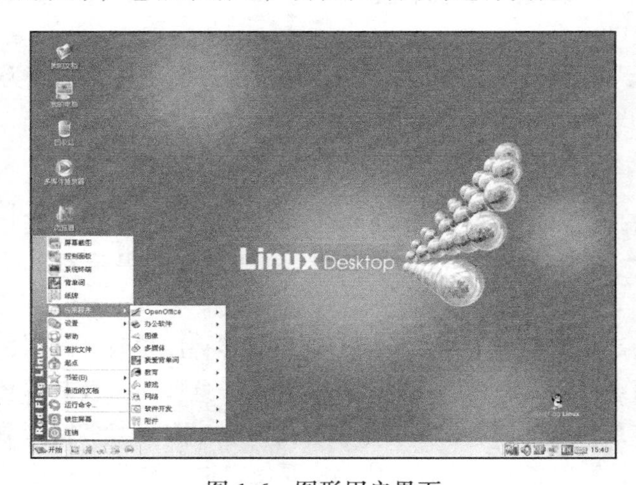

图 1-6　图形用户界面

1.3 操作系统的特征

世间一切事物都有个性，一类事物又有共性。操作系统作为一类系统软件也有其基本特征，这就是：并发、共享、异步性和抽象性。

1）**并发**。并发性是指两个或多个活动在同一给定的时间间隔中进行。这是一个宏观上的概念。在操作系统的统一管理下，系统内存中有许多道程序。在单 CPU 的环境下，任何时刻（微观上）至多只能有一道程序真正在 CPU 上执行；而从一段时间（宏观上）看，这些程序交替地运行，都向前推进了，即得到执行了。为此，操作系统必须具备控制和管理各种并发活动的能力，建立活动实体，并且分配必要的资源。（*注意：真正实现并发活动的实体是进程，不是程序本身。详见第 2 章。*）

2）**共享**。共享是指计算机系统中的资源被多个任务所共用。例如，多个计算任务同时占用内存，从而对内存共享；它们并发执行时对 CPU 进行共享；各个程序在执行过程中会提出对文件的读写请求，从而对磁盘进行共享。此外，对系统中的设备以及数据等也要共享。

不同用户会在同一操作系统上工作，这样，操作系统的模块就是共享的资源。为保证用户环境的一致性，被共享的程序必须是纯码（pure code），也称为可再入代码（reentry code）。所谓纯码是指在执行过程中，本身不作任何变化的代码，通常是由指令和常数组成的。由于纯码共享是安全的，所以在操作系统和系统软件的设计中普遍采用纯码编制程序。

3）**异步性**。在多道程序环境下，各程序的执行过程有着“走走停停”的性质，每道程序要完成自己的事情，但又要与其他程序共享系统中的资源。这样，它什么时候得以执行、在执行过程中是否被其他事情打断（如 I/O 中断）、向前推进的速度是快还是慢等都是不可预知的，由程序执行时的现场所决定。另外，同一程序在相同的初始数据下，无论何时运行都应获得同样的结果。这是操作系统所具有的异步性。

4）**抽象性**。抽象是把复杂事情简单化的有效方式。好的抽象可以把一个难以管理的繁杂任务划分为两个可管理的部分：一个是有关抽象的定义和实现，另一个是利用这些抽象解决问题。操作系统管理系统中所有的硬件和软件资源，在实施过程中对它们进行了高度抽象化，如 CPU 到进程的抽象、物理内存到地址空间（虚拟内存）的抽象以及磁盘到文件的抽象等。程序员可以方便地利用操作系统提供的系统调用对文件进行读、写、增、删等操作，而不必考虑它们的类型、存放在何处、如何进行 I/O 等细节。

1.4 操作系统的形成和基本类型

1.4.1 操作系统的形成和发展

在计算机发展初期，硬件技术处于起步阶段，此时操作系统并未形成，软件概念还不明确。以后随着硬件技术的发展，促进了软件概念的形成，从而也推动了操作系统的形成和发展。反过来，软件的发展也促进了硬件的发展。

1. 手工操作阶段

从1946年诞生世界上第一台计算机起到20世纪50年代末，计算机处于第一代，此时没有操作系统。那时候人们利用计算机解题，只能采用手工方式操作。其工作过程大致是：先把程序纸带（或卡片）装到输入机上，然后启动输入机把程序和数据送入计算机，接着利用控制台开关启动程序执行，并监视和控制它的执行情况。计算结束，用户取走打印出来的结果，并卸下纸带（或卡片）。这个过程完全是在“人工干预”下进行的。一个用户下机后，才让下一个用户上机。

由于这种过程需要很多人工干预，就形成了手工操作慢而CPU处理快二者之间的矛盾。所以，这种工作方式有严重的缺点：一是资源浪费，二是使用不便。

2. 早期批处理阶段

为解决人工干预的问题，就必须缩短建立作业（即用户的一个计算任务）和人工操作的时间。人们首先提出了从一个作业转到下个作业的自动转换方式，从而出现了早期的批处理方式。由一个程序完成作业的自动转换工作，这个程序称为监督程序，它是最早的操作系统雏形。

早期的批处理分为联机批处理和脱机批处理两种类型。

（1）早期联机批处理

在这种系统中，操作员有选择地把若干作业合为一批，由监督程序先把它们输入到磁带上，之后在监督程序的控制下使这批作业能一个接一个地连续执行。在这样的系统中，作业处理是成批进行的，并且在内存中总是只保留一道作业（故名单道批处理）。同时作业的输入、调入内存以及结果输出都在CPU直接控制下进行。

这种单道批处理系统虽然能实现作业的自动转换工作，但由于联机操作，影响了CPU速度的发挥，仍不能很好地利用系统资源。

（2）早期脱机批处理

为克服早期联机批处理的主要缺点，人们引进了早期的脱机批处理系统。这种方式的明显特征是在主机之外另设一台小型卫星机，该卫星机又称外围计算机，它不与主机直接连接，只与外部设备打交道。其工作过程是：卫星机把读卡机上的作业逐个地传送到输入磁带上；主机只负责把作业从磁带上调入内存并运行它，作业完成后主机把计算结果和记账信息记录到输出磁带上；卫星机负责把输出磁带上的信息读出来，并交打印机打印。

卫星机专门负责输入输出工作，主机专门完成快速计算任务，从而二者可以并行操作。由于I/O不受主机直接控制，所以称作“脱机”批处理。

早期批处理系统是在解决人机矛盾和CPU与I/O设备速率不匹配这一矛盾的过程中发展起来的。它的出现也促进了软件的发展，出现了监督程序、汇编程序、编译程序、装配程序等。

3. 多道批处理系统

早期的单道批处理系统中只有一道作业在内存，因此系统资源的利用率仍不高。为了提高资源利用率和系统吞吐量，在 20 世纪 60 年代中期引入了多道程序设计技术，形成了多道批处理系统，如 IBM 360/370 系统。

多道程序设计的基本思想是：在内存中同时存放多道程序，在管理程序的控制下交替地执行。这些作业共享 CPU 和系统中的其他资源。图 1-7a 示出单道程序运行情况，图中粗线表示 CPU 工作，细线表示设备工作。图 1-7b 示出多道（两道）程序运行情况，图中用不同粗线表示用户程序 A、B 和监督程序在 CPU 上工作，细线表示磁盘操作，细点划线表示磁带操作。

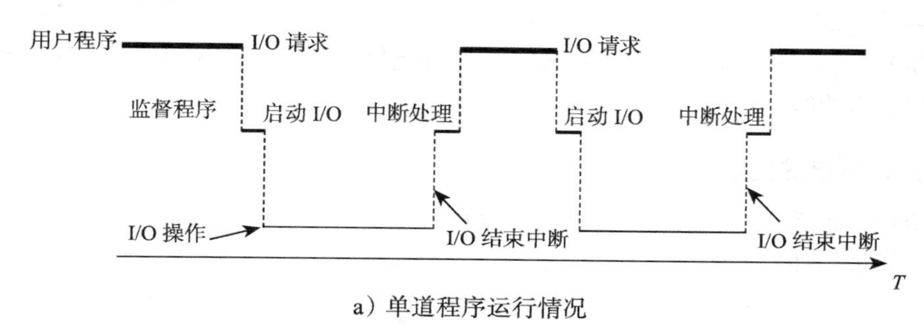

a）单道程序运行情况

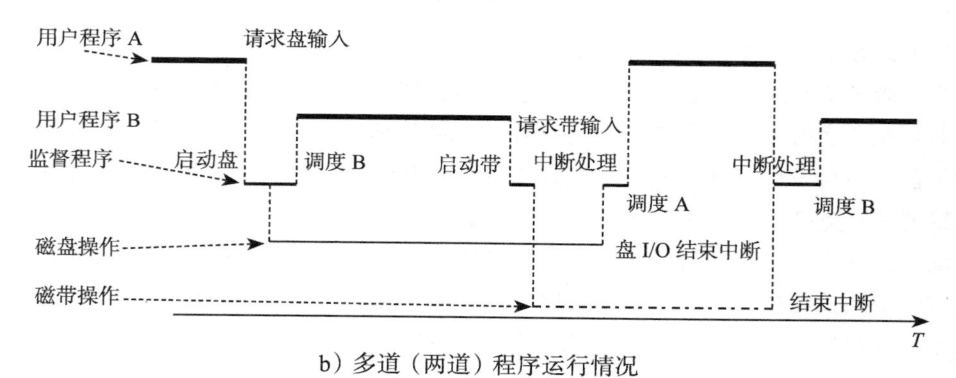

b）多道（两道）程序运行情况

图 1-7 单道和多道程序运行情况

由图 1-7 可见，在两道程序运行时可出现以下过程：

1）当程序 A 请求磁盘输入时，程序 A 停止运行；系统（即监督程序）运行，它启动磁盘设备做输入工作，并把 CPU 转给程序 B。在此情况下，程序 A 利用磁盘设备进行输入，程序 B 在 CPU 上执行计算任务。

2）之后，程序 B 请求磁带输入，程序 B 停止运行；监督程序运行，它启动磁带设备做输入工作。在此情况下，磁盘设备和磁带设备都在工作，而 CPU 处于空闲状态。

3）程序 A 所请求的磁盘输入工作完成，发送 I/O 结束中断，监督程序运行并进行中断处理，调度程序 A 运行。此后，程序 A 在 CPU 上执行计算任务，程序 B 利用磁带设备进行输入。

4）当程序A工作完成后，让出CPU，监督程序运行，它又调度程序B运行。

可以看出，程序A和程序B可交替运行，如安排合适，就使CPU总保持忙碌状态，而I/O设备也可满负荷工作。多道程序的这种交替运行称作并发执行。

与单道程序运行情况相比，可以看出：系统资源（CPU、内存、设备等）利用率提高了；在一段给定的时间内，计算机所能完成的总工作量（称为系统吞吐量）也增加了。

由一道程序执行到两道程序执行产生了“质”的飞跃，而由两道到更多道程序的执行却仅仅是“量”的变化。

在多道批处理系统中，由于有多道程序可以并发执行，它们要共享系统资源，又要保证它们协调地工作，因此系统管理变得很复杂。多道批处理必须解决一系列问题，包括：内存的分配和保护问题、处理机的调度和作业的合理搭配问题、I/O设备的共享和方便使用问题、文件的存放和读写操作及安全性问题等。处理这些问题正是操作系统所应具备的基本功能。

4. 操作系统的发展

多道批处理系统缺少人机交互能力，因此用户使用不便。为解决这一问题，人们开发出分时系统，如CTSS、MULTICS系统。在分时系统中，一台主机可以连接几台以至上百台终端，每个用户可以通过终端与主机交互作用——可以方便地编辑和调试自己的程序、向系统发出各种控制命令、请求完成某项工作；系统完成用户提出的要求，输出计算结果以及出错、告警、提示等必要的信息，等等。

为了满足某些应用领域内对实时（表示“及时”或“即时”）处理的需求，人们开发出实时系统。实时系统具有专用性，不同的实时系统用于不同的应用领域，如工业生产自动控制、卫星发射自动控制、飞机订票系统、银行管理系统等。与分时系统相比，实时系统要求有更高的可靠性和更严格的及时性。

随后，又发展了个人机操作系统、网络操作系统、多处理器操作系统、嵌入式操作系统以及分布式操作系统等。伴随着硬件技术的飞速发展和应用领域的急剧扩充，操作系统不仅种类越来越多，而且功能更加强大，给广大用户提供了更为舒适的应用环境。

1.4.2 操作系统的基本类型

根据各操作系统具备的功能、特征、规模和提供的应用环境等方面的差别，操作系统可以划分为不同类型。传统上说，最基本的类型有三种，即多道批处理系统、分时系统和实时系统。以后随着计算机体系结构的发展和应用需求的扩大，又出现了许多类型的操作系统，这些系统各具特色，适应不同领域的应用。

1. 多道批处理系统

早期的计算机系统大多数是多道批处理系统，如20世纪六七十年代的IBM 360/370。在这种系统中，用户的计算任务按“作业”（Job）进行管理。所谓作业，是用户定义的、由计算机完成的工作单位，它通常包括一组计算机程序、文件和对操作系统的控制语句。利用作业控制语言（JCL）书写的作业控制语句标识一个作业的存在，描述它对操作系统的需求。作业控制语句可以由作业控制卡输入到计算机中，控制计算机系统执行相应的动作，如调用编译程序对源程序进行编译，调用配置程序对目标代码进行连接装入，运行可执行代码，对可能的错误按指定方式进行处理等。

逻辑上，一个作业可由若干有序的步骤组成。由作业控制语句明确标识的计算机程序的执行过程称为作业步，一个作业可以指定若干要执行的作业步。如上面的编译作业步、装配作业步、运行作业步、出错处理作业步等。

多道批处理系统的大致工作流程如下：操作员把用户提交的作业卡片放到读卡机上，通过 SPOOLing（Simultaneous Peripheral Operation On Line，同时外部设备联机操作）输入程序及时把这些作业送入直接存取的后援存储器（如磁盘）；作业调度程序根据系统的当时情况和各后备作业的特点，按一定的调度原则，选择一个或几个搭配得当的作业装入内存准备运行；内存中多个作业交替执行，当某个作业完成时，系统把该作业的计算结果交给 SPOOLing 输出程序准备输出，并回收该作业的全部资源。重复上述步骤，使得各作业一个接一个地“流”入系统，经过处理后又逐个地退出系统，形成一个源源不断的作业流。

多道批处理系统有两个特点：一是**多道**，二是**成批**。“多道”是指内存中存放多个作业，并在外存上存放大量的后备作业，它们在操作系统的调度下在一台处理机上并发执行。因此，这种系统的调度原则相当灵活，易于选择一批搭配合理的作业调入内存运行，从而能充分发挥系统资源的利用率，增加系统的吞吐量。而“成批”的特点是在系统运行过程中不允许用户和机器之间发生交互作用。就是说，用户一旦把作业提交给系统，他就不能直接干预该作业的运行了，直至作业运行完毕后，才能根据输出结果去分析它的运行情况，确定下次上机任务。因此，用户必须针对作业运行中可能出现的种种情况，在作业说明书中事先规定好相应的措施。

多道批处理系统的主要优点是：①系统资源利用率高；②系统吞吐量大。

但是，批处理系统也存在明显缺点：①用户作业的等待时间长，往往要经过几十分钟、几小时，甚至几天；②没有交互能力，用户无法干预自己作业的运行，使用起来不方便。

2. 分时系统

针对多道批处理系统的上述问题，人们提出了分时系统，如 20 世纪六七十年代的 MULTICS 和 UNIX 系统。它让用户通过终端设备联机地使用计算机，这是比早期的手工操作方式更高级的联机操作方式。

（1）分时概念和分时系统的实现方法

所谓分时，就是对时间的共享。我们知道，人们为了提高资源利用率采用了并行操作的技术，如 CPU 和通道并行操作、通道与通道并行操作、通道与 I/O 设备并行操作，这些已成为现代计算机系统的基本特征。与这三种并行操作相应的有三种对内存的访问的分时：CPU 与通道对内存访问的分时，通道与通道对 CPU 和内存的分时，同一通道中的 I/O 设备对内存和通道的分时等。

在多道程序环境中，分时概念得到扩充，形成多道程序分时共享硬件和软件资源。在分时系统中，**分时**主要是指若干并发程序对 CPU 时间的共享。它是通过系统软件实现的。分时的时间单位称为时间片，它往往是很短的，如几十毫秒。这种分时的实现，需要有中断机构和时钟系统的支持。利用时钟系统把 CPU 时间分成一个一个的时间片，操作系统轮流地把每个时间片分给各个并发程序，每道程序一次只可运行一个时间片。当时间片计数到时，产生一个时钟中断，控制转向操作系统。操作系统选择另一道程序并分给它时间片，让其投入运行；到达时间，再发中断，重新选择程序（或作业）运行，如此反复。由于相对人们的感觉来说，这个时间片很短，往往在几秒钟内即可对用户的命令作出响应，从而使系统上的各个用户都认为整个系统只为他自己服务，并未感觉到还有别的用户也在上机。

（2）分时系统的特征和优点

分时系统的基本特征可概括为四点：

1）同时性：若干用户可同时上机使用计算机系统。

2）交互性：用户能方便地与系统进行人 – 机对话。

3）独立性：系统中各用户可以彼此独立地操作，互不干扰或破坏。

4）及时性：用户能在很短时间内得到系统的响应。

分时系统所具有的许多优点使它获得迅速的发展，其优点主要是：①为用户提供了友好的接口，即用户能在较短时间内得到响应，能以对话方式完成对程序的编写、调试、修改、运行和得到运算结果。②促进了计算机的普及应用，一个分时系统可带多台终端，可同时为多个远近用户使用，这给教学和办公自动化提供很大方便。③便于资源共享和交换信息，为软件开发和工程设计提供了良好的环境。

3. 实时系统

（1）实时系统的引入

在计算机的某些应用领域内，要求对实时采样数据进行及时（立即）处理并做出相应的反映，如果超出限定的时间就可能丢失信息或影响到下一批信息的处理。例如卫星发射过程中，必须对出现的各种情况立即进行分析、处理，这种系统是专用的，它对实时响应的要求是多道批处理系统和分时系统无法满足的，于是人们引入了实时操作系统（简称**实时系统**）。常用实时系统有 QNX、VxWorks、RTLinux 等。

（2）实时系统的类型

实时系统现在有三种典型应用形式，这就是过程控制系统、信息查询系统和事务处理系统。

1）过程控制系统。计算机用于工业生产的自动控制，它从被控过程中按时获得输入，如化学反应过程中的温度、压力、流量等数据，然后计算出能保持该过程正常进行的响应，并控制相应的执行机构去实施这种响应。比如测得温度高于正常值，可降低供热用的电压，使温度下降。这种操作不断循环反复，使被控过程始终按预期要求工作。

在飞机飞行、导弹发射过程中的自动控制也是如此。

2）信息查询系统。该系统的主要特点是配置有大型文件系统或数据库，并具有向用户提供简单、方便、快速查询的能力，如仓库管理系统和医护信息系统。当用户提出某种信息要求后，系统通过查找数据库获得有关信息，并立即回送给用户。整个响应过程应在相当短的时间内完成（比如不超过一分钟）。

3）事务处理系统。该系统的特点是数据库中的数据随时都可能更新，用户和系统之间频繁地进行交互作用。典型应用例子是飞机票预订和银行财务往来。事务处理系统不仅应有实时性，而且当多个用户同时使用该系统时，应能避免用户相互冲突，使各个用户感觉是单独使用该系统。

实时系统的实现方式可分为硬式和软式两种：硬式实时系统保证关键任务在截止时间内完成，对时间的严格约束支配着系统中各个设备的动作，如导弹发射控制系统；软式实时系统对时间限制稍弱一些，偶尔错过了任务的截止时间，对系统产生的影响不大，如信息查询系统。

（3）实时系统与分时系统的区别

实时系统有时也涉及若干个同时用户，但它与分时系统是有区别的，主要包括：

1）交互性：分时系统提供一种随时可供多个用户使用的、通用性很强的计算机系统，用户与系统之间具有较强的交互作用或会话能力；而实时系统的交互作用能力相对来说较差。一般，实时系统是具有特殊用途的专用系统，仅允许终端操作员访问数量有限的专用程序，即命令较简单，操作员不能书写程序或修改一组已存在的程序。

2）实时性：分时系统对响应时间的要求是以人们能接受的等待时间为依据的，其数量级通常规定为秒；而实时系统对响应时间一般有严格要求，它是以控制过程或信息处理过程所能接受的延迟来确定的，其数量级可达毫秒，甚至微秒级。

3）可靠性：虽然分时系统也要求系统可靠，但实时系统对可靠性的要求更高。因为实时系统控制、管理的目标往往是重要的经济、军事、商业目标，而且需要立即进行现场处理，任何差错都可能带来巨大的经济损失，甚至引发灾难性的政治后果。因此，在实时系统中必须采取相应的硬件和软件措施，来提高系统的可靠性，如硬件往往采取双机工作方式，软件加入多种安全保护措施等。

随着硬件技术的发展和应用领域的不断扩充，操作系统的种类越来越多，除了上述最基本的三种类型之外，还开发出个人机操作系统、网络操作系统、多处理器系统、分布式系统、嵌入式操作系统、云计算系统等，详细内容参见第 7 章。

1.5　操作系统的主要结构

操作系统内部是怎么构造的？或者说，操作系统作为一个大程序，由众多程序模块组成，它们按什么方式集合在一起？一般说来，操作系统主要有以下体系结构，即单体结构、层次结构、虚拟机结构、微内核结构和客户 – 服务器结构。

1.5.1 单体结构

早期的操作系统多数都采用这种体系结构。这种体系结构其实是没有结构的，各组成单位密切联系，好似“铁板一块”，因此称为单体结构。

操作系统中有大量的模块。所谓模块就是完成一定功能的子程序，它是构成软件的基本单位。单体结构的操作系统就如同我们通常编写的程序那样，各个模块之间直接调用，不分层次，如图1-8所示。

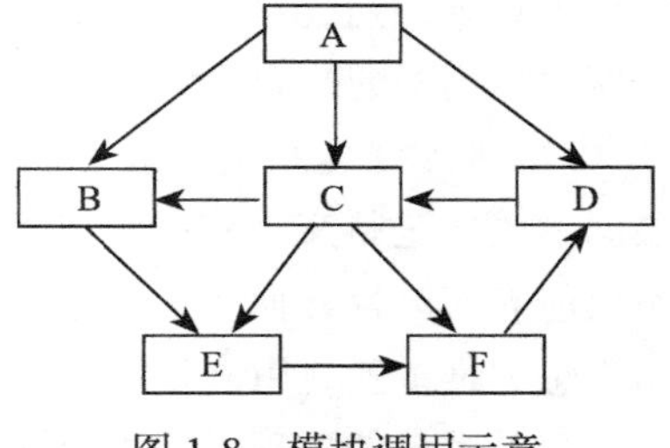

图1-8 模块调用示意

由图1-8中可以看出，这些模块之间的调用关系形成一张大“网”，彼此直接联系。所以，模块间可以任意调用，耦合紧密，实现的效率高。但是，这种结构方式给操作系统设计带来的缺点很明显：系统的结构关系不清晰，好像一张大蜘蛛网，难于进行修改，会“牵一发而动全身”；使系统的可靠性降低，模块间会出现循环调用，这有很大危险性。

1.5.2 层次结构

层次结构操作系统的设计思想是：按照操作系统各模块的功能和相互依存关系，把系统中的模块分为若干层，其中任一层模块（除底层模块外）都建立在其下面一层的基础之上。因而，任一层模块只能调用比它低的层中的模块，而不能调用高层模块。

第一个按这种方式构造的操作系统是THE系统，1968年由E.W.Dijkstra和他的学生们建造的。它是一个简单的批处理系统。该系统有6层，如图1-9所示。

第5层	操作员
第4层	用户程序
第3层	输入输出管理
第2层	操作员–进程通信
第1层	内存和磁鼓管理
第0层	处理机分配和多道程序环境

图1-9 THE操作系统的层次结构

现在，实际使用的操作系统多数都采用层次结构，如著名的UNIX系统的核心层就采用层次结构。层次结构既具有上述单体结构的长处，又有新的优点——结构关系清晰，提高系统的可靠性、可移植性和可维护性。

应当指出，在严格的分层方法中，任一层模块只能调用比它低的层来得到服务，而不能调用比它高的层。但是，在实际设计上这有很多困难。所以，实际使用的操作系统的内部结构并非都符合这种层次模型。一个操作系统应划分多少层、各层处于什么位置、相互间如何联系等并无固定的模式。一般原则是：接近用户应用的模块在上层，贴近硬件的驱动程序模块在下层。

处于下层的程序模块也称作操作系统的内核，这一部分模块包括中断处理程序、各种常用设备的驱动程序，以及运行频率较高的模块（如时钟管理程序、进程调度和低级通信模块以及被许多模块公用的程序、内存管理程序）等。为了提高操作系统的执行效率和便于实施特殊保护，它们一般常驻内存。

1.5.3　虚拟机结构

IBM 的 VM/370 系统是虚拟机结构的一个典型实例，如图 1-10 所示。其核心部分是虚拟机监控程序（Virtual Machine Monitor，VMM），它运行在裸机上，并形成多道程序环境——它对上一层提供多台虚拟机。与其他操作系统不同，在这种结构中，这些虚拟机并不是那种具有文件及其他优良特性的扩展机器，而仅仅是裸机硬件的复制品，包括核心态 / 用户态、I/O 机构、中断以及实际机器所应具有的全部内容。当然，这些虚拟机是通过共享物理机器资源来实现的。

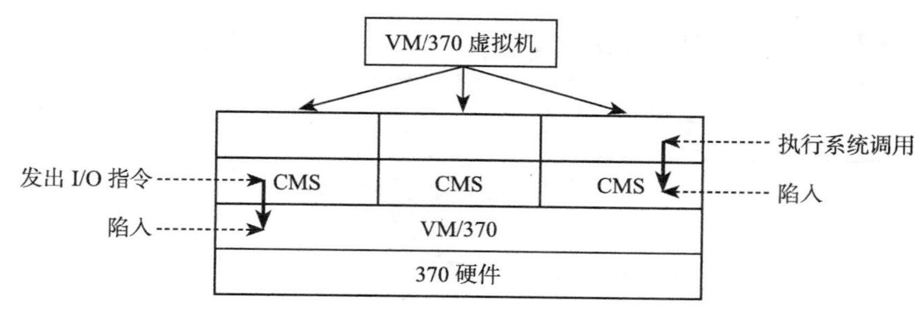

图 1-10　带 CMS 的 VM/370 结构

由于每台虚拟机在功能上就等同于一台实际的裸机，VM/370 从效果上就呈现出多台裸机。这样，不同的虚拟机上往往运行不同的操作系统，有的运行批处理或事务处理系统，而另外的运行单用户、交互式系统（即会话监控系统，Conversational Monitor System，CMS），供分时用户交互使用。

当一个 CMS 程序执行系统调用时，该调用陷入到它自己所在虚拟机的操作系统中（不是直接到 VM/370 中），就如同运行在实际机器上那样。然后，CMS 发出正常的硬件 I/O 指令，读取虚拟磁盘或者所需的其他信息。这些 I/O 指令被 VM/370 捕获，然后由 VM/370 执行它们。这样，VM/370 就把多道程序和扩充机器的功能完全分开了，使每一部分都更简单、更灵活、更易于维护。

现代虚拟机设计有两种类型。一种是底层为一个虚拟机管理程序，其上是两个或多个不同的操作系统（如 Windows 和 Linux 等），用户的应用程序可以在各自的操作系统上运行。另一种是以 VMware 工作站为代表的架构：在底层有一个宿主机操作系统，可以是 Windows、Linux 或其他操作系统；而虚拟机管理程序作为一个应用程序运行在宿主机操作系统之上；再向上是客户喜欢的各种操作系统。这样，各客户操作系统就安装在各自的虚拟盘上，该虚拟盘其实是宿主机操作系统的文件系统中的一个大文件。VMware 工作站是实现了商业化的虚拟机产品。

使用虚拟机的另一个领域是 Java 虚拟机（Java Virtual Machine，JVM），Java 编译器生成的代码可以通过网络传送到任何有 JVM 解释器的计算机上，然后在其上执行。

1.5.4　微内核结构

传统上把操作系统的所有程序都放在内核中，其实没有必要。因为内核中的故障会使系统失效，而在用户态下运行的进程其权限较小，它出问题时的影响也小。

现代操作系统有一种发展趋势，就是把实现扩展机器功能的这部分代码向上移入更高层次中，从而尽可能地使操作系统保持最小的核心，因而称作*微内核*（如Mach、QNX、MINIX 3等操作系统）。采用这种方法构造操作系统通常是把所有非本质成分从核心移出，而以用户进程的身份实现它们的功能。用户进程（也称客户进程）为了请求一个服务（如读取一个文件块），要向服务器进程发送请求，后者接收该请求并进行工作，然后发回结果。图1-11示出这种模型。

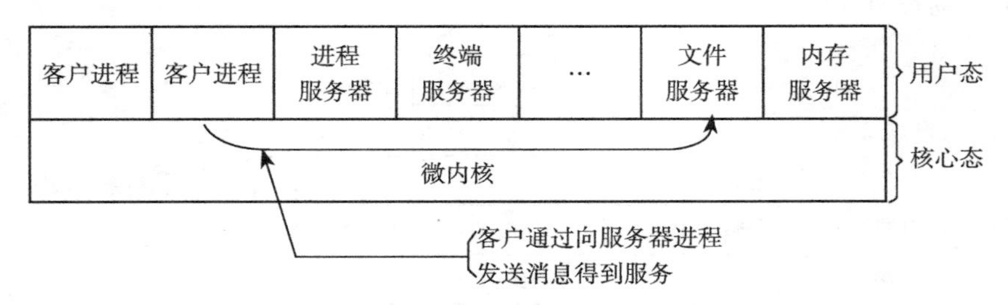

图1-11　基于微内核的操作系统模型

从图1-11中可以看出，操作系统被分成几个部分，每个部分只处理系统的一个方面的功能，如文件服务、进程服务、终端服务或者内存服务，每部分都很小，易于管理。各个服务器都在用户态下运行（不在核心态下运行），因而它们并不直接访问硬件。由于每个服务器以独立的用户进程方式运行，因此，单个服务器出现故障（或重新启动）不会引起整个系统崩溃。

在内核的外部，所有进程都在用户态下运行，可以按层次构造。如MINIX 3系统将用户进程分为3层：最底层是设备驱动器，它们并不直接与物理设备打交道，而是通过内核提供的内核调用来实施相应的I/O操作；中间层是服务器层，它们完成操作系统的多数功能，其中有文件服务器、进程服务器、终端服务器、内存服务器等；最上层是用户程序层，包括对用户的接口（如shell）和提供的系统程序与工具（如Make）等。

微内核运行在核心态下。微内核实现所有操作系统都应具备的最基本的功能，包括中断处理、进程管理、处理机调度和进程间通信（InterProcess Communication，IPC）等。这样，微内核可以很小，如MINIX 3微内核只有3200行C语言代码和800行汇编代码。微内核提供若干内核调用，供核外程序使用，实现核内核外的隔离与交互，从而也实现了机制与策略相分离的思想。

1.5.5　客户–服务器结构

可以把进程分为两类：服务器和客户进程。前者提供服务，后者使用服务。操作系统的这种结构就是客户–服务器结构。

客户–服务器结构的一个优点是适用于分布式系统（如图1-12所示）。客户通过消息传递与服务器通信，它不需要知道该消息是在本地机器上处理，还是通过网络发送到服务器，然后在远程机器上处理。这样，客户只要关心两件事：发送请求和接收应答。

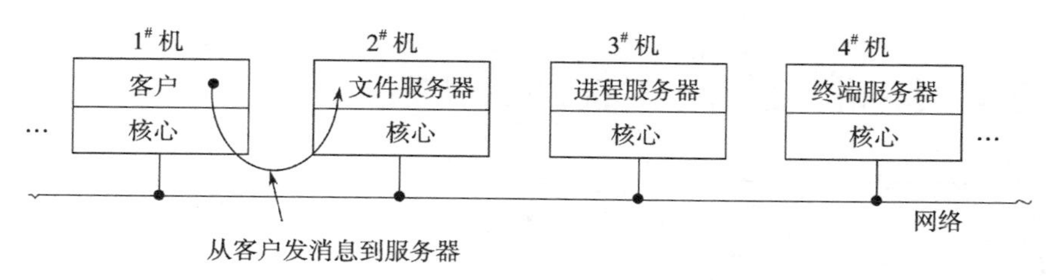

图 1-12　在网络上的客户 – 服务器系统模型

从上面的介绍中可以看出，操作系统是一个大型软件，其结构复杂、程序庞大、接口众多、并行程度高，而且研制周期长，从提出要求、明确规范起，经结构设计、编码调试直至系统投入运行，往往需要几年的时间。另外，其正确性也往往难以保证。联想一下我们实际使用的操作系统，无论是 UNIX、Windows，还是 Linux，经常要下载补丁，版本要不断升级，系统会不时受到病毒的侵袭，这些都充分说明，操作系统的可靠性是一个十分重要、必须加以认真考虑和解决的问题。

为了设计出成功的操作系统，设计者必须清楚地知道他们要得到什么，也就是设计目标是什么。很显然，不同系统的设计目标是不同的，如多道批处理系统不同于分时系统，也不同于实时系统。为了达到预定的设计目标，设计人员必须遵循一套科学的、行之有效的设计方法，通常都采用软件工程的思想，即按照工程化方法开发、运行和维护软件。

1.6　UNIX 和 Linux 系统的核心结构

1.6.1　UNIX 系统的核心结构

UNIX 是当代最著名的多用户、多进程、多任务分时操作系统。它的前身是 MULTICS 操作系统。MULTICS 是在 1968 ～ 1969 年由 MIT、AT&T 和 GE 等众多单位联合开发的大型、多用户分时系统，美国 AT&T 公司 Bell 实验室的 Ken Thompson 与 Dennis Ritchie 也参与了该项目的开发工作。

在 1970 年，Ken Thompson 用汇编语言在 PDP-7 计算机上设计了一个小型的操作系统，取名为 UNIX。1971 年，Dennis Ritchie 开发了 C 语言，并在 1973 年用 C 语言重写了 UNIX，这就成为今日 UNIX 的最初蓝本。

UNIX 从诞生至今已有 40 多年的历史，其主要特点归为以下几点：可移植性好，在微机工作站、小型机、大型机上都能运行；有良好的用户界面，包括系统调用、shell 命令和图形用户界面；树形分级结构的文件系统；字符流式文件；丰富的核外系统程序，提供了相当完备的程序设计环境；设计思想先进，核心精干；提供了管道机制；提供电子邮件和对网络通信的有力支持，是 Internet 网上服务器级的主流操作系统；系统安全，可靠性高。

图 1-13 展示出 UNIX 族系的演变过程。

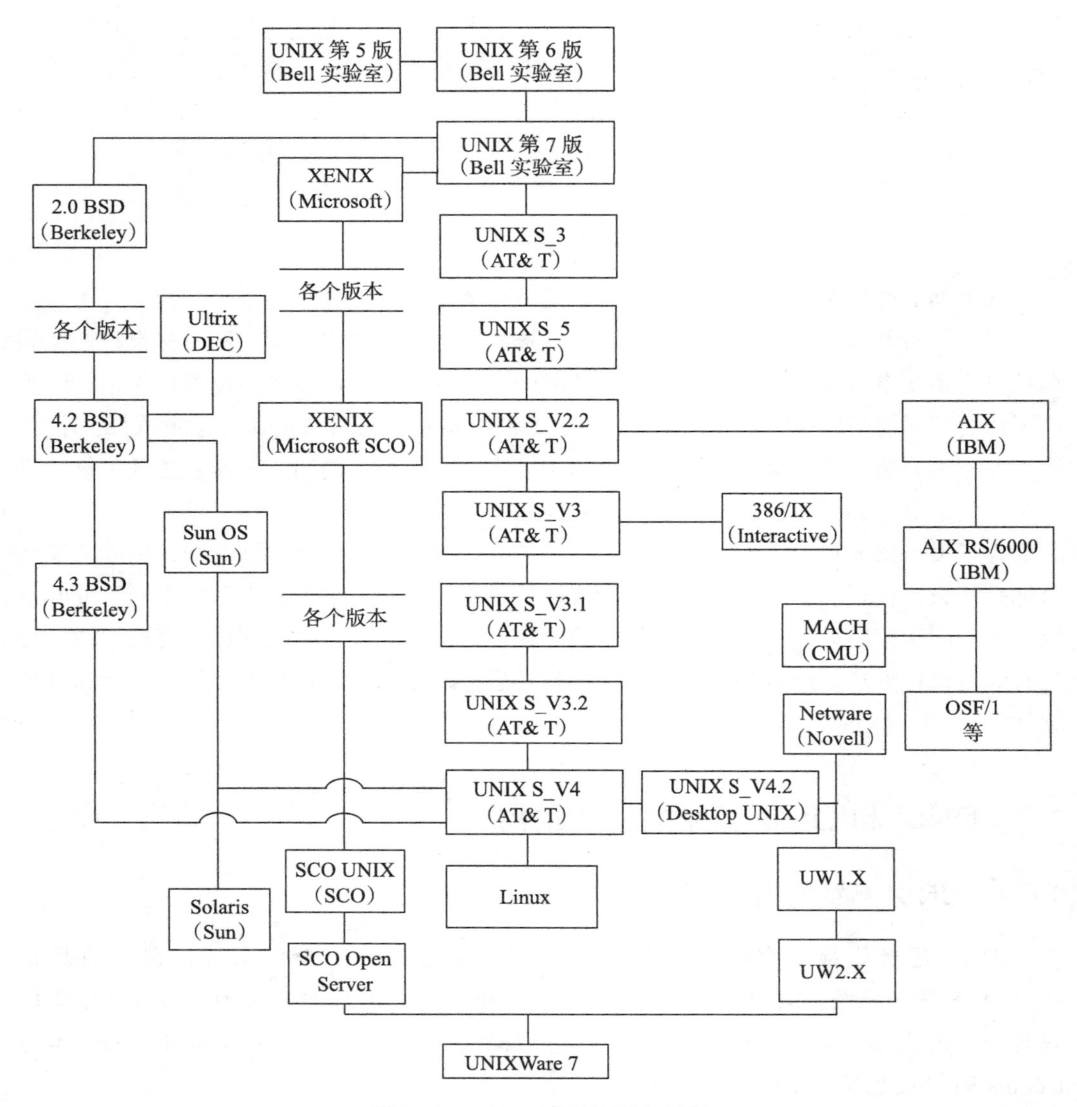

图 1-13　UNIX 族系的演变过程

UNIX 系统可分为三层：靠近硬件的底层是内核，即 UNIX 操作系统常驻内存部分；核心外的中间层是 shell 层；最高层是应用层。

内核是 UNIX 操作系统的主要部分，它实现进程管理、存储管理、文件系统和设备管理等功能，从而为核外的所有程序提供运行环境。

UNIX S_5（即 system V）的核心结构如图 1-14 所示。可以看出，UNIX 核心基本上采用层次结构。它可视为左、右两大部分。左边是文件系统部分，右边是进程控制系统部分。文件系统部分涉及操作系统中各种信息的保存，通常都是以文件形式存放的，它相当于核心的“静态”部分。进程控制系统部分涉及操作系统中各种活动的调度和管理，通常以进程形式展现其生命活力，它相当于核心的“动态”部分。这两部分存在密切联系。

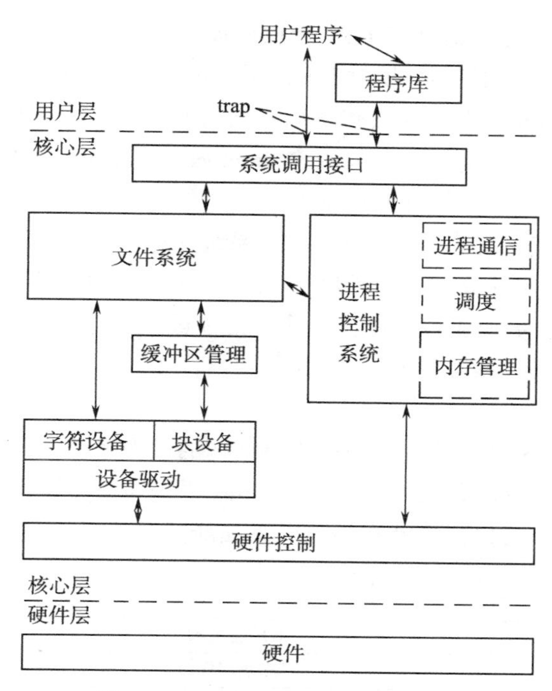

图 1-14 UNIX S_5 的核心结构图

1.6.2 Linux 系统的核心结构

在 20 世纪 80 年代，Andrew S. Tanenbaum 教授为了满足教学的需要，自行设计了一个微型 UNIX 操作系统——MINIX。在此基础上，1991 年，芬兰赫尔辛基大学的学生 Linus Torvalds 开发了 Linux 核心，并利用 Internet 发布了源代码，从而创建了 Linux 操作系统。之后，许多系统软件设计专家共同对它进行改进和提高。到现在为止，Linux 已成为具有全部 UNIX 特征、与 POSIX（可移植操作系统界面）兼容的操作系统。近年来，Linux 在国际上发展迅速，并且得到包括 IBM、COMPAQ、HP、Oracle、Sybase、Informix 等许多软硬件公司的支持。它们提供技术支持，开发 Linux 的应用软件，将 Linux 系统的应用推向各个领域，并为它进入大型企业 Intranet 的应用领域奠定了基础。

有人曾说过，当今真正能与 Windows 匹敌的系统是 Linux。Linux 系统的功能强大而全面，与其他操作系统相比具有一系列显著特点，包括：

1）与 UNIX 兼容。所有 UNIX 的主要功能都有相应的 Linux 工具和实用程序。Linux 实际上就是一个完整的 UNIX 类操作系统。

2）自由软件，源码公开。Linux 的许多重要组成部分直接来自自由软件项目。其源码是公开的，任何人只要遵守 GPL（通用公共许可证）条款，就可以自由使用 Linux 源程序。

3）性能高，安全性强。在相同的硬件环境下，Linux 可以像其他著名的操作系统那样运行，提供各种高性能的服务，可以作为中小型 ISP 或 Web 服务器工作平台。

4）便于定制和再开发。在遵从 GPL 版权协议的条件下，各部门、企业、单位或个人可根据自己的实际需要和使用环境对 Linux 系统进行裁剪、扩充、修改或者再开发。

5）互操作性强。Linux 操作系统能够以不同的方式实现与非 Linux 系统的不同层次的互操作，如 Linux 可以为基于 MS DOS、Windows 及其他 UNIX 的系统提供文件存储、打印机、终端、后备服务及关键性业务应用等。

6）多用户和多任务。Linux 和其他 UNIX 系统一样，是真正的多任务系统，它允许多个用户同时在一个系统上运行多道程序。Linux 支持多种硬件平台。

随着 Linux 技术的更加成熟、完善，其应用领域和市场份额继续快速扩大。目前，其主要应用领域是服务器系统和嵌入式系统。然而，Linux 的足迹已遍及各行各业，几乎无所不在。

从结构上看，Linux 操作系统是采用单体结构的操作系统，即所有的内核系统功能都包含在一个大型的内核软件之中。当然，Linux 系统也支持可动态装载和卸载的模块结构。利用这些模块，可以方便地在内核中添加新的组件或卸载不再需要的内核组件。Linux 系统内核结构框图如图 1-15 所示。

<table>
<tr><td>用户层</td><td colspan="6">用户级进程</td></tr>
<tr><td rowspan="5">核心层</td><td colspan="6">系统调用接口</td></tr>
<tr><td rowspan="2">虚拟内存</td><td rowspan="2">调度器与内核定时器</td><td rowspan="2">网络协议</td><td colspan="3">虚拟文件系统</td></tr>
<tr><td>Eext2 文件系统</td><td>NFS 文件系统</td><td>其他文件系统</td></tr>
<tr><td colspan="6">总线驱动器</td></tr>
<tr><td colspan="6">卡与设备驱动器</td></tr>
<tr><td>硬件层</td><td colspan="6">物理硬件</td></tr>
</table>

图 1-15 Linux 系统内核结构框图

目前，Linux 的发行版本很多，国内外常见的 Linux 发行版本有以下几种：RedHat、TurboLinux 、Slackware 、OpenLinux 、Debian、SuSELinux 、Ubuntu、红旗 Linux、中标普华 Linux 等。

小结

一个完整的计算机系统主要由硬件和软件组成。硬件是软件建立与活动的基础，而软件是对硬件功能的扩充。硬件包括 CPU、内存、I/O 设备和总线等。CPU 内有若干寄存器，它们与操作系统有着密切关系。软件通常分为应用软件、支撑软件和系统软件。操作系统是裸机之上的第一层系统软件。它向下管理系统中各种资源，向上为用户和程序提供服务。

操作系统是控制和管理计算机系统内各种硬件和软件资源、有效地组织多道程序运行的系统软件（或程序集合），是用户与计算机之间的接口。操作系统是由一系列程序模块和数据组成的。它只运行在核心态，而核外的其他程序都在用户态下运行。操作系统的基本功能是管理系统内各种资源和方便用户的使用。具体有五大功能，即：进程和处理机管理、存储管理、设备管理、文件管理和用户接口管理。

看待操作系统有不同的观点，主要是资源管理观点和扩展机器观点。上述五大功能就是从资源管理的观点出发，看待操作系统应完成的任务。从扩展机器的观点出发，操作系统的任务是为用户提供一台比物理计算机更容易使用的虚拟计算机。从动态观点考察操作系统就是进程管理观点。

操作系统的形成和发展是与计算机硬件发展密切相关的。随着电子元器件的不断更新换代，操作系统的理论和技术也逐渐成熟和完善。反过来，操作系统的发展对硬件也提出更高的要求。

从传统意义上讲，操作系统的基本类型有多道批处理系统、分时系统和实时系统三种。而现代操作系统包括众多类型。

各种操作系统有不同的设计目标，具有不同的性能。但操作系统作为整体，有自己的基本特征，这就是并发、共享、异步性和抽象性。并发不同于并行，它是宏观上的并行、微观上的串行。在单 CPU 的情况下，多道程序的并发活动很明显。共享反映出系统资源的共用。这两点也决定了操作系统具有异步性—— 程序的动态活动要受现场环境的影响。抽象是把复杂事情简单化的有效方式。操作系统对硬件和软件资源进行了高度抽象化，对用户隐藏了具体操作的细节。所以，操作系统要对系统中所有资源实施统一调度和管理，使各种实体充分并行，安全地共享资源，约束和协调进程间的关系。

操作系统是一个大型的系统软件。一般说来，操作系统有如下 5 种体系结构：单体结构，层次结构，虚拟机结构，微内核结构和客户 – 服务器结构。

UNIX 和 Linux 系统是当前得到广泛应用的操作系统，了解它们的结构对今后应用很有帮助。

习题 1

1. 计算机系统主要由哪些部分组成？
2. 解释以下术语：硬件、软件、特权指令、核心态、用户态、多道程序设计、操作系统、分时、实时、并发、并行、吞吐量、系统调用、纯码。
3. 什么是操作系统（OS）？它的主要功能是什么？
4. 操作系统主要有哪三种基本类型？各有什么特点？
5. 操作系统的基本特征是什么？
6. 何谓脱机 I/O 和联机 I/O?
7. 操作系统一般为用户提供了哪三种接口？各有什么特点？
8. 操作系统主要有哪些类型的体系结构？
9. 多道程序设计的主要特点是什么？
10. 系统初启的一般过程是什么？
11. 在计算机系统中操作系统处于什么地位？
12. 什么是处理机的核心态和用户态？为什么要设置这两种不同的状态？
13. 下列哪些指令应该只在核心态下执行？

① 屏蔽所有中断

② 读时钟日期

③ 设置时钟日期

④ 改变指令地址寄存器的内容

⑤ 启动打印

⑥ 清内存

14. 设计实时操作系统必须首先考虑的因素是什么？

15. 你熟悉哪些操作系统？想一想你在使用计算机过程中，操作系统如何提供服务？

16. 设计操作系统时采用层次结构有什么好处？

17. 一个分层结构的计算机系统由裸机、用户、CPU调度和PV操作、文件系统、作业管理、内存管理、设备管理、命令管理等部分组成。试按层次结构的原则从外至内将它们重新排列。

18. UNIX系统属于哪种类型的操作系统？其核心结构是怎样的？

19. 采用虚拟机结构的操作系统其主要优点和缺点是什么？

20. 采用微内核结构设计系统的主要优点是什么？

第2章　进程管理

学习内容

人们都喜欢唱歌。歌谱相当于程序，而唱歌相当于进程。程序是静态的，进程是动态的。进程有不同的状态，在一定条件下发生状态变迁。

进程是操作系统中最重要的概念之一。在计算机系统中，进程不仅是最基本的并发执行的单位，而且也是分配资源的基本单位。从进程观点出发对计算机系统进行结构设计，这也是软件开发的一种新技术。

为描述进程的特性，操作系统为每个进程设立唯一的进程控制块（PCB）。PCB是进程存在的唯一标志。进程是并发活动的，在其生存过程中，会出现种种制约关系——互斥或同步。为保证各个进程之间正确地实施通信，系统内部设置了通信原语，如锁机制和信号量以及P、V操作原语等。

在现代操作系统中，资源分配单位和调度运行单位这两个角色分别由进程和线程担当，从而提高了系统的效率，改善了系统的性能。

系统中有些资源每次只能由一个进程使用，多个进程必须互斥地使用这类临界资源。当若干进程竞争有限资源，又推进顺序不当，从而构成无限循环等待的局面，这种状态就是死锁。

本章主要介绍以下主题：

- 什么是进程
- 进程的状态和组成
- 进程间的同步与互斥
- 进程通信
- 对进程的管理
- 线程和管程概念
- 死锁

学习目标

了解：进程间的高级通信，Linux进程结构，管程概念，管道文件。

理解：多道程序设计概念，进程的组成，竞争条件和临界区，进程管理的基本命令，线程概念。

掌握：进程定义，进程的状态及其变化，进程间的同步与互斥，信号量和P、V操作及其一般应用，死锁的概念，死锁的必要条件及对策。

2.1　进程概念

2.1.1　程序顺序执行及其特征

在早期的单道程序工作环境中，内存中只有一个作业的程序。一个作业完成了，后一个作业才进入内存，并得以执行。各个作业的程序都是一个语句一个语句顺序构成的。如果系统中只有一个作业，那么其程序执行时就从前到后一步一步地计算下去。前面的工作完成了，才做后面的事情，就好像工厂生产中流水线加工方式那样。这样一来，机器执行程序的过程就严格按顺序方式进行。这种程序设计方式就叫作顺序程序设计。这种顺序程序活动具有顺序性、封闭性和可再现性三个主要特点：

1）顺序性是指程序所规定的每个动作都在上个动作结束后才开始。

2）封闭性是指只有程序本身的动作才能改变程序的运行环境。

3）可再现性是指程序的执行结果与程序运行的速度无关。

图 2-1 列出几个典型的顺序程序的示意图。

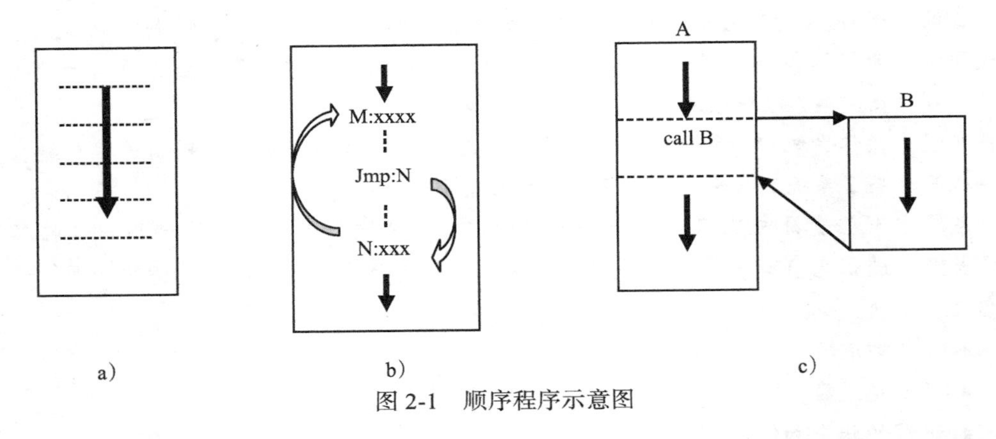

图 2-1　顺序程序示意图

其中图 2-1a 最简单，一条条指令顺次做下去；图 2-1b 表示程序代码中出现循环的情况；图 2-1c 表示的情况是，A 程序在执行过程中调用 B 程序，B 运行完返回 A，然后继续执行 A。

2.1.2　程序并发执行及其特征

1. 程序并发执行概念

很显然，上述单道程序系统具有资源浪费、效率低、作业平均周转时间长等明显缺点，所以在现代计算机系统中几乎不再采用这种技术，而广泛采用多道程序设计技术。如 1.4.1 节所述，多道程序设计是指在内存中同时存放多道程序，在管理程序的控制下交替地执行。在此情况下，系统中各部分的工作方式不再是单纯串行的，而是并发执行的。

多道程序设计具有提高系统资源（包括 CPU、内存和 I/O 设备）利用率和增加作业吞吐量的优点。**作业吞吐量**是指在给定时间间隔内所完成作业的数量，如每小时 20 个作业。列举一个极端化的例子：假定有两道作业 A 和 B 都在执行，每个作业都是执行一秒钟，然后等待一秒钟，进行数据输入，随后再执行，再等待……一直重复 60 次。如果按单道方式，先执行作业 A，A 做完了再执行 B，那么两个作业都运行完成共需 4 分钟（如图 2-2 所示），每一个作业各用去 2 分钟。这两个作业总的计算时间也是 2 分钟，所以 CPU 的利用率是 50%。

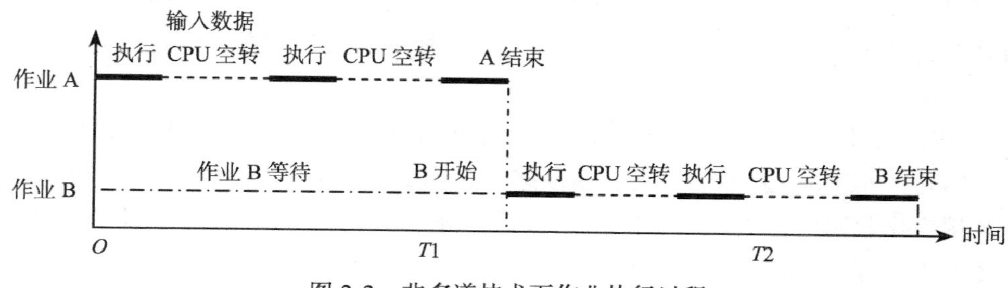

图 2-2 非多道技术下作业执行过程

如果我们采用多道程序技术来执行同样的作业 A 和 B，就能大大改进系统性能（见图 2-3）。作业 A 先运行，它运行一秒后等待输入。此时让 B 运行，B 运行一秒后等待输入，此时恰好 A 输入完，可以运行了……就这样在 CPU 上交替地运行 A 和 B，在这种理想的情况下，CPU 不空转，其使用率升至 100%，并且吞吐量也随之增加了。

在这个例子中，每一时刻只有一个作业的程序在 CPU 上运行。而从一段时间来看，作业 A 和 B 都得到运行。这种执行方式就称作程序的**并发**（concurrent）**执行**，即在多道程序环境下，逻辑上互相独立的多个程序在一段时间内（宏观上）同时运行，而在每一时刻（微观上）却仅有一道程序执行。所以，在单 CPU 系统中，这些程序只能是分时地交替执行。如果计算机系统中有多个 CPU，则这些可以并发执行的程序便可被分配到多个 CPU 上，实现**并行**（parallel）**执行**，即利用每个 CPU 来处理一个可并发执行的程序，这样，多个程序便可以真正地同时执行。

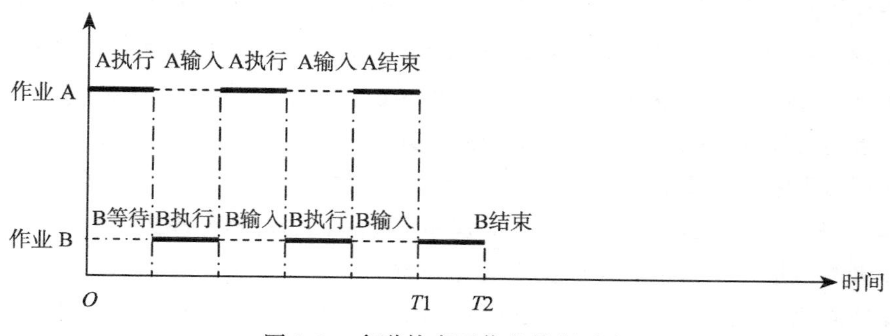

图 2-3 多道技术下作业执行过程

为了实现并发，系统中的资源必须共享，如 CPU 轮流分配给各个程序、打印机依次打印排队作业的信息、每个作业占用内存和磁盘的一部分空间等。这样，程序的并发执行和系统资源的共享就使得操作系统的工作变得很复杂，不像单道程序顺序执行时那样简单、直观。

2. 程序并发执行的特征

程序并发执行产生了以下三个新特征：

1）失去封闭性。并发执行的多个程序共享系统中的资源，因而这些资源的使用状态不再仅由某个程序所决定，而是受到并发程序的共同影响。多个程序并发执行时的相对速度是不确定的，每个程序都会经历“走走停停”的过程。但何时发生控制转换并非完全由程序本身确定，与整个系统当时所处的环境有关，因而具有一定的随机性。

2）程序与计算不再一一对应。“程序”是指令的有序集合，是静态概念；而“计算”是指令序列在处理机上的执行过程，是动态概念。在并发执行过程中，一个共享程序可被多个用户作业调用，从而形成多个“计算”。例如，在分时系统中，一个编译程序副本往往为几个用户同时服务，该编译程序便对应几个“计算”。

3）并发程序在执行期间相互制约。并发程序的执行过程不再像单道程序系统那样总是顺序连贯的，而具有“执行－暂停－执行”的活动规律，各程序活动的工作状态与所处的系统环境密切相关。系统中很多资源具有独占性质，即一次只让一个程序使用，如打印机、磁带机及系统表格等。这就使逻辑上彼此独立的程序由于共用这类独占资源而形成相互制约的关系，在顺序执行时可连续运行的程序，在并发执行时却不得不暂停下来，等待其他程序释放自己所需的资源。该程序停顿的原因并非自身造成的，而是其他程序影响的结果。

2.1.3　进程概念的引入和定义

1. 引入进程概念

所有现代计算机可以同时做很多事情，当运行一个用户程序时，计算机可以从磁盘上为另一个用户程序读取数据，并且在终端或打印机上显示第三个用户程序的结果。在多道程序设计系统中，CPU在各程序之间来回进行切换：一个程序运行一会儿（如几十或几百毫秒），另一个程序再运行一会儿。也就是说，各个程序是并发执行的。

由于多道程序并发执行时共享系统资源，共同决定这些资源的状态，因此系统中各程序在执行过程中就出现了相互制约的新关系，程序的执行出现“走走停停”的新状态，这些都是在程序的动态过程中发生的。而程序本身是机器能够翻译或执行的一组动作或指令，或者写在纸面上，或者存放在磁盘等介质上，是静止的。很显然，直接从程序的字面上无法看出它什么时候运行、什么时候停顿，也看不出它是否影响其他程序或者一定受其他程序的影响。

综上所述，用程序这个静态概念已不能如实反映程序并发执行过程中的这些特征，为此，人们引入“进程”（process）这一概念来描述程序动态执行过程的性质。

2. 进程概念定义

进程（或任务）是在20世纪60年代中期由美国麻省理工学院（MIT）J. H. Saltzer首先提出的，并在所研制的MULTICS系统上实现。IBM公司把进程叫做任务（task），并在TSS/360系统中实现了。

“进程”是操作系统的最基本、最重要的概念之一，是对正在运行的程序的一个抽象。引进这个概念对于理解、描述和设计操作系统都具有极其重要的意义。但是，迄今为止，对进程概念还没有形成统一的定义，可以从不同的角度来描述它的基本特征。

进程最根本的属性是动态性和并发性。我们将进程定义为：**进程是具有独立功能的程序关于某个数据集合上的一次运行活动，是系统进行资源分配和调度的一个独立单位。**

为了说明进程和程序的关系，我们列举一个生活中的事例作比喻：假如你正在按照菜谱上的指导烹饪，厨房里有鱼、肉、鸡蛋、油、盐和各种调料。菜谱就相当于程序，你就相当于处理器(CPU)，各种原料就相当于数据，你按照菜谱上的指令一步步地加工，这一系列动作的总和就是进程。

如果在你切菜时电话铃响了，你会停下手中的活（保留现场），然后按规定的步骤接听电话：拿起话机、打招呼、交谈，最后挂上电话。这一系列步骤是程序，打电话的整个过程是进程。之后，你接着做菜。这样，CPU就在进程间实施切换。

可以看出，进程和程序有密切的关系，但又是两个完全不同的概念，它们在以下4个方面有重要区别。

（1）动态性

程序是静态、被动的概念，本身可以作为一种软件资源长期保存；而进程是程序的一次执行过程，是动态、主动的概念，有一定的生命期，会动态地产生和消亡。

例如，从键盘上输入一条命令：

```
$ date
```

则系统就针对这条命令创建一个进程，这个进程执行date命令所对应的程序（以可执行文件的形式存放在系统所用的磁盘上）。当工作完成后，显示出当前日期和时间，这个进程就终止了，并从系统中消失。而date命令所对应的程序仍旧在磁盘上保留着。

（2）并发性

传统的进程是一个独立运行的单位，能与其他进程并发执行。进程是作为资源申请和调度单位存在的；而通常的程序不能作为一个独立运行的单位来并发执行。

程序在CPU上才能得到真正的执行。系统中以进程为单位进行CPU的分配。因为进程不仅包括相应的程序和数据，还有一系列描述其活动情况的数据结构。系统中的调度程序能够根据各个进程的当前状况，从中选出一个最适合运行的进程，将CPU控制权交给它，令其运行。而程序是静态的，系统无法区分内存中的程序哪一个更适合运行。所以，程序不能作为独立的运行单位。

由于程序本身具有顺序执行的性质，不同的模块间可通过相互调用实现控制转移。

这样，逻辑上无关的程序就无法并发执行，即使一个程序中间停下来，也没有办法让另一个与它无调用关系的程序接着运行下去。

多道程序设计中程序的并发执行是通过进程实现的。这也是引入进程的一个目的。

（3）非对应性

程序和进程无一一对应关系。一个程序可被多个进程共用；一个进程在其活动中又可顺序地执行若干程序。例如，在分时系统中，多个用户同时上机，进行C程序的编译。张三在终端上输入命令：

```
$ cc f1.c
```

系统就创建了一个进程（如A），它调用C编译程序，对f1.c文件进行编译。

用户李四也在自己的终端上输入命令：

```
$ cc a1.c
```

系统又为这条命令创建一个进程（如B），它也调用C编译程序，对a1.c文件进行编译。

这样，一个C编译程序就对应到多个用户进程：A进程要用到它，它属于A的一部分；B进程也用到它，它又属于B的一部分。

即使只有张三进行C程序编译，但他前后两次使用cc命令对文件f1.c进行编译，系统也要相应地创建两个进程。

一个进程在活动过程中又要用到多个程序。例如，进程A在执行编译的过程中除了调用C编译程序和用户张三编写的C程序外，还要用到C预处理程序、连接程序、内存装入程序、结果输出程序等。

（4）异步性

各个进程在并发执行过程中会产生相互制约关系，造成各自前进速度的不可预测性。而程序本身是静态的，不存在这种异步特征。

3. 进程的特征

综上所述，进程和程序是两个截然不同的概念。进程具有如下基本特征：

1）动态性。进程是程序在并发环境中的执行过程，动态性是进程最基本的特征。进程的动态性还表现在它有一定的生命期，它有生有亡，有活动有停顿，可以处于不同的状态。

2）并发性。多个进程的实体能存在于同一内存中，在一段时间内都得到运行，这样就使得一个进程的程序与其他进程的程序并发执行了。并发性是进程的重要特征，同时也成为操作系统的重要特征。

3）调度性。进程是系统中申请资源的单位，也是被调度的单位。就像体育比赛一样，裁判“调”你上场，你才能登台献技。操作系统中有很多调度程序，它们根据各自的策略调度合适的进程，为其运行提供条件。

4）异步性。各个进程向前推进的速度是不可预知的，即异步方式运行。这造成进程间的相互制约，使程序执行失去再现性。为保证各程序的协调运行，需要采取必要的措施。

5）结构性。进程有一定的结构，它由程序段、数据段和控制结构（如进程控制块）等组成。程序规定了该进程所要执行的任务，数据是程序操作的对象，而控制结构中含有进程的描述信息和控制信息，是进程组成中最关键的部分。

2.2　进程状态描述及组织方式

2.2.1　进程的状态及其转换

1. 进程的状态

人是有生存期的，通常要经历幼儿、少年、青年、中年、老年等阶段。概括讲，不同阶段有不同特点。进程也是有生存期的，其动态性质是由其状态及转换决定的。如果一个事物始终处于一个状态，那么它就不再是活动的，就没有生命力了。

通常在操作系统中，进程至少要有三种基本状态。这些状态是处理机挑选进程运行的主要因素，所以又称之为进程控制状态。这三种基本状态是运行状态、就绪状态和阻塞状态（或等待状态）。

（1）运行（Running）状态

运行状态是指当前进程已分配到 CPU，它的程序正在处理机上执行时的状态。处于这种状态的进程的个数不能大于 CPU 的数目。在一般单 CPU 系统中，任何时刻处于运行状态的进程至多是一个。在多 CPU 系统中，同时处于运行状态的进程可以有多个。

（2）就绪（Ready）状态

就绪状态是指进程已具备运行条件，但因为其他进程正占用 CPU，所以暂时不能运行而等待分配 CPU 的状态。一旦把 CPU 分给它，它立即就可以运行。在操作系统中，处于就绪状态的进程数目可以是多个。

（3）阻塞（Blocked）状态

阻塞状态是指进程因等待某种事件发生（例如等待某一输入、输出操作完成，等待其他进程发来的信号等）而暂时不能运行的状态。也就是说，处于阻塞状态的进程尚不具备运行条件，即使 CPU 空闲，它也无法运行。这种状态有时也称为封锁状态或等待状态。系统中处于这种状态的进程可以有多个。

上述三种状态是最基本的。因为如果不设立运行状态，就不知道哪一个进程正在占有 CPU；如果不设立就绪状态，就无法有效地挑选出适合运行的进程，或许选出的进程根本就不能运行；如果不设立阻塞状态，就无法区分各个进程除 CPU 之外是否还缺少其他资源，而且准备运行的进程和不具备运行条件的进程就混杂在一起了。

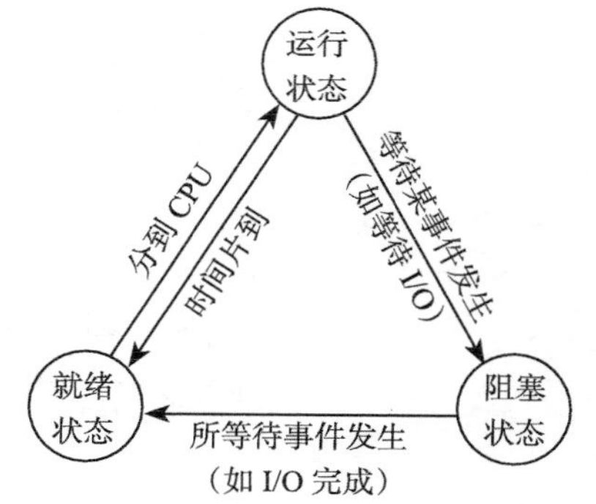

图 2-4　进程三种基本状态及其转换

图 2-4 表示了进程的三种基本状态及其转换。

在很多系统中，又增加了两种基本进程状态，即新建状态和终止状态。

新建（New）状态是指进程刚被创建，尚未放入就绪队列时的状态。处于此种状态的进程还是不完全的。当创建新进程的所有工作（包括分配一个进程控制块、分配内存空间、对进程控制块初始化等）完成后，操作系统就把该进程送入就绪队列中。

终止（Terminated）状态是指进程完成自己的任务而正常终止时或在运行期间由于出现某些错误和故障而被迫终止（非正常终止）时所处的状态。处于终止状态的进程不能再被调度执行，下一步必然的结局是被系统撤销，进而从系统中永久消失。

图 2-5 表示具有上述 5 种状态的进程状态及其转换。

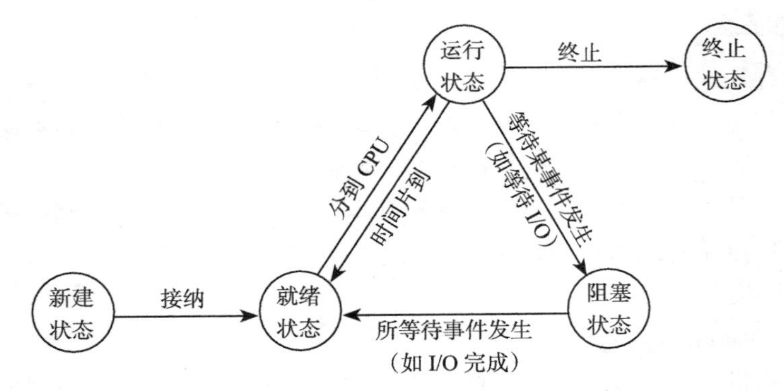

图 2-5 进程的 5 种基本状态及其转换

有些系统还引入挂起状态。所谓挂起，是使处于基本状态（就绪、运行、阻塞）的进程处于静止（非终止）状态，此时系统回收被这些进程占用的内存资源，将其实体复制到外存的进程交换区。挂起不等于撤销，可通过解挂重新分配内存。

被挂起的进程处于静止状态，并且不能直接被处理机调度。引入挂起状态后，进程状态的转换增加了挂起状态（又称静止状态）到非挂起状态（又称为活动状态）的转换，或者相反，如图 2-6 所示。

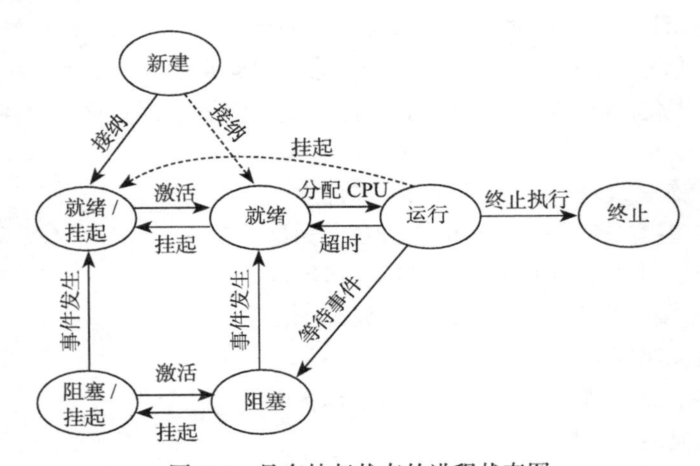

图 2-6 具有挂起状态的进程状态图

添加挂起状态的原因是出于以下 4 种需要：终端用户的请求，父进程请求，负荷调节的需要以及操作系统的需要。

在一个具体的系统中，为了调度的方便、合理，往往设立了更多个进程状态。如在 Linux 操作系统中，进程状态可分为 5 种；而在 UNIX 操作系统中，进程状态划分为 9 种。

2. 进程状态的转换

进程在其生存期间不断发生状态转换——从一种状态变为另一种状态，就像电影底片上记录的动作状态那样，由状态的转换反映出动态效果。一个进程可以多次处于就绪态和运行态，也可以多次处于阻塞态，但可能排在不同的阻塞队列上。

由图 2-4 可以看出，进程状态的转换需要一定的条件和原因。下面进行简要分析。

（1）就绪→运行

处于就绪状态的进程被调度程序选中，分配到 CPU 后，该进程的状态就由就绪态变为运行态。处于运行态的进程也称作当前进程。此时当前进程的程序在 CPU 上执行，它真正是活动的。

（2）运行→阻塞

正在运行的进程因某种条件未满足而放弃对 CPU 的占用，如该进程要求读入文件中的数据，在数据读入内存之前，该进程无法继续执行下去。它只好放弃 CPU，等待读文件这一事件的完成。这个进程的状态就由运行态变为阻塞态。不同的阻塞原因对应不同的阻塞队列。就好像排队买火车票那样，不同车次对应不同的队列（窗口）。

（3）阻塞→就绪

处于阻塞状态的进程所等待的事件发生了，如读数据的操作完成，系统就把该进程的状态由阻塞态变为就绪态。此时该进程就从阻塞队列中出来，进入就绪队列中，然后与就绪队列中的其他进程竞争 CPU。

（4）运行→就绪

正在运行的进程如用完了本次分配给它的 CPU 时间片，它就得从 CPU 上退下来，暂停运行。该进程的状态就由运行态变为就绪态，以后进程调度程序选中它，它就又可以继续运行了。

2.2.2　进程的组成

1. 进程映像

进程的活动是通过在 CPU 上执行一系列程序和对相应数据进行操作来体现的，因此，程序和数据是组成进程的实体。但这二者仅是静态的文本，没有反映其动态特性。为此，还需要有一个数据结构描述进程当前的状态、本身的特性、对资源的占用及调度信息等。这种数据结构称为进程控制块（Process Control Block, PCB）。此外，程序的执行过程必须包含一个或多个栈，用来保存过程调用和相互传送参数的踪迹。栈按“后进先出”（LIFO）的方式操作。所以，进程映像通常就由程序、数据集合、栈和 PCB 等 4

部分组成。图2-7示出进程的一般组成模型。进程的这四部分构成进程在系统中存在和活动的实体。

2. 进程控制块的组成

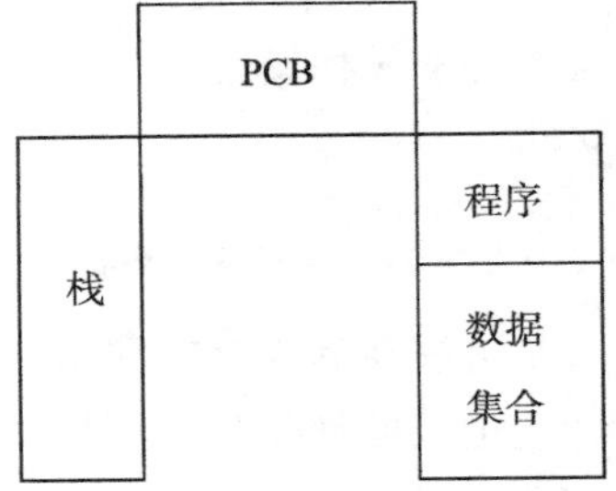

图2-7　进程映像模型

进程控制块有时也称为进程描述块（Process Descriptor），它是进程组成中最关键的部分，其中含有进程的描述信息和控制信息，是进程动态特性的集中反映，是系统对进程施行识别和控制的依据。在不同的系统中，PCB的具体组成成分是不同的。在简单操作系统中它较小；在大型操作系统中它很复杂，设有很多信息项。总的来说，进程控制块一般应包括如下内容：

1）进程名。它是唯一的标志对应进程的一个标识符或数字。有的系统利用进程标识符作为进程的外部标志，用进程标志数（在一定数值范围内的进程编号）作为进程的内部标志。

2）特征信息。包括是系统进程还是用户进程、进程实体是否常驻内存等信息。

3）进程状态信息。表明该进程的执行状态是运行态、就绪态还是阻塞态。

4）调度优先权。表示进程获取CPU的优先级别。当多个就绪进程竞争CPU时，系统一般让优先权高的进程先占用CPU。

5）通信信息。反映该进程与哪些进程有什么样的通信关系，如等待哪个进程的信号等。

6）现场保护区。当对应进程由于某个原因放弃使用CPU时，需要把它的一部分与运行环境有关的信息保存起来，以便在重新获得CPU后能恢复正常运行。通常被保护的信息有程序计数器、程序状态字、各工作寄存器的内容等。

7）资源需求、分配和控制方面的信息。例如进程所需要或占有的I/O设备、磁盘空间、数据区等。

8）进程实体信息。指出该进程的程序和数据的存储情况，例如在内存或外存的地址、大小等。

9）族系关系。反映父子进程的隶属关系。

10）其他信息。如文件信息、工作单元等。

3. 进程控制块的作用

如上所述，进程控制块是进程映像中最关键的组成部分，每个进程有唯一的进程控制块。操作系统根据PCB对进程实施控制和管理。例如，当进程调度程序执行进程调度时，它从各就绪进程的PCB中找出其调度优先级；按照某种算法从中选出一个进程，再根据该进程的PCB中保留的现场信息，恢复该进程的运行现场；进程运行中与其他进程的同步、通信，要使用PCB中的通信信息；进程对资源的需求、分配等方面的信息要从PCB中查找；进程使用文件的情况要记录在PCB中；当进程因某种原因而暂停运行时，其断点现场信息要保存在PCB中。可见，在进程的整个生命期中，系统对进程的控制和管理是通过 PCB 实现的。

进程的动态、并发等特征是利用 PCB 表现出来的。若没有进程控制块，则多道程序环境中的程序（和数据）是无法实现并发的。

当系统创建了一个新进程时，就为它建立一个 PCB；当进程终止后系统回收其 PCB，该进程在系统中就不存在了。所以，PCB 是进程存在的唯一标志。

2.2.3 进程组织方式

系统中有许多进程。处于就绪状态和阻塞状态的进程可分别有多个，而阻塞的原因又可以各不相同。为了对所有进程进行有效的管理，往往将各进程的 PCB 用适当的方式组织起来。一般说来，有以下几种组织方式：线性方式、链接方式和索引方式。

1. 线性方式

线性方式最简单，也最容易实现。如图 2-8 所示。操作系统预先确定整个系统中同时存在的进程的最大数目，比如 n，然后静态分配空间，把所有进程的 PCB 都放在这个表中。这种方式存在的主要问题是限定了系统中同时存在的进程的最大数目。当很多用户同时上机时，会造成无法为用户创建新进程的情况。更严重的缺点是：在执行 CPU 调度时，为选择合理的进程投入运行，经常要对整个表进行扫描，降低了调度效率。

图 2-8 PCB 线性队列示意图

2. 链接方式

链接方式是经常采用的方式，其原理是：按照进程的不同状态将其分别放在不同的队列中，如图 2-9 所示。在单 CPU 情况下，处于运行态的进程只有一个，可以用一个指针指向它的 PCB。处于就绪态的进程可以是若干个，它们排成一个（或多个）队列，通过 PCB 结构内部的拉链指针把同一队列的 PCB 链接起来。该队列的第一个 PCB 由就绪

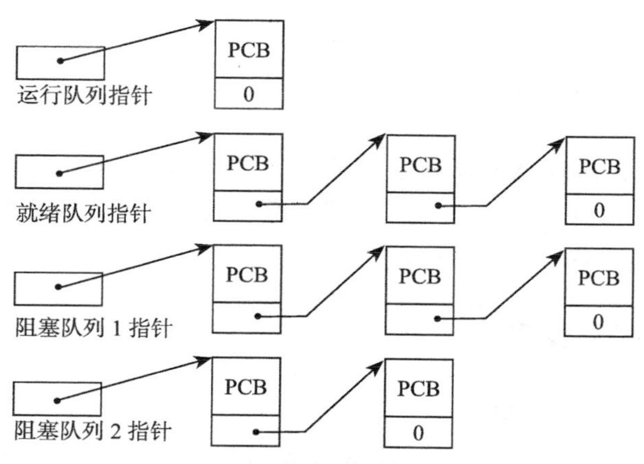

图 2-9 PCB 链接队列示意图

队列指针指向，最后一个PCB的拉链指针置为0，表示结尾。CPU调度程序把第一个PCB由该队列中摘下（设只有一个队列），令其投入运行。新加入就绪队列的PCB插入队列尾部（按先进先出的策略）。阻塞队列可以有多个，各对应不同的阻塞原因。当某个等待条件得到满足时，则可以把对应阻塞队列上的PCB送到就绪队列中，正在运行的进程如出现所需的某些资源未得到满足的情况，就变为阻塞态，加入相应阻塞队列。

其实，就绪队列往往按进程的优先级的高低分成多个队列，具有同一优先级的进程的PCB排在一个队列上。

3. 索引方式

索引方式是利用索引表记载相应状态进程的PCB地址，也就是说，系统建立几张索引表，各自对应进程的不同状态，如就绪索引表、阻塞索引表等。状态相同的进程的PCB组织在同一索引表中，每个索引表的表目中存放该PCB的地址。各索引表在内存的起始地址放在专用的指针单元中。图2-10给出PCB的索引结构示意图。

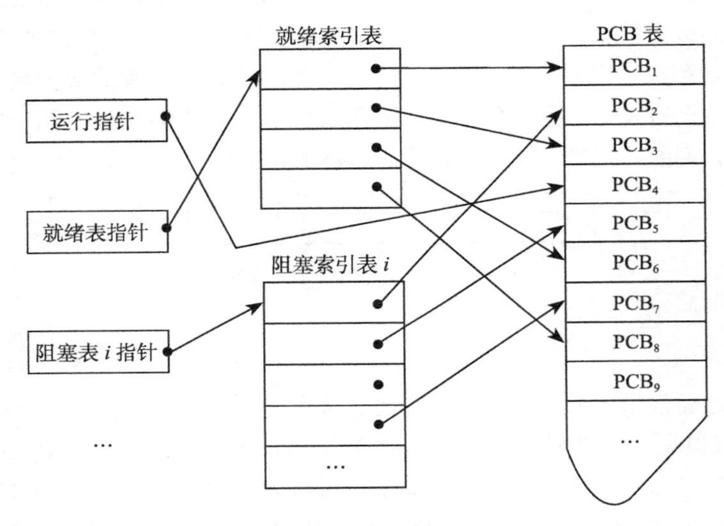

图2-10　PCB索引结构示意图

2.3　进程管理和有关命令

进程是有生命期的动态过程，核心能对它们实施管理，这主要包括：创建进程、撤销进程、挂起进程、恢复进程、改变进程优先级、封锁进程、唤醒进程、调度进程等。下面介绍几个基本的进程管理功能和有关命令。

2.3.1　进程图和进程管理

1. 进程图（Process Graph）

就如同人类的族系一样，系统中众多的进程也存在族系关系：由父进程创建子进程，子进程再创建子进程……从而构成一棵树形的进程族系图，如图 2-11 所示。图中结点代表进程。

如前所述，开机后，首先引导操作系统，把它装入内存。之后生成第一个进程（在 UNIX 中称作 0# 进程），由它创建 1# 进程及其他核心进程；然后 1# 进程又为每个终端创建命令解释进程（shell 进程）；用户输入命令后又创建若干进程。这样便形成了一棵进程树。树的根结点（即第一个进程 0#）是所有进程的祖先。上一层结点对应的进程是其直接相连的下一层结点对应进程的父进程，如 1# 进程是 P_{2a}、P_{2i}、P_{2n} 这些进程的父进程。

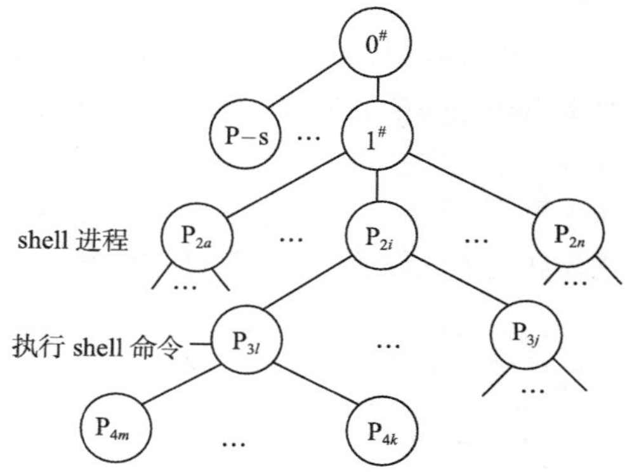

图 2-11　进程创建的层次关系

2. 进程创建

一个进程可以动态地创建新进程，前者称作父进程，后者称作子进程。引发创建进程的事件通常是调度新的批作业、交互式用户登录、操作系统提供服务和现有进程派生新进程。

创建新进程时要执行创建进程的系统调用（如 UNIX/Linux 系统中的 fork），其主要操作过程有如下四步：

1）申请一个空闲的 PCB。从系统的 PCB 表中找出一个空闲的 PCB 项，并指定唯一的进程标识号 PID（即进程内部名）。

2）为新进程分配资源。根据调用者提供的所需内存的大小，为新进程分配必要的内存空间，存放其程序和数据及工作区。

3）将新进程的 PCB 初始化。根据调用者提供的参数，将新进程的 PCB 初始化。这些参数包括新进程名（外部标识符）、父进程标识符、处理机初始状态、进程优先级、本进程开始地址等。一般将新进程状态设置为就绪状态。

4）将新进程加入就绪队列中。一个进程派生新进程后，有两种可能的执行方式：

① 父进程和子进程同时（并发）执行。

② 父进程等待它的某个或全部子进程终止。

建立子进程的地址空间也有两种可能的方式：

① 子进程复制父进程的地址空间。

② 把程序装入子进程的地址空间。

不同的操作系统采用不同的实现方式来创建进程。例如在 UNIX 系统中，每个进程有唯一的进程标识号（即 PID）。父进程利用 fork 系统调用来创建新进程。父进程创建子进程时，将自己的地址空间制作一个副本，其中包括 user 结构、正文段、数据段、用户栈和系统栈。这种机制使得父进程很容易与子进程通信。两个进程都可以继续执行 fork 系统调用之后的指令，但有一个差别：fork 的返回值（即子进程的 PID）大于 0 时，表示父进程在执行；等于0时，表示子进程在执行；而为 -1 时表示 fork 调用出错。Linux 系统中也采用这种方式。

子进程被创建后，一般使用 execlp 系统调用—— 用一个程序（如可执行文件）取代原来内存空间中的内容，然后开始执行。此后，两个进程就各行其道了。父进程可以创建多个子进程。当子进程运行时，如果父进程无事可做，就执行 wait 系统调用，把自己插入阻塞（睡眠）队列中，等待子进程的终止。下面这个 C 程序展示了 Linux 系统中父进程创建子进程及各自分开活动的情况。

```
#include  <unistd.h>
#include  <sys/types.h>
#include  <stdio.h>
int main(int argc,char *argv[])
{
    int pid;
    pid=fork();                        /* 创建另一个进程 */
    if (pid<0) {                       /* 出错 */
        fprintf(stderr, "Fork Failed");
        exit(-1);
    }
    else if (pid == 0) {                /* 子进程 */
        execlp( "/bin/ls", "ls",NULL);
    }
    else {                               /* 父进程 */
        wait(NULL);                      /* 父进程等待子进程终止 */
        printf( "Child Complete" );
        exit(0);
    }
}
```

相反，DEC VMS 操作系统创建新进程后，就把一个指定的程序装入该进程的空间中，然后开始运行。而 Microsoft Windows NT 操作系统支持这两种方式：把父进程的地址空间复制给子进程，或者把指定的程序装入新进程的地址空间。

3. 进程终止

当一个进程完成自己的任务后要终止自己，这是正常终止；如果在运行期间由于出现某些错误和故障而被迫终止，这是非正常终止。也可应外界的请求（如父进程请求）而终止进程。

一旦系统中出现要求终止进程的事件后，便调用进程终止原语。终止进程的主要操作过程是：

1）从系统的 PCB 表中找到指定进程的 PCB。若它正处于运行态，则立即终止该进程的运行。

2）回收该进程所占用的全部资源。

3）若该进程还有子孙进程，则还要终止其所有子孙进程，回收它们所占用的全部资源。

4）释放被终止进程的 PCB，并从原来队列中摘走。

4. 进程阻塞

正在运行的进程因提出的服务请求未被操作系统立即满足，或者所需数据尚未到达等原因，只能转变为阻塞态，等待相应事件出现后再把它唤醒。

正在运行的进程通过调用阻塞原语（如 UNIX / Linux 系统的 sleep），**主动地**把自己阻塞。进程阻塞的过程如下：

1）立即停止当前进程的执行。

2）将现行进程的 CPU 现场送到该进程的 PCB 现场保护区中保存起来，以便将来重新运行时恢复此时的现场。

3）把该进程 PCB 中的现行状态由“运行”改为“阻塞”，把它插入具有相同事件的阻塞队列中。

4）然后转到进程调度程序，重新从就绪队列中挑选一个合适进程投入运行。

5. 进程唤醒

当阻塞进程所等待的事件出现时（如所需数据已到达，或者等待的 I/O 操作已经完成），则由另外的、与阻塞进程相关的进程（如完成 I/O 操作的进程）调用唤醒原语（如 UNIX /Linux 系统的 wakeup），将等待该事件的进程唤醒。可见，阻塞进程不能唤醒自己。

唤醒原语执行过程如下：

1）首先把被阻塞进程从相应的阻塞队列中摘下。

2）将现行状态改为就绪态，然后把该进程插入就绪队列中。

3）如果被唤醒进程比运行进程有更高的优先级，则设置重新调度标志。

阻塞原语与唤醒原语恰好是一对相反的原语：调用前者是自己去“睡眠”，调用后者是把“别人”唤醒。使用时也要成对，前边有“睡”的，后边要有“叫醒”的。否则，前者就要“长眠”了。

6. 进程映像的更换

子进程被创建之后，通常处于“就绪态”，之后被进程调度程序选中才可以运行，即取得 CPU 的控制权。在有些系统（如 UNIX/Linux）中，由于创建子进程时是把父进程的映像复制给子进程，所以父子进程的映像基本相同。如果子进程不改变自己的映像，就必然重复父进程的过程。这不是我们所要求的。为此，要改变子进程的映像，使它执行自己的特定程序。

改变进程映像的工作很复杂，其主要过程如下：

1）释放子进程原来的程序和数据所占用的内存空间。

2）从磁盘上找出子进程所要执行的程序和数据（通常以可执行文件的形式存放）。

3）分配内存空间，装入新的程序和数据。

4）为子进程建立初始的运行环境——主要是对各个寄存器初始化，返回到用户态，运行该进程的程序。

应当指出，以上几个进程管理原语是基本的功能性描述，其在不同的操作系统中有不用的实现方式。

2.3.2　Linux 进程管理

Linux 是一个多用户多任务的操作系统，这意味着多个用户可以同时使用它，而且每个用户可以同时运行多个命令。在这样的系统中，各种计算机资源（如文件、内存、CPU 等）都是以进程为单位进行管理的。为了协调多个进程对这些共享资源的访问，操作系统要跟踪所有进程的活动及它们对系统资源的使用情况，对进程和资源实施动态管理。

1. Linux 进程状态

在 Linux 系统中，进程有下述 5 种状态：

1）运行态（TASK_RUNNING）。此时，进程正在运行（即系统的当前进程）或准备运行（即就绪态）。当前进程由运行指针所指向。

2）可中断等待态（TASK_INTERRUPTIBLE）。此时进程处于“浅度”睡眠——等待一个事件的发生或某种系统资源，它能够被信号或中断唤醒。当所等待的资源得到满足时，它也被唤醒。

3）不可中断等待态（TASK_UNINTERRUPTIBLE）。进程处于“深度”睡眠的等待队列中，不能被信号或中断唤醒，只有所等待的资源得到满足时才能被唤醒。

4）停止态（TASK_STOPPED）。通常由于接收一个信号，致使进程停止。正在被调试的进程可能处于停止态。

5）僵死态（TASK_ZOMBIE）。由于某些原因，进程被终止了，但是该进程的控制结构 task_struct 仍然保留着。

图 2-12 示出 Linux 系统中进程的状态及其变化。

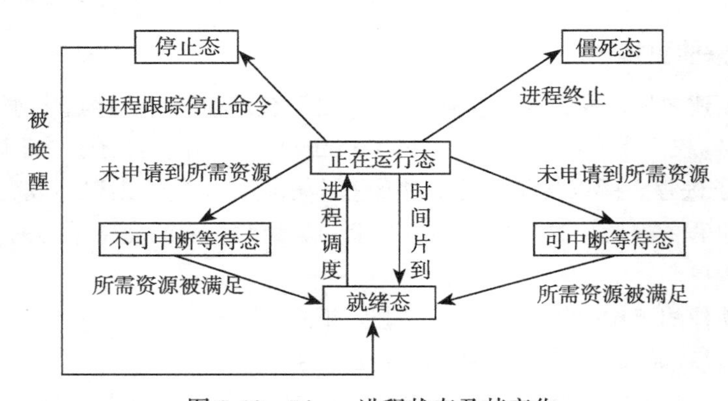

图 2-12　Linux 进程状态及其变化

2. 进程的运行模式和类型

在 Linux 系统中，进程的运行模式划分为用户模式和内核模式。如果当前运行的是用户程序、应用程序或者内核之外的系统程序，那么对应进程就在用户模式下运行；如果在用户程序执行过程中出现系统调用或者发生中断事件，就要运行操作系统（即核心）程序，进程模式就变成内核模式。在内核模式下运行的进程可以执行机器的特权指令，而且，此时该进程的运行不受用户的干预，即使是root用户也不能干预内核模式下进程的运行。

按照进程的功能和运行的程序来分，Linux进程分为两大类型：一类是系统进程，其只运行在内核模式，执行操作系统代码，完成一些管理性的工作，如内存分配和进程切换等。另一类是用户进程，通常在用户模式下执行，并通过系统调用或在出现中断、异常时进入内核模式，如为执行用户程序所建立的进程、执行shell命令的进程等。可见，用户进程既可以在用户模式下运行，也可以在内核模式下运行，如图2-13所示。

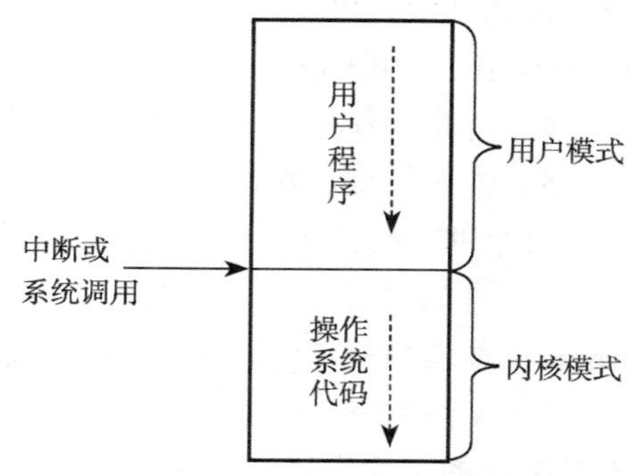

图2-13 用户进程的两种运行模式

3. Linux进程结构

（1）task_struct结构

Linux系统中的每个进程都有一个名为task_struct的数据结构，它相当于“进程控制块”。系统中有一个进程向量数组task，其长度默认值是512B，数组的元素是指向task_struct结构的指针。在创建新进程时，Linux就从系统内存中分配一个task_struct结构，并把它的首地址加入task数组。当前正在运行的进程的task_struct结构用current指针指示。

下面给出task_struct结构的简要定义：

```
struct  task_struct {
    volatile long state;                    //进程的运行时状态
    unsigned int flags;                     //进程当前的状态标志
    unsigned int rt_priority;               //进程的运行优先级
    struct mm_struct *mm;                   // mm_struct 结构体记录了进程内存使用情况
    pid_t pid;                              //进程号
    pid_t tgid;                             //进程组号
    struct task_struct *parent;             //该进程现在的父进程
    struct list_head children;              //该进程孩子的链表
    struct list_head sibling;               //该进程兄弟的链表
    cputime_t utime, stime;                 //该进程使用CPU时间的信息
    struct timespec start_time;             //启动时间
    int link_count, total_link_count;       //文件系统信息计数
    struct thread_struct thread;            //该进程在特定CPU下的状态
    struct fs_struct *fs;                   //指向该进程与文件系统相关信息结构体的指针
    struct files_struct *files;             //指向该进程打开文件的相关信息结构体的指针
    struct signal_struct *signal;           //信号相关信息的句柄
    …
};
```

从上述定义中可以看出，task_struct 结构包含下列信息：

1）进程状态。

2）调度信息。调度算法利用这个信息来决定系统中的哪一个进程需要执行。

3）标识符。系统中每个进程都有唯一的一个进程标识符（PID）。PID 并不是指向进程向量的索引，仅仅是一个数字而已。每个进程还包括用户标识符（UID）和用户组标识符（GID），用来确定进程对系统中文件和设备的存取权限。

4）内部进程通信。Linux 系统支持信号、管道、信号量等内部进程通信机制。

5）链接信息。在 Linux 系统中，每个进程都与其他进程存在联系。除初始化进程外，每个进程都有父进程。该链接信息包括指向父进程、兄弟进程和子进程的指针。

6）时间和计时器。内核要记录进程的创建时间和进程运行所占用的 CPU 时间。Linux 系统支持进程的时间间隔计时器。

7）文件系统。进程在运行时可以打开和关闭文件。task_struct 结构中包括指向每个打开文件的文件描述符的指针，并且包括两个指向 VFS（虚拟文件系统）索引节点的指针。第一个索引节点是进程的根目录，第二个节点是当前的工作目录。两个 VFS 索引节点都有一个计数字段，该计数字段记录访问该节点的进程数。

8）虚拟内存。大多数进程都使用虚拟内存空间。Linux 系统必须了解如何将虚拟内存映射到系统的物理内存。

9）处理器信息。每个进程运行时都要使用处理器的寄存器及堆栈等资源。当一个进程挂起时，所有有关处理器的内容都要保存到进程的 task_struct 中。当进程恢复运行时，所有保存的内容再装入处理器中。

（2）进程系统堆栈

在 Linux 系统中，每个进程都有一个系统堆栈，用来保存中断现场信息和进程进入内核模式后执行子程序（函数）嵌套调用的返回现场信息。每个进程的系统堆栈和 task_struct 数据结构之间存在紧密联系，因而二者物理存储空间也连在一起，如图 2-14 所示。

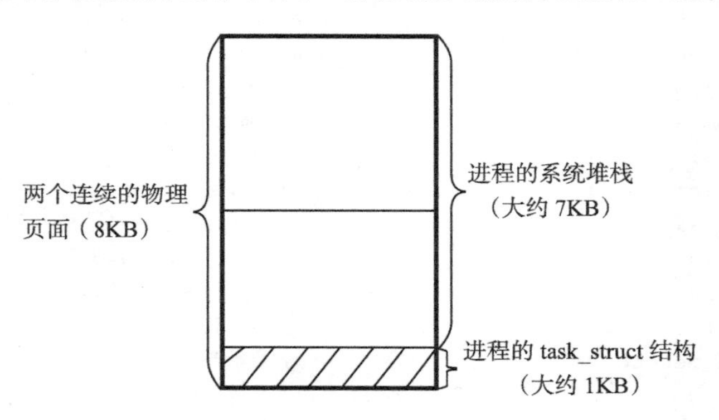

图 2-14 进程的系统堆栈和 task_struct 结构

由图 2-14 可以看出，内核在为每个进程分配 task_struct 结构的内存空间时，实际上是一次分配两个连续的内存页面（共 8KB），其底部约 1KB 的空间用于存放 task_struct 结构，而上面的约 7KB 的空间用于存放进程核心空间堆栈。

另外，核心空间堆栈的大小是静态确定的，而用户空间堆栈可以在运行时动态扩展。

2.3.3 有关进程操作的命令

在 Linux 中，通常执行任何一个命令都会创建一个或多个进程，即命令是通过进程实现的。当进程完成了预期的目标，自行终止时，该命令也就执行完了。不但用户可以创建进程，系统程序也可以创建进程。可以说，一个运行着的操作系统就是由许许多多的进程组成的。下面介绍几条有关进程操作的主要命令。

1. ps 命令

ps 命令是查看进程状态最常用的命令，它可以提供关于进程的许多信息。可以根据显示的信息确定哪个进程正在运行，哪个进程是被挂起或出了问题，进程已运行了多久，进程正在使用的资源，进程的相对优先级及进程的标志号（PID）。所有这些信息对用户都很有用，对于系统管理员来说更为重要。ps 命令的一般格式是：

```
ps  [选项]
```

例如，不带选项的 ps 命令可以列出每个与当前 shell 有关的进程的基本信息：

```
$ ps
PID    TTY          TIME       CMD
1788   pts/1        00:00:00   bash
1822   pts/1        00:00:00   ps
```

其中，各字段的含义如下：

- PID：进程标志号。
- TTY：该进程建立时所对应的终端，“?”表示该进程不占用终端。
- TIME：报告进程累计使用的 CPU 时间，其格式为“小时：分：秒”。注意，尽管有些命令（如 sh）已经运转了很长时间，但是它们真正使用 CPU 的时间往往很短。所以，该字段的值往往是 00:00:00。
- CMD：执行进程的命令名。

ps 常用选项有：

- -a：显示系统中与 tty 相关的（除会话组长之外）所有进程的信息。
- -e：显示所有进程的信息。
- -f：显示进程的所有信息。
- -l：以长格式显示进程信息。
- -r：只显示正在运行的进程的简要信息。
- -u：显示面向用户的格式（包括用户名、CPU 及内存使用情况等信息）。
- -x：显示所有终端上的进程信息。

例如，下面的命令行可以显示系统中所有进程的全面信息：

```
$ ps  -ef
```

```
UID        PID  PPID  C  STIME   TTY     TIME      CMD
root         1     0  1  20:42   ?       00:00:05  init [5]
root         2     1  0  20:42   ?       00:00:00  [keventd]
root         3     1  0  20:42   ?       00:00:00  [ksoftirqd_CPU0]
…
mengqc    1823  1788  0  21:39   pts/1   00:00:00  ps -ef
```

与不带参数的ps命令显示结果相比，新出现的字段的含义是：

- UID：进程属主的用户ID号。
- PPID：父进程的ID号。
- C：进程最近使用CPU的估算。
- STIME：进程开始时间，以“小时 : 分”的形式给出。

使用下面的命令行可以显示所有终端上全部用户的有关进程的所有信息：

```
$ ps  -aux
USER   PID  %CPU  %MEM   VSZ   RSS  TTY    STAT START  TIME  COMMAND
root    1    0.6   0.1   1500   496  ?      S    20:42  0:05  init [5]
root    2    0.0   0.0      0     0  ?      SW   20:42  0:00  [kflushd]
root    3    0.0   0.0      0     0  ?      SWN  20:42  0:00  [ksoftirqd_CPU0]
   ……
mengqc 1824 0.0    0.3   2716   784  pts/1  R  20:45  0:00   ps -aux
```

注意，其中TIME的格式采用简略形式，即“分：秒”。

在上面运行结果中列出的进程信息包含了一些新的项，它们的含义是：

- USER：启动进程的用户。
- %CPU：运行该进程占用CPU的时间与该进程总的运行时间的比例。
- %MEM：该进程占用内存和总内存的比例。
- VSZ：虚拟内存的大小，以KB为单位。
- RSS：占用实际内存的大小，以KB为单位。
- STAT：进程的运行状态，其中包括以下几种代码。
  - D：不可中断的睡眠。
  - R：执行。
  - S：睡眠。
  - T：跟踪或停止。
  - Z：终止。
  - W：没有内存驻留页。
  - <：高优先权的进程。
  - N：低优先权的进程。
  - L：有锁入内存的页面（用于实时任务或I/O任务）。
- START：开始运行的时间。

2. kill命令

kill命令用来终止一个进程的运行。通常，终止一个前台进程可以使用Ctrl+C键，但是，对于一个后台进程就须用 kill 命令来终止。kill 命令是通过向一个进程发送指定的信号来结束相应进程的。在默认情况下，采用编号为 15 的 TERM 信号。TERM 信号将终止所有不能捕获该信号的进程。对于那些可以捕获该信号的进程，就要用编号为 9 的 kill 信号强行“杀掉”该进程。

kill 命令的一般格式是：

```
kill  [-s  信号 |-p ] [-a] 进程号…
kill  -l [ 信号 ]
```

其中，各选项的含义如下：

- -s ：指定需要发送的信号，既可以是信号名（如 kill），也可以是对应信号的号码（如 9）。
- -p：指定 kill 命令只是显示进程的 PID（进程标志号），并不真正发出结束信号。
- -l：显示信号名称列表，这也可以在 /usr/include/linux/signal.h 文件中找到。

使用时应注意：

1）kill 命令可以带信号号码选项，也可以不带。如果没有信号号码，kill 命令就会发出终止信号（15），这个信号可以被进程捕获，使得进程在退出之前可以清理并释放资源。也可以用 kill 向进程发送特定的信号。例如 `kill  -s 2  123`，它的效果等同于：当在前台运行 PID 为 123 的进程时，按下 Ctrl+C 键。但是，普通用户只能使用不带信号（signal）参数的 kill 命令或仅仅用信号 9 作参数。

2）kill 可以用进程 PID 作为参数。当用 kill 向由 PID 指定的进程发送信号时，发出该命令的必须是建立这些进程的主人。如果试图撤销一个没有权限撤销的进程或撤销一个不存在的进程，就会得到一个错误信息。

3）可以向多个进程发信号或终止它们。

4）当 kill 成功地发送了信号后，shell 会在屏幕上显示进程的终止信息。有时这个信息不会马上显示，只有当按下 Enter 键使 shell 的命令提示符再次出现时，才会显示出来。

5）应注意，信号使进程强行终止，这常会带来一些副作用，如数据丢失或者终端无法恢复到正常状态。发送信号时必须小心，只有在万不得已时才用 kill 信号（9），因为进程不能首先捕获它。

要撤销所有的后台作业，可以输入 kill 0。因为有些在后台运行的命令会启动多个进程，跟踪并找到所有要杀掉的进程的 PID 是一件很麻烦的事情。这时，使用 `kill 0` 来终止所有由当前 shell 启动的进程，是一个有效的方法。

例如，一般可以用 kill 命令来终止一个已经挂起的进程或者一个陷入死循环的进程。首先执行以下命令：

```
$ find  /  -name  core  -print > /dev/null 2>&1&
```

这是一条后台命令，执行时间较长。其功能是：从根目录开始搜索名为 core 的文件，将结果输出（包括错误输出）都定向到 /dev/null 文件。现在决定终止该进程。为此，运行 ps 命令来查看该进程对应的 PID。例如，该进程对应的 PID 是 1651，现在可用 kill 命令“杀死”这个进程：

```
$ kill  1651
```

再用 ps 命令查看进程状态时就可以看到，find 进程已经不存在了。

3. sleep 命令

sleep 命令的功能是使进程暂停执行一段时间。其一般使用格式是：

```
sleep  时间值
```

其中，“时间值”参数以秒为单位，即让进程暂停由时间值所指定的秒数。此命令大多用于 shell 程序设计中，使两条命令在执行之间停顿指定的时间。

例如，下面的命令使进程先暂停 100 秒，然后查看用户 mengqc 是否在系统中：

```
$ sleep  100; who | grep 'mengqc'
```

4. pstree 命令

在 Linux 系统中，每一个进程都是由其父进程创建的（系统的根进程 $0^{\#}$ 除外）。利用 pstree 命令可将系统中各进程间的关系以进程的树状图展示出来。如果指定了 PID，那么树的根就是该 PID，否则树的根将会是初始进程 init。

5. top 命令

top 命令可以监视系统中不同进程所使用的资源。它提供实时的系统状态信息。显示进程的数据包括 PID、进程属主、优先级、%CPU、%memory 等。

6. nice 命令

每一个进程都有一个优先数，Linux 内核用它来给进程分派 CPU 的时间。优先数根据进程自上一次占用 CPU 到现在过了多长时间以及 nice 值来确定，nice 值是 −20 至 19 之间的数。nice 值越高，命令的优先级就越低。Linux 内核进行进程调度时，总是先调度优先级高的就绪进程。反过来，一个就绪进程的优先级低，它就被排在后面。

nice 命令通常用于降低一个进程的优先级。当你在处理一项耗时较多，并且不太紧急的任务时，就可以用 nice 命令降低对系统的要求。例如，一个程序需要很长的运行时间，大大超过一般优先级运行的程序，那么就可以在后台运行该程序，并且降低其优先级。

用户可以利用 nice 命令设定进程的 nice 值。但一般用户只能设定正值，从而主动降低其优先级，只有特权用户才能把 nice 的值置为负数。

进程优先级可以通过 top 命令显示的 NI（nice value）列查看。

7. fg 命令和 bg 命令

有时命令需要很长的时间才能执行完成，对于这种情况，可以将任务放在后台执行。

其有两种方式，一个是在该命令行的末尾加上“&”符号；另一个是使用bg命令，如：

```
$ bg  %1
```

可把指定的作业1放入后台。如果没有指定作业号，就把当前作业放入后台。

前台进程使用fg命令，可以把一个在后台运行的进程调度到前台运行，例如：

```
$ fg  %1
```

把作业1从后台换到前台。默认时，把当前后台进程切换到前台。

2.3.4　有关进程管理的系统调用

1. 系统调用的使用方式

虽然在一般应用程序的编制过程中，利用系统提供的库函数就能很好地解决问题，但在处理系统底层开发、进程管理、资源分配等方面涉及系统内部操作的问题时，利用系统调用编程就很有必要，而且程序执行的效率会得到改进。

在UNIX/Linux系统中，系统调用和库函数都是以C函数的形式提供给用户的，它有类型、名称、参数，并且要标明相应的文件包含。例如，open系统调用可以打开一个指定文件，其函数原型说明如下：

```
#include <sys/types.h>
#include <sys/stat.h>
#include <fcntl.h>

int open(const char *path, int oflags);
```

不同的系统调用所需要的头文件（又称前导文件）是不同的。这些头文件中包含了相应程序代码中用到的宏定义、类型定义、全局变量及函数说明等。对C语言来说，这些头文件几乎总是保存在/usr/include及其子目录中。系统调用依赖于所运行的UNIX/Linux操作系统的特定版本，所用到的头文件一般放在/usr/include/sys或者/usr/include/linux目录中。

在C语言程序中，对系统调用的调用方式与调用库函数的方式相同，即调用时提供的实参的个数、出现的顺序和实参的类型应与原型说明中形参表的设计相同。例如，要打开在目录/home/mengqc下面的普通文件myfile1，访问该文件的模式为可读可写（用符号常量O_RDWR表示），则代码片段为：

```
int fd;
…
fd=open("/home/mengqc/myfile1",O_RDWR);
…
```

2. 有关系统调用的格式和功能

常用的有关进程管理的系统调用有fork、exec、wait、exit、getpid、sleep、nice等。表2-1列出了这些系统调用的格式和功能说明。

表 2-1　有关进程管理的系统调用的格式和功能说明

格　式	功　能
#include <unistd.h> #include <sys/types.h> pid_t fork(void);	创建一个子进程。pid_t 表示有符号整型量。若执行成功，在父进程中，返回子进程的 PID（进程标识符，为正值）；在子进程中，返回 0。若出错，则返回 -1，且没有创建子进程

#include <unistd.h>
#include <sys/types.h>
pid_t getpid(void);
pid_t getppid(void);
	getpid 返回当前进程的 PID，而 getppid 返回父进程的 PID

#include <unistd.h>
int execve(const char *path,char *const argv[],char *const envp[]);
int execl(const char *path, const char *arg,…);
int execlp(const char *file, const char *arg,…);
int execle(const char *path, const char *arg,…,char *const envp[]);
int execv(const char *path, char *const argv[]);
int execvp(const char *file, char *const argv[]);
	这些函数被称为“exec 函数系列”，其实并不存在名为 exec 的函数。只有 execve 是真正意义上的系统调用，其他都是在此基础上经过包装的库函数。该函数系列的作用是更换进程映像，即根据指定的文件名找到可执行文件，并用它来取代调用进程的内容。换句话说，即在调用进程内部执行一个可执行文件。其中，参数 path 是被执行程序的完整路径名；argv 和 envp 分别是传给被执行程序的命令行参数和环境变量；file 可以简单到仅仅是一个文件名，由相应函数自动到环境变量 PATH 给定的目录中去寻找；arg 表示 argv 数组中的单个元素，即命令行中的单个参数

#include <unistd.h>
void _exit(int status);
#include <stdlib.h>
void exit(int status);
	终止调用的程序（用于程序运行出错）。参数 status 表示进程退出状态（又称退出值、返回码、返回值等），它传递给系统，用于父进程恢复。_exit 函数比 exit 函数简单些，前者使得进程立即终止；后者在进程退出之前，要检查文件的打开情况，执行清理 I/O 缓冲的工作

#include <sys/types.h>
#include <sys/wait.h>
pid_t wait(int *status);
 	
pid_t waitpid(pid_t pid, int *status,int option);
	wait( ) 等待任何要僵死的子进程；有关子进程退出时的一些状态保存在参数 status 中。如成功，返回该终止进程的 PID；否则，返回 -1
	而 waitpid( ) 等待由参数 pid 指定的子进程退出。参数 option 规定了该调用的行为：WNOHANG 表示如没有子进程退出，则立即返回 0；WUNTRACED 表示返回一个已经停止但尚未退出的子进程的信息。可以对它们执行逻辑“或”操作

#include <unistd.h> unsigned int sleep(unsigned int seconds);	使进程挂起指定的时间，直至指定时间（由 seconds 表示）用完或者收到信号
#include <unistd.h> int nice(int inc);	改变进程的优先级。普通用户调用 nice 时，只能增加进程的优先数（inc 为正值）；只有超级用户才能减少进程的优先数（inc 为负数）。如成功，返回 0；否则，返回 -1

3. 应用示例

【例 2-1】 每个进程都有唯一的进程 ID 号（PID）。PID 通常在数值上逐渐增大。因此，子进程的 PID 一般要比其父进程大。当然，PID 的值不可能无限大，当它超过系统规定的最大值时，就反转回来使用最小的尚未使用的PID值。如果父进程死亡或退出，则子进程会被指定一个新的父进程 init（其PID为1）。

本程序利用 fork( ) 创建子进程，利用 getpid( ) 和 getppid( ) 分别获得进程的PID和父进程PID，使用 sleep( ) 将相关进程挂起几秒钟，利用 exit( ) 终止调用的程序。本程序的可执行文件名为 proc1。

```
/*proc1.c 演示有关进程操作 */
#include <unistd.h>
#include <sys/types.h>
#include <stdio.h>
#include <errno.h>

int main(int argc,char **argv)
{
    pid_t pid,old_ppid,new_ppid;
    pid_t child,parent;

    parent=getpid();                    /* 获得本进程的 PID*/
    if((child=fork())<0){
        fprintf(stderr,"%s:fork of child failed:%s\n",argv[0],strerror(errno));
        exit (1) ;
    }
    else if(child= =0){                 /* 此时是子进程被调度运行 */
        old_ppid=getppid();
        sleep (2) ;
        new_ppid=getppid();
    }
    else {
        sleep (1) ;
        exit(0);                    /* 父进程退出 */
    }
   /* 下面仅子进程运行 */
    printf("Original parent:%d\n",parent);
    printf("Child:%d\n",getpid());
    printf("Child's old ppid:%d\n",old_ppid);
    printf("Child's new ppid:%d\n",new_ppid);

    exit(0);
}
```

程序运行的结果如下：

```
$ ./proc1
Original parent:2009
Child:2010
Child's old ppid:2009
Child's new ppid:1
```

请读者根据输出结果自行分析程序的执行情况。注意，进程是并发执行的；当子进程被成功调度后，调度程序的返回值是0。

【例 2–2】 下面的程序展示用 kill 系统调用“杀掉”另一个进程的方式。本程序的可执行文件名为 proc2。源程序如下：

```
/*proc2.c——Killing other processes*/
#include <sys/types.h>
#include <sys/wait.h>
#include <signal.h>
#include <stdlib.h>
#include <stdio.h>
int main(void)
{
    pid_t child;
    int status,retval;

    if((child=fork())<0){                        /* 创建子进程 */
        perror("fork");
        exit(EXIT_FAILURE);
    }
    printf("Child's PID:%d\n",child);
    if(child==0){                                /* 子进程运行 */
        sleep(20);
        exit(EXIT_SUCCESS);
    }
    else {                                       /* 父进程运行 */
        if((waitpid(child,&status,WNOHANG))= =0){        /* 不等待，立即返回 0*/
            retval=kill(child,SIGKILL);          /* 杀掉子进程 */
            if(retval){
                puts("kill failed\n");
                perror("kill");
                waitpid(child,&status,0);
            }
            else  printf("%d killed\n",child);
        }
    }
    exit(EXIT_SUCCESS);
}
```

程序运行结果如下：

```
$ ./proc2
Child's PID:2061
2061 killed
```

读者想要了解有关系统调用处理的详细过程，请参见 3.8.2 节。

2.4　线程概念

在传统操作系统中，每个进程有一个地址空间、一条控制线索和一个程序计数器，所以在一个进程内部是顺序执行的。在这种环境下，进程这个活动实体兼有两个角色，即资源分配单位和调度运行单位。但在很多现代操作系统中，这两个角色被赋予两个实体：进程只作为资源拥有者，负责申请和占有所需的全部资源（除 CPU 外）；而参与调度和运行的职责赋予新的实体——线程（Thread）。

2.4.1 什么是线程

1. 线程概念

线程是进程中执行运算的最小单位，亦即执行处理机调度的基本单位。如果把进程理解为在逻辑上操作系统所完成的任务，那么线程表示完成该任务的许多可能的子任务之一。例如，用户启动了一个窗口中的数据库应用程序，操作系统把对数据库的调用表示为一个进程。该进程所完成的任务可以分为若干子任务，如用户利用数据库产生一份工资单报表，并传到一个文件中；在产生工资单报表的同时，又输入数据库查询请求。可以看出，这两个子任务是相互独立的，各自可以被单独调度、执行，于是就创建两个线程，各对应一个子任务。

在多处理器系统中，各个线程可以在单独的CPU上运行，从而大大提高了系统的效率。

引入线程概念的理由主要有：

1）使并行实体获得共享同一地址空间和所有可用数据的能力。如上所述，许多应用中会同时发生着多种活动，这些活动具有准并行（因为它们要共享同一进程的资源）和异步性的特点。在传统多进程模型中由于不同进程具有不同的地址空间，所以无法表达这种能力。通过将这些应用程序分解为多个线程，就使程序设计模型变得更简单了。

2）易于切换，代价低。由于线程具有少量私有资源（如thread结构、程序计数器、堆栈），不具有单独的地址空间，所以又把线程称为轻载进程（LWP）。这样，线程的创建、撤销等操作就比进程快得多。在许多系统中，创建一个线程要比创建一个进程快10～100倍。

3）可以改善系统的性能。如果存在大量的计算和I/O处理，采用多线程机制就允许这些活动彼此重叠进行，从而会加快应用程序的执行速度。

2. 线程的组成

每个线程有一个thread结构，即线程控制块，用于保存自己私有的信息，其主要由以下4个基本部分组成：

1）一个唯一的线程标识符。

2）描述处理器工作情况的一组寄存器（如程序计数器、状态寄存器、通用寄存器等）的内容。

3）每个thread结构有两个栈指针。一个指向核心栈，另一个指向用户栈。当用户线程转变到核心态方式下运行时，就使用核心栈；当线程在用户态下执行时，就使用自己的用户栈。

4）一个私有存储区，存放现场保护信息和其他与该线程相关的统计信息等。

thread结构如图2-15所示。

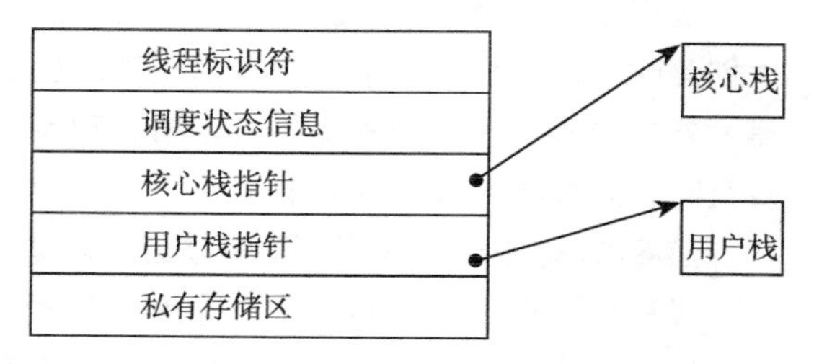

图2-15 thread结构示意图

线程必须在某个进程内执行。它所需

的其他资源，如代码段、数据段、打开的文件和信号等，都由它所属的进程拥有，即操作系统分配这些资源时以进程为单位。

一个进程可以包含一个线程或多个线程。其实，传统的进程就是只有一个线程的进程。当一个进程包含多个线程时，这些线程除拥有各自私有的少量资源外，它们还要共享所属进程的全部资源。图 2-16 为单线程和多线程的进程模型。

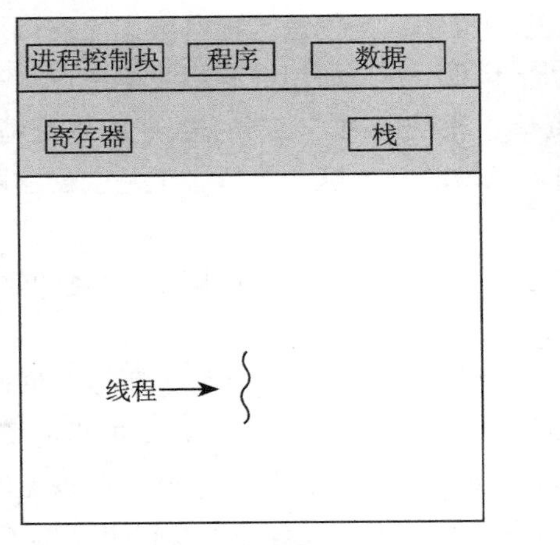

a）单线程

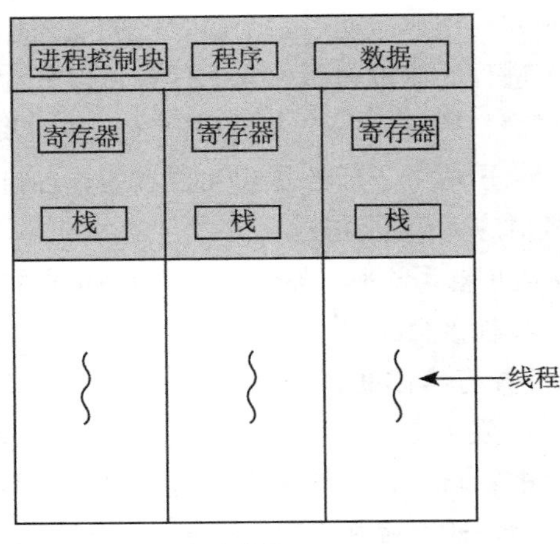

b）多线程

图 2-16　单线程和多线程的进程模型

3. 线程的状态

与进程相似，线程也有若干种状态，如运行状态、阻塞状态、就绪状态和终止状态。

运行状态：线程正在 CPU 上执行程序，真正处于活动状态。

就绪状态：线程具备运行条件，一旦分到 CPU，可以马上投入运行。

阻塞状态：线程正在等待某个事件发生。例如，一个线程执行一个系统调用，需要从键盘上读取数据，那么它就变为阻塞状态，直至数据输入完毕。当线程变为阻塞状态时，系统为它保存寄存器内容、程序计数器内容和栈指针等。然后，系统把处理器分配给另一个就绪线程。

终止状态：当一个线程完成任务后，它占用的寄存器和栈等私有资源会被系统回收，并重新分配给另外的线程。

线程是一个动态过程。它的状态转换是在一定的条件下实现的。通常，当一个新进程创建时，该进程的一个线程也被创建。以后，这个线程还可以在它所属的进程内部创建另外的线程，为新线程提供指令指针和参数，同时为新线程提供私有的寄存器内容和栈空间，并且放入就绪队列中。

当 CPU 空闲时，线程调度程序就从就绪队列中选择一个线程，令其投入运行。

线程在运行过程中如果需要等待某个事件，它就让出 CPU，进入阻塞状态。当该事件发生时，这个线程就从阻塞状态变为就绪状态。

4. 线程和进程的关系

1）一个进程可以有多个线程，但至少要有一个线程；而一个线程只能在一个进程的地址空间内活动。

2）资源分配给进程，同一进程的所有线程共享该进程的所有资源。

3）CPU分派给线程，即真正在CPU上运行的是线程。

4）线程在执行过程中需要协作同步。不同进程的线程间要利用消息通信的办法实现同步。

2.4.2 线程的实现方式

在很多系统中已经实现线程，如Solaris 2、Windows 2000、Linux及Java语言等。但是，它们实现的方式并不完全相同，主要有在用户空间实现和在核心空间实现两种实现方式。

1. 用户级线程

在这种方式下，整个管理线程的线程库放在用户空间，管理线程的工作全部由应用程序完成，核心对线程一无所知，只对常规进程实施管理。常见的用户线程库包括POSIX Pthreads、Mach C-threads和Solaris 2 UI-threads。图2-17a示出用户级线程的实现方式。

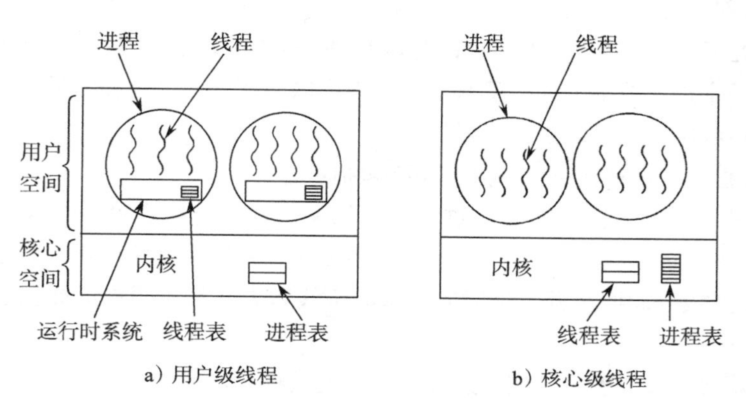

图2-17 在用户空间和核心空间实现线程

从图2-17a中可以看出，运行时系统由一系列过程组成，负责管理线程的创建、终止、等待等工作。所有线程运行在运行时系统的顶端。每个进程有一个私有的线程表，其中记载该进程中每个线程的情况。而在核心空间中有一个进程表，其中记载系统中各个进程的情况。

用户级线程方式的优点主要有：

1）线程切换速度很快，无须进行系统调度。这比使用系统调用并陷入到核心去处理要快得多。

2）调度算法可以是应用程序专用的。允许不同的应用程序采用适合自己要求的不同的调度算法，并且不干扰底层操作系统的调度程序。

3）用户级线程可以运行在任何操作系统上，包括不支持线程机制的操作系统。线程库是一组应用级的实用程序，所有应用程序都可共享。

用户级线程方式的主要缺点包括：

1）系统调用的阻塞问题。在典型的操作系统中，多数系统调用是阻塞式的。当一个线程执行系统调用时，不仅它自己被阻塞，而且在同一个进程内的所有线程都被阻塞。

2）在单纯用户级线程方式中，多线程应用程序不具有多处理器的优点。因为核心只为每个进程一次分配一个处理器，每次只有该进程的一个线程得以执行，在该线程自愿放弃 CPU 之前，该进程内的其他线程不会执行。

2. 核心级线程

在这种方式下，核心知道线程存在，并对它们实施管理。如图 2-17b 所示。线程表不在每个进程的空间中，而是在核心空间中。线程表中记载系统中所有线程的情况。当一个线程想创建一个新线程或者删除一个现有线程时，必须执行系统调用，后者通过更新核心空间的线程表来完成上述工作。线程表中的信息与用户级线程相同。另外，核心空间除保存一个线程表外，还保存一个传统的进程表，其中记载系统中所有进程的信息。核心进行调度时以线程为基本单位。

核心级线程方式的主要优点是：

1）在多处理器系统中，核心可以同时调度同一进程的多个线程，真正实现并行操作。

2）如果一个进程的某个线程阻塞了，核心可以调度同一个进程的另一个线程。

3）核心线程本身也可以是多线程的。

核心级线程方式也存在一些缺点，主要包括：

1）控制转移开销大。在同一个进程中，从一个线程切换到另一个线程时，须将运行模式切换到核心态。统计表明，在单 CPU 系统中，针对线程的创建、调度、执行直至完成的时间以及线程间同步开销的时间，核心级线程方式都比用户级线程方式高一个数量级。

2）调度算法由核心确定，应用进程无法影响线程的切换。

针对上述两种方式的优缺点，有些操作系统（如 Solaris 2）把用户级线程和核心级线程这两种方式结合在一起，从而取长补短。利用组合方式，同一个进程内的多个线程可在多个处理器上并行运行，且阻塞式系统调用不必将整个进程阻塞。所以，这种方式吸收了上述二者的优点，克服了各自的不足。

2.5　进程间的同步与互斥

如前所述，进程具有动态性和并发性。由于各个进程对资源的共享及为完成一项共同的任务需要彼此合作，便产生了进程间相互制约的关系。如果对进程的活动不加约束，就会使系统出现混乱，如多个进程的输出结果混在一起、数据处理的结果不唯一、系统中某些空闲的资源无法得到利用等。为了保证系统中所有进程都能正常活动，使程序的执行具有可再现性，就必须提供进程同步机制。

进程间的相互关系主要分为如下三种形式：

1）互斥。各个进程彼此不知道对方的存在，逻辑上没有关系，由于竞争同一资源（如打印机、文件等）而发生相互制约。

2）同步。各个进程不知对方的名字，但通过对某些对象（如I/O缓冲区）的共同存取来协同完成一项任务。

3）通信。各个进程可以通过名字彼此之间直接进行通信、交换信息、合作完成一项工作。

2.5.1 进程间的关系

1. 同步

在日常生活中，有许许多多的事情需要大家协同努力才能顺利完成。例如，在接力跑比赛中，运动员之间要配合默契，在接棒区，前一棒运动员把棒交给下面的运动员时不能犯规；在工业生产的流水作业过程中，每道工序都有自己的特定任务，它们协同工作才能完成产品的生产；在学校，完成一门功课的考试，教师把试卷发给学生，学生独立答卷，答完题或考试时间到，学生上交答卷，然后教师阅卷、评分、公布成绩。这类事例不胜枚举。

在计算机系统中，属于这种关系的进程也很多。例如，SPOOLing系统的输入功能可以由两个进程A和B完成，进程A负责从读卡机上把卡片上的信息读到一个缓冲区中，进程B负责把该缓冲区中的信息进行加工并写到外存输入井中。要实现二者的协同工作，两个进程必须满足如下制约关系：只有一个缓冲区中的内容被取完时，进程A才能向其中写入新信息；只有当写满该缓冲区时，进程B才能从中取出内容做进一步加工和转送工作。可见，在缓冲区的内容为空时，进程B不应继续运行，需要等待进程A向其中送入新信息；反之，当缓冲区中的信息尚未取走时，进程A应等待，防止把原有的信息冲掉而造成信息丢失的结果。

逻辑上相关的两个或多个进程为完成一项任务，通过协调活动来使用同一资源，而产生的执行时序的约束关系，称作**同步**。

可见，上面进程A和进程B就是一种同步关系。通过上面分析可以看出，同步进程在逻辑上是相关的，共同完成一项任务；协调使用同一资源，在执行时间的次序上有一定约束；虽然彼此不直接知道对方的名字，但知道对方的存在和作用；这是一种直接的制约关系。

2. 互斥

（1）互斥关系

在日常生活中，人与人之间还存在另一种形式的关系，就是竞争一个共用的事物，如汽车司机在交叉路口争用车道，飞机驾驶员在机场争用跑道，众多观众争用体育馆的卫生间，等等。这些人们本来完全独立，毫无关系，只是由于要使用同一资源而产生了相互制约。

在计算机系统中，进程之间通常也存在与此类似的制约关系，这是由于进程共享某些资源而引起的。例如系统中只有一台打印机，有两个进程都要使用。这两个进程对打印机的申请没有顺序关系，谁都可能先提出请求，而且彼此不知道对方的存在。

逻辑上彼此独立的两个或多个进程由于争用同一资源而发生的相互制约关系称作**互斥**。这种互斥关系不同于前面讲的同步关系，它们逻辑上彼此无关，运行不具有时间次序的特征，谁先向系统提出申请，谁就先执行；是因竞争资源发生的间接制约关系。

（2）互斥示例

在计算机系统中必须互斥使用的资源很多，如打印机、绘图机、磁带机等硬件资源和一些公用变量、表格、队列、数据等软件资源。下面考虑两个进程共用同一表格的例子。

假定进程Pa负责为用户作业分配打印机，进程Pb负责释放打印机。系统中设立一个打印机分配表，由各个进程共用。表2-2给出打印机分配表的情况。

Pa进程分配打印机的过程是：

1）逐项检查分配标识，找出标识为0的打印机号码。

2）把该打印机的分配标识置1。

3）把用户名和设备名填入分配表中相应的位置。

Pb进程释放打印机的过程是：

1）逐项检查分配表的各项信息，找出标识为1且用户名和设备名与被释放的名字相同的打印机编号。

2）将该打印机的标识清0。

3）清除该打印机的用户名和设备名。

如果进程Pb先执行，它释放用户Meng占用的第0号打印机，它的三步动作完成后，再执行Pa进程，就能按正常顺序对打印机进行释放和分配。也就是说，只要这两个进程对打印机分配表是串行使用的，那么结果就是正确的，不会出现什么问题。

由于进程Pa和Pb是平等、独立的，二者以各自的速度并发前进，所以它们的执行顺序有随机性。如果它们按以下次序运行，就会出现问题。

系统调度Pb运行：

1）查分配表，找到分配标识为1、用户名为Meng、设备名为PRINT的打印机，其编号为0。

2）将0号打印机的分配标识置为0。

接着，系统调度Pa运行：

1）查分配表中的分配标识，找到标识为0的第0号打印机的表项。

2）将分配标识置为1。

3）填入用户名Zhang和设备名LP。

然后，系统调度 Pb 继续执行：清除 0 号打印机的用户名 Zhang 和设备名 LP。

这样一来，打印机分配表中的数据就变成如表 2-3 所示的情况。

表 2-2 打印机分配表（初始情况）

打印机编号	分配标识	用户名	用户定义的设备名
0	1	Meng	PRINT
1	0		
2	1	Liu	OUTPUT

表 2-3 打印机分配表（出错情况）

打印机编号	分配标识	用户名	用户定义的设备名
0	1		
1	0		
2	1	Liu	OUTPUT

由于 0 号打印机的分配标识为 1，又没有用户名和用户定义的设备名，因此它无法被释放。此后，它就再也不能由进程 Pa 分给用户使用了。

两个或多个进程同时访问和操纵相同的数据时，最后的执行结果取决于进程运行的精确时序，这种情况称为竞争条件（Race Condition）。

可见，上述 Pa 和 Pb 对分配表的使用情况就符合竞争条件。为实现正确工作，必须采取其他措施。

2.5.2 竞争条件和临界区

很显然，包含有竞争条件的程序在运行时其结果不确定。实际上凡涉及共享内存、共享文件以及共享任何资源的情况都会引发因竞争条件而带来的错误。要避免这种错误，关键是找到某种途径来阻止一个以上的进程同时使用这种资源。也就是说，多个进程共享这种资源时必须互斥执行。

从 2.5.1 节中可看出，并发进程对共享资源的竞争形成各个进程的互斥关系。这些共享资源都具有一个共同的性质：一次仅允许一个进程使用。我们把这类共享资源称为*临界资源*（Critical Resource）。例如，打印机、扫描仪、刻录机、公共变量、表格、共用文件等资源都是临界资源。在每个进程中访问临界资源的那段程序称为*临界区*（Critical Section），简称 CS 区。例如，上节所提到的进程 Pa 和 Pb 的程序段都是 CS 区。

进程互斥进入临界区都要遵循一种通用模式：进入前要申请，获准后方可进入；执行后要退出，然后才可以执行其他代码。图 2-18 为典型进程进入临界区的一般结构。

```
do{
    入口区
    临界区
    退出区
    其余代码区
}while（1）;
```

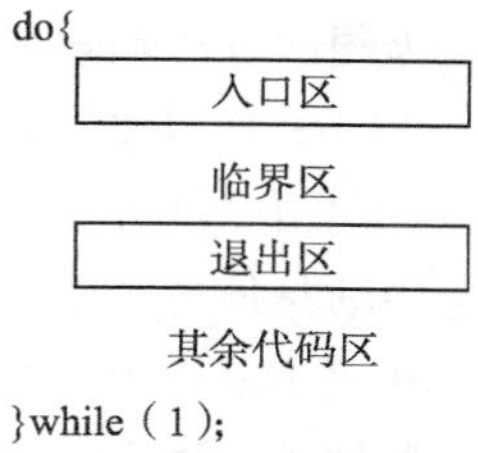

图 2-18 典型进程进入临界区的一般结构

为了避免竞争条件，使临界资源得到合理使用，就必须禁止两个或两个以上的进程同时进入临界区内。即欲进入临界区的若干进程要满足如下条件：

1）任何时候，处于临界区内的进程不可多于一个。如果已有进程进入自己的临界区，则其他所有试图进入临界区的进程必须等待，并且它们应让出 CPU，避免出现“忙等”现象。

2）如果若干进程要求进入空闲的临界区，则一次仅允许一个进程进入。

3）不能使进程无限期等待进入临界区。即：进入临界区的进程要在完成相应操作后及时退出，以便其他进程及时进入自己的临界区。另外，临界区外运行的进程不得阻塞其他进程。

4）不应对 CPU 的速度和数量进行任何假设。即：进程各自的前进速度具有不可预测性，不能预定进程被分配在哪个 CPU 上、在何时发生调度切换、在临界区中停留多长时间等。

图 2-19 为进程 A 和进程 B 互斥使用临界区的过程。

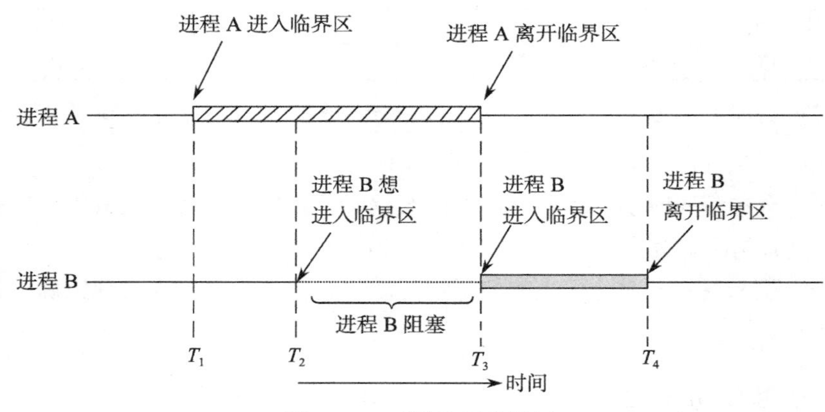

图 2-19　互斥使用临界区

互斥进程遵循上述准则，就能保证安全使用临界资源。由此可见，对系统中任何一个进程而言，它能否正常工作不仅与自身的正确性有关，而且与它在执行过程中能否与相关进程实施正确的同步和互斥有关。所以，解决进程间同步和互斥问题是十分重要的。

2.5.3　进程同步机制

1. 实现互斥方式

为了解决进程互斥进入临界区的问题，需要采取有效措施。从实现机制方面来说，分为硬件方法和软件方法。

（1）利用硬件方法解决进程互斥问题

利用硬件方法解决进程互斥问题有禁止中断和设置专用机器指令两种常见方式。禁止中断是使每个进程在进入临界区之后立即关闭所有的中断，在它离开临界区之前才重新开放中断。由于禁止中断，则时钟中断也被禁止，就不会把 CPU 切换到另外的进程。这种把关闭中断的权利交给用户进程的方法存在很大弊病：一旦某个进程关闭中断后，如果它不再开放中断，那么系统可能会因此而终止。

另一种方法是设置专用机器指令。很多计算机（特别是多处理器计算机）都有一条名为 TSL（Test and Set Lock，即测试并上锁）的指令：`TSL RX, LOCK`。它把内存字 LOCK 的内容读到寄存器 RX 中，然后在该地址单元中存入一个非 0 值。读数和存数的操作是不可分割的，即在这条指令完成之前，其他进程不能访问该单元。然而，利用 TSL 指令解决进程互斥进入临界区问题，可能导致“忙式等待”——如果前面已有一个进程进入临界区，则后者就不断利用 TSL 指令进行测试并等待前者开锁。

（2）原语操作

操作系统在完成某些基本操作时，往往利用原语操作来实现。所谓**原语**（primitive）是机器指令的延伸，往往是为完成某些特定的功能而编制的一段系统程序，为保证操作的正确性，在许多机器中规定，执行原语操作时要屏蔽中断，以保证其操作的不可分割性。原语操作也称作“原子操作”，即一组相关联的操作要么都不间断地执行，要么都不执行。就好像进入考场参加高考，要么自始至终考完，要么不参加考试或提前交卷，不允许考试中间出考场去打电话，然后又回来继续答卷。

（3）利用软件方法解决进程互斥问题

为解决进程互斥进入临界区的问题，可为每类临界区设置一把锁，该锁有打开和关闭两种状态，进程执行临界区程序的操作按下列步骤进行：

1）关锁。先检查锁的状态，若为关闭状态，则等待其打开；如果已经打开，则将其关闭，继续执行步骤 2 的操作。

2）执行临界区程序。

3）开锁。将锁打开，退出临界区。

一般情况下，锁可用布尔变量表示，也可用整型量表示。例如用变量 W 表示锁，其值为 0 表示锁打开，其值为 1 表示锁关闭。这种锁也称软件锁。关锁和开锁的原语可描述为：

```
关锁原语 lock (W):
    while (W==1);
    W=1;
开锁原语 unlock (W):
    W=0;
```

下面用软件锁编写一个实现进程互斥执行的程序段。假设系统中有一台打印机，有两个进程 A 和 B 都要使用它，以变量 W 表示锁，预先把它置为 0。下面是两个进程的部分程序流程：

```
进程 A              进程 B
 …                   …
lock(W);            lock(W);
打印信息 S;          打印信息 S;
unlock(W);          unlock(W);
 …                   …
```

用上述软件方法解决进程间的互斥问题有较大的局限性，效果不很理想。例如，只要有一个进程由于执行 lock (W) 而进入临界区运行，则其他进程在检查锁状态时都将反复执行 lock (W) 原语，从而造成处理机的“忙等”。虽然对上述算法可进行种种改进以便解决问题，但结果并不令人满意。

2. 信号量及 P、V 操作原语

信号量及信号量上的 P 操作和 V 操作是 E.W.Dijkstra 在 1965 年提出的一种解决同

步、互斥问题的更通用的方法，并在THE操作系统中得以实现。信号量（Semaphore）有时被称为信号灯，是在多道程序并发执行环境下使用的一种设施，在进程间发送信号，用来保证两个或多个进程的关键代码段不被并发调用，有效解决进程间的互斥和同步问题。

（1）整型信号量

最初，将信号量定义为一个特殊的、可共享的整型量（因此，也称作**整型信号量**）。对信号量的操作只能有3个：初始化为一个非负值，以及由P和V两个操作分别对信号量减1和加1。这些操作都是原子操作。P操作最初源于荷兰语proberen，表示测试；V操作源于荷兰语verhogen，表示增加。（请读者注意，在有些书上将P操作称为wait或者DOWN操作，将V操作称为signal或者UP操作。）

设信号量为S，对S的P操作记为P(S)，对S的V操作记为V(S)。P和V操作定义的伪代码形式如下：

```
P(S){
    while(S≤0) ; /* 忙式等待 * /
    S--;
}
```

```
V(S){
    S++;
}
```

P(S)测试信号量S的值是否大于0。如果是，则S的值减1，程序向下执行；如果不大于0，则循环测试。V(S)只是简单地把S的值加1。P和V操作都是原语，即单个的、不可分割的原子操作。

一般使用方式是：当多个进程互斥进入临界区时，需要设置一个信号量mutex，其初值为1。这些进程进入、使用和退出临界区的构造形式是一样的。下面是其中任一进程P*i*利用信号量实现互斥的伪代码形式：

```
do{
    P(mutex);
      临界区
    V(mutex);
      其他代码区
}while (1);
```

（2）记录型信号量

虽然从理论上讲，利用上述整型信号量和相应操作可以解决多个进程的互斥和同步问题，但在实现上这种方法的主要缺点仍是忙式等待问题：当一个进程处于临界区时，其他试图进入临界区的进程必须在入口处持续进行测试。很显然，这种循环测试、等待进入的方式在单CPU多道程序系统中存在很大问题，因为忙式等待要消耗CPU的时间，即使其他进程想用CPU做有效工作，也无法实现。这种类型的信号量也称“转锁”（Spinlock），因为当进程等待该锁打开时要“原地转圈”。然而，在多处理器系统中转锁仍得到应用。

为克服忙式等待的缺点，在实现时人们对信号量和P、V操作的定义进行改进，一般是由两个成员组成的数据结构：一个成员是整型变量，表示该信号量的值；另一个是指向PCB的指针。当多个进程都等待同一信号量时，它们就排成一个队列，由信号量的指针项指出该队列的头，而PCB队列是通过PCB本身所包含的指针项进行链接的。最后一个PCB（即队尾）的链接指针为0。这种信号量也称作结构型信号量，用C语言描述如下所示。

```
typedef struct{
    int value;
    struct PCB *list;
}semaphore;
```

信号量的值是与相应资源的使用情况有关的。当它的值大于0时，则表示当前可用资源的数量；当它的值小于0时，则其绝对值表示等待使用该资源的进程个数，即在该信号量队列上排队的PCB的个数。图2-20表示信号量的一般结构以及信号量上PCB队列的情况。

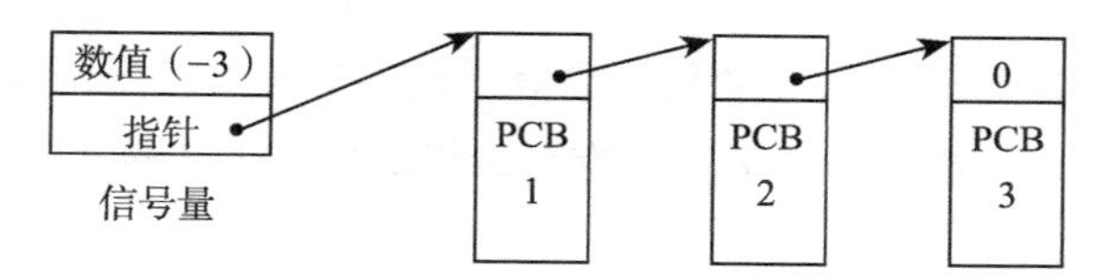

图2-20 信号量的一般结构及PCB队列

应强调的是，对信号量的操作有如下严格限制：

1）信号量可以赋初值，且初值为非负数。信号量的初值可由系统根据资源情况和使用需要来确定。在初始条件下，信号量的指针项可以置为0，表示队列为空。

2）在使用过程中，信号量的值可以修改，但只能由P和V操作来访问，不允许通过其他方式来查看或操纵信号量。

记录型信号量的P、V操作的定义形式分别如下所示：

```
void P(semaphore S){
    S.value--;
    if(S.value<0){
        把这个进程加到S.list队列;
        block();
    }
}
```

```
void V(semaphore S){
    S.value++;
    if(S.value<=0){
        从S.list队列中移走进程Q;
        wakeup(Q);
    }
}
```

其中，block操作挂起调用它的进程，wakeup(Q)操作恢复被阻塞进程Q的执行。这两个操作被操作系统作为基本系统调用。

它们各自的含义是：

P(S)，即顺序执行下述两个动作：

1）信号量的值减1，即S.value=S.value−1。

2）如果S.value ⩾ 0，则该进程继续执行；如果S.value < 0，则把该进程的状态置为阻塞态，把相应的PCB连入该信号量队列的末尾，并放弃处理机，进行等待（直至其他进程在S上执行V操作，把它释放出来为止）。

V(S)，即顺序执行下述两个动作：

1）信号量的值加1，即S.value=S.value+1；

2）如果 S.value ＞ 0，则该进程继续运行；如果 S.value ≤ 0，则释放信号量队列上的第一个 PCB（即信号量指针项所指向的 PCB）所对应的进程（把阻塞态改为就绪态），执行 V 操作的进程继续运行。

实际应用中的信号量都是这种记录型信号量，所以简称为信号量。在具体实现时应注意，P、V 操作都应作为一个整体实施，不允许分割或相互穿插执行。也就是说，P、V 操作各自都好像对应一条指令，需要不间断地执行下去，否则会造成混乱。为了保证这一点，在单 CPU 系统中通常是在封锁中断的条件下执行 P、V 操作。

由于信号量本身是系统中若干进程的共享变量，所以 P、V 操作本身就是临界区，对它的互斥进入可借助于更低级的硬件同步工具来实现，如关锁、开锁操作等。

2.5.4　信号量的一般应用

操作系统往往要区分二值信号量和计数信号量。**二值信号量**的值只能是 0 或 1，所以二值信号量就类似互斥锁。实际上，在没有提供互斥锁的系统上，二值信号量就用来实现互斥。

计数信号量（又称一般信号量）的值不受此限制，它的初值可以是可用资源的数目，用来控制对有限资源的访问。从物理概念上讲，信号量 S 的值大于 0 时，S 值表示可用资源的数量；当 S 值等于 0 时，表示已无可用资源。每个请求使用资源的进程都先要对相应信号量执行一次 P 操作，因此 S 值减 1；此时若 S 值小于 0，则请求者必须等待别的进程释放了该类资源，它才能运行下去，所以它要排队。当一个进程释放一个单位资源时，要执行一次 V 操作，因此 S 值加 1；此时若 S 值小于等于 0 时，表示有某些进程正在等待该资源，因而要把队列头上的进程唤醒，而释放资源的进程总是可以运行下去的。

利用计数信号量机制可以解决并发进程的互斥和同步问题，所以在一般应用中的信号量都属于计数信号量。

1. 用信号量实现进程互斥

考虑 2.5.1 节介绍的对打印机分配表的互斥使用情况，我们可以用 P、V 操作实现对分配表的互斥操作。为此，设一个互斥信号量 mutex，其初值为 1（由于若干进程互斥使用同一个临界资源——打印机分配表）。这样，Pa（分配进程）和 Pb（释放进程）的临界区代码可按下述形式组成：

```
Pa:                    Pb:
…                      …
P(mutex)               P(mutex)
分配打印机             释放打印机
(读写分配表)           (读写分配表)
V(mutex)               V(mutex)
…                      …
```

分析：如果 Pb 先运行，那么当它执行 P(mutex) 后，由于 mutex=0，Pb 进入临界区。

在 Pb 退出临界区之前，若由于某种原因（如时间片到时）发生进程调度转换，选中 Pa 投入运行；当 Pa 执行 P (mutex) 时，因 mutex=−1 而进入等待队列，直到 Pb 退出临界区之后，Pa 才能进入临界区。反过来，结果也是正确的。

可见，利用信号量实现互斥的一般模型是：

```
进程 P1          进程 P2          …          进程 Pn
  …                …                           …
P(mutex);        P(mutex);                  P(mutex);
 临界区            临界区                      临界区
V(mutex);        V(mutex);                  V(mutex);
  …                …                           …
```

其中，信号量 mutex 用于互斥，初值为 1。

使用 P、V 操作实现互斥时应注意两点：

1）在每个程序中用于实现互斥的 P(mutex) 和 V(mutex) 必须成对出现，即先做 P，进入临界区；后做 V，退出临界区。

2）互斥信号量 mutex 的初值一般为 1。

2. 用信号量实现进程简单同步

考虑 2.5.1 节中对缓冲区的同步使用问题。供者和用者对缓冲区的使用关系如图 2-21 所示。

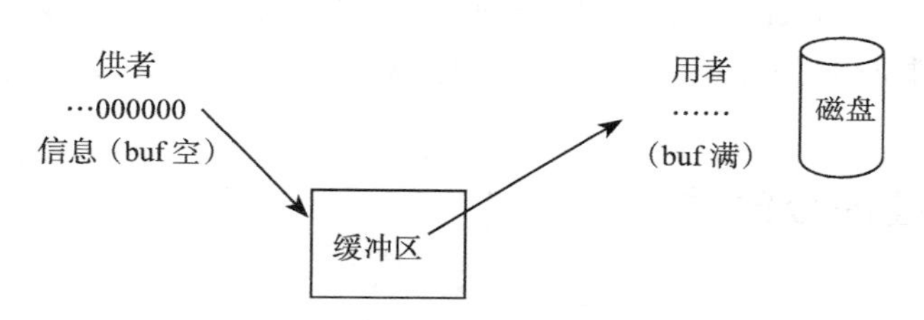

图 2-21　简单供者和用者的关系

可以看出，供者和用者间要交换两个消息：缓冲区空和缓冲区满的状态。当缓冲区空时，供者进程才能把信息存入缓冲区中；当缓冲区满时，表示其中有可供加工的信息，用者进程才能从中取出信息。用者不能超前供者，即缓冲区中未存入信息时不能从中取出信息；若供者已把缓冲区写满，但用者尚未取走信息时，供者不能又往其中写信息，避免冲掉前面写入的信息。

为此，设置两个信号量：

S1——表示缓冲区是否空（0 表示不空，1 表示空）。

S2——表示缓冲区是否满（0 表示不满，1 表示满）。

规定 S1 和 S2 的初值分别为 1 和 0，则对缓冲区的供者进程和用者进程的同步关系用下述方式实现：

```
        供者进程                          用者进程
L1: P(S1)                         L2: …
    启动读卡机                          P(S2) ;
```

```
    …                          从缓冲区取出信息
    收到输入结束中断            V(S1);
    V(S2);                     加工并且存盘
    goto L1;                   goto L2;
```

假设供者进程先得到CPU，它执行P(S1)，申请空的缓冲区。此时，S1的值变为0，从而它继续执行：启动读卡机，将信息送入缓冲区（因为初始情况下缓冲区中没有信息）。填满缓冲区之后，执行V(S2)，表示缓冲区中有可供用者加工的信息了，S2的值变为1，然后执行goto L1。接着执行P(S1)，由于S1的值变为 -1，表示无可用缓冲区，于是供者在S1上等待，放弃CPU。以后调度到用者进程，它执行P(S2)，条件满足（S2的值变为0）后从缓冲区取出信息，并释放一个空缓冲区，执行V(S1)，由于S1的值变为0，表示有一个进程正在等待空缓冲区资源，于是把该进程（即供者）从S1队列中“摘下”，置为就绪态。用者继续对信息进行加工和存盘处理。当这批数据处理完之后，它又返回到L2，然后执行P(S2)。但这时S2的值变为 -1，所以用者在S2队列上等待，并释放CPU。如调度到供者进程，它就执行P(S1)之后的代码：启动读卡机，把卡片上的信息送入缓冲区。这样，保证整个工作过程有条不紊地进行。

如果用者进程先得到CPU，结果会怎样呢？其实当它执行P(S2)时就封锁住了（因为S2的值变为 -1），因而不会取出空信息或已加工过的信息。

另外，在代码中P、V操作出现的顺序与信号量的初值设置有关。例如，本例中若S1和S2的初值都为0，那么供者进程代码中P(S1)应出现在“V(S2);”之后。请读者自行把这种初值设置条件下供者和用者的程序代码写完整，并分析其执行结果是否正确。

2.6　经典进程同步问题

1. 生产者－消费者问题

在多道程序环境下，进程同步是一个十分重要而又令人感兴趣的问题。生产者－消费者问题就是其中一个有代表性的进程同步问题。

在计算机系统中，通常每个进程都要使用资源（硬资源和软资源——如缓冲区中的数据、通信的消息等），还可以产生某些资源（通常是软资源）。例如，在2.5.4节的例子中，供者进程将读卡机读入的信息送入缓冲区，而用者进程从缓冲区中取出信息进行加工，因此供者进程就相当于生产者，而用者进程就相当于消费者。如果还有一个打印进程，它负责将加工的结果（假设放在另一个缓冲区中）打印出来，那么在输出时，刚才的用者进程就是生产者，打印进程就是消费者。

所以，针对某类资源抽象地看，如果一个进程能产生并释放资源，则该进程被称为生产者；如果一个进程单纯使用（消耗）资源，则该进程被称为消费者。因此，生产者－消费者问题是同步问题的一种抽象，是进程同步、互斥关系方面的一个典型。这个问题可以表述如下：一组生产者进程和一组消费者进程（假设每组有多个进程）通过缓冲区发生联系。生产者进程将生产的产品（数据、消息等统称为产品）送入缓冲区，消费者进程从中取出产品。假定缓冲区共有 N 个，不妨把它们设想成一个环形缓冲池，如图 2-22 所示 (该问题又称作有限缓冲区问题)。

其中，有斜线的部分表示该缓冲区中放有产品，否则为空。in 表示生产者下次存入产品的单元，out 表示消费者下次取出产品的单元。

为使这两类进程协调工作，防止盲目地生产和消费，它们应满足如下同步条件：

1）任一时刻所有生产者存放产品的单元数不能超过缓冲区的总容量（N）。

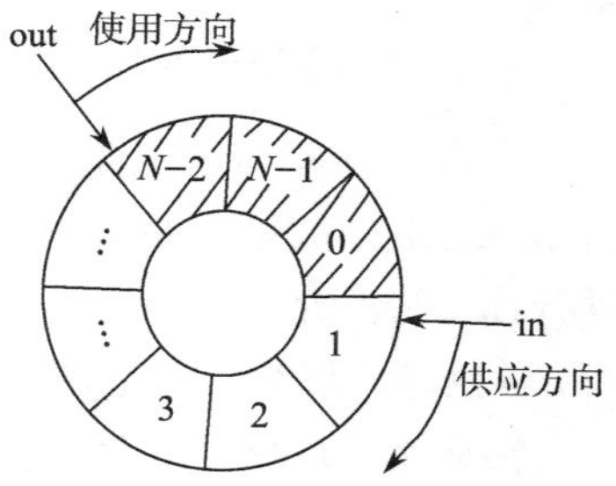

图 2-22 生产者 – 消费者问题

2）所有消费者取出产品的总量不能超过所有生产者当前生产产品的总量。

设缓冲区的编号为 0 ～ $N-1$，in 和 out 分别是生产者进程和消费者进程使用的指针，指向下面可用的缓冲区，初值都是 0。

为使两类进程实行同步操作，应设置三个信号量：full、empty 和 mutex。

- full：表示放有产品的缓冲区数，其初值为 0。
- empty：表示可供使用的缓冲区数，其初值为 N。
- mutex：互斥信号量，初值为 1，表示各进程互斥进入临界区，保证任何时候只有一个进程使用缓冲区。

下面是解决这个问题的算法描述（并非完整程序，读者可以自行完善）：

```
void producer(void)
{
    while(TRUE) {
        P(empty);
        P(mutex);
        生产的产品送往 buffer(in);
        in=(in+1)mod N;  /* 以 N 为模 */
        V(mutex);
        V(full);
    }
}
```

```
void consumer(void)
{
    while(TRUE){
        P(full);
        P(mutex);
        从 buffer(out) 中取出产品;
        out=(out+1)mod N;  /* 以 N 为模 */
        V(mutex);
        V(empty);
    }
}
```

在生产者 – 消费者问题中应注意以下三点：

1）在每个程序中必须先做 P(mutex)，后做 V(mutex)，二者要成对出现。夹在二者中间的代码段就是该进程的临界区。

2）对同步信号量 full 和 empty 的 P、V 操作同样必须成对出现，但它们分别位于不同的程序中。

3）无论在生产者进程中还是在消费者进程中，两个 P 操作的次序不能颠倒：应先执行同步信号量的 P 操作，然后执行互斥信号量的 P 操作。否则可能造成进程死锁（详见 2.10 节）。

请读者针对以下情况分析上述方案中各进程的运行过程：

1）只有生产者进程在运行，消费者进程未被调度运行。

2）消费者进程要超前生产者进程运行。

3）生产者进程和消费者进程被交替调度运行。

另外，你能从这个示例中体会到程序与进程并非一一对应吗？

2. 读者–写者问题

读者–写者问题也是一个著名的进程互斥访问有限资源的同步问题（1971年由Courtois等人解决）。例如，一个航班预订系统有一个大型数据库，很多竞争进程要对它进行读、写。允许多个进程同时读该数据库，但是在任何时候如果有一个进程写（即修改）数据库，那么就不允许其他进程访问它——既不允许写，也不允许读。

很显然，系统中读者（进程）和写者（进程）各有多个，各个读者的执行过程基本相同。同样，各个写者的执行过程也基本相同。

设置两个信号量：读互斥信号量rmutex和写互斥信号量wmutex。另外设立一个读计数器readcount，它是一个整型变量，初值为0。

rmutex：用于读者互斥地访问readcount，初值为1。

wmutex：用于保证一个写者与其他读者/写者互斥地访问共享资源，初值为1。

下面是解决这个问题的一种算法：

```
void reader(void)
{
    while (TRUE){
        P(rmutex);
        readcount=readcount+1;
        if (readcount==1)
            P(wmutex);
        V(rmutex);
        执行读操作
        P(rmutex);
        readcount=readcount-1;
        if (readcount==0)
            V(wmutex);
        V(rmutex);
        使用读取的数据
    }
}
```

```
void writer(void)
{
    while (TRUE){
        P(wmutex);
        执行写操作
        V(wmutex);
    }
}
```

在这个算法中，仅第一个访问数据库的读者才对信号量wmutex执行P操作，后续的读者只是增加readcount的值。当读者完成读操作后，减少readcount的值。最后一个离开的读者对wmutex执行V操作。如果有写者在等待，则唤醒它。

这个算法隐含读者的优先级高于写者。当若干读者正在使用数据库时，如果出现一个写者，则该写者必须等待，即写者必须一直等到最后一个读者离开数据库才得以执行。请大家修改上面的算法，使写者的优先级高于读者。

3. 哲学家进餐问题

Dijkstra在1965年提出并且解决了称为哲学家进餐（The Dining Philosophers Problem）的同步问题。该问题描述如下：五位哲学家围坐在一张圆桌旁进餐，每人面前有一只碗，各碗之间分别有一根筷子。每位哲学家在用两根筷子夹面条吃饭前独自进行思考，感到饥饿时便试图占用其左、右最靠近他的筷子，但他可能一根也拿不到。他不能强行从邻座手中拿过筷子，而且必须用两根筷子进餐；餐毕，要把筷子放回原处并继续思考问题。如图 2-23 所示。

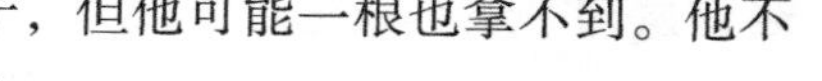

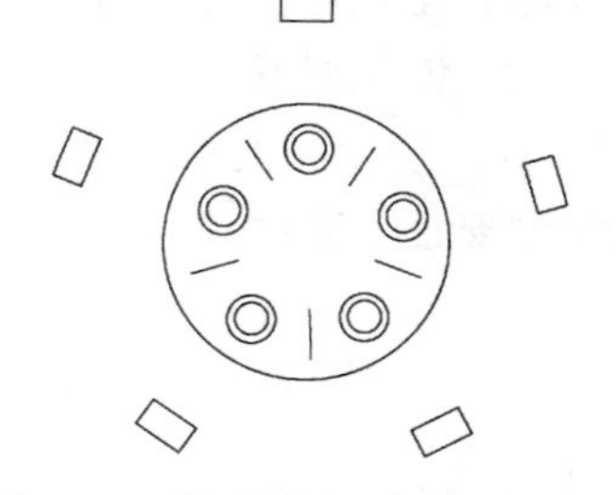

图 2-23　哲学家进餐问题示意图

简单的解决方案是，用一个信号量表示一根筷子，五个信号量构成信号量数组 chopstick[5]，所有信号量初值为 1。第 i 个哲学家的进餐过程可描述如下：

```
while(TRUE){
    思考问题
    P(chopstick[i]);
    P(chopstick[(i+1)mod 5]);
    进餐
    V(chopstick[i];
    V(chopstick[(i+1)mod 5]);
}
```

上述算法可保证两个相邻的哲学家不可能同时进餐，但不能防止五位哲学家同时拿起各自左边的筷子又试图去拿右边的筷子，这样会引起他们都无法进餐而无限期等待下去的状况，即发生了死锁。

针对这种情况，解决死锁的方法有以下几种：

1）最多只允许 4 个哲学家同时拿筷子，从而保证有一人能够进餐。

2）仅当某哲学家面前的左、右两根筷子均可用时，才允许他拿起筷子。

3）奇数号哲学家先拿左边的筷子，偶数号的先拿右边的筷子。

其中，方法 1 最为简单，下面给出其算法描述。程序中使用了一个信号量数组 chopstick[5]，对应 5 根筷子，各元素初值均为 1；将允许同时拿筷子准备进餐的哲学家数量看作一种资源，定义成信号量 count，初值为 4；哲学家进餐前先执行 P(count)，进餐后执行 V（count）。

```
第I个哲学家进程 Process I:
while(TRUE){
    Think;                          /* 哲学家在思考问题 */
    P(count);
    P(chopstick[I]);                /* 试图拿左边筷子 */
    P(chopstick[(I+1)mod 5]);       /* 试图拿右边筷子 */
    Eat;        /* 进餐 */
    V(chopstick[I]);                /* 左边筷子放回原处 */
    V(chopstick[(I+1) mod 5]);      /* 右边筷子放回原处 */
    V(count);
}
```

上面描述的算法并不是完整的程序。读者如有兴趣，可以写出 P、V 操作代码，编译并运行上面的程序。

4. 打瞌睡的理发师问题

理发师问题是另一个经典的 IPC（进程间通信）问题。故事是这样的：理发店有一名理发师，还有一把理发椅和几把座椅，等待理发者可坐在上面。如果没有顾客到来，理发师就坐在理发椅上打盹。当顾客到来时，就唤醒理发师。如果顾客到来时理发师正在理发，该顾客就坐在椅子上排队；如果满座了，他就离开这个理发店，到别处去理发，如图2-24所示。要求为理发师和顾客各编写一段程序，描述他们的行为，并且利用信号量机制保证上述过程的实现。

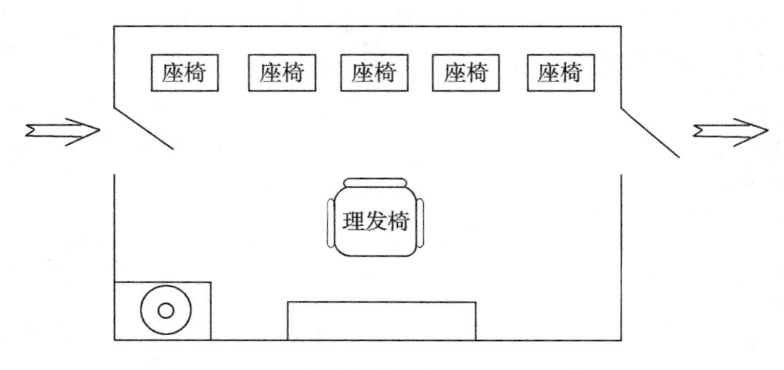

图2-24　打瞌睡的理发师问题示意图

理发师和每位顾客都分别是一个进程。理发师开始工作时，先看一看店内有无顾客：如果没有，他就在理发椅上打瞌睡；如果有顾客，他就为等待时间最久的顾客服务，且等待人数减1。

每位顾客进程开始执行时，先看店内有无空位：如果没有空位，就不等了，离开理发店；如果有空位，则排队，等待人数加1；如果理发师在睡眠，则唤醒他工作。

可见，理发师进程与顾客进程需要协调工作。另外，要对等待人数进行操作，所以对表示等待人数的变量waiting要互斥操作。

设立三个信号量：

- customers：用来记录等候理发的顾客数（不包括正在理发的顾客），初值为0。
- barbers：等候顾客的理发师数，初值为0。
- mutex：用于对waiting变量的互斥操作，初值为1。

还需设立一个计数变量waiting，表示正等候理发的顾客人数，初值为0。实际上，waiting是customers的副本。但它不是信号量，所以可在程序中对它进行增减等操作。另外，设顾客座椅数（CHAIRS）为5。下面是解决这个问题的一种算法：

```
void barber(void)
{
    while (TRUE){
    P(customers);                      /* 如果没有顾客，则理发师打瞌睡 */
    P(mutex);                          /* 互斥进入临界区 */
    waiting--;
    V(barbers);                        /* 一个理发师准备理发 */
    V(mutex);                          /* 退出临界区 */
    cut_hair();                   /* 理发（在临界区之外）*/
    }
}
```

```
void customer(void)
{
        P(mutex);                         /* 互斥进入临界区 */
        if (waiting < CHAIRS){
            waiting++;
            V(customers);                 /* 若有必要，唤醒理发师 */
            V(mutex);                     /* 退出临界区 */
            P(barbers);                   /* 如果理发师正忙着，则顾客打瞌睡 */
            get_haircut();
        }else
           V(mutex);                      /* 店里人满了，不等了 */
}
```

理发师为一名顾客理发之后，要查看还有无等候的顾客。当没有等候的顾客时，理发师才能打瞌睡。所以在程序中要使用while语句，保证理发师循环地为下一位顾客服务。每位顾客在理完发之后就离开理发店，不会重复理发。

5. 使用信号量的几点提示

从上面4个经典进程同步问题的算法中可以看出，用信号量和P、V操作可以实现进程互斥或同步，但在编写具体算法时往往难度较大，这涉及进程和信号量的设定以及P、V操作的灵活使用等。下面给出解决此类问题的一般方式及应注意要点，供读者参考。

1）根据问题给出的条件，确定进程有几个或几类。

2）确定进程间的制约关系是互斥还是同步，确定信号量种类。对每一个共享资源都要设立信号量：互斥时对一个共享资源设立一个信号量；同步时对一个共享资源可能要设立两个或多个信号量，要视由几个进程来使用该共享变量而定。

3）各相关进程间通过什么信号量实现彼此的制约，标明信号量的含义和初值。信号量的初值与相应资源的数量有关，也与P、V操作在程序代码中出现的位置有关。

4）编写相应进程的代码段。应先确定该进程要完成的主要工作是什么，做该事前后用到什么共享资源，用相应信号量及其P、V操作保证任务的正常进行。

5）同一信号量的P、V操作要“成对”出现，P、V操作的位置一定要正确。互斥时对同一信号量在进入临界区前做P操作，退出临界区后做V操作；同步时则在不同进程间实现同一信号量的P、V成对操作；对复杂的进程同步问题，P、V操作可能会嵌套，一般同步的P、V操作在外，互斥的P、V操作在内。

6）验证代码的正确性。设以不同的次序调度运行各进程，查看是否能保证问题的圆满解决。切忌按固定顺序查验各进程是否正常执行。

2.7 进程通信

信号量上的P、V操作具有很强的功能，一个进程对某信号量的操作可使其他相关进程获得一些信息，从而决定了它们能否进入临界区执行下去。但是信号量所能传递的信息量是非常有限的，通信的效率低，如果用它实施进程间数据的传送就会增加程序的复杂性，使用起来也很不方便，甚至会因使用不当而产生死锁。为了解决进程间消息通信问题，人们研究和设计了高级的通信机构。

2.7.1　高级进程通信方式

进程通信是指进程间的信息交换。各进程在执行过程中为合作完成一个共同的任务，需要协调步伐、交流信息。就如同人们在社会活动中进行交流一样。进程间交换的信息量可多可少。少者仅是一个状态或数值，多者可交换成千上万字节的数据。

上述进程的互斥和同步机构因交换的信息量少，被归结为低级通信。本节介绍高级进程通信，它是方便高效地交换大量信息的通信方式。

高级进程通信方式有很多种，大致可归并为三类：共享存储器、管道文件和消息传递。

1. 共享存储器

共享存储器方式是在内存中分配一片空间作为共享存储区，需要进行通信的各个进程把共享存储区附加到自己的地址空间中，然后就像正常操作一样对共享区中的数据进程读或写。如果用户不需要某个共享存储区，可以把它取消。通过对共享存储区的访问，相关进程间就可以传输大量数据了。

2. 管道文件

管道文件也称作管道线，它是连接两个命令的一个打开文件。一个命令向该文件中写入数据，称作写者；另一个命令从该文件中读出数据，称作读者。通常，管道中的各个命令是系统中已有的应用程序。用户使用时只要进行适当的组合，用管道符号“|”把它们连接起来就可以了。这样不仅书写简便，并且用户可以把注意力集中在整个命令的执行效果上，而不必关心管道线中每个命令实现的细节。

例如在 Linux 系统中，下述命令行就实现两个命令间的通信：

```
who | wc -l
```

写者和读者按先入先出（FIFO）的方式传送数据，可以彼此不知道对方存在，由管道通信机制协调二者的动作，提供同步、调度和缓冲等功能。在 UNIX/Linux 系统中，命令是通过进程实现的。所以，读者和写者又分别称作读进程和写进程。

创建管道文件有两种方式：利用系统调用 pipe 建立无名管道文件，它是临时性文件；利用系统调用 mknod 创建有名管道文件，它是长久性文件。进程可以利用 read、write 等系统调用对管道文件进行操作。

3. 消息传递

消息传递方式以消息（massage）为单位在进程间进行数据交换。它有两种实现方式：

1）直接通信方式。发送进程直接将消息挂在接收进程的消息缓冲队列上，接收进程从消息缓冲队列中得到消息。

2）间接通信方式。发送进程将消息送到称作信箱的中间设施中，接收进程从信箱中取得消息。这种通信方式也称作信箱通信方式。

下面分别对这两种方式进行简要介绍。

2.7.2 消息缓冲通信

消息缓冲通信方法是 P. B. Hansen 于 1969 年在他设计 RC4000 机器的操作系统时首先提出，并在 1970 年公布的。

消息缓冲通信方法的设计思想是：由系统管理一组缓冲区，其中每个缓冲区可以存放一个消息（即一组信息）。当进程要发送消息时，先要向系统申请一缓冲区，然后把消息写进去，接着把该缓冲区连到接收进程的一个消息队列中，并用 V 操作通知接收者，接收进程可以在适当的时候从消息队列中取出消息，并释放该缓冲区。

消息缓冲区一般包含下列几种信息：

- name：发送消息的进程名或标志号。
- size：消息长度。
- text：消息正文。
- next：下一个缓冲区的地址。

在采用消息通信机构的系统中，进程 PCB 中一般包含下列项目：

1）mutex：消息队列操作互斥信号灯。消息队列是临界资源，不允许两个或两个以上进程对它同时进行访问。

2）Sm：表示接收消息计数和同步的信号灯，用于接收消息进程与发送消息进程进行同步，其值表示消息队列中的消息数目。

3）Pm：指向该进程的消息队列中第一个缓冲区的指针。

接收消息进程的 PCB 和它的消息缓冲队列的关系如图 2-25 所示。

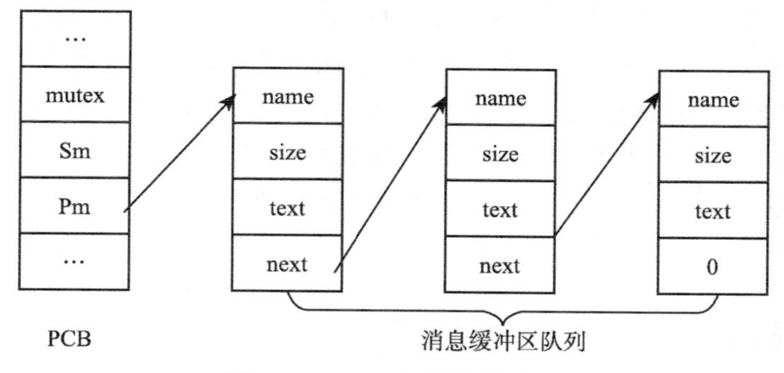

图 2-25 PCB 与消息缓冲链

两个进程进行消息传送的过程如图 2-26 所示，发送进程在发送消息之前，要先在自己的内存空间设置一消息发送区，把准备发送的消息正文以及接收消息的进程名（或标志号）和消息长度填入其中。完成上述准备工作之后，调用发送消息的程序 send（addr），其中参数 addr 是消息发送的起始地址。send 程序的流程如图 2-27 所示，图中 mutex 是接收进程 PCB 中的互斥信号量，Sm 是接收进程 PCB 中的同步信号量。

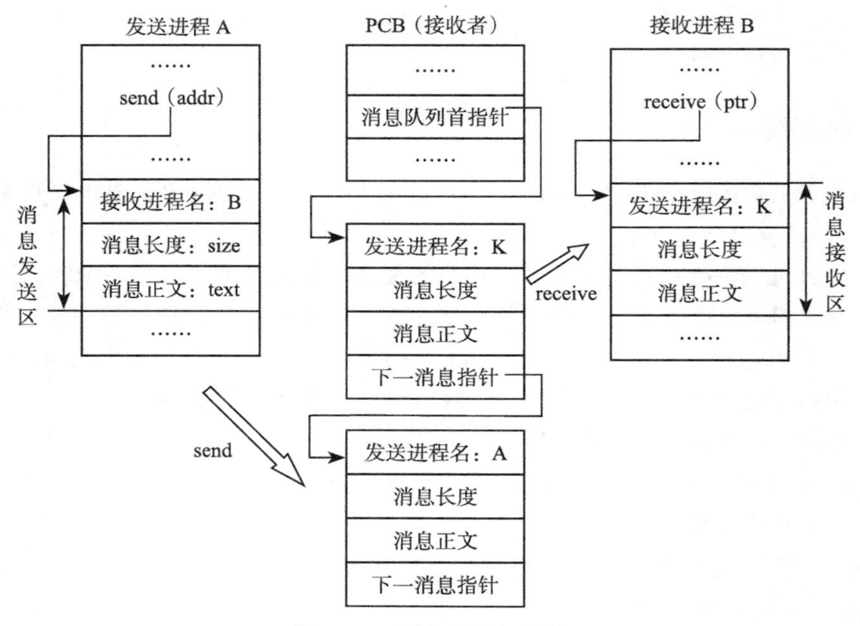

图 2-26　消息发送与接收

接收进程在读取消息之前，先在自己占用的内存空间中指定一个接收消息区，然后调用接收消息程序 receive（ptr），其中参数 ptr 是指向消息接收区的指针。receive 程序的流程如图 2-28 所示。

在实际通信时，发送进程往往要求接收进程在收到消息后立即回答，或按消息的规定，在执行了某些操作后予以回答。此时接收进程在收到发来的消息后，便对消息进行分析，若是完成某项任务的命令，接收进程便去完成指定任务，并把所得结果转换成回答消息。同样，通过 send 程序将回答消息回送给原发送进程，原发送进程再用 receive 程序读取回答消息。至此两个进程才结束由一次服务请求而引起的通信全过程。

这种通信方式的好处是扩大了信息传递能力，但系统也要花费一定的代价，主要反映在：PCB 中多了两个信号灯和一个指针，使其规模变大；系统开设多个缓冲区，占用内存空间；增加了对缓冲区的管理程序；对于缓冲区和消息队列的管理要涉及复杂的同步关系，给系统增加了复杂性和调度负担。

2.7.3　信箱通信

信箱是实现进程通信的中间实体，可以存放一定数量的消息。发送进程将消息送入信箱，接收进程从信箱中取出发给自己的消息。这有点类似于我们日常使用信箱的情况。

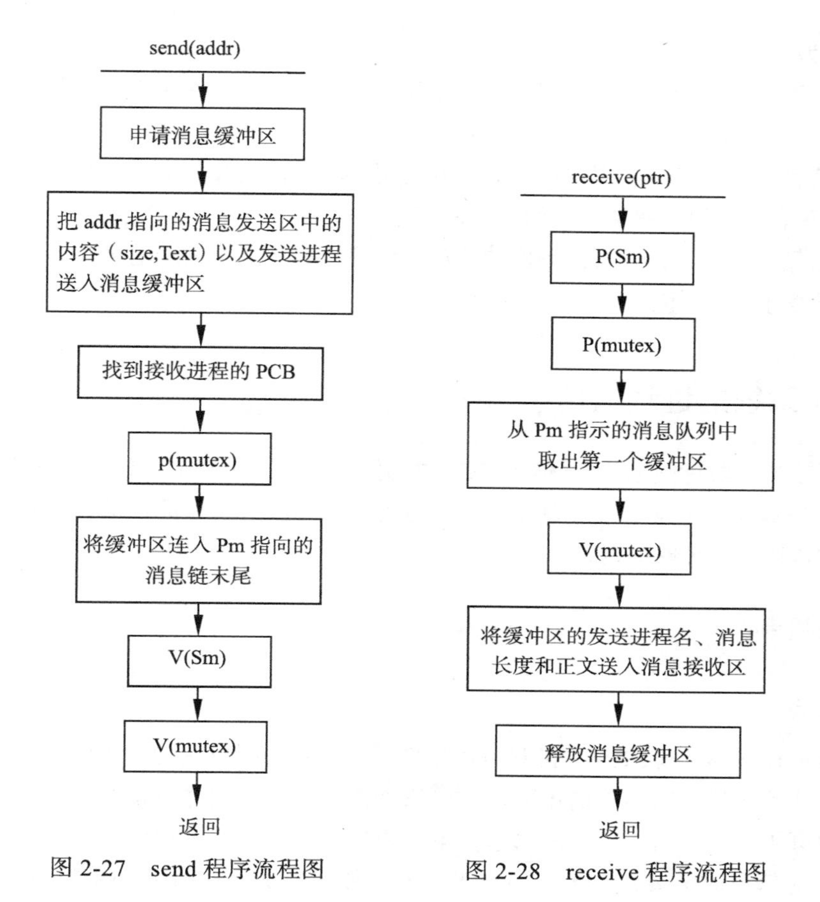

图 2-27 send 程序流程图　　图 2-28 receive 程序流程图

信箱是一种数据结构，在逻辑上可分为两个部分：信箱头——包括信箱名字、信箱属性（公用、私用或者共享）、信箱格状态等；信箱体——用来存放消息的多个信箱格。

消息在信箱中存放受到安全保护，得到核准的用户（进程）可以随时读取消息，而其他用户被拒绝访问信箱。

信箱可以动态创建和撤销。进程可以利用信箱创建原语来创建一个新信箱，创建时应给出信箱名字及其属性等，以及谁可以共享此信箱（对共享信箱）。不再使用信箱时，可用信箱撤销原语删除它。

当进程之间要通信时，它们必须有共享信箱。发送和接收消息的原语形式为：

```
·send(mailbox,message)
```

其中，mailbox 为信箱，message 是要发送的消息。发送进程要发送消息时，先判断该信箱的信箱格是否为空。若为空，则将消息送入相应信箱格中，并置信箱格状态为满；否则重复测试。当信箱全满时，发送者挂起，直至有消息从信箱中取走。

```
·receive(mailbox,message)
```

接收进程要接收一个消息时，先判断信箱状态是否为满。若为满，表示有消息，则从中取走消息；否则若为空，则接收者挂起。

信箱可分为三类：

1）公用信箱：它由操作系统创建，系统中所有核准进程都可使用它——既可把消息送到该信箱中，又可从中取出发给自己的消息。

2）共享信箱：它由某个进程创建，对它要指明共享属性以及共享进程的名字。信箱的创建者和共享者都可以从中取走发给自己的消息。

3）私有信箱：用户进程为自己创建的信箱。创建者有权从中读取消息，而其他进程（用户）只能把消息发送到该信箱中。

2.8　Linux 系统的进程通信

Linux 系统支持多种进程间通信（IPC）机制，最常用的方式是信号、管道以及 UNIX 系统支持的 System V IPC 机制（即消息通信、共享数据段和信号量）。限于篇幅，这里主要介绍其基本的实现思想。

2.8.1　信号机制

1. 信号概念

信号（signal，亦称作软中断）机制是在软件层次上对中断机制的一种模拟。异步进程可以通过彼此发送信号来实现简单通信。严格来说，信号机制并不是专为进程间通信而设置的，也可用于内核与进程间的通信，不过内核只能向进程发送信号，而不能接收信号。由于发送信号时需要用到对方的 PID，而一般只有父子进程才知道对方的 PID，所以实际上只有父子进程间和进程自身内部可以应用信号机制通信。

系统预先规定若干个不同类型的信号（如 x86 平台中 Linux 内核设置了 32 种信号，而现在的 Linux 和 POSIX.4 定义了 64 种信号），各表示发生了不同的事件，每个信号对应一个编号。运行进程当遇到相应事件或者出现特定要求时（如进程终止或运行中出现某些错误，如非法指令、地址越界等），就把一个信号写到相应进程 task_struct 结构的 signal 位图（表示信号的整数）中。接收信号的进程在运行过程中要检测自身是否收到了信号，如果已收到信号，则转去执行预先规定好的信号处理程序。处理之后，再返回原先正在执行的程序。进程之间利用信号机制实现通信的过程如图 2-29 所示。

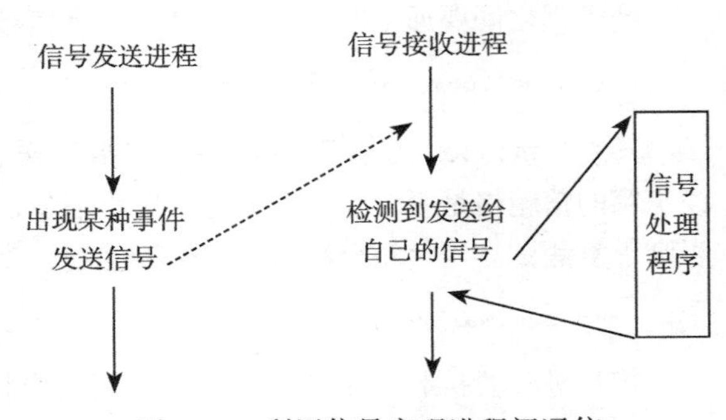

图 2-29　利用信号实现进程间通信

这种处理方式与中断的处理方式有不少相同之处，但是二者又是不同的。因为信号的设置、检测等都是基于软件实现的。信号处理机构是系统中围绕信号的产生、传送和处理而构成的一套机构。该机构通常包括三部分：①信号的分类、产生和传送；②对各种信号预先规定的处理方式；③信号的检测和处理。

2. 信号分类

如上所述，信号分类随系统而变，可多可少。通常可分为：进程终止、进程执行异常（如地址越界、写只读区、用户执行特权指令或硬件错误）、系统调用出错（如所用系统调用不存在、pipe 文件有写者无读者等）、报警信号及与终端交互作用等。系统一般也给用户自己留出定义信号的编号。

表 2-4 列出在 x86 平台上 Linux 内核定义的常用信号。

表 2-4　在 x86 平台上 Linux 内核定义的常用信号

信号号码	符号表示	含义
1	SIGHUP	远程用户挂断
2	SIGINT	输入中断信号（Ctrl+C）
3	SIGQUIT	输入退出信号（Ctrl+\）
4	SIGILL	非法指令
5	SIGTRAP	遇到调试断点
6	SIGIOT	IOT 指令
7	SIGBUS	总线超时
8	SIGFPE	浮点异常
9	SIGKILL	要求终止进程（不可屏蔽）
10	SIGUSRI	用户自定义
11	SIGSEGV	越界访问内存
12	SIGUSR2	用户自定义
13	SIGPIPE	管道文件只有写进程，没有读进程
14	SIGALRM	定时报警信号
15	SIGTERM	软件终止信号
17	SIGCHLD	子进程终止
19	SIGSTOP	进程暂停运行
30	SIGPWR	电源故障

3. 进程对信号可采取的处理方式

当发生上述事件后，系统可以产生信号并向有关进程传送。进程彼此间也可用系统提供的系统调用（如 kill()）发送信号。信号要记入相应进程的 task_struct 结构的 signal 的适当位，以备接收进程检测和处理。

进程接收到信号后，在一定时机（如中断处理末尾）作相应处理，可采取以下处理方式：

1）忽略信号。进程可忽略收到的信号，但 SIGKILL 和 SIGSTOP 信号不能被忽略。

2）阻塞信号。进程可以选择对某些信号予以阻塞。

3）由进程处理该信号。用户在 trap 命令中可以指定处理信号的程序，从而进程本身可在系统中标明处理信号的处理程序的地址。当发出该信号时，就由标明的处理程序进行处理。

4）由系统进行默认处理。如上所述，系统内核对各种信号（除用户自定义之外）都规定了相应的处理程序。在默认情况下，信号就由内核处理，即执行内核预定的处理程序。

每个进程的 task_struct 结构中都有一个指针 sig，它指向一个 signal_struct 结构。该结构中有一个数组 action [ ]，它就相当于一个"信号向量表"，其中的元素相当于"信号向量"，确定了当进程接收到一个信号时应执行什么操作。

4. 对信号的检测和处理流程

对信号的检测和响应是在系统空间进行的。通常，进程检测信号的时机是：第一，从系统空间返回用户空间之前，即当前进程由于系统调用、中断或异常而进入系统空间以后，进行相应的处理工作。处理完后，要从系统空间中退出，在退出之前进行信号检测。第二，进程刚被唤醒的时候，即当前进程在内核中进入睡眠以后刚被唤醒，要检测有无信号，如存在信号就会提前返回到用户空间。

信号的检测与处理的过程如图 2-30 所示。图中的①～⑤标出处理流程的顺序。从图中可以看出，信号的检测是在系统空间中进行的，而对信号的处理却是在用户空间中执行。

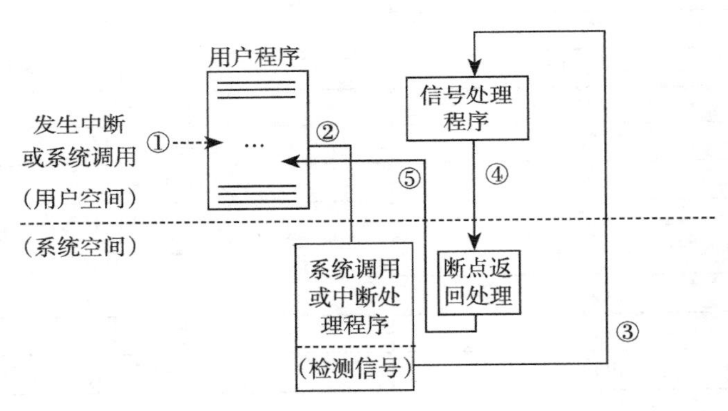

图 2-30　信号的检测与处理流程示意

2.8.2 管道文件

管道是 Linux 中最常用的 IPC 机制。与 UNIX 系统一样，一个管道线就是连接两个进程的一个打开文件。例如：

```
ls | more
```

在执行这个命令行时要创建一个管道文件和两个进程："|"对应管道文件，命令 ls 对应一个进程，它向该文件中写入信息，称为写进程；命令 more 对应另一个进程，它从文件中读出信息，称为读进程。由系统自动处理二者间的同步、调度和缓冲。管道文件允许两个进程按先入先出（FIFO）的方式传送数据，而它们可以彼此不知道对方的存在。管道文件不属于用户直接命名的普通文件，它是利用系统调用 pipe() 创建的、在同族进

程间进行大量信息传送的打开文件。图2-31示出管道的实现机制。

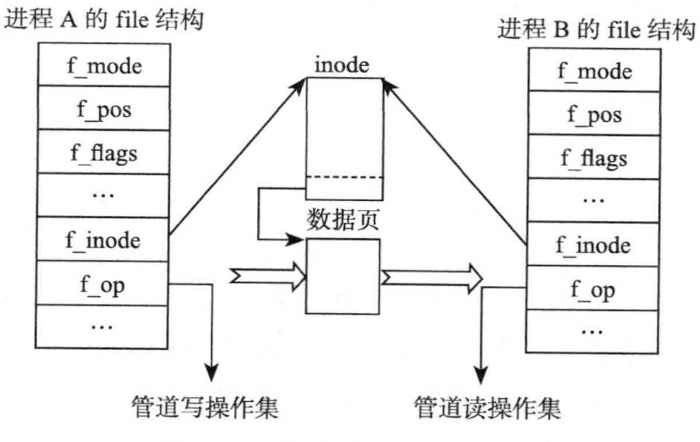

图2-31 管道文件的实现机制

每个管道只有一个页面用作缓冲区，该页面是按环形缓冲区的方式来使用的。也就是说，每当读或写到页面的末端就又回到页面的开头。

由于管道的缓冲区只限于一个页面，所以，当写进程有大量数据要写时，每当写满了一个页面就要睡眠等待；等到读进程从管道中读走一些数据而腾出一些空间时，读进程会唤醒写进程，写进程就会继续写入数据。对读进程来说，缓冲区中有数据就读出，如果没有数据就睡眠，等待写进程向缓冲区中写数据；当写进程写入数据后，就唤醒正在等待的读进程。

Linux系统也支持命名管道，也就是FIFO管道，因为它总是按照先入先出的原则工作。FIFO管道与一般管道不同，它不是临时的，而是文件系统的一部分。当用mkfifo命令创建一个命名管道后，只要有相应的权限，进程就可以打开FIFO文件，对它进行读或写。

2.8.3 System V IPC机制

为了与其他UNIX系统保持兼容，Linux系统也支持UNIX System V版本中的三种进程间通信机制，即消息通信、共享内存和信号量。这三种通信机制使用相同的授权方法。进程只有通过系统调用将标识符传递给核心之后，才能存取这些资源。

1）一个进程可以通过系统调用建立一个消息队列，然后任何进程都可以通过系统调用向这个队列发送消息或者从队列中接收消息，从而实现进程间的消息传递。

2）一个进程可以通过系统调用设立一片共享内存区，然后其他进程就可以通过系统调用将该存储区映射到自己的用户地址空间中。随后，相关进程就可以像访问自己的内存空间那样读/写该共享区的信息。共享内存的效率比管道（无名或命名管道）机制的效率高。

3）信号量机制可以实现进程间的同步，保证若干进程对共享的临界资源的互斥操作。简单说来，信号量是系统内的一种数据结构，它的值代表着可使用资源的数量，可以被一个或多个进程进行检测和设置。对于每个进程来说，检测和设置操作是不可中断的，分别对应于操作系统理论中的P和V操作。System V IPC中的信号量机制是对传统信号量机制的推广，实际是“用户空间信号量”。它由内核支持，在系统空间实现，但可由用户进程直接使用。

2.9 管程

利用信号量机制可以解决进程间同步问题，但要设置很多信号量，使用大量的P、V操作，还要仔细安排P操作的出现顺序（很麻烦）；否则，会导致计算结果不确定或出现死锁。例如，将生产者代码中的两个P操作的次序颠倒，就会产生死锁（见2.10节）。为了解决这类问题，Brinch Hansen（于1973年）和Hoare（于1974年）分别提出一种高级同步原语，称为管程（Monitor）。

管程概念的定义是：一个管程定义一个数据结构和能为并发进程在其上执行的一组操作，这组操作能使进程同步和改变管程中的数据。

一个管程由管程名称、局部于管程的共享数据的说明、对数据进行操作的一组过程和对该共享数据赋初值的语句4部分组成。图2-32给出管程的结构，它定义了一种共享数据结构。管程构造已由多种语言实现，如并发Pascal、Pascal+、Modula-2和Modula-3等，现在它已作为程序库实现。

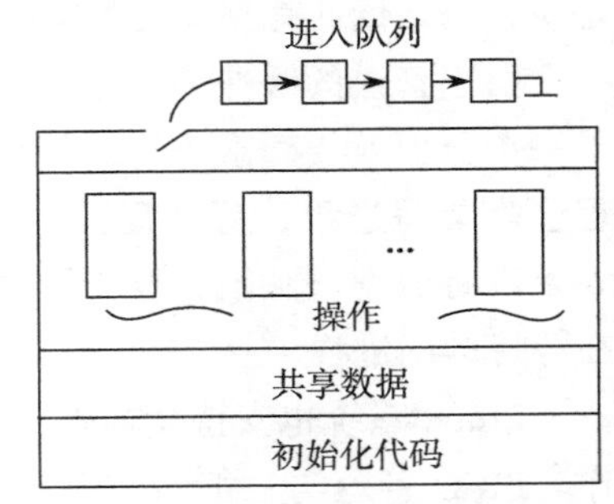

图2-32 管程结构示意图

管程具有以下三个特性：

1）管程内部的局部数据变量只能被管程内定义的过程所访问，不能被管程外面声明的过程直接访问。

2）进程要想进入管程，必须调用管程内的某个过程。

3）一次只能有一个进程在管程内执行，而其余调用该管程的进程都被挂起，等待该管程成为可用的。即管程能有效地实现互斥。

上述前两个特性就像面向对象软件中的对象。实际上，面向对象的操作系统或程序设计语言可以很容易地实现管程——把它作为具有某种特性的对象。

为了保证一次只有一个进程在管程内活动，管程提供互斥机制。进入管程时的互斥由编译程序负责，通常是使用一个互斥量或二值信号量。由于实现互斥是由编译程序完成的，不用程序员编程实现，所以出错的概率很小。程序员不必关心如何互斥进入临界区的问题，只需要将所有临界区的操作转换成管程中的过程即可。

为了体现并发处理的优势，管程应包括同步工具。例如，一个进程调用管程，而当进入该管程且它等待的某个条件未满足时，这个进程必须挂起。在此情况下，不仅需要一个工具挂起该进程，而且要释放该管程，以便其他进程可以进入。以后，当所需条件满足了，且该管程处于可用的情况下，就要恢复该进程的执行，且让它在先前的挂起点重新进入该管程。

解决这个问题的办法是引入条件变量及相关的两个操作原语：wait和signal。条件变量包含在管程内，且只能在管程内对它进行访问，如图 2-33 所示。

例如，定义两个条件变量 x 和 y：

```
condition x , y;
```

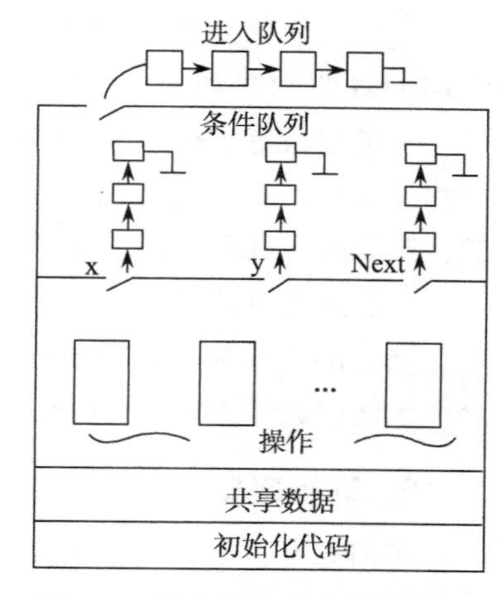

图 2-33 带条件变量的管程结构

操作 wait(x)：挂起等待条件 x 的调用进程，释放相应的管程，以便供其他进程使用。

操作 signal(x)：恢复执行先前因在条件 x 上执行 wait 而挂起的那个进程。如果存在几个这样的进程，则从中挑选一个；如果没有这种进程，则什么也不做。

应当注意，管程中的条件变量不是计数器，不能像信号量那样积累信号，供以后使用。如果一个在管程内活动的进程执行 signal(x)，而在 x 上没有等待的进程，那么它所发送的信号将丢失。换句话说，wait 操作必须在 signal 操作之前。这条规则使实现更加简单。

管程自动实现对临界区的互斥，因而用它进行并行程序设计比用信号量更容易保证程序的正确性。但它也有某些缺点。由于管程是一个程序设计语言的概念，编译程序必须能够识别管程，并用某种方式实现互斥。然而，C、Pascal 及多数编程语言都不支持管程。所以指望这些编译程序实现互斥规则是不可靠的。实际上，编译程序如何知道哪些过程属于管程内部、哪些不属于管程，也是一个问题。

虽然上述语言都没有使用信号量，但增加信号量很容易，只要在库中添加两个小的汇编代码例程，用来提供对信号量操作的 P 和 V 系统调用即可。

另一个问题是：在分布式系统中有多个 CPU，每个 CPU 有自己的内存，它们通过网络互连在一起。此时，上述有关管程和信号量的操作原语将失效，因为它们只能解决访问公共内存的一个或多个 CPU 的互斥问题。

2.10 死锁

在计算机系统中有很多一次只能由一个进程使用的资源，如打印机、磁带机、一个文件的 i 节点等。在多道程序设计环境中，若干进程要共用这类资源，而且一个进程所需要的资源往往不止一个。这样，就会出现若干进程竞争有限资源，又加上推进顺序不当，从而构成无限期循环等待的局面，这种状态就是死锁。

系统发生死锁现象不仅浪费大量的系统资源，甚至导致整个系统崩溃，带来灾难性后果。所以，对于死锁问题在理论上和技术上都必须给予高度重视。

2.10.1 死锁概述

1. 死锁示例

死锁是进程死锁的简称，是由 Dijkstra 于 1965 年研究银行家算法时首先提出来的。

它是计算机操作系统乃至并发程序设计中最难处理的问题之一。

在计算机系统中，涉及软件、硬件资源都可能发生死锁。例如，系统中只有一台CD-ROM驱动器和一台打印机，某一个进程占有了CD-ROM驱动器，又申请打印机；另一个进程占有了打印机，还申请CD-ROM。结果两个进程都被阻塞，永远也不能自行解除。又如，在一个数据库系统中，一个进程对记录R加锁，另一个进程对记录R'加锁，然后两个进程又试图将对方的记录加锁，这也将导致死锁。

上述这类资源都具有一个共性，就是不可抢占性，所以称作**不可抢占资源**。而对于内存之类的资源称作**可抢占资源**，因为进程可以从拥有它的进程那里抢占过来，并且不会产生任何副作用。总的说来，死锁与不可抢占资源有关。

2. 死锁定义

所谓*死锁*是指在一个进程集合中的每个进程都在等待仅由该集合中的其他进程才能引发的事件而无限期地僵持下去的局面。

在多数情况下，每个进程所等待的事件是释放由该集合中其他进程所占有的资源。也就是说，每个进程都期待获得另一个进程正占用的资源。由于集合中的所有进程都不能运行，它们中的任何一个都无法释放资源，因而没有一个进程可以被唤醒。这种死锁称为**资源死锁**（Resource Deadlock），是最常见的死锁类型。

3. 产生死锁的原因

在通常的操作方式下，进程只能按下述顺序使用资源：

1）申请资源。

2）使用资源。

3）释放资源。

如果所申请的资源不可用，则相应进程被迫等待。在一些操作系统中，该进程会自动被阻塞，在资源可用时再唤醒它。

由于系统提供的资源毕竟是有限的，这就引起并发进程对资源的竞争。再加上在竞争资源的过程中，若进程推进顺序又不合适，就可能产生死锁。

图2-34示出进程推进顺序对引发死锁的影响。有两个进程A和B，竞争两个资源R和S，这两个资源都是不可抢占资源，因此，必须在一段时间内独占使用。进程A和B的一般形式是：

进程A	**进程B**
…	…
申请并占用R	申请并占用S
申请并占用S	申请并占用R
…	…
释放R	释放S
释放S	释放R
…	…

图2-34中，X轴和Y轴分别表示进程A和B的执行进度，从原点出发的不同折线

分别表示两个进程以不同速度推进时所合成的路径。在单 CPU 系统中，在任何时候只能有一个进程处于执行状态。路径中的水平线段表示进程 A 在执行、进程 B 在等待；而垂直线段表示进程 B 在执行、进程 A 在等待。

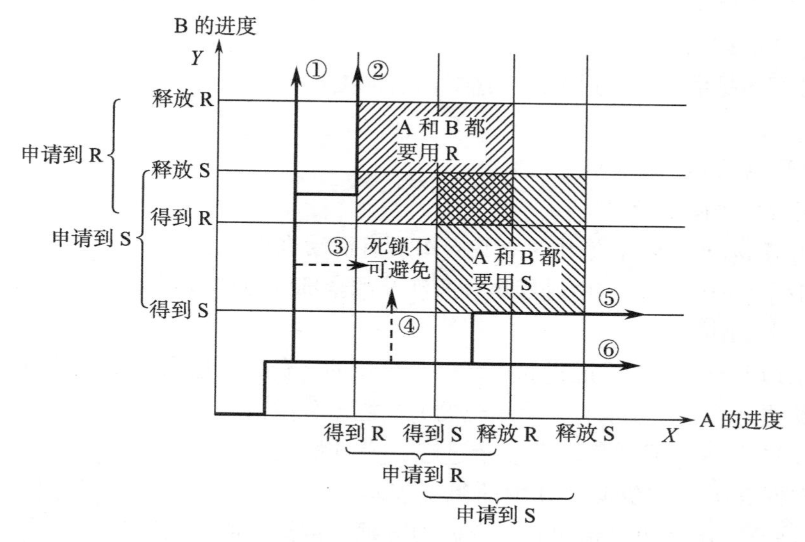

图 2-34　进程推进顺序对引发死锁的影响

从图中可以看出，如果两个进程沿路径③或者④推进，则会产生死锁。但是，如果沿其他路径前进，就不会产生死锁。所以，产生死锁的根本原因是资源有限且操作不当。

4. 产生死锁的必要条件

Coffman 等人（1971 年）总结了发生死锁的四个必要条件。

（1）互斥条件

某个资源要么是可用的，要么在一段时间内仅由一个进程占有，而不能同时被两个及以上的进程占有。必须在占有该资源的进程主动释放它之后，其他进程才能占有该资源。这是由资源本身的属性所决定的。

（2）不可抢占条件

一个进程所获得的资源在未使用完毕之前，其他进程不能强行地抢占该资源，它只能由该资源的占有者进程自行释放。

（3）占有且申请条件

已经占有资源的进程又申请新的资源，而该资源已被另外进程占有。此时该进程阻塞，但是它在等待新资源时，仍继续占有已分到的资源。

（4）环路等待条件

存在一个进程等待序列 $\{P_1, P_2, \cdots, P_n\}$，其中 P_1 等待 P_2 所占有的某一资源，P_2 等待 P_3 所占有的某一资源，……，而 P_n 等待 P_1 所占有的某一资源，形成一个进程循环等待环。

死锁发生时，上述四个条件一定是同时满足的。如果其中任何一个条件不成立，死锁就不会发生。

5. 资源分配图

（1）资源分配图组成

资源分配图是由顶点和边的结对组成的有向图：

$$G = (V, E)$$

式中，V 是顶点的集合，E 是边的集合。

顶点集合分为两部分：

- $P=\{p_1, p_2, \cdots, p_n\}$，它由进程集合中所有活动进程组成。
- $R=\{r_1, r_2, \cdots, r_m\}$，它由进程集合所涉及的全部资源类型组成。

边集合分为两种：

- 申请边 $p_i \to r_j$：表示进程 p_i 申请一个单位的 r_j 资源，但当前 p_i 在等待该资源。
- 赋给边 $r_j \to p_i$：表示有一个单位的 r_j 资源已分配给进程 p_i。

如图 2-35 所示。通常用圆圈表示进程，用方框表示资源（一个方框表示一类资源，其中的黑点表示单个资源实体）。应当注意，申请边要指向表示资源的方框，赋给边必须起于方框中的一个黑点。

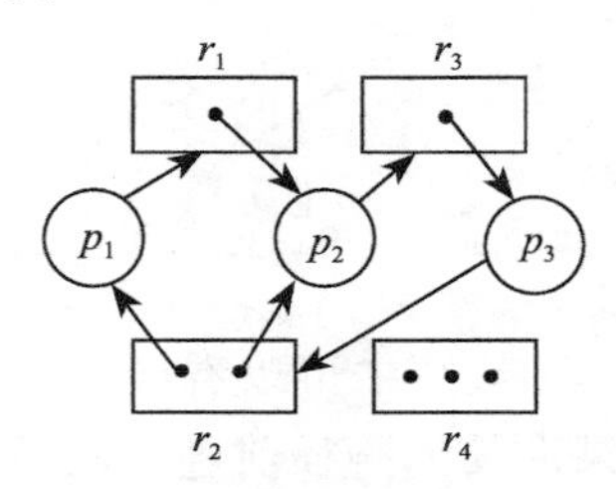

图 2-35　资源分配图示例

图 2-35 给出下列信息：

$P=\{p_1, p_2, p_3\}$

$R=\{r_1, r_2, r_3, r_4\}$，（且各类资源的个数分别为 1、2、1 和 3）

$E=\{p_1 \to r_1, p_2 \to r_3, p_3 \to r_2, r_1 \to p_2, r_2 \to p_2, r_2 \to p_1, r_3 \to p_3\}$

亦即：

进程 p_1 占有一个 r_2 资源，且等待一个 r_1 资源。

进程 p_2 占有 r_1 和 r_2 资源各一个，且等待一个 r_3 资源。

进程 p_3 占有一个 r_3 资源，且等待一个 r_2 资源。

（2）环路与死锁

利用资源分配图可以直观、精确地描述死锁。对于每种类型只有一个资源的系统来说，如只有一台扫描仪、一台 CD 刻录机、一台绘图仪和一台磁带机等，对这样的系统构造一张资源分配图，如果出现环路就说明存在死锁。在此环路中的每个进程都是死锁进程。如果没有出现环路，系统就没有发生死锁。

如果每类资源的实体不止一个，那么资源分配图中出现环路并不表明一定出现死锁。在这种情况下，资源分配图中存在环路是死锁存在的必要条件，但不是充分条件。

例如在图 2-35 中，存在两个最小的环：

$p_1 \to r_1 \to p_2 \to r_3 \to p_3 \to r_2 \to p_1$ 和 $p_2 \to r_3 \to p_3 \to r_2 \to p_2$

此时，系统发生死锁，进程 p_1、p_2 和 p_3 都在环中，因而都是死锁进程。

再看一下图 2-36。在这个图中，也有一个环路：

$p_1 \to r_1 \to p_3 \to r_2 \to p_1$

然而，没有死锁。因为进程 p_4 能释放它占有的资源 r_2，然后就可以分给 p_3，这样环路就打开了。

总之，如果资源分配图中没有环路，那么系统不会陷入死锁状态。如果存在环路，那么系统就有可能出现死锁。

6. 对待死锁的策略

不同的操作系统对待死锁的方式是不同的。概括起来，有四种处理死锁的策略：

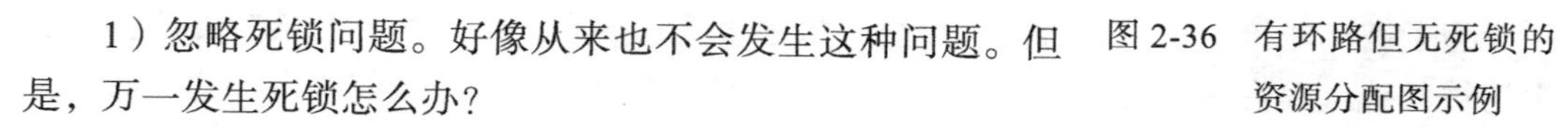

图 2-36　有环路但无死锁的资源分配图示例

1）忽略死锁问题。好像从来也不会发生这种问题。但是，万一发生死锁怎么办？

2）死锁预防。它的基本思想是要求进程在申请资源时遵循某种协议，从而打破产生死锁的四个必要条件中的一个或几个，保证系统不会进入死锁状态。它是排除死锁的*静态策略*。

3）死锁避免。这是排除死锁的*动态策略*，它不限制进程有关申请资源的命令，而是对进程所发出的每一个申请资源命令加以动态地检查，并根据检查结果决定是否进行资源分配。也就是说，在资源分配过程中若预测有发生死锁的可能性，则加以避免。

4）死锁的检测与恢复。系统设有专门的机构，当死锁发生时，该机构能够检测到死锁发生的位置和原因，并能通过外力破坏死锁发生的必要条件，从而使得并发进程从死锁状态中恢复出来。

下面分别讨论死锁的预防、死锁的避免、死锁的检测与恢复这三种方法。

2.10.2　死锁的预防

在上节中提到，必须同时具备四个条件才能出现死锁。如果设法保证至少其中一个条件不具备，那么就破坏了产生死锁的条件，从而可预防它的发生。

1. 破坏互斥条件

如果资源不被一个进程独占，那么就不会产生死锁。如打开的只读文件可以被若干进程同时存取。然而，像打印机之类的独占资源却不能被两个进程同时使用。所以，一般来说，用否定互斥条件的办法是不能预防死锁的，因为某些资源固有的属性就是独占性。

2. 破坏占有且等待条件

只要禁止已占用资源的进程再等待其他资源，就可以消除死锁。一种实现办法是*预分资源策略*，即规定所有进程在开始执行之前就申请所需的全部资源。如果能被满足，就将它们分配给这个进程，从而保证它在执行过程中不再申请另外的资源。这是资源的*静态分配*。

另一种实现办法是“*空手*”*申请资源策略*，即每个进程仅在它不占有资源时才可以申请资源。所以，在进程申请另外附加资源之前，必须先释放当前分到的全部资源。上述两种方法是有差别的。

这两种方法存在以下四个主要缺点：

1）在许多情况下，一个进程在执行之前不可能知道它所需要的全部资源。

2）资源利用率低。

3）降低了进程的并发性。

4）可能出现有的进程总得不到运行机会的“饥饿”状况。

3. 破坏非抢占条件

为了破坏非抢占条件，可以采用隐式抢占方式：如果一个进程占有某些资源，还要申请被其他进程占有的资源，它就处于等待状态。这时，该进程当前所占有的全部资源可被抢占。也就是说，这些资源被隐式地释放了。在该进程的资源申请表中须加上刚被剥夺的资源。仅当该进程获得它被剥夺的资源和新申请的资源时，它才能重新启动。

这个办法常用于资源状态易于保留和恢复的环境中，如CPU寄存器和内存空间，但一般不能用于打印机或磁带机之类的资源。

4. 破坏环路等待条件

为了不出现环路等待条件，可以实行*资源有序分配策略*，即把全部资源事先按类编号，然后依序分配，使进程申请、占用资源时不会形成环路。

设$R=\{r_1, r_2, \cdots, r_m\}$，表示一组资源类型。我们定义一对一的函数$F: R \rightarrow N$，式中$N$是一组自然数。例如，一组资源包括磁带机、磁盘机和打印机。函数F可定义如下：

$$F(\text{磁带机})=1,\ F(\text{磁盘机})=5,\ F(\text{打印机})=12$$

为了预防死锁，进行如下约定：所有进程对资源的申请严格按照序号递增的次序进行，即一个进程最初可以申请任何类型的资源，比如r_i，此后该进程可以申请一个新资源r_j，当且仅当$F(r_j) > F(r_i)$。例如，按上述规定，一个期望同时使用磁带机和打印机的进程必须首先申请磁带机，然后申请打印机。

另一种申请办法也很简单：先弃大，再取小。也就是说，无论何时，一个进程申请资源r_j，它应释放所有满足$F(r_i) \geqslant F(r_j)$关系的资源r_i。

这两种办法都是可行的，都可排除环路等待条件。

这种策略与前面的策略相比，资源利用率和系统吞吐量都有很大提高，但是也存在以下两个缺点：

1）限制了进程对资源的请求，同时给系统中所有资源合理编号也是一件难事，并且会增加系统开销。

2）为了遵循按编号申请的次序，暂不使用的资源也需要提前申请，从而增加了进程对资源的占用时间。

2.10.3 死锁的避免

死锁的避免是排除死锁的*动态策略*，它不限制进程有关申请资源的命令，而是在实施资源分配之前进行检查，若预测有发生死锁的可能性，则加以避免。这种方法的关键是确定资源分配的安全性。

1. 安全状态

如果在当前资源分配状态下没有发生死锁，并且即使所有进程突然都提出对资源的最大需求，也仍然存在某种调度序列能够使它们依次成功地运行完毕，则称该状态是安全的，相应的进程调度序列 $\{p_1, p_2,\cdots, p_n\}$ 就是安全序列。否则，若系统中不存在这样一个安全序列，则该状态就是不安全的。

具体地说，在当前分配状态下，进程的安全序列 $\{p_1, p_2,\cdots, p_n\}$ 是这样组成的：若对于每一个进程 p_i（$1 \leqslant i \leqslant n$），它需要的附加资源可被系统中当前可用资源与所有进程 p_j（$j < i$）当前占有资源之和所满足，则 $\{p_1, p_2,\cdots, p_n\}$ 为一个安全序列。这时处于安全状态，不会发生死锁。

下面通过一个示例，说明安全状态的概念。

设系统中共有 10 台磁带机，有三个进程 p_1、p_2 和 p_3，分别拥有 3 台、2 台和 2 台磁带机，而它们各自的最大需求分别是 9 台、4 台和 7 台磁带机。此时，系统已分配了 7 台磁带机，还有 3 台空闲。表 2-5 给出三个进程在不同时刻占有资源及向前推进的情况。

表 2-5 系统安全状态示意

时刻	已占有台数			最大需求台数			当前可用台数
	进程 p_1	进程 p_2	进程 p_3	进程 p_1	进程 p_2	进程 p_3	
T_0	3	2	2	9	4	7	3
T_1	3	4	2	9	4	7	1
T_2	3	0	2	9	—	7	5
T_3	3	0	7	9	—	7	0
T_4	3	0	0	9	—	—	7
T_5	9	0	0	—	—	—	1
T_6	0	0	0	—	—	—	10

从表 2-5 看出，在 T_0 时刻，系统中存在一个安全序列 $\{p_2, p_3, p_1\}$，此时，状态是安全的。

若不按照安全序列分配资源，则可能会由安全状态转换为不安全状态。表 2-6 表明在与表 2-5 相同的初始条件下，采用另外的资源分配方式，则会进入不安全状态。

表 2-6 不安全状态示意

时刻	已占有台数			最大需求台数			当前可用台数
	进程 p_1	进程 p_2	进程 p_3	进程 p_1	进程 p_2	进程 p_3	
T_0'	3	2	2	9	4	7	3
T_1'	4	2	2	9	4	7	2
T_2'	4	4	2	9	4	7	0
T_3'	4	0	2	9	—	7	4

从以上介绍可以看出：①死锁状态是不安全状态。②如果处于不安全状态，并不意味着它就在死锁状态，而是表示存在导致死锁的危险。③如果一个进程申请的资源当前是可用的，但为了避免死锁，该进程也可能必须等待，此时资源利用率会下降。

2. 银行家算法

最著名的避免死锁的算法称为"银行家算法"(Banker's Algorithm)。这是由Dijkstra首先提出并加以解决的。银行家算法的设计思想是：当用户申请一组资源时，系统必须做出判断，即如果把这些资源分出去，系统是否还处于安全状态。若是，就可以分出这些资源；否则，该申请暂不予满足。

实现银行家算法要有若干数据结构，它们用来表示资源分配系统的状态。令n表示系统中进程的数目，m表示资源分类数。还需要下列数据结构：

1）Available是一个长度为m的向量，它表示每类资源可用的数量。Available[j]=k，表示r_j类资源可用的数量是k。

2）Max是一个$n\times m$矩阵，它表示每个进程对资源的最大需求。Max[i, j]=k，表示进程p_i至多可申请k个r_j类资源单位。

3）Allocation是一个$n\times m$矩阵，它表示当前分给每个进程的资源数目。Allocation[i, j]=k，表示进程p_i当前分到k个r_j类资源。

4）Need是一个$n\times m$矩阵，它表示每个进程还缺少多少资源。Need [i, j]=k，表示进程p_i尚需k个r_j类资源才能完成其任务。显然，Need[i, j]=Max[i, j]−Allocation[i, j]。

这些数据结构的大小和数值随时间推移而改变。

为简化该算法的表示，采用如下记号：令X和Y表示长度为n的向量。如果说$X\leqslant Y$，当且仅当$X[i]\leqslant Y[i]$（i=1, 2, …, n）成立。例如，若X=(0, 3, 2, 1)，Y=(1, 7, 3, 2)，则$X\leqslant Y$。若$X\leqslant Y$，且$X\neq Y$，则$X<Y$。

可以把矩阵Allocation和Need中的每一行当作一个向量，并分别写成Allocation_i和Need_i。Allocation_i表示当前分给进程p_i的资源。

（1）资源分配算法

令Request_i表示进程p_i的申请向量。$\text{Request}_i[j]=k$，表示进程p_i需要申请k个r_j类资源。当进程p_i申请资源时，就执行下列动作：

1）若$\text{Request}_i>\text{Need}_i$，表示出错，因为进程对资源的申请量大于它说明的需求量。

2）如果$\text{Request}_i>\text{Available}$，则$p_i$等待。

3）假设系统把申请的资源分给进程p_i，则应对有关数据结构进行修改：

$\text{Available}:=\text{Available}-\text{Request}_i$

$\text{Allocation}_i:=\text{Allocation}_i+\text{Request}_i$

$\text{Need}_i:=\text{Need}_i-\text{Request}_i$

4）系统执行安全性算法，查看此时系统状态是否安全。如果是安全的，就实际分配资源，满足进程p_i的此次申请；否则，若新状态是不安全的，则p_i等待，对所申请资源暂不予分配，并且把资源分配状态恢复成步骤3之前的情况。

（2）安全性算法

为了确定一个系统是否处于安全状态，可采用下述算法：

1）令Work和Finish分别表示长度为m和n的向量，最初，置Work：=Available，Finish[i]：=false，i=1, 2,…, n。

2）搜寻满足下列条件的 i 值：Finish[i]=false，且 $Need_i \leq Work$。若没有找到，则转向步骤 4。

3）修改数据值：Work：=Work+ $Allocation_i$（p_i 释放所占的全部资源），Finish[i]=true。转向步骤 2。

4）若 Finish[i]=true 对所有 i 都成立（任一进程都可能是 p_i），则系统处于安全状态；否则，系统处于不安全状态。

（3）算法应用示例

假定系统中有 4 个进程 {A, B, C, D} 和三类资源 r_1、r_2 和 r_3，各自的数量分别为 9、3 和 6 个单位。在 T_0 时刻各进程分配资源的情况如表 2-7 所示。

表 2-7　T_0 时刻资源分配表

进程 \ 资源情况	Allocation			Max			Need			Available		
	r_1	r_2	r_3	r_1	r_2	r_3	r_1	r_2	r_3	r_1	r_2	r_3
A	1	0	0	3	2	2	2	2	2	1	1	2
B	5	1	1	6	1	3	1	0	2			
C	2	1	1	3	1	4	1	0	3			
D	0	0	2	4	2	2	4	2	0			

在 T_0 时刻存在一个安全序列 {B, A, C, D}，如表 2-8 所示。所以，系统处于安全状态。

表 2-8　T_0 时刻的安全序列

进程 \ 资源情况	Work			Need			Allocation			Work+Allocation			Finish
	r_1	r_2	r_3	r_1	r_2	r_3	r_1	r_2	r_3	r_1	r_2	r_3	
B	1	1	2	1	0	2	5	1	1	6	2	3	true
A	6	2	3	2	2	2	1	0	0	7	2	3	true
C	7	2	3	1	0	3	2	1	1	9	3	4	true
D	9	3	4	4	2	0	0	0	2	9	3	6	true

随后，进程 A 发出请求 Request(1, 0, 1)，系统按银行家算法进行检查：

1）$Request_A(1, 0, 1) \leq Need(2, 2, 2)$。

2）$Request_A(1,0,1) \leq Available(1, 1, 2)$。

3）假定满足进程 A 的要求，为它分配所申请资源，并且修改 $Allocation_A$ 和 $Need_A$，得到如表 2-9 所示的资源分配数据表。

表 2-9　为进程 A 分配资源后的数据表

进程 \ 资源情况	Max			Allocation			Need			Available		
	r_1	r_2	r_3	r_1	r_2	r_3	r_1	r_2	r_3	r_1	r_2	r_3
A	3	2	2	2	0	1	1	2	1	0	1	1
B	6	1	3	5	1	1	1	0	2			
C	3	1	4	2	1	1	1	0	3			
D	4	2	2	0	0	2	4	2	0			

由表2-9可见，可用资源Available(0，1，1)已不能满足任何进程的需要，从而系统进入不安全的状态。分析这个问题产生的原因，归结到上一步为进程A分配所申请资源的假定。在这种情况下，就不能为进程A分配所申请的资源$Request_A(1，0，1)$。这就是说，为了避免发生死锁，即使当前可用资源能满足某个进程的申请，也有可能不实施分配，让该进程阻塞，待以后条件成熟时再恢复其运行并分配所需资源。

从上面的分析看出，银行家算法允许存在死锁必要条件中的前三个，即互斥条件、占有且申请条件和不可抢占条件。这样，它与预防死锁的几种方法相比较，限制条件少了，资源利用程度提高了，这是该算法的优点。但是，银行家算法也存在如下缺点：①这个算法要求进程数保持固定不变，这在多道程序系统中是难以做到的。②这个算法保证所有进程在有限的时间内得到满足，但实时进程要求快速响应，所以要考虑这个因素。③由于要寻找一个安全序列，实际上增加了系统开销。

2.10.4　死锁的检测与恢复

死锁检测与恢复是指系统设有专门的机构，当死锁发生时，该机构能够检测到死锁发生的位置和原因，且能通过外力破坏死锁发生的必要条件，从而使并发进程从死锁状态中解脱出来。

1. 对单体资源类的死锁检测

如果系统中所有类型的资源都只有一个实体，可以采用一种较快的死锁检测算法，即资源分配图的变形——等待图。它是从资源分配图中去掉表示资源类的节点，且把相应边折叠在一起得到的。

在等待图中，从p_i到p_j的边表示进程p_i正等待p_j释放它所需的资源。在该图中，当且仅当对应资源分配图中包含与同一资源r_q有关的两条边$p_i \rightarrow r_q$和$r_q \rightarrow p_j$时，才存在边$p_i \rightarrow p_j$。图2-37是一个资源分配图和对应的等待图。

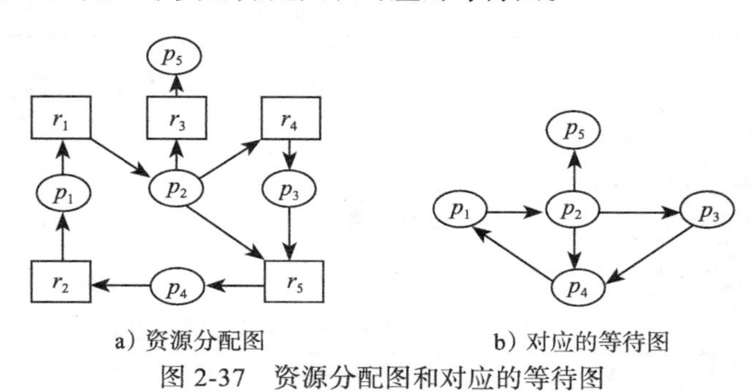

图2-37　资源分配图和对应的等待图

与前面结论相同，当且仅当等待图中有环路，系统存在死锁。为了检测死锁，系统需要建立等待图并适时进行修改，还要定期调用搜索图中环路的算法。

2. 对多体资源类的死锁检测

等待图并不适用于多体资源类的资源分配系统。针对多体资源类可以采用下面的死锁检测算法。这个检测算法采用若干随时间变化的数据结构，与银行家算法中所用的结构相似。

1）Available 是一个长度为 m 的向量，说明每类资源的可用数目。

2）Allocation 是一个 $n \times m$ 的矩阵，定义当前分给每个进程的每类资源的数目。

3）Request 是一个 $n \times m$ 的矩阵，表示当前每个进程对资源的申请情况。Request[i, j]=k，表示进程 p_i 正申请 k 个 r_j 类资源。

两个向量间的小于等于（≤）关系如 2.10.3 节中的定义。为了简化记忆，仍把矩阵 Allocation 和 Request 的行作为向量对待，并分别表示为 Allocation_i 和 Request_i。

检测算法只是简单地调查尚待完成的各个进程所有可能的分配序列。

1）令 Work 和 Finish 分别表示长度为 m 和 n 的向量，初始化 Work：=Available；对于 i=1，2,…，n，如果 $\text{Allocation}_i \neq 0$，则 Finish[$i$]：=false；否则 Finish[$i$]：=true。

2）寻找一个下标 i，它应满足条件：Finish[i]=false 且 $\text{Request}_i \leqslant$ Work。若找不到这样的 i，则转到步骤步骤 4。

3）修改数据值：Work：=Work+Allocation_i，Finish[i]：=true。转向步骤 2。

4）若存在某些 i（$1 \leqslant i \leqslant n$）满足 Finish[$i$]=false，则系统处于死锁状态。同时，对于满足 Finish[i]=false 条件的进程 p_i 来说，它处于死锁环中。

与避免死锁的算法一样，这种死锁检测算法也需要 $m \times n^2$ 次操作。

在上面的算法中，一旦找到一个进程——它申请的资源可以被可用资源所满足，就假定那个进程可以得到所需资源，可运行下去直至完成，然后释放所占有的全部资源。接着查找是否有另外的进程也满足这种条件。注意，这种算法并不能保证死锁不再出现。如果以后出现了死锁，那么调用该算法就能检测出死锁。

从上面分析看出，死锁检测算法需要进行很多操作，因而产生何时调用检测算法的问题。它取决于两个因素：①死锁出现的频繁程度；②有多少个进程受到死锁的影响。

如果频繁出现死锁，就应频繁调用死锁检测算法。一种方法是每当有资源请求时就进行检测。当然，越早发现死锁问题越好，但这样做会占用大量 CPU 时间。另一种方法是定时检测，每隔一段时间（如若干分钟）查一次，或者当 CPU 使用率降到某个下限值时进行检测。因为当死锁涉及较多进程时，系统中没有多少进程可以运行，CPU 就会经常闲置。

3. 从死锁中恢复

当利用检测算法发现死锁后，必须采取某种措施使系统从死锁中解脱出来。方法有多种，如人工干预—— 当发现死锁时就通知系统管理员，让管理员解决死锁问题；或者由系统自动从死锁中恢复过来。具体来说，主要有三种方式：通过抢占资源、回退执行和杀掉进程实现恢复。

（1）通过抢占资源实现恢复

该方式即临时性地把资源从当前占有它的进程那里拿过来，分给另外某些进程，直至死锁环路被打破。在很多情况下，需要人工干预，特别是在大型主机上的批处理理系统，往往由管理员强行把某些资源从占有者进程那里取过来，分给其他进程。

在不通知原进程的情况下，将某一资源从一个进程那里强行取走并分给另一个进程使用，之后又送回来，这样做是否可行取决于资源的属性。一般来说，实现起来很困难，甚至不大可能。另外，从占有者进程那里抢占资源时，先要选择"牺牲者"，即从哪些进程抢占哪些资源？通常按最小代价原则处理。考虑代价的因素包括进程占有多少资源，以及运行了多少时间等。

（2）通过回退执行实现恢复

回退方法由系统管理员做出安排，定期对系统中各个进程进行检查，并将检查点的有关信息（如进程状态、资源状态等）写入文件，以备重启时使用。当检测到死锁时，就让某个占有必要资源的进程回退到它取得另外某个资源之前的一个检查点。回退过程所释放的资源分配给一个死锁进程，然后重新启动运行。由于死锁进程可以从回退进程那里得到所需资源，从而打破死锁环路。

系统中应保存一系列检查点的文件，即前后各检查点对应的文件不应覆盖，因为回退时往往要回退多级。实际上，回退进程要被重置为先前它没有占用资源时的状况。如果回退进程试图再次获得该资源，它必须等待，直至该资源被别的进程释放，成为可用资源。

一旦决定必须回退一个特定进程，一定要确定这个进程后退多远。最简单的办法是让整个进程重新运行，即终止该进程，并重新启动它。这样做将使一个进程的工作前功尽弃。因而，更有效的办法是让它退回到恰好解除死锁的地方。然而，这要求系统保存有关全部运行进程状态的更多信息。

还有一种"全体"回退方式，即每个死锁的进程都回退到前面定义的某个检测点，然后重新启动所有进程。这需要系统有回退和重启机制。当然，这种办法是有风险的，有可能再次发生死锁。然而，由于并发处理的不确定性，往往能够保证不再出现同样的情况。

（3）通过杀掉进程实现恢复

通过强行终止进程可以解除死锁，即系统从被终止的进程那里回收它们占有的全部资源，然后分给其他等待这些资源的进程。主要有以下两种方法：

1）终止所有的死锁进程。很显然，这种方法必然打破死锁环路，但是代价太高——这些进程可能已经计算了很长一段时间，把它们都终止，必定丢失先前所做的工作，以后还需从头开始。

2）一次终止一个进程，直至消除死锁环路。这种办法的代价也很可观，因为每当终止一个进程之后，必须调用死锁检测算法，以确定是否还有别的进程仍处于死锁状态。

其实，终止进程并非易事，如果一个进程对一个文件更新了一半，那么终止它就使文件处于不正确的状态。另外，一个进程打印数据，打印到一半被终止，那么在下次重新打印之前，系统必须把打印机设置成恰当的状态。

采用终止部分进程的方式时，需要确定终止某个或某些进程，这涉及策略问题。大家都会想到，采用经济合算的策略，即这样做带来的开销最小。但是，“最小开销”是很不精确的。如何确定哪个进程将被终止，一般要考虑以下6种因素：

1）进程的优先级。

2）进程已计算了多长时间，该进程在完成预定任务之前还要计算多长时间。

3）该进程使用了多少和什么类型的资源（例如，这些资源可简单地抢占吗？）。

4）为完成任务，它还需要多少资源？

5）有多少个进程被终止？

6）这个进程是交互式进程，还是批处理进程？

2.10.5 饥饿和活锁

1. 饥饿

进程在其生存期中需要很多不同类型的资源。由于进程往往是动态创建的，这样，在任何时候系统中都会出现资源申请。何时为哪个进程分配什么资源，以及分配多少资源，是系统分配资源的策略问题。在某些策略下，系统会出现这样一种情况：在可以预计的时间内，某个或某些进程永远得不到完成工作的机会，因为它们所需的资源总是被别的进程占有或抢占。这种状况称为**饥饿**或者“饿死”(starvation)。

例如，考虑打印机的分配问题。系统为了保证不出现死锁，同时提高系统的吞吐量，就应允许若干进程申请打印机，并且采用一种可能的方案：优先把打印机分配给打印的文件最小的那个进程。在这种分配方案下，想让尽量多的用户满意。它看似公平，但是存在这样一种可能性：在一个繁忙的系统中，某个进程要打印的文件很大，当打印机空闲时，系统从打印队列中挑选一个进程——它必然是相对打印文件最小的进程。如果存在一个稳定的进程流，其中各进程打印的文件都较小，那么，那个打印大文件的进程就永远也分不到打印机，从而被饿死—— 无限期地向后延迟，尽管它并未被阻塞。

可以看出，饥饿不同于死锁，但与死锁相近。死锁的进程都必定处于阻塞状态，而饥饿进程不一定被阻塞，可以在就绪状态。

利用先来先服务的资源分配策略可以避免饥饿现象。利用这种方式，等待最久的进程可以成为下一个被服务的进程。随着时间的推移，任何给定进程最终都会成为最“老”的，从而获得所需的资源，进而完成自己的工作。

2. 活锁

活锁（livelock）是指一个或多个进程在轮询地等待某个不可能为真的条件为真，导致一直重复尝试、失败、尝试、失败这样的过程，但始终无法完成。处于活锁状态的进程没有被阻塞，可以被调度运行，因而会导致耗尽CPU资源，使系统效能大大下降。

活锁可以仅涉及单一实体。例如，一个进程被调度运行，由于其内部算法故障或数据问题，导致运行一段时间，退到就绪队列；之后又被调度运行，然后又退到就绪队列，如此反复进行，但始终也不能完成任务。

活锁往往涉及多个实体。例如多个进程利用共享内存方式进行通信，同一时刻只能有一个进程可以占用该内存区。每个进程在发送（或接收）信息时均会进行冲突检测，看有无其他进程也要发送（或接收）信息。如果发生冲突，就选择主动避让，过一会儿再发送（或接收）。假设避让算法不合理（不是互斥执行），就导致这些进程每次要通信时都检测到冲突，因此避让，之后再通信，还是冲突。结果是，这些相关的进程就彼此一直“谦让”下去，谁都无法完成通信。

可见，活锁与死锁不同，处于活锁的实体是在不断地改变状态，并未被封锁，是可以“活动”的，而处于死锁的实体表现为等待，静止不动；活锁有可能自行解开，死锁则不能。

活锁和饥饿的区别在于，活锁是忙式等待，占用 CPU 且不会主动让出 CPU；而饥饿是由于调度算法不合理，导致某个或某些进程无法得到在 CPU 上运行的机会，造成无限期地等待下去。

小结

当程序顺序执行时，具有封闭性和可再现性，但为了提高计算机的速度和增强系统的处理能力，广泛采用多道程序设计技术，从而导致程序的并发执行和资源共享。这带来新的特性，即：失去封闭性、程序与计算失去一一对应、程序并发执行时产生了相互制约的关系。为了更好描述程序的并发活动，引入了“进程”概念。

进程是具有独立功能的程序关于某个数据集合上的一次运行活动，是系统进行资源分配和调度的一个独立单位。它最基本的特性是并发性和动态性。进程的活动是利用状态来反映的。一个进程至少应有三种状态，它们在一定条件下进行转化。实际上，只有真正占用 CPU 并正在执行程序的进程才真正处于活动状态。

每一个进程都有唯一的一个进程控制块（PCB），它是进程存在的唯一标志。由 PCB 和进程执行的程序与数据一起构成进程的映像。系统对进程的管理（如调度、通信等）就是通过 PCB 实现的。

PCB 表的物理组织方式有若干种，最常用的是线性方式、链接方式和索引方式。线性方式实现简单，链接方式使用灵活，索引方式处理速度快。

进程有族系关系。利用创建原语可生成新进程，利用终止原语可终止进程，进程用阻塞原语可主动把自己从运行态变为阻塞态，利用唤醒原语可把另外的阻塞态进程唤醒。在 Linux 系统中，提供了一系列控制进程的系统调用和命令，可以在不同的层次使用它们。本章介绍了用于进程管理的几个常用命令和系统调用，在机器上使用它们并分析所显示的结果，对加深理解进程概念颇有益处。

在现代操作系统中，引入了线程概念，允许一个进程拥有一个或多个线程。这样，进程是资源分配单位，而线程作为进程中调度和运行的基本单位。

进程在活动过程中会彼此发生作用，主要包括同步和互斥的关系。简单说来，同步是协作关系，而互斥是竞争关系。

一次仅允许一个进程使用的资源称为临界资源，对临界资源实施操作的那段程序称为临界区

（CS）。利用信号量和P、V操作可以很容易地解决进程间的互斥与同步问题。从物理概念上讲，信号量是表示系统中某类资源的数目，其值大于0时，表示系统中尚有的可用资源数目；其值小于0时，其绝对值表示系统中因请求该类资源而被阻塞的进程数目。P操作意味着请求系统分配一个单位资源，而V操作意味着释放一个单位资源。

利用信号量实现进程互斥时，应为该临界区设置一信号量mutex，初值为1，表示该临界资源尚未使用，临界区应置于P（mutex）和V（mutex）之间。同样可利用信号量实现进程同步，主要应全面考虑诸进程间的协作关系。

生产者–消费者问题是进程同步和互斥的一般化形式，同样可用信号量来解决。应注意，在对该问题的描述中，两个P操作的次序不能颠倒，否则会产生死锁。这是互斥进程因对共享资源使用不当而发生的相互等待状态，死锁具有很大危害性。

经典进程同步问题还有读者–写者问题、哲学家进餐问题、打瞌睡的理发师问题等。使用信号量解决进程同步和互斥问题时既要遵循信号量机制的一般应用规则，又要发挥读者对实际问题的抽象能力。

当需要交换大量数据时，P、V操作就不能满足进程通信的要求了，利用消息缓冲方式和信箱通信方式可实现发送进程和接收进程之间大量消息的传送。Linux系统中采用多种进程通信方式。

所谓死锁，是指多个进程循环等待他方占有的资源而无限期地僵持下去的局面。很显然，如果没有外力的作用，死锁涉及的各个进程都将永远处于封锁状态。

计算机系统产生死锁的根本原因就是资源有限且操作不当。一种是竞争资源引起的死锁，另一种是由于进程推进顺序不合适引发的死锁。如果在计算机系统中同时具备下面四个必要条件时，就会发生死锁：互斥条件，不可抢占条件，占有且申请条件，循环等待条件。

一般地，解决死锁的方法分为死锁的预防、避免、检测与恢复三种。

习题2

1. 解释以下术语：进程、进程控制块、进程映像、线程、进程的互斥和同步、临界区和临界资源、竞争条件、原语、信号量、管程、死锁、活锁、饥饿。
2. 在操作系统中为什么要引入进程概念？它与程序的差别和关系是怎样的？其基本特征是什么？
3. PCB的作用是什么？它是怎样描述进程的动态性质的？
4. 进程的基本状态有哪几种？试描绘进程状态转换图。
5. 进程进入临界区的调度原则是什么？
6. 用如图2-38所示的进程状态转换图能够说明有关处理机管理的大量内容。试回答：

   ① 什么事件引起每次显著的状态变迁？

   ② 下述状态变迁因果关系能否发生？为什么？

   （A）2→1　（B）3→2　（C）4→1

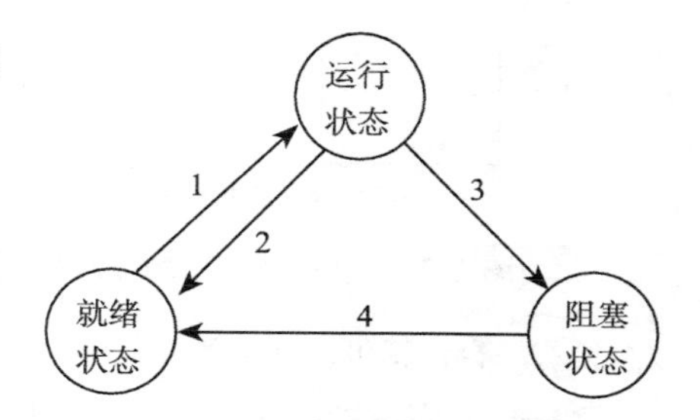

图2-38　进程状态转换图

7. PCB表的组织方式主要有哪几种？分别简要说明。
8. 简述信号量的定义和作用。P、V操作原语是如何定义的？

9. N个进程共享某一临界资源，则互斥信号量的取值范围为________。

   a. 0 ～ 1　　b. −1 ～ 0　　c. 1 ～ −(N−1)　　d. 0 ～ −(N−1)

10. 简述线程与进程的关系。

11. 实现线程的方式主要有哪两种？各有何优缺点？

12. 管程由哪些部分组成？有什么基本特性？

13. 计算机系统中产生死锁的根本原因是什么？

14. 产生死锁的四个必要条件是什么？一般对待死锁的方法有哪三种？

15. 死锁预防的基本思想是什么？

16. 死锁避免的基本思想是什么？

17. 什么是进程的安全序列？何谓系统是安全的？

18. 死锁预防的有效方法是什么？死锁避免的著名算法是什么？

19. 死锁、“饥饿”和活锁之间的主要差别是什么？

20. 在生产者－消费者问题中，如果对调生产者（或消费者）进程中的两个P操作和两个V操作的次序，会发生什么情况？试说明之。

21. 高级进程通信有哪几类？各自如何实现进程间通信？

22. 是否所有的共享资源都是临界资源？为什么？

23. 系统中只有一台打印机，有三个用户的程序在执行过程中都要使用打印机输出计算结果。设每个用户程序对应一个进程。问：这三个进程间有什么样的制约关系？试用P、V操作写出这些进程使用打印机的算法。

24. 判断下列同步问题的算法是否正确？若有错，请指出错误原因并予以改正。

    ① 设A、B两个进程共用一个缓冲区Q，A向Q写入信息，B从Q读出信息，算法框图如图2-39所示。

    ② 设A、B为两个并发进程，它们共享一个临界资源。其运行临界区的算法框图如图2-40所示。

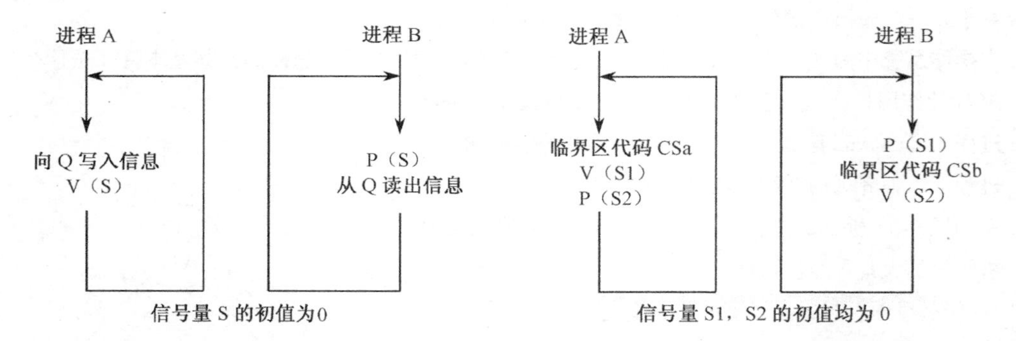

图2-39　进程A、B的算法框图　　　图2-40　两个并发进程临界区的算法框图

25. 设有一台计算机，有两条I/O通道，分别接一台卡片输入机和一台打印机。卡片机把一叠卡片逐一输入到缓冲区B1中，加工处理后再搬到缓冲区B2中，并在打印机上打印结果。问：

① 系统要设几个进程来完成这个任务？各自的工作是什么？

② 这些进程间有什么样的相互制约关系？

③ 用P、V操作写出这些进程的同步算法。

26. 设有无穷多个信息，输入进程把信息逐个写入缓冲区，输出进程从缓冲区中逐个取出信息。针对下述两种情况：

① 缓冲区是环形的，最多可容纳 n 个信息；

② 缓冲区是无穷大的。

试分别回答下列问题：

① 输入、输出两组进程读/写缓冲区需要什么条件？

② 用P、V操作写出输入、输出两组进程的同步算法，并给出信号量含义及初值。

27. 假定一个阅览室最多可容纳100人，读者进入和离开阅览室时都必须在阅览室门口的一张登记表上进行标识（进入时登记，离开时去掉登记项），而且每次只允许一人登记或去掉登记。问：

① 应编写几个程序完成此项工作？程序的主要动作是什么？应设置几个进程？进程与程序间的对应关系如何？

② 用P、V操作写出这些进程的同步通信关系。

28. 在一个飞机订票系统中，多个用户共享一个数据库。各用户可以同时查询信息，若有一个用户要订票，需更新数据库时，其余所有用户都不可以访问数据库。请用P、V操作设计一个同步算法，实现用户查询与订票功能。要求：当一个用户订票而需要更新数据库时，不能因不断有查询者到来而使其长时间等待。利用信号量机制保证其正常执行。

29. 某高校计算机系开设网络课，安排了上机实习。假设机房共有 $2m$ 台机器，有 $2n$ 名学生选该课，规定：

① 每两个学生为一组，各占一台机器，协同完成上机实习。

② 只有一组两个学生都到齐，并且此时机房有空闲机器时，该组学生才能进入机房。

③ 上机实习由一名教师检查，检查完毕，一组学生同时离开机房。试用P、V操作模拟上机实习过程。

30. 用P、V操作实现本书2.6节介绍的哲学家进餐问题的第2种解法，即：仅当某哲学家面前的左、右两支筷子均可用时，才允许他拿起筷子。

31. 某个计算机系统有10台可用磁带机。在这个系统上运行的所有作业最多要求4台磁带机。此外，这些作业在开始运行的很长一段时间内只要求3台磁带机；它们只在自己工作接近结束时才短时间地要求另一台磁带机。这些作业是连续不断地到来的。

① 若作业调度策略是静态分配资源，满足后方可运行。那么，能同时运行的最大作业数是多少？作为这种策略的后果，实际上空闲的磁带机最少是几台？最多是几台？

② 若采用银行家算法将怎样进行调度？能够同时运行的最大作业数是多少？作为其后果，实际上空闲的磁带机最少和最多各是多少台？

32. 设有三个进程 P_1、P_1、P_3，各按如下所示顺序执行程序代码：

进程 P_1	进程 P_2	进程 P_3
↓	↓	↓
$\mathrm{P}(s_1)$	$\mathrm{P}(s_3)$	$\mathrm{P}(s_2)$
$\mathrm{P}(s_2)$	$\mathrm{P}(s_1)$	$\mathrm{P}(s_3)$
…	…	…
$\mathrm{V}(s_1)$	$\mathrm{V}(s_3)$	$\mathrm{V}(s_2)$
$\mathrm{V}(s_2)$	$\mathrm{V}(s_1)$	$\mathrm{V}(s_3)$
↓	↓	↓

其中 s_1、s_2、s_3 是信号量，且初值均为 1。

在执行时能否产生死锁？如果可能产生死锁，请说明在什么情况下产生死锁？并给出一个防止死锁产生的修改办法。

33. 考虑由 n 个进程共享的具有 m 个同类资源的系统，如果对 i=1, 2,⋯, n，有 $\mathrm{Need}_i > 0$，并且所有最大需求量之和小于 $m+n$，试证明：该系统不会产生死锁。

34. 设系统中有三种类型的资源 (A, B, C) 和五个进程 (P_1, P_2, P_3, P_4, P_5)，A 资源的数量为 17，B 资源的数量为 5，C 资源的数量为 20。在 T_0 时刻系统状态如表 2-10 所示。系统采用银行家算法来避免死锁。

① T_0 时刻是否为安全状态？若是，请给出安全序列。

② 在 T_0 时刻，若进程 P_2 请求资源 (0, 3, 4)，能否实现资源分配？为什么？

③ 在②的基础上，若进程 P_4 请求资源 (2, 0, 1)，能否实现资源分配？为什么？

④ 在③的基础上，若进程 P_1 请求资源 (0, 2, 0)，能否实现资源分配？为什么？

表 2-10　T_0 时刻系统状态

进　　程	最大资源需求量			已分配资源数量			系统剩余资源数量		
	A	B	C	A	B	C	A	B	C
P_1	5	5	9	2	1	2	2	3	3
P_2	5	3	6	4	0	2			
P_3	4	0	11	4	0	5			
P_4	4	2	5	2	0	4			
P_5	4	2	4	3	1	4			

第3章 处理机调度

学习内容

在日常生活、生产等活动中，经常要发生调度问题，如公交汽车的调度、铁路局火车的调度、工厂车间的生产调度等。同样，操作系统中也离不开调度。调度是操作系统的基本功能，几乎所有的计算机资源在使用之前都要经过调度。当然，CPU是计算机最主要的资源，经过进程调度，才把CPU分配给合适的进程使用。调度策略决定了操作系统的类型，其算法优劣直接影响整个系统的性能。所以，调度问题是操作系统设计的一个中心问题。

并发性是现代操作系统的重要特性，它允许多个进程同时在系统中活动。而实施并发的基础是由硬件和软件相结合的中断机构。许多人称操作系统是由“中断驱动”的。由系统调用引发的事件称为陷入（Trap），核外的程序通过系统调用才能得到核内程序的服务。

本章主要介绍以下主题：

- 调度级别
- 性能评价标准
- 作业调度和进程调度的功能
- 常用调度算法
- 中断处理过程
- 系统调用处理过程
- shell命令执行过程

学习目标

了解：调度和分派概念，调度策略的选择，中断概念，实时调度，Linux常用调度命令。

理解：调度级别，作业状态，性能评价标准，Linux调度方式，系统调用处理过程，shell命令执行过程。

掌握：作业调度和进程调度的功能，先来先服务、短作业优先等常用调度算法及其指标计算，中断处理过程。

3.1　调度的作用和级别

1. 调度的作用

在大型通用系统中，往往有数百个终端与主机相连，众多用户共用系统中的一台主机。这样，可能有数百个作业存放在磁盘的作业队列中。在多道程序设计系统中，通常会有多个进程或线程同时竞争 CPU。在单 CPU 系统中，只要有两个或更多进程处于就绪态，就会发生这种竞争问题。所以，在作业或进程之间如何实施调度就是操作系统资源管理功能中的一个重要问题。

调度是指调动、安排，即对有限的资源按照一定的算法进行合理的分配使用。在操作系统中，处理机调度的主要目的就是分配处理机。具体讲，处理机分配由调度和分派两个功能组成。调度的功能是组织和维护就绪进程队列，包括确定调度算法、按调度算法组织和维护就绪进程队列。分派的功能是指当处理机空闲时，从就绪队列队首中移出一个 PCB，并将该进程投入运行。然而，大家习惯上往往把上述两种功能统称为进程调度。在操作系统中，完成调度工作的程序称为调度程序。相应地，该程序使用的算法称为调度算法。

在某些操作系统中，也可以对输入输出操作实施调度，如磁盘调度、打印机调度等。

可见，调度是操作系统的一个基本功能。通过调度，可实现进程的并发，扩展硬件的功能，提高系统的性能和安全性，改善人机交互作用。

除了要挑选合适的进程投入运行外，调度程序还要关注 CPU 的利用效率。因为进程切换是要付出很大代价的，这涉及保留当前进程的运行环境，并恢复选中进程的现场环境。另外，进程切换还要使整个内存高速缓存失效，强迫缓存从内存中动态重新装入两次（进入内核一次，退出内核一次）。所以，如果进程切换太频繁，会耗费大量 CPU 时间，应予以注意。

2. 调度的级别

一般来说，作业从进入系统到最后完成，可能要经历三级调度：高级调度（又称**作业调度**）、中级调度和低级调度（又称**进程调度**），如图 3-1 所示。这是按调度层次进行分类的。在不同的操作系统中所采用的调度方式并不完全相同。有的系统中仅采用一级调度，而有的系统采用两级或三级，并且所用的调度算法也可能完全不同。

1）高级调度：其主要功能是根据一定的算法，从输入的一批作业中选出若干个作业，分配必要的资源，如内存、外设等，为它建立相应的用户作业进程和为其服务的系统进程（如输入、输出进程），最后把它们的程序和数据调入内存，等待进程调度程序对其执行调度，并在作业完成后进行善后处理工作。

2）中级调度：为了使内存中同时存放的进程数目不至于太多，有时就需要把某些进程从内存中移到外存上，以减少多道程序的数目，为此设立了中级调度。特别在采用虚拟存储技术的系统或分时系统中，往往增加中级调度这一级。所以中级调度的功能是在内存使用情况紧张时，将一些暂时不能运行的进程从内存对换到外存上等待；当以后内存有足够的空闲空间时，再将合适的进程重新换入内存，等待进程调度。引入中级调度的主要目的是为了提高内存的利用率和系统吞吐量。它实际上就是存储管理中的对换功能，将在第 4 章中予以介绍。

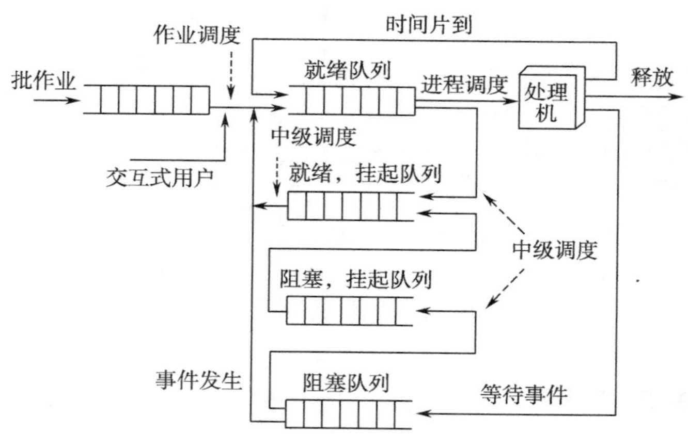

图 3-1　三级调度简化队列示意图

3）低级调度：其主要功能是根据一定的算法将 CPU 分派给就绪队列中的一个进程。执行低级调度功能的程序称作**进程调度程序**，由它实现 CPU 在进程间的切换。进程调度的运行频率很高，在分时系统中往往几十毫秒就要运行一次。进程调度是操作系统中最基本的一种调度。在一般类型的操作系统中都必须有进程调度，而且它的策略的优劣直接影响整个系统的性能。

3.2　作业调度

3.2.1　作业状态

如上所述，作业从提交给系统直到它完成任务后退出系统前，在整个活动过程中它会处于不同的状态。通常，作业状态分为四种：提交、后备、执行和完成，如图 3-2 所示。

1）提交状态——即用户向系统提交一个作业时，该作业所处的状态。如将一套作业卡片交给机房管理员，由管理员将它们放到读卡机予以读入；或者用户通过键盘向机器输入其作业。

2）后备状态——即用户作业经输入设备（如读卡机）送入输入井（磁盘）中存放，等待进入内存时所处的状态。此时，该作业的数据已转换成内部的机器可读的形式，并且作业请求资源等信息也交给了操作系统。

3）执行状态——即作业分配到所需的资源，被调入内存，并且在 CPU 上执行相应的程序时所处的状态。此时该作业真正处于活动状态。

4）完成状态——即作业完成了计算任务，结果由打印机输出，最后由系统回收分配给它的全部资源，准备退出系统时的作业状态。

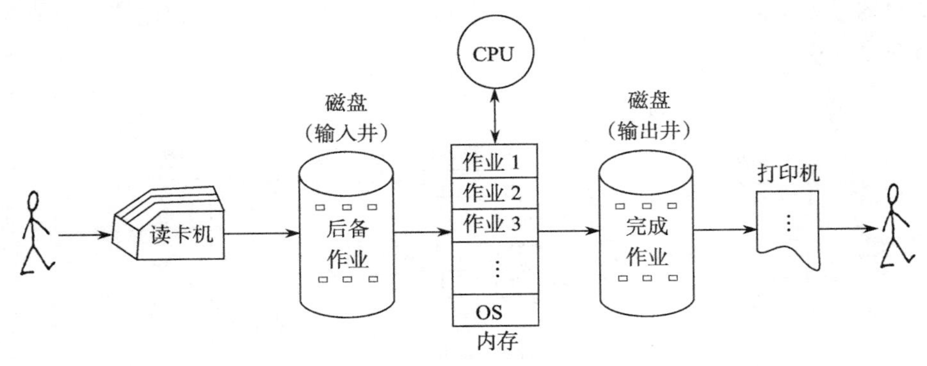

图3-2 作业的基本状态

3.2.2 作业管理和调度

1. 作业控制块

在多道批处理系统中通常有上百个作业被收容在输入井（磁盘）中。为了管理和调度作业，系统为每个作业设置了一个作业控制块（JCB），它记录该作业的有关信息。不同系统的JCB的组成内容有所区别。图3-3示出JCB的主要内容。

如同PCB是进程在系统中存在的标志一样，JCB是作业在系统中存在的标志。作业进入系统时由SPOOLing系统为每个作业建立一个JCB；当作业退出系统时，则它的JCB也一起被撤销。

作业名	XX
资源要求	预估的运算时间 最迟完成时间 要求的内存量 要求外设类型、台数 要求的文件量和输出量
资源使用情况	进入系统时间 开始运行时间 已运行时间 内存地址 外设台号
类型级别	控制方式 作业类型 优先级
状态	执行

图3-3 作业控制块

在磁盘（输入井）中的所有后备作业按作业类型（CPU型、I/O型等）组成不同的后备作业队列。由作业调度从中挑选作业，随后放入内存，予以运行。

2. 作业调度的功能

如上所述，作业调度的主要任务是完成作业从后备状态到执行状态和从执行状态到完成状态的转换。具体来说，通常作业调度程序要完成以下工作（这就是作业调度的功能）：

1）记录系统中各个作业的情况。要当好指挥，必须对所管对象心中有数。同样，作业调度程序必须掌握各个作业进入系统时的有关情况，并把每个作业在各个阶段的情况（包括分配的资源和作业状态等）都记录在它的 JCB 中。作业调度程序就是根据各个作业的 JCB 中的信息对作业进行调度和管理的。

2）按照某种调度算法从后备作业队列中挑选作业，即决定接纳多少个作业进入内存和挑选哪些作业进入内存。这项工作非常重要，它取决于多道程序度（Degree of Multiprogramming），直接关系到系统的性能。往往选择对资源需求不同的作业进行合理搭配，使得系统中各部分资源都得到均衡利用。

3）为选中的作业分配内存和外设等资源。

4）为选中的作业建立相应的进程，并把该进程放入就绪队列中。何时创建新进程一般由多道程序决定，因为创建的进程越多，每个进程占用 CPU 的百分比就越小。为了对当前的一组进程提供良好的服务，作业调度程序要限制多道程序度。

5）作业结束后进行善后处理工作，如输出必要的信息、收回该作业所占用的全部资源、撤销与该作业相关的全部进程和该作业的 JCB。

应该指出，内存和外设的分配与释放的工作实际上分别由存储管理程序和设备管理程序完成，即由作业调度程序调用它们来实现的。

作业概念主要用于批处理系统。这类系统的设计目标是最大限度地发挥各种资源的利用率和保持系统内各种活动的充分并行。用户不能直接与系统交互作用，他们要把用某种高级语言或汇编语言写的源程序和数据穿成卡片或存放在磁带上，然后把它们连同操作说明书（控制卡或作业说明书）一起交给操作员。用户提交的作业进入系统后，由系统根据操作说明书来控制作业的运行。这种技术虽然可依据优先级做出响应，但基本目标是最大限度减少因大量作业并行、交叉使用硬件所带来的开销。这种多道程序技术的成功取决于选择对资源需求不同的作业进行合理搭配。为了使系统中各部分资源得到均衡使用，应做到处于并行状态的作业是不同类别的作业。比如，科学计算往往需要大量的 CPU 时间，属于 CPU 繁忙型作业，它们对于输入输出设备的使用很少；而数据处理恰恰相反，它们要求较少的 CPU 时间，但要求大量输入输出时间，属于 I/O 繁忙型作业；另外有些递归计算，产生大量中间结果，需要很多内存单元存放它们，这属于内存繁忙型作业。如果能把它们搭配在一起，例如程序 A 在使用处理机，程序 B 在利用通道 1，而程序 C 恰好用通道 2 等，这样一来，A、B 和 C 从来不在同一时间使用同一资源，每个程序就好像单独在一个机器上运行。当然，这是理想的状况，用户提交的作业不会搭配得这样好。按用户自然提交作业的顺序，完全可能出现对资源需求“一边倒”的情况。所以，批处理系统中要收容大量的后备作业，以便从中选出最佳搭配的作业组合。

3.3 进程调度

3.3.1 进程调度的功能和时机

进程只有在得到CPU之后才能真正活动起来。一个就绪进程怎样获得CPU的控制权呢？这是由进程调度实现的。进程调度负责动态地把处理器分配给进程，又称为处理器调度或低级调度。进程调度程序是操作系统中实现进程调度的程序，又称为低级调度程序，它完成进程状态从就绪态到运行态的转化。实际上，进程调度程序完成一台物理的CPU转变成多台虚拟（或逻辑）的CPU的工作。

1. 进程调度的主要功能

1）保存现场。当前运行的进程调用进程调度程序时，即表示该进程要求放弃CPU（因时间片用完或等待I/O等原因）。这时，进程调度程序把它的现场信息，如程序计数器及通用寄存器的内容等保留在该进程PCB的现场信息区中。

2）挑选进程。根据一定的调度算法（如优先级算法），从就绪队列中选出一个进程来，并把它的状态改为运行态，准备把CPU分配给它。

3）恢复现场。为选中的进程恢复现场信息，并把CPU的控制权交给该进程，从而使它接着上次间断的地方继续运行。

2. 进程调度的时机

一般说来，当发生以下事件后要执行进程调度：

1）任务完成。正在运行的进程完成其任务后，主动释放对CPU的控制。

2）等待资源。由于等待某些资源或事件，正在运行的进程不得不放弃CPU。

3）运行到时。在分时系统中，当前进程使用完规定的时间片，时钟中断使该进程让出CPU。

4）发现标志。核心处理完中断或陷入事件后，发现系统中“重新调度”标志被置上，表示有比当前用户进程更适宜运行的进程，则执行进程调度。

进程调度程序是操作系统的真正核心，它直接负责CPU的分配。系统中所有进程都是在CPU上运行的，进程调度程序就是它们的切换开关。如果把硬件CPU看成一台裸机，那么加上这个调度程序之后，就变成多台逻辑上相同的CPU，只是速度慢一些。在有的机器上，甚至用微程序设计把这个程序装入只读存储器（ROM）中，从而提高CPU的调度效率。

3.3.2 两级调度模型

作业调度和进程调度是CPU主要的两级调度，二者的关系如图3-4所示。从图中可以看出，作业调度是宏观调度，它所选择的作业只是具有获得处理机的资格，但尚未占有处理机，不能立即在其上实际运行。而进程调度是微观调度，它根据一定的算法，动态地把处理机实际地分配给所选择的进程，使之真正活动起来。

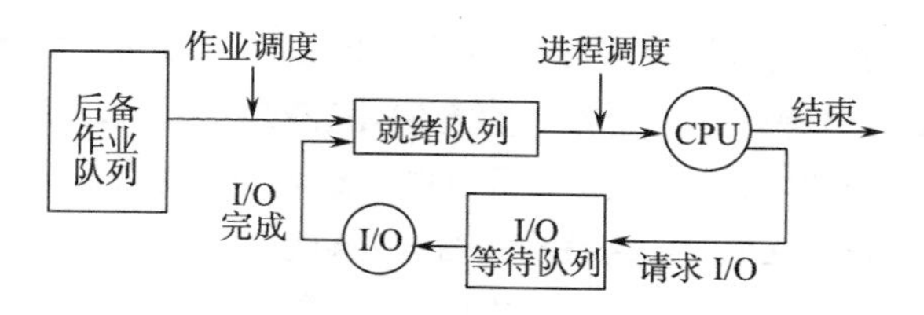

图 3-4　两级调度简化队列图

作业调度和进程调度之间的一个基本区别是它们执行的频率不同。进程调度必须相当频繁地为 CPU 选择进程。一个进程在等待 I/O 请求之前仅仅执行几毫秒，因而进程调度可能每 10ms 执行一次。由于执行期间很短，所以，进程调度必须非常快。如果进程调度程序运行时间占 1ms，挑选的进程运行 10ms，那么有 $1/(10+1) \approx 9\%$ 的 CPU 时间用于这种简单的调度工作。

然而，作业调度执行的次数很少，新作业到达系统的间隔可以是几分钟。作业调度控制着程序的道数（即内存中进程的数目）。如果系统中作业道数保持不变，那么进入系统的作业的平均到达速率就一定等于离开系统的作业的平均离去速率。这样，仅当有作业离开该系统时才需要调用作业调度程序。因为执行它的时间间隔较长，所以，作业调度完全可以花费较多时间去决定哪个作业将被选去执行。

在某些系统中没有作业调度程序，或者即使有也很小。例如，在分时系统中往往没有作业调度程序，而是简单地把每个新进程装入内存，供进程调度程序使用。这种系统的稳定性既取决于物理上的限制（如可用终端的数目），又取决于用户自身调节的性质。如果性能变得太差了，则某些用户应退出系统，去干其他事情。

3.3.3　三级调度模型

当一个系统中同时存在三级调度时，其相互间的关系如图 3-1 所示。简单说来，作业调度从后备作业中选择一批合适的作业放入内存，并创建相应的进程；进程调度从就绪队列中选择一个最佳进程，让它投入运行；中级调度把在内存中驻留时间较长的进程对换到磁盘上：从就绪队列转到就绪 / 挂起队列，或从阻塞队列转到阻塞 / 挂起队列。当内存中有足够的可用空间时，中级调度就从就绪 / 挂起队列中选择一些合适的进程放入内存，使之进入就绪队列。

3.4　线程调度

在多线程系统中提供了进程和线程两级并行机制。由于线程的实现分为用户级和核心级，所以在多线程系统中，调度算法主要依据线程的实现而不同。

1. 用户级线程

由于线程是在用户级实现的，核心并不知道线程的存在，所以核心不负责线程的调度。核心只为进程提供服务，即从就绪队列中挑选一个进程（如 A），为它分配一个时间片，然后由进程A内部的线程调度程序决定让A的哪一个线程（如A1）运行。线程A1将一直运行下去，不受时钟中断的干扰，直至它用完进程A的时间片。之后，核心将选择另一个进程运行。当进程A再次获得时间片时，线程A1将恢复运行。如此反复，直到A1完成自己的工作，进程A内部的线程调度程序再调度另一个线程运行。一个进程内线程的行为不影响其他进程。核心只管对进程进行适当的调度，而不管进程内部的线程。

如果进程分到的时间片长，而单个线程每次运行时间短，那么，在A1让出CPU后，A的线程调度程序就调度A的另一个线程（如A2）运行。这样，在核心切换到进程B之前，进程A内部的线程就会发生多次切换，运行序列如图3-5所示。

运行时系统选择线程的调度算法可以是3.6节所讲的任何一种算法。实际上，最常用的算法是轮转法和优先级法，唯一的限制是时钟中断对运行线程不起作用。

2. 核心级线程

在核心支持线程的情况下，由核心调度线程，即核心从就绪线程池中选出一个线程（不必考虑它是哪个进程的线程，当然核心知道是哪个进程的），分给该线程一个时间片，当它用完时间片后，核心把它“挂”起。如果线程在给定的时间片内阻塞，核心就调度另一个线程运行，后者可能与前者同属一个进程，也可能属于另一个进程，如图3-6所示。

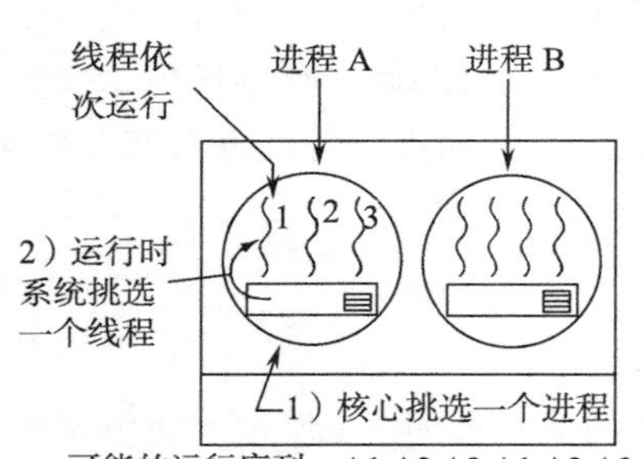

可能的运行序列：A1,A2,A3,A1,A2,A3
不可能的运行序列：A1,B1,A2,B2,A3,B3

图3-5　用户级线程可能的调度示意图

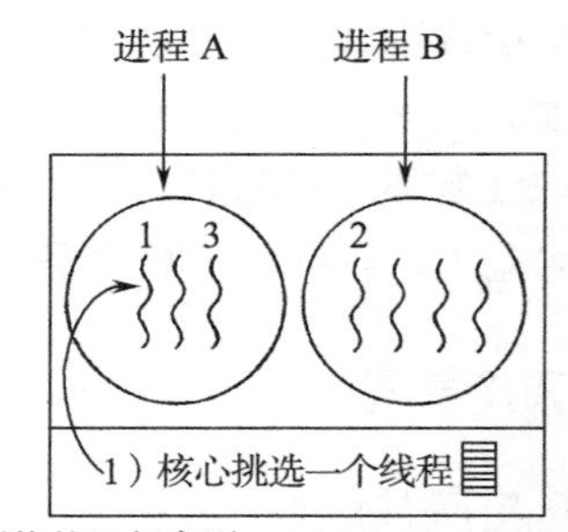

可能的运行序列：A1,A2,A3,A1,A2,A3
也可能的运行序列：A1,B1,A2,B2,A3,B3

图3-6　核心级线程可能的调度示意图

用户级线程和核心级线程的主要区别如下：①性能。用户级线程切换可使用少量的机器指令，速度快；而核心级线程切换需要完整的上下文切换、修改内存映像等，因而速度慢。②挂起。核心级线程方式下，一个线程因等待I/O而阻塞时不会挂起整个进程；而用户级线程方式下却会挂起整个进程。③调度。用户级线程可以使用专门为应用程序定制的线程调度程序，从本进程的线程池中选出合适的线程投入运行，使得并行度最大化；而核心级线程中，线程调度程序是共用的，内核从不了解每个线程的作用。

3.5　调度性能的评价

在计算机操作系统中如何确定调度策略和算法，要受到多种因素的影响。因而，对调度性能的评价很复杂，但一般“抓主要矛盾”，兼顾其他。

3.5.1 调度策略的选择

在实际系统中，往往采取"统筹兼顾"的办法，既保证主要目标的实现，又不使相关指标变得太差。下面列举一些在确定调度策略时应考虑的主要因素。

1）设计目标。所用算法应保证实现系统的设计目标，这是主要矛盾。目标不同，系统设计的要求自然不同。对批处理系统应尽量提高各种资源的利用率和增加系统的平均吞吐量（即在单位时间内得到服务的平均作业数）；分时系统应保证对用户的均衡响应时间；实时系统必须实现对事件的及时可靠的处理；网络系统应使用户和程序方便、有效地利用网络中的分布式资源。

2）公平性。对所有作业或进程应公平对待，使每个进程公平地共享 CPU。

3）均衡性。均衡使用资源，尽量使系统中各种资源都同时得到利用，提高资源的利用率。

4）统筹兼顾。兼顾响应时间和资源利用率。各用户由键盘输入命令后，应在很短的时间内得到响应。这一点对分时系统尤为重要。

5）优先级。基于相对优先级，但应避免无限期地推迟运行某些进程。随着等待时间的延长，低优先级进程的优先级应得到提升。

6）开销。系统开销不应太大。

应该指出，在实际系统中往往采用较简单的算法，以避免复杂算法所带来的额外负担。

3.5.2 性能评价标准

不同的调度算法有不同的特性，一种算法可能有利于某一类作业或进程的运行，而不利于其他类作业或进程的运行。在选择相应的算法时，必须考虑到各种算法所具有的特性。

为了比较 CPU 调度算法，人们提出了很多评价准则。按不同的准则进行比较，在确定最好算法时会产生完全不同的结果。常用的评价准则包括：

1. CPU 利用率

当 CPU 的价格非常昂贵的时候，我们希望尽可能使它得到充分利用。CPU 的利用率可从 0 到 100%。在实际的系统中，一般 CPU 的利用率为 40%（轻负荷系统）～ 90%（重负荷系统）。通常，在一定的 I/O 等待时间的百分比之下，运行程序道数越多，CPU 空闲时间的百分比越低。

2. 吞吐量

它表示单位时间内 CPU 完成作业的数量。对长作业来说，吞吐量可能是每小时一个作业；而对于短作业处理，它可以达到每秒钟 10 个作业。

3. 周转时间

从一个特定作业的观点出发，最重要的准则就是完成这个作业要花费多长时间。从作业提交到作业完成的时间间隔就是**周转时间**。周转时间是作业等待进入内存、进程在就绪队列中等待、进程在 CPU 上执行和完成 I/O 操作所花费时间的总和。

作业 i 的周转时间 T_i 为：

$$T_i = t_{ci} - t_{si}$$

其中，t_{si} 表示作业 i 的提交时间，亦即作业 i 到达系统的时刻；t_{ci} 表示作业 i 的完成时刻。

系统中 n 个作业的平均周转时间 $\overline{T}$ 为：

$$\overline{T} = \left(\sum_{i=1}^{n} T_i\right) \times \frac{1}{n}$$

利用平均周转时间可衡量不同调度算法对相同作业流的调度性能。

作业周转时间没有区分作业实际运行时间长短的特性，因为长作业不可能具有比运行时间还短的周转时间。为了合理地反映长短作业的差别，定义了另一个衡量标准——**带权周转时间** W，即：

$$W = \frac{T}{R}$$

其中，T 为周转时间，R 为实际运行时间。

平均带权周转时间 $\overline{W}$ 为：

$$\overline{W} = \left(\sum_{i=1}^{n} W_i\right) \times \frac{1}{n} = \left(\sum_{i=1}^{n} \frac{T_i}{R_i}\right) \times \frac{1}{n}$$

利用平均带权周转时间可比较某种调度算法对不同作业流的调度性能。

4. 就绪等待时间

CPU 调度算法并不真正影响作业执行或 I/O 操作的时间数量。各种 CPU 调度算法仅影响作业（进程）在就绪队列中所花费的时间数量。因此，我们更愿意简单地考虑每个作业在就绪队列中的等待时间。

5. 响应时间

在交互系统中，周转时间不可能是最好的评价准则。一个进程往往可以很早就产生了某些输出，当前面的结果在终端上输出时它可以继续计算新的结果。于是，有了另一个评价准则，就是从提交第一个请求到产生第一个响应所用的时间，这就叫**响应时间**。它是刚开始响应的时间，而不是用于输出响应的时间。周转时间通常受到输出设备速度的限制。

3.6　常用调度算法

针对不同的系统和系统目标，往往采用的调度算法也不相同。也就是说，不同的系统会采用不同的资源分配办法。在操作系统中存在着多种调度算法，有的适用于作业调度，有的适用于进程调度，也有的调度算法对二者都适用。下面介绍几种在批处理系统和分时系统中常用的调度算法。

1. 先来先服务

先来先服务（FCFS）方法是最简单的一种调度算法。在批处理系统中常用这种算法。它的实现思想就是“排队买票”的办法。

对于作业调度来说，按照先来先服务法，即每次调度从后备作业队列（按进入时间先后为序）中选择队头的一个或几个作业，把它们调入内存，分配相应的资源，创建进程，然后把进程放入就绪队列。

对于进程调度算法来说，按照先来先服务法，就是每次调度从就绪队列中选择一个最先进入该队列的进程，把 CPU 分给它，令其投入运行。该进程一直运行下去，直至完成或者由于某些原因而阻塞，才放弃 CPU。这样，当一个进程进入就绪队列时，它的 PCB 就链入就绪队列的末尾。每次进程调度时就把队头进程从该队列中“摘”下，分配 CPU，使它运行。

设有三个作业，编号为 1、2、3，各作业分别对应一个进程。各作业依次到达，相差一个时间单位。图 3-7 示出采用 FCFS 方式调度时这三个作业的执行顺序。

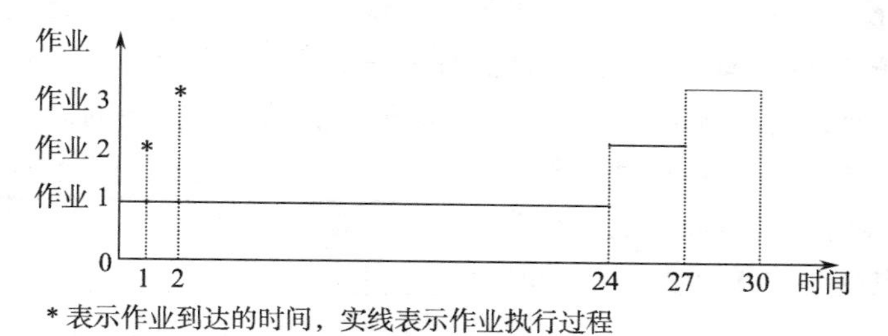

图 3-7　FCFS 调度算法示意图

根据图 3-7，可算出各作业的周转时间和带权周转时间等，如表 3-1 所示。

表 3-1　FCFS 调度算法性能

作业	到达时间	运行时间	开始时间	完成时间	周转时间	带权周转时间
1	0	24	0	24	24	1
2	1	3	24	27	26	8.67
3	2	3	27	30	28	9.33
平均周转时间 $\overline{T}=26$			平均带权周转时间 $\overline{W}$=6.33			

由表 3-1 可以看出，FCFS 算法比较有利于长作业（进程），而不利于短作业（进程）。因为短作业运行时间很短，如果让它等待较长时间才得到服务，它的带权周转时间就会很长。

另外，FCFS 调度算法对 CPU 繁忙型作业（指需要大量 CPU 时间进行计算的作业）较有利，而不利于 I/O 繁忙型作业（指需要频繁请求 I/O 的作业）。因为在执行 I/O 操作时，往往该作业（进程）要放弃对CPU的占有。当I/O完成后要进入就绪队列排队，可能要等待相当长一段时间才得到较短时间的CPU服务，从而使这种作业的周转时间和带权周转时间都很长。

FCFS调度算法容易实现，但它的效率较低。

2. 短作业优先

短作业优先（Shortest Job First，SJF）调度算法主要用于作业调度，也被用于批处理系统。其实现思想是：从作业的后备队列中挑选那些需要运行时间（估计值）最短的作业放入内存。这是一种非抢占的策略。系统一旦选中某个短作业后，就让该作业投入执行，直到该作业完成并退出系统。如果有四个作业A、B、C和D，它们的预计运行时间分别为6、3、15和8个时间单位，利用短作业优先法调度，它们的执行顺序是：B→A→D→C。

短作业优先法能有效地降低作业的平均等待时间和提高系统的吞吐量。但该算法对长作业很不利，并且不能保证紧迫性作业会被及时处理。

3. 最短剩余时间优先

最短剩余时间优先（Shortest Remaining Time First, SRTF）调度算法是短作业优先法的变型，它采用抢占式策略，也常用于批处理系统。也就是说，当新进程加入就绪队列时，如果它需要的运行时间比当前运行的进程所需的剩余时间还短，则运行进程被强行剥夺CPU的控制权，由该新进程调度运行。这种算法总能保证新的短作业一进入系统就很快得到服务。但是实现这种算法要预先知道其运行所需时间，增加系统的开销（如保存进程断点现场、统计进程剩余时间等）。

作为例子，考虑如表3-2所示的4个进程。如果这些进程按表中所示的时间和预计运行时间进入就绪队列，那么SRTF调度的结果如图3-8所示。最终，这个例子的平均周转时间是52/4=13个时间单位。

表3-2　进程列表

进　程	到达时间	预计运行时间
1	0	8
2	1	4
3	2	9
4	3	5

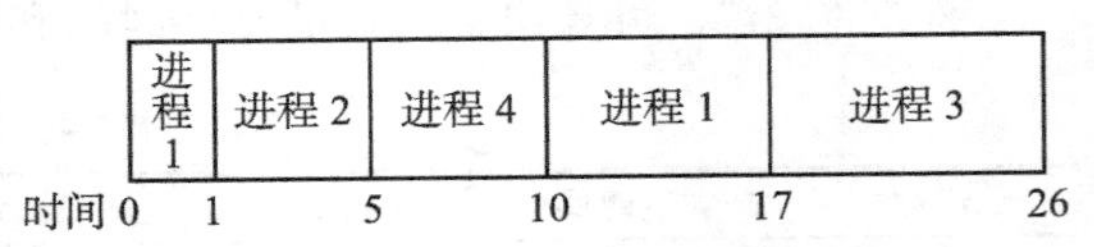

图3-8　最短剩余时间优先法调度结果

4. 时间片轮转法

时间片轮转（Round-Robin，RR）主要用于分时系统中的进程调度。为实现轮转调度，系统把所有就绪进程按先入先出的原则排成一个队列，新来的进程加到就绪队列末尾。每当执行进程调度时，进程调度程序总是选出就绪队列的队首进程，让它在CPU上运行一个时间片的时间。**时间片**是一个小的时间单位，通常为10～100ms数量级。当进程用完分给它的时间片后，系统的计时器发出时钟中断，调度程序便停止该进程的运行，并把它放入就绪队列的末尾；然后，再把CPU分给就绪队列的队首进程，同样也让它运行一个时间片，如此往复。这种算法是最经典、最简单、最公平且得到广泛使用的一种调度算法。

例如，考虑如下四个进程 A、B、C 和 D 的执行情况。假设它们依次进入就绪队列，但彼此相差时间很少，可以近似认为“同时”到达。四个进程分别需要运行 12、5、3 和 6 个时间单位。图 3-9 示出时间片 q 等于 1 和 q 等于 4 时它们的运行情况。

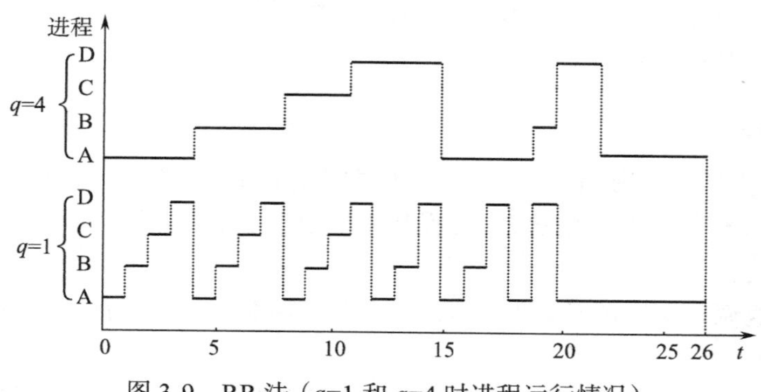

图 3-9　RR 法（q=1 和 q=4 时进程运行情况）

表 3-3 给出了各进程的周转时间和带权周转时间等性能指标。

表 3-3　RR 调度算法的性能指标

到达时间	进程名	到达时间	运行时间	开始时间	完成时间	周转时间	带权周转时间
时间片 q=1	A	0	12	0	26	26	2.17
	B	0	5	1	17	17	3.4
	C	0	3	2	11	11	3.67
	D	0	6	3	20	20	3.33
	平均周转时间 $\overline{T}$=18.5			平均带权周转时间 $\overline{W}$=3.14			
时间片 q=4	A	0	12	0	26	26	2.17
	B	0	5	4	20	20	4
	C	0	3	8	11	11	3.67
	D	0	6	11	22	22	3.67
	平均周转时间 $\overline{T}$==19.75			平均带权周转时间 $\overline{W}$=3.38			

由图 3-9 可以看出，在 RR 法中，一次轮回时间内分给任何进程的 CPU 时间都不会大于一个时间片。如果一个进程在一个时间片内没有做完自己的事情，那么在时间片用完后，该进程就失去对 CPU 的控制权，被放到就绪队列的末尾。所以，一个运行较长时间的进程需要经过多次轮转才能完成。

可见，时间片的大小对 RR 法的性能有很大影响。如果时间片太长，每个进程都在这段时间内运行完毕，那么时间片轮转法就退化为先来先服务算法。很显然，对用户的响应时间必然加长。如果时间片太短，CPU 在进程间的切换工作就非常频繁，从而导致系统开销增加，因为在每个时间片末尾都产生时钟中断。操作系统要处理这个中断，在把 CPU 分给另一个进程之前，要为“老”的进程保留全部寄存器的内容，还要为新选中的进程装配所有寄存器的值。这一工作无疑加大了系统开销。

时间片的长短通常由以下四个因素确定：① 系统的响应时间。在进程数目一定时，时间片的长短直接正比于系统对响应时间的要求。② 就绪队列进程的数目。当系统要求的响应时间一定时，时间片的大小反比于就绪队列中的进程数。③ 进程的转换时间。若执行进程调度时的转换时间为 t，时间片为 q，为保证系统开销不大于某个标准，应使比值 t/q 不大于某一数值，如 1/10。④ CPU 运行指令速度。CPU 运行速度快，则时间片可以短些；反之，则应取长些。

5. 优先级法

“急事先办”“重要的事先办”，这是大家都熟知的办事原则。先办就是优先处理，表明急事、重要的事有最高的优先级。在操作系统中也经常使用优先级法作为作业调度和进程调度的算法。

利用优先级调度算法进行进程调度时，是从就绪队列中选出优先级最高的进程，把 CPU 分给它使用。

在进程调度时，当前就绪队列中优先级最高的那个进程获得 CPU 的使用权。以后在该进程的运行过程中，如果在就绪队列中出现优先级更高的进程时，怎么办？有两种不同的处理方式。

1）**非抢占式优先级法**。这种办法就是：当前占用 CPU 的进程一直运行下去，直到完成任务或者因等待某事件而主动让出 CPU 时，系统才让另一个优先级高的进程占用 CPU。

2）**抢占式优先级法**。这种办法就是：当前进程在运行过程中，一旦有另一个优先级更高的进程出现在就绪队列中，进程调度程序就停止当前进程的运行，强行将 CPU 分给那个进程。

进程的优先级如何确定呢？一般说来，进程优先级可由系统内部定义或由外部指定。内部决定优先级是利用某些可度量的量来定义一个进程的优先级，如进程类型、进程对资源的需求（时间限度、需要内存大小、打开文件的数目、I/O 平均工作时间与 CPU 平均工作时间的比值等），用它们来计算优先级。外部优先级是按操作系统以外的标准设置的，如使用计算机所付款的类型和总数、使用计算机的部门以及其他的外部因素。

进程的优先级是“一定终身”还是“随机应变”？这涉及两种确定进程优先级的方式：静态方式和动态方式。

1）**静态优先级**是在创建进程时就确定下来的，而且在进程的整个运行期间保持不变。往往利用上述的内部定义或外部指定的办法规定进程的静态优先级。

优先级一般用某个固定范围内的整数表示，如 0 ～ 7 或 0 ～ 4095 中的某一个数。这种整数称作**优先数**。注意，优先级与优先数的对应关系因系统而异，在有些系统中优先数越大，优先级越高；而另外一些系统则恰恰相反，优先数越小，优先级越高，如 UNIX/Linux 系统就是这样。本书采用“优先数小、优先级高”的表示方式。

静态优先级调度算法易于实现，系统开销小，但其主要问题是会出现“饥饿”现象，即某些低优先级的进程无限期地等待 CPU。在负载很重的计算机系统中，如果高优先级的进程很多，形成一个稳定的进程流，就使得低优先级进程任何时候也得不到 CPU。

2）**动态优先级**是随着进程的推进而不断改变的。解决低优先级进程“饥饿”问题的一种办法是“论年头”，这种办法使系统中等待 CPU 很长时间的进程逐渐提升其优先级。例如在 UNIX 系统中，正在运行的用户进程随着占用 CPU 时间的加长，其优先数也逐渐增加（优先级降低）；而在就绪队列中的用户进程随着等待 CPU 时间的加长，其优先数递减（优先级渐升）。经过一段时间后，原来级别较低的进程的优先级就升上去了，而正在运行进程的级别就降了下来，从而实现“负反馈”作用—— 防止一个进程长期占用 CPU，也避免发生“饥饿”现象。

对于作业调度同样可采用优先级法，即系统从后备作业队列中选择一批优先级相对高的作业调入内存。

假设有如下一组进程，它们都在时刻 0 到达，依次为 $P_1, P_2, \cdots, P_5$，各自的运行时间和优先数如表 3-4 所示。采用优先级调度算法，这 5 个进程的执行顺序如图 3-10 所示。可以算出，这 5 个进程的平均周转时间是 12 个时间单位。

表 3-4　一组进程列表

进　程	运行时间	优先数
P_1	10	3
P_2	1	1
P_3	2	4
P_4	1	5
P_5	5	2

P_2	P_5	P_1	P_3	P_4

时间 0　1　6　16　18 19

图 3-10　优先级调度算法执行顺序

6. 多级队列法

多级队列（Multilevel Queue）调度算法是根据作业的某些特性，如占用内存大小和作业类型等，永久性地把各个作业分别链入不同的队列，每个队列都有自己的调度算法。例如，把前台作业（交互型作业）和后台作业各设一个队列，前台作业的进程可用时间片轮转法调度，而后台作业的进程可用 FCFS 方法调度。

此外，在各个队列之间也要进行调度，通常采用固定优先级的抢占式调度。例如，前台队列的优先级高于后台队列的优先级。仅当前台队列中的进程都运行完之后，才调度后台队列中的进程运行。

7. 多级反馈队列法

多级反馈队列（Multilevel Feedback Queue）法即在多级队列法的基础上加进“反馈”措施。其实现思想是：系统中设置多个就绪队列，每个队列对应一个优先级，第一个队列的优先级最高，第二个队列次之，以下各个队列的优先级逐个降低；各就绪队列中进程的运行时间片不同，高优先级队列的时间片小，低优先级队列的时间片大，如从高到低依次加倍；新进程进入系统后，先放入第一队列的末尾，各队列按 FCFS 方式排队；如某个进程在相应时间片内没有完成工作，则把它转到下一级队列的末尾；系统先运行第一队列中的进程，第一队列为空后才运行第二队列中的进程，以此类推。最后一个队列（最低级）中的进程采用时间片轮转的方式进行调度。

多级反馈队列法虽然比较复杂一些，但具有较好的性能，在 UNIX 系统、Windows NT 和 OS/2 中都采用了类似的调度算法。

8. 高响应比优先法

在上面的算法中，通常使用常规周转时间衡量其性能。对于单个进程来说，其带权周转时间应尽量小，而且所有进程的平均带权周转时间也应尽量小。这是一个事后测量方式。可用一个事前测量方式来近似模拟它，这就是高响应比优先（Highest Response Ratio First, HRRF）法。

高响应比优先法是一种非抢占方式。它为每个进程计算一个**响应比** RR：

$$RR = \frac{w+s}{s}$$

式中，w 是进程等待处理机所用的时间；s 是进程要求的服务时间。由于 $(w+s)$ 就是系统对该进程的响应时间，所以 RR 就是进程的响应比。在调度进行时，以各进程的响应比作为其优先级，从中选出级别最高的进程投入运行。

例如，设系统就绪队列有3个进程，它们的到达时间和运行时间如表3-5所示。在计时到达9.5时当前进程刚好执行结束，采用HRRF调度算法，则系统调度顺序为进程2、进程1、进程3。

表3-5　一组进程列表

进程	到达时间	运行时间
1	8.5	1.5
2	9.0	0.5
3	9.5	1.0

具体过程如下：

1）从时间9.5开始，计算各进程的响应比 RR（$RR=w/s+1$）：

RR_1=（9.5−8.5）/1.5+1=1.67，　RR_2=（9.5−9.0）/0.5+1=2，

RR_3=（9.5−9.5）/1.0+1=1

选择响应比最大的进程2（短进程）运行，从时间9.5开始运行0.5个时间单位，到时间10结束；

2）然后以时间10开始，计算响应比：

RR_1= (10−8.5)/1.5+1=2，　RR_3=(10−9.5)/1+1=1.5

选择当前响应比最大的进程1（长进程，等待时间长）开始执行，从时间10执行到时间11.5结束。

最后是进程3从时间11.5开始执行到时间12.5结束。

在进程等待时间固定的情况下，该算法有利于短进程（作业），因为 $RR=1+w/s$，s 越小，w/s 的值越大。当要求服务时间 s 相同时，等待时间 w 越长的进程其优先级越高，从而实现先来先服务策略。对于长作业（进程），随着其等待时间的延长，相应的优先级可以上升，从而避免“饥饿”问题。

这种折中算法既照顾到短进程，又考虑了长进程。其缺点是调度之前需要计算进程的响应比，从而增加系统的开销。另外，对于实时进程无法做出及时反应。

3.7 实时调度

1. 实时任务类型

实时系统中存在着若干实时任务，它们对时间有着严格的要求。通常，一个特定任务都与一个截止时间相关联。截止时间分为开始时间和完成时间。根据对截止时间的要求，实时任务可分为硬实时任务（Hard Real-time Task）和软实时任务（Soft Real-time Task）。硬实时任务是指系统必须满足任务对截止时间的要求，否则会导致无法预测的后果或对系统产生致命的错误。软实时任务是指任务与预期的截止时间相关联，但不是绝对严格的，即使已超出任务的截止时间，仍然可以对它实施调度并且完成，这是有意义的。

按照任务执行是否呈现周期性规律来分，实时任务可分为周期性任务和非周期性任务。周期性任务是指以固定的时间间隔出现的事件，如每周期 T 执行一次。非周期性任务是指事件的出现无法预计，但规定了必须完成或者开始的截止时间，或者二者都被规定好。

实时系统中可能有由多个周期性任务形成的任务流，都要求系统做出及时响应。系统能否对它们全部予以处理，取决于每个任务要求的处理时间有多长。例如，系统中有 m 个周期性任务，其中任务 i 出现的周期为 P_i，处理所需的 CPU 时间为 C_i，那么系统能处理这个任务流的条件是

$$\sum_{i=1}^{m}\frac{C_i}{P_i}\leqslant 1$$

满足这个不等式关系的实时系统称为可调度的，该式称为可调度测试公式。

2. 实时调度算法

实时调度算法分为静态和动态两种方式。静态调度是在系统开始运行之前做出调度决定。仅在预先提供有关需要完成的工作和必须满足的截止时间等信息的情况下，静态调度才能起作用。动态调度是在运行时做出调度决定。动态调度算法不受上述条件的限制。

（1）优先级随速率单调的调度算法

优先级随速率单调的调度（Rate Monotonic Scheduling，RMS）是针对可抢占的周期性进程采用的经典静态实时调度算法，它用于满足下述条件的进程：

1）每个周期性进程必须在其周期内完成。

2）进程间彼此互不依存。

3）每个进程在每次运行时需要相同的 CPU 时间。

4）非周期性进程都没有截止时间限制。

5）进程抢占瞬间完成，开销可以不计。

前 4 个条件是必需的，最后一个条件虽不是必需的，但大大简化了系统模型的建立。RMS 为每个进程分配一个固定的优先级，它等于触发事件发生的频度。例如，一个进程每 30ms 必须运行一次（即 33 次 / 秒），其优先级就为 33；若它必须每 40 ms 运行一

次（即25次/秒），其优先级则为25。即进程的优先级与其速率呈线性关系，因而该调度算法称为优先级随速率单调的调度法。在运行时，调度程序总是运行优先级最高的进程。如果需要的话，抢占当前正在运行的进程。

（2）最早截止时间优先调度算法

最早截止时间优先（Earliest Deadline First，EDF）调度算法是流行的动态实时调度算法。它不要求被调度进程具有周期性，也不要求每次占用CPU运行的时间相同。其思想是：每当一个进程需要占用CPU时，它要表明自己的存在和截止时间等信息。调度程序把所有可以运行的进程按照其截止时间先后顺序放在一个表格中。执行调度时，就选择该表中的第一个进程—— 它的截止时间最近。每当一个新进程就绪，系统就查看它的截止时间是否在当前运行进程之前。如果更近，新进程就抢占当前运行进程。

3.8　Linux系统中的进程调度

3.8.1　Linux进程调度方式

Linux系统中的进程既可以在用户模式下运行，又可以在内核模式下运行，内核模式的权限高于用户模式的权限。进程每次执行系统调用时，进程的运行方式就发生变化，从用户模式切换到内核模式。

Linux系统的进程调度机制主要涉及调度方式、调度策略、调度时机和调度算法。

1. 调度方式

Linux系统的调度方式基本上采用**抢占式优先级**方式，当进程在用户模式下运行时，不管它是否自愿，核心在一定条件下（如该进程的时间片用完或等待I/O）可以暂时中止其运行，而调度其他进程运行。一旦进程切换到内核模式下运行时，就不受以上限制，而一直运行下去，仅在重新回到用户模式之前才会发生进程调度。

Linux系统中的调度基本上继承了UNIX系统的以优先级为基础的调度。也就是说，核心为系统中每个进程计算出一个优先级，该优先级反映了一个进程获得CPU使用权的资格，即高优先级的进程优先得到运行。核心从进程就绪队列中挑选一个优先级最高的进程，为其分配一个CPU时间片，令其投入运行。在运行过程中，当前进程的优先级随时间递减，这样就实现了“负反馈”作用，即经过一段时间之后，原来级别较低的进程就相对“提升”了级别，从而有机会得到运行。当所有进程的优先级都变为0（最低）时，就重新计算一次所有进程的优先级。

2. 调度策略

Linux系统针对不同类别的进程提供了三种不同的调度策略，即SCHED_FIFO、SCHED_RR及SCHED_OTHER。其中，SCHED_FIFO适合于短实时进程，它们对时间性要求比较强，而每次运行所需的时间比较短。一旦这种进程被调度且开始运行，就一直运行到自愿让出CPU或被优先级更高的进程抢占其执行权为止。

SCHED_RR 对应“时间片轮转法”，适合于每次运行需要较长时间的实时进程。一个运行进程分配一个时间片（200 ms），当时间片用完后，CPU 被另外进程抢占，而该进程被送回相同优先级队列的末尾，核心动态调整用户态进程的优先级。这样，一个进程从创建到完成任务后终止，需要经历多次反馈循环。当进程再次被调度运行时，它就从上次断点处开始继续执行。

SCHED_OTHER 是传统的 UNIX 调度策略，适合于交互式的分时进程。这类进程的优先级取决于两个因素：一个是进程剩余时间配额，如果进程用完了配给的时间，则相应优先级降到 0；另一个是进程的优先数 nice，这是从 UNIX 系统沿袭下来的方法，优先数越小，其优先级越高。nice 的取值范围是 −20 ～ 19。用户可以利用 nice 命令设定进程的 nice 值。但一般用户只能设定正值，从而主动降低其优先级；只有特权用户才能把 nice 的值设置为负数。进程的优先级就是以上二者之和。

后台命令对应后台进程（又称后台作业）。后台进程的优先级低于任何交互（前台）进程的优先级。所以，只有当系统中当前不存在可运行的交互进程时，才调度后台进程运行。后台进程往往按批处理方式调度运行。

3. 调度时机

核心进行进程调度的时机有以下 5 种情况：

1）当前进程调用系统调用 nanosleep( ) 或者 pause( )，使自己进入睡眠状态，主动让出一段时间的 CPU 的使用权。

2）进程终止，永久地放弃对 CPU 的使用。

3）在时钟中断处理程序执行过程中，发现当前进程连续运行的时间过长。

4）当唤醒一个睡眠进程时，发现被唤醒的进程比当前进程更有资格运行。

5）一个进程通过执行系统调用来改变调度策略或者降低自身的优先级（如 nice 命令），从而引起立即调度。

4. 调度算法

进程调度的算法应该比较简单，以便减少频繁调度时的系统开销。Linux 执行进程调度时，首先查找所有在就绪队列中的进程，从中选出优先级最高且在内存的一个进程。如果队列中有实时进程，那么实时进程将优先运行。如果最需要运行的进程不是当前进程，那么当前进程就被挂起，并且保存它的现场—— 所涉及的一切机器状态，包括程序计数器和 CPU 寄存器等，然后为选中的进程恢复运行现场。

3.8.2　Linux 常用调度命令

1. nohup 命令

nohup 命令的功能是以忽略挂起和退出的方式执行指定的命令。其命令格式是：

```
nohup  command  [ arguments ]
```

其中，command 是所要执行的命令，arguments 是指定命令的参数。

nohup 命令告诉系统，command 所代表的命令在执行过程中不受任何结束运行的信号（hangup 和 quit）的影响。例如：

```
$ nohup  find  /  -name  exam.txt  -print>f1 &
```

find 命令在后台运行。在用户注销后，它会继续运行：从根目录开始查找名字是 exam.txt 的文件，结果被定向到文件 f1 中。

如果用户没有对输出进行重定向，则输出被附加到当前目录的 nohup.out 文件中。如果用户在当前目录中不具备写权限，则输出被定向到 $HOME/nohup.out 中。

2. at 命令

at 命令允许指定命令执行的时间。at 命令的常用形式是：

```
at  time  command
```

其中，time 是指定命令 command 在将来执行时的时间和日期。时间的指定方法有多种，用户可以使用绝对时间，也可以使用相对时间。该指定命令将以作业形式在后台运行。例如：

```
$ at  15:00  Feb  22
```

回车后进入接收方式，接着键入以下命令：

```
mail  -s  "Happy Birthday!" liuzheny
```

按下 Ctrl+D 组合键，屏幕显示：

```
job 862960800.a at  Wed  Feb  22  15:00:00  CST  2017
$
```

表明建立了一个作业，其作业 ID 号是 862960800.a，运行作业的时间是 2017 年 2 月 22 日下午 3:00，给 liuzheny 发一条标题为“Happy Birthday!”（生日快乐）的空白邮件。

利用 `at -l` 可以列出当前 at 队列中所有的作业。

利用 `at -r` 可以删除指定的作业。这些作业以前由 at 或 batch 命令调度。例如：

```
at  -r  862960797.a
```

将删除作业 ID 号是 862960797.a 的作业。其一般使用形式是：

```
at  -r  job_id
```

注意，结尾是 .a 的作业 ID 号表示这个作业是由 at 命令提交的；结尾是 .b 的作业 ID 号表示这个作业是由 batch 命令提交的。

3. batch 命令

batch 命令不带任何参数，它提交的作业的优先级比 at 命令提交的作业的优先级低。batch 无法指定作业运行的时间。实际运行时间要看系统中已经提交的作业数量。如果系统中优先级较高的作业比较多，那么，batch 提交的作业则需要等待；如果系统空闲，则运行 batch 提交的作业。例如：

```
$ batch
```

回车后进入接收方式，接着键入命令：

```
find  /  -name  exam.txt  -print
```

按下 Ctrl+D 组合键。退出接收方式，屏幕显示：

```
job 862961540.b at  Thu  Mar 16  14:30:00  CST  2017
```

表示 find 命令被 batch 作为一个作业提交给系统，作业 ID 号是 862961540.b。如果系统当前空闲，这个作业被立即执行，其结果同样作为邮件发送给用户。

4. jobs 命令

jobs 命令用来显示当前 shell 下正在运行哪些作业（即后台作业）。例如：

```
$ jobs
[2] + Running     tar  tv3  *&
[1] - Running     find / -name README -print > logfile &
$
```

第一列方括号中的数字表示作业序号，它是由当前运行的 shell 分配的，而不是由操作系统统一分配的。在当前 shell 环境下，第一个后台作业的作业号为 1，第二个作业的作业号为 2，等等。

第二列中的“+”号表示相应作业的优先级比“–”号对应作业的优先级高。

第三列表明作业状态，是否为运行、中断、等待输入或停止等。

最后一列列出的是创建当前这个作业所对应的命令行。

利用 `jobs  -l` 形式，可以在作业号后显示相应进程的 PID。如果想只显示相应进程的 PID，不显示其他信息，则使用 `jobs  -p` 形式。

5. fg 命令

fg 命令把指定的后台作业移到前台。其使用格式是：

```
fg [job…]
```

其中，参数 job 是一个或多个进程的 PID，或者是命令名称或者作业号（前面要带有一个 % 号）。

例如：

```
$ jobs
[2] + Running     tar tv3 *&
[1] - Running     find / -name README -print > logfile&
$ fg %find
find / -name README -print > logfile
```

注意，显示的命令行末尾没有 & 符号。下面命令能产生同样的效果：

```
$ fg  %1
```

这样，find 命令对应的进程就在前台执行。当后台只有一个作业时，键入不带参数的 fg 命令，就能使相应进程移到前台。当有两个或更多的后台作业时，键入不带参数的 fg，就把最后进入后台的进程首先移到前台。

6. bg 命令

bg 命令可以把前台进程换到后台执行。其使用格式是：

```
bg [job…]
```

其中，job 是一个或多个进程的 PID、命令名称或者作业号，在参数前要带%号。例如，在 cc（C 编译命令）命令执行过程中，按下 Ctrl+Z 组合键，使这个作业挂起。然后键入以下命令：

```
$ bg  %cc
```

该挂起的作业在后台重新开始执行。

3.9 中断处理和系统调用

3.9.1 中断处理的一般过程

1. 中断的概念

前面多次用到“中断”这一术语。中断对于操作系统非常重要，它就好像机器中的齿轮，驱动各部件的动作。所以，许多人称操作系统是由“中断驱动”的。

所谓**中断**是指 CPU 对系统发生的某个事件做出的一种反应，它使 CPU 暂停正在执行的程序，保留现场后自动执行相应的处理程序，处理该事件后，如被中断进程的优先级最高，则返回断点继续执行被“打断”的程序。图 3-11 表示中断时 CPU 控制转移的轨迹。

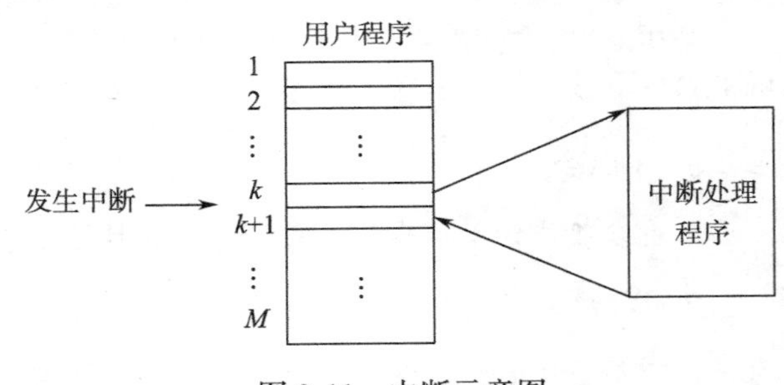

图 3-11 中断示意图

引起中断的事件或发出中断请求的来源称为**中断源**。中断源向 CPU 提出的处理请求称为**中断请求**。发生中断时，被打断程序的暂停点称为**断点**。

中断最初是作为通道（或设备）与 CPU 之间进行通信的工具。通道和 CPU 并行工作，各自负责自己的任务。当通道完成某项预定的 I/O 请求或数据传输过程中发生故障时，就用中断方式向 CPU“报告情况”，请求处理。

中断的概念后来得到进一步扩展。在现代计算机系统中，不仅通道或设备控制器可向 CPU 发送中断信号，其他部件也可以造成中断。例如，程序在 CPU 上运行时出现运算溢出、取数时奇偶错、电源故障、时钟计数到时等，都可成为中断源。

中断概念的另一个发展是访管指令（或系统调用）的使用。用户程序可以使用操作系统对外界提供的系统调用，得到系统内部服务。当用户程序执行到系统调用时，进程状态从用户态变为核心态。核心根据系统调用的编号，转去执行相应的处理程序，如对文件的读 / 写、对进程的控制等。硬件保证用户态下运行的程序不得访问核心空间中的数据，从而保护了操作系统。系统调用的出现为用户编制程序提供了方便和可靠性保证。

可见，中断的发生和处理涉及两个地址空间：中断发生时，用户程序运行在用户空间，该进程处于用户态；中断处理由操作系统完成，在核心空间实现，该进程处于核心态。中断处理完成后，再返回用户空间。

2. 中断类型

现代计算机都根据实际需要配置不同类型的中断机构，有的简单，有的复杂。因此，按照不同的分类方法有不同的中断类型。

目前，很多小型机系统和微型机系统都采用按**中断事件来源**进行划分的方式来分类。

1）**中断**。它是由 CPU 以外的事件引起的，如 I/O 中断、时钟中断、控制台中断等。利用中断实现设备与 CPU 的通信。中断是异步的，因为从逻辑上讲，中断的产生与当前正在执行的进程无关。

2）**异常**（Exception）。它是来自 CPU 内部的事件或程序执行中的事件引起的过程。如 CPU 本身故障（电源电压低于 105 V，或频率在 47 ～ 63 Hz 范围之外）、程序故障（非法操作码、地址越界、浮点溢出等）和请求系统服务的指令（即访管指令）引起的事件等。可见，异常包括很多方面。异常是同步的，因为它们是由于执行指令引起的。

3. 中断的处理过程

中断处理一般分为**中断响应**和**中断处理**两个步骤。中断响应由硬件实施，中断处理主要由软件实施。

（1）中断响应

中断请求的整个处理过程是由硬件和软件结合起来而形成的一套中断机构实施的。发生中断时，CPU 暂停执行当前的程序而转去处理中断。这个由硬件对中断请求做出反应的过程，称为中断响应。一般来说，中断响应顺序执行下述三步动作：

1）中止当前程序的执行。

2）保存原程序的断点信息（主要是程序计数器 PC 和程序状态寄存器 PS 的内容）。

3）转到相应的处理程序。

通常 CPU 在执行完一条指令后，立即检查有无中断请求。如有，而且“中断允许”触发器为 1（表示 CPU 可以响应中断请求），则立即做出响应。

（2）中断处理

中断响应后，就由软件（中断处理程序）进行相应处理。中断处理过程大致分为四个阶段：保存被中断程序的现场；分析中断原因；转入相应处理程序进行处理；恢复被中断程序的现场（即中断返回）。中断处理的一般过程如图 3-12 所示。

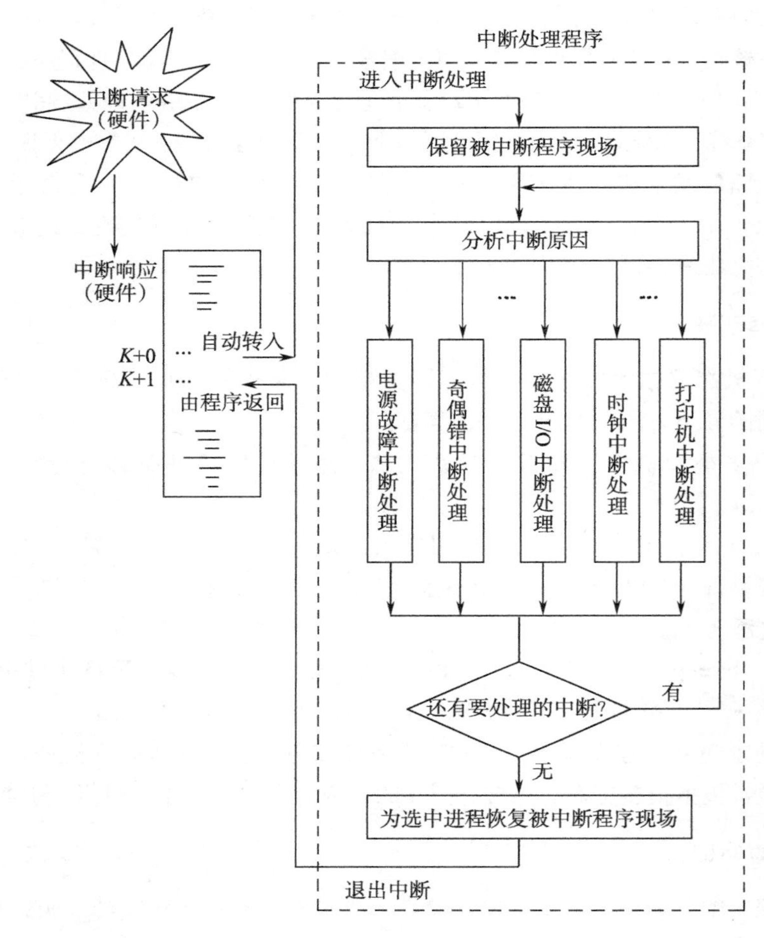

图 3-12　中断处理的一般过程

下面对软件执行的中断处理过程作进一步介绍。

1）保存现场。保存被中断程序现场的目的是为了在中断处理完之后，可以返回到原来被中断的地方，在原有的运行环境下继续正确地执行下去。通常，中断响应时硬件已经保存了 PC 和 PS 的内容，但是还有一些状态环境信息需要保存起来。例如，被中断程序使用的各通用寄存器的内容等。因为通用寄存器是公用的，中断处理程序也使用它们。如果不进行保存处理，那么即使以后能按断点地址返回到被中断程序，但由于环境被破坏（如中间运行结果丢失），原程序也无法正确运行。中断响应时硬件处理时间很短（通常是一个指令周期），所以保存现场工作可由软件来协助硬件完成，并且在进入中断处理程序时就立即去做。当然，在不同机器上两者的分工形式是不统一的。

对现场信息的保存方式是多样化的，常用方式有两种。一种是集中式保存，即在内存的系统区中设置一个中断现场保存栈，所有中断的现场信息都统一保存在这个栈中。进栈和退栈操作由系统严格按照后进先出原则实施。

另一种是分散式保存，即在每个进程的 PCB 中设置一个核心栈，一旦其程序被中断，它的中断现场信息就保存在自己的核心栈中。如在 UNIX 系统中每个进程都有一个核心栈。

2）分析原因。对中断处理的主要工作是根据中断源确定中断原因，然后转入相应处理程序执行。为此，应确定“中断源”或者查证中断发生，识别中断的类型（如时钟中断或者是磁盘读写中断）和中断的设备号（如哪个磁盘引起的中断）。CPU 接到中断后，就从中断控制器那里得到一个称作中断号的地址，它是检索中断向量表的位移。中断向量因机器而异，但通常包括相应中断处理程序入口地址和中断处理时处理机状态字。表 3-6 列出示意性中断向量表。如果是终端发出的中断，则核心从硬件那里得到的中断号是 2。利用它查找中断向量表，得到终端中断处理程序 ttyintr 的地址。

表 3-6 示意性中断向量表

中断号	中断处理程序	中断号	中断处理程序
0	clockintr	3	devintr
1	diskintr	4	softintr
2	ttyintr	5	otherintr

3）处理中断。核心调用中断处理程序，对中断进行处理。例如，调用终端中断处理程序 ttyintr，判断终端输入输出工作是否正常完成。如果正常完成，则驱动程序便可进行结束处理；如果还有数据要传送，则继续进行传送；如果是异常结束，则根据发生异常的原因进行相应处理。

4）中断返回。相应中断处理程序执行以后，要退出中断。通常要做下面两件事情：第一，选取可以立即执行的进程。通常，退出中断后，应恢复到原来被中断程序的断点，继续执行下去。如果原来被中断的进程是在核心态下工作，则不进行进程切换。如果原来被中断的进程是用户态进程，并且此时系统中存在比它的优先级更高的进程，则退出中断时要执行进程调度程序，选择最合适的进程运行。第二，恢复工作现场。把先前保存在中断现场区中的信息取出复原。从时间顺序上讲，先恢复环境信息（各通用寄存器内容），再恢复控制信息（PS 与 PC）。通常，使用一条不可中断的特权指令来复原控制信息，如 IBM 360 的 LPSW（装入 PSW）、PDP-11 的 rtt（装入 PS 和 PC）。当然，随之也就恢复了处理机状态（用户态或管理态）。这些信息一旦“各就各位”，该进程就立即启动运行了。

4. 中断优先级和中断屏蔽

（1）中断优先级

如果在用户程序中使用系统调用，就能知道其产生中断请求的时机，除此之外，其他中断往往是随机出现的。这样，可能出现多个中断同时发生的情况。这就存在哪个中断先被响应，哪个中断先被处理的优先次序问题。为使系统及时响应并处理发生的所有中断，不发生丢失现象，在硬件设计中断机构时，就必须根据各种中断事件的轻重缓急对线路进行排队，安排中断响应次序。另外，软件在处理中断时也要相应安排优先次序。响应顺序和处理顺序可以不一样，即先响应的可以后处理。为满足某种需要，可以采用多种手段改变处理顺序，最常见的方式是采用中断屏蔽。

硬件设计时，一般把紧迫程度大致相当的中断源归并为一组，称为一个*中断级*。每级的中断处理程序可能有很多相似之处，可把它们统一成一个共同程序；对于不同之处，用各自的专用程序处理。在这种方式下，每级可以只有一个中断处理程序入口，在内部处理过程中，再根据不同中断请求转入不同的子程序分别处理。

与某种中断相关的优先权称为它的*中断优先级*。中断优先级高的中断在线路上有优先响应权，可以通过线路排队办法实现。在不同级别的中断同时到达的情况下，级别最高的中断源先被响应，同时封锁对其他中断的响应；它被响应之后，解除封锁，再响应次高级的中断。如此下去，级别最低的中断最后被响应。

另外，级别高的中断一般有打断级别低的中断处理程序的权利。就是说，当级别低的中断处理程序正在执行时，如果发生级别比它高的中断，则立即中止该程序的执行，转去执行高级中断处理程序。后者处理完才返回刚才被中止的断点，继续处理前面那个低级中断。但是，在处理高级中断过程中，不允许低级中断干扰它，通常也不允许后来的中断打断同级中断的处理过程。

（2）中断屏蔽

*中断屏蔽*是指在提出中断请求之后，CPU不予响应的状态。它常常用来在处理某个中断时防止同级中断的干扰，或在处理一段不可分割的、必须连续执行的程序时防止意外事件把它打断。

*中断禁止*是指在可引起中断的事件发生时系统不接收该中断信号，因而就不可能提出中断请求而导致中断。简言之，就是不让某些事件产生中断。它常用在执行某些特殊工作的条件下，如按模取余运算，算术运算中强制忽略某些中断，如定点溢出、运算溢出中断。在中断禁止的情况下，CPU正常运行，根本不理睬所发生的那些事件。

从概念上讲，中断屏蔽和中断禁止是不同的。前者表明硬件接受了中断，但暂时不能响应，要延迟一段时间，等待中断开放（撤销屏蔽），被屏蔽的中断就能被响应并得到处理。而后者，硬件不准许事件提出中断请求，从而使中断被禁止。

引入中断屏蔽和禁止的原因主要有以下方面：延迟或禁止对某些中断的响应；协调中断响应与中断处理的关系，实现高级别中断先响应也先处理；防止同类中断的相互干扰。

中断屏蔽方式随机器而异，可以用于整级屏蔽，也可用于单个屏蔽，如在IBM 360/370系统中是用PSW中某些位来屏蔽某些中断的。程序员通过特权指令设置或更改屏蔽位信息。在UNIX系统中，通常采用提高处理机执行优先级的方式屏蔽中断，即在程序状态寄存器（PS）中设置处理机当前的执行优先级，当它的值（比如6）大于或等于后来中断事件的优先级（比如4）时，该中断就被屏蔽了。

（3）多重中断

多个中断可能同时出现。例如，一个程序正从通信线路上接收数据并打印结果，每当打印操作完成后，打印机会产生一个中断；每当一个数据单位到来时，通信线路控制器就会产生一个中断。数据单位可能是一个字符或是一个数据块，这取决于通信规程的性质。总之，在处理打印机中断的过程中有可能出现通信中断。

处理多个中断的方法有顺序处理方式和嵌套处理方式两种。

● 顺序处理方式

当一个中断正被处理期间，屏蔽其他中断；在该中断处理完后，开放中断，由处理器查看有无尚未处理的中断。如果有，则依次处理。这样在用户程序执行时，如果出现中断，则响应并处理它，同时屏蔽其他中断。在该中断处理程序运行完、控制返回用户程序之前，开放中断。若有另外的中断未被处理，则按顺序进行处理，如图 3-13a 所示。

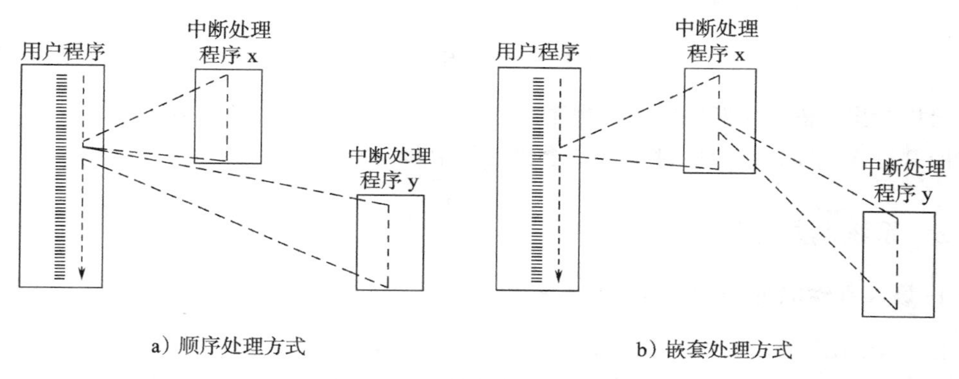

图 3-13　多重中断的控制转移

这种方式的缺点是没有考虑中断的相对优先级或时间的紧迫程度。例如，输入数据从通信线路上到来时，就需要迅速处理，腾出空间，供后面的输入使用。如果在第 2 批输入到来之前，第 1 批输入数据还未处理完，就会丢失后面的数据。

● 嵌套处理方式

这种方式对每类中断赋予不同的优先级，允许高优先级中断打断低优先级中断的处理程序，如图 3-13b 所示。

例如，系统中有三台 I/O 设备：打印机、磁盘机和通信链路，各自的中断优先级分别是 2、4 和 5。图 3-14 给出了一种可能的执行序列。在 t=0 时刻用户程序开始执行。在 t=10 时出现打印机中断；响应该中断，把用户信息存放在系统栈中，然后执行打印机的中断服务（处理）程序（ISR）。在 t=15 时，ISR 还在执行，但此时发生通信中断。由于通信链路的中断优先级高于打印机中断优先级，打印机的 ISR 被中断，其现场信息压入栈中，接着执行通信中断的 ISR。在通信 ISR 执行时，出现磁盘中断 (t=20)。由于磁盘中断优先级低于通信中断优先级，所以它只是被简单收存，而通信 ISR 继续执行。当 t=25 时，通信 ISR 完成，恢复先前的处理机状态，本应执行打印机的 ISR，然而由于磁盘中断优先级高于打印机中断优先级，所以处理器执行磁盘的 ISR。仅当磁盘的 ISR 执

行完之后 (t=35)，打印机的 ISR 才得以恢复执行。当打印机的 ISR 执行完 (t=40)，最终把控制返还用户程序。

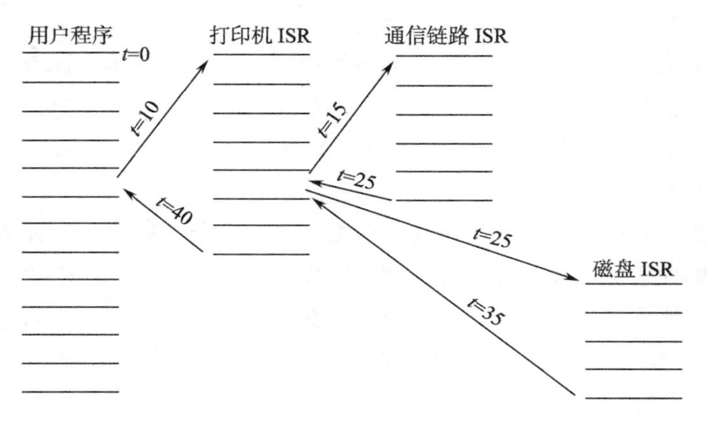

图 3-14　多重中断示例

可以看出，嵌套中断往往会给程序设计带来困难。在有些系统（如 Linux）中，当响应中断并进入中断处理程序时，CPU 会自动将中断关闭。

3.9.2　系统调用处理

1. 陷入事件的处理方式

在 UNIX/Linux 系统中，对异常的处理称为陷入。

引起陷入的事件可以分为两组：一组是自愿进入陷入，称为自陷，如使用系统调用、断点跟踪；另一组是由于程序运行过程中出现软、硬件故障或错误，如转换无效、访问违章、非法指令等，也称为捕俘。

陷入处理的基本过程与中断处理基本相同。当执行到陷入指令（如系统调用）或出现捕俘事件时，硬件首先做出中断响应，根据取得的中断（陷入）向量进入系统核心，即该进程由用户态转到核心态。各种陷入经过断点现场保存等简单处理后，统一进入陷入处理子程序（trap）。按照参数中给出的陷入类型及陷入时处理机状态等，trap 子程序对所有陷入事件按如下四种方式分别进行处理：

1）请求系统管理人员干预。如果发生陷入时进程处于核心态，则认为出现故障。此时，系统打印若干现场信息，然后等待系统管理员干预。

2）按用户规定方式进行处理。在用户态方式下产生的各种陷入，除系统调用和转换无效外，一般转成信号交由用户处理。

3）用户栈自动扩充。当用户栈装满引起转换无效故障时，系统为该进程的用户栈增加两个页面。若操作成功，该进程继续运行；否则，向该进程发信号。

4）系统调用处理。当执行到用户程序中的系统调用时，就对陷入按系统调用方式处理。

2. 系统调用的处理方式

在 UNIX/Linux 系统中，系统调用像 C 语言的普通函数调用那样出现在程序中。但是，一般的函数调用序列并不能把进程的运行模式从用户态变为核心态，而系统调用却可以做到这一点，即从用户空间转入核心空间。如果说外部中断是使 CPU 被动、异步地进入核心空间的一种手段，那么系统调用就是 CPU 主动、同步地进入核心空间的手段。因为系统调用是由用户预先安排在程序的确切位置上的。

UNIX 系统核心对外提供多个系统调用。不同版本的 UNIX 系统提供的系统调用的数目不同，如 UNIX 第 7 版提供约 50 个系统调用，SVR4 提供约 120 个系统调用。而在 Linux 系统中共定义了 221 个系统调用。这些系统调用的外在使用形式与 C 语言的函数调用形式相同，但实现它们的汇编代码形式通常以 trap 指令开头（在 Linux 系统中是通过中断指令“ INT 0X80”实现的）。trap 指令有这样一种性质：当 CPU 执行到 trap 指令时，CPU 的状态就从用户态变为核心态。

trap 指令的一般格式是：

```
trap  xx
参数 1
参数 2
…
```

其中，xx 表示系统调用号。如，系统调用 fork 的编号是 2, read 的编号是 3, write 的编号是 4，等等。多数系统调用带有一个或几个参数。传递参数的方式一般有两种：通过通用寄存器（如 r0、r1 ）的直接传送和在 trap 指令后自带参数。Linux 内核在系统调用时通过寄存器传递参数。自带参数又分为直接和间接两种形式。直接形式是参数直接跟在 trap 指令之后，如上面一般格式所示；间接形式是 trap 指令后是一个指针，该指针指向另一条直接带参数的 trap 指令。

当 CPU 执行到 trap 指令时，产生陷入事件。发生中断和陷入时，硬件执行的动作基本相同，即 trap 指令产生陷入信号，导致 CPU 停止对当前用户程序的继续执行；保存当前程序计数器（ PC）和处理机状态字（ PSW）的值；利用相应的中断向量（所有的系统调用都对应一个中断向量）转到相应的处理程序。

所有的陷入事件有一个总的服务程序，即陷入总控程序。由于系统调用只出现在用户程序中，当时 CPU 必定在用户空间中运行，而陷入总控程序属于内核。所以，一旦运行陷入总控程序，CPU 的运行状态就从用户态转入核心态，也就是从用户空间转入核心空间。但是，在处理系统调用的整个过程中并不自动关闭中断，即中断是开放的。

首先，陷入总控程序将有关参数压入系统栈中，以备返回用户空间、恢复现场时使用。然后，调用陷入处理程序 trap。trap 程序根据陷入事件的不同类型进行不同的处理。对于非法指令、跟踪陷入、指令故障、算术陷入、访问违章、转换无效等事件，转入信号机构进行处理；对于系统调用事件，调用 system_call（系统调用处理函数）进行处理。

系统调用处理函数根据 trap 指令后面的系统调用号查询系统调用入口表，然后转入各个具体的系统调用处理程序。

系统调用入口表 sysent 的项数与系统调用号一样多。每项有三个部分：自带参数个数、标志位（如果执行 setjmp 函数，则置为 0；否则置为 1）和相应处理程序的入口地址。表 3-7 列出了 sysent 的结构形式。

表 3-7　系统调用入口表 sysent 结构

参数个数	标志	处理程序	注释
0	1	nosys	0=indir
1	1	rexit	1=exit
0	1	fork	2=fork
3	0	read	3=read
3	0	write	4=write
3	0	open	5=open
1	0	close	6=close
⋮	⋮	⋮	⋮

系统调用号就是入口表的下标。如有：

```
trap  4
参数 1
参数 2
参数 3
```

系统根据 trap 后面的数字 4 查询 sysent[4]，得知这个系统调用有 3 个参数，且具体处理程序的入口地址是 write（即 write 程序的起始地址）。

当该系统调用工作完成后，就回到陷入处理程序 trap。它计算有关进程的优先级。如果存在比当前进程优先级更高的就绪进程，则发生进程调度，恢复该进程的现场，令其投入运行，而当前进程放入就绪队列中排队。如果本进程优先级最高，则不发生重新调度。在回到本进程的用户空间之前，要判断当前进程是否收到信号。如果收到信号，则执行信号规定的动作，最后返回用户空间，执行被中断的用户程序；如果没有收到信号，则直接回到用户空间。

3. 系统调用实现过程示例

前面综述了操作系统各个部分的功能和进程管理、处理机管理的实现过程，下面还将介绍内存管理、文件管理、设备管理等内容。尽管操作系统是一个庞大、复杂的系统软件，但它是一个有机整体，各个部分的运转不是孤立的，而是相互关联、密切配合的。

下面通过一个系统调用实现的全过程，说明整个操作系统是如何动态协调工作的。为了叙述简明，对系统中的进程数目、状态、资源使用等都做了简化，所以，实际系统的活动要比示例中的情况复杂得多（其中涉及有关文件管理、设备驱动等方面的知识，可以参见后面相关章节，或先进行一般了解，待学完第 6 章后再深入理解这部分内容)。

设用户进程 A 在运行中要向已打开的文件（用 fd 表示）写一批数据，为此在用户 C 源程序中可用如下系统调用语句：

```
rw=write (fd,buf,count);
```

这条语句经编译以后形成的汇编指令形式如下：

```
trap 4
参数 1
参数 2
参数 3
k1: …
```

其中，参数 1、2、3 分别对应该文件的文件描述字 fd、用户信息所在内存始址 buf、传送字节数 count。这个系统调用的执行过程主要有如下 7 步。

1）CPU 执行到 trap 4 指令时，产生陷入事件，硬件做出中断响应：保留进程 A 的 PSW 和 PC 的值，取中断向量并放入寄存器（PSW 和 PC）中；程序控制转向一段核心代码，将进程状态改为核心态；进一步保留现场信息（各通用寄存器的值等），然后进入统一的处理程序 trap。trap 程序根据系统调用号 4 查找系统调用入口表，得到相应处理子程序的入口地址 write。

2）转入文件系统管理。根据文件描述字 fd 找到该文件的控制结构—— 活动 I 节点，进行权限验证等操作之后，如果都合法，则调用相应的核心程序将文件的逻辑地址映射到物理块号；再申请和分配缓冲区，将进程 A 内存区 buf 中的信息传送到所分配的缓冲区中。然后，经由内部控制结构（即块设备转接表）进入设备驱动程序。

3）启动设备驱动程序（即磁盘驱动程序），将缓冲区中的信息写到相应的盘块上。在进行磁盘 I/O 工作时，进程 A 要等待 I/O 完成，所以进程 A 让出 CPU，处于睡眠状态。

4）执行进程调度工作。进程调度程序从就绪队列中选中一个合适的进程，如 B，为它恢复现场，使其在 CPU 上运行。此时 CPU 在进程 B 的用户空间运行。

5）当写盘工作完成后（即缓冲区中的信息都传送到盘块上），磁盘控制器发出 I/O 中断信号。该信号中止进程 B 的继续运行，硬件做出中断响应，然后转入磁盘中断处理程序。

6）磁盘中断处理程序运行。它验证中断来源，如传输无错，则唤醒因等待磁盘 I/O 而睡眠的进程 A。

7）假设进程 A 比进程 B 的优先级更高，则中断处理完成后，执行进程调度程序，选中进程 A，为进程 A 恢复现场，然后进程 A 的程序接着向下执行。

上述简要过程如图 3-15 所示。

由上面分析可见，利用中断和陷入方式，CPU 的运行状态就由用户态转到核心态。当中断、陷入处理完成后，再回用户态执行用户程序。如果说系统初启是激活操作系统的原动力，那么中断和陷入就是激活操作系统的第二动力。利用上述方式使操作系统程序得以执行，对系统的各种资源进行管理，为用户提供服务。

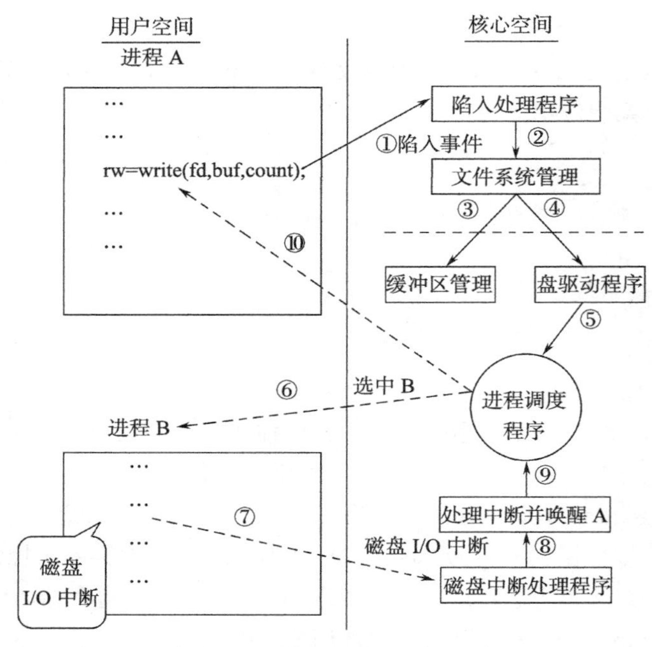

图 3-15　系统调用实现过程示例

3.10　shell 基本工作原理

Linux 系统提供给用户的最重要的系统程序是 shell 命令语言解释程序。它不属于内核部分，而是在核心之外以用户态方式运行。其基本功能是解释并执行用户输入的各种命令，实现用户与 Linux 核心的接口。系统初启后，核心为每个终端用户建立一个进程以执行 shell 解释程序。它的执行过程基本上按照如下步骤进行：

1）读取用户由键盘输入的命令行。

2）分析命令，以命令名作为文件名，其他参数改造为系统调用 execve( ) 内部处理所要求的形式。

3）终端进程调用 fork( ) 建立一个子进程。

4）终端进程本身用系统调用 wait4( ) 来等待子进程完成（如果是后台命令，则不等待）。当子进程运行时调用 execve( )，子进程根据文件名（即命令名）到目录中查找有关文件（这是命令解释程序构成的文件），调入内存，执行这个程序（即执行这条命令）。

5）如果命令末尾有“&”号（后台命令符号），则终端进程不用执行系统调用 wait4( )，而是立即发提示符，让用户输入下一个命令，转步骤 1。如果命令末尾没有“&”号，则终端进程要一直等待，当子进程（即运行命令的进程）完成工作后要终止，向父进程（终端进程）报告，此时终端进程醒来，在做必要的判别等工作后，终端进程发提示符，让用户输入新的命令，重复上述处理过程。

shell 命令基本执行过程如图 3-16 所示。

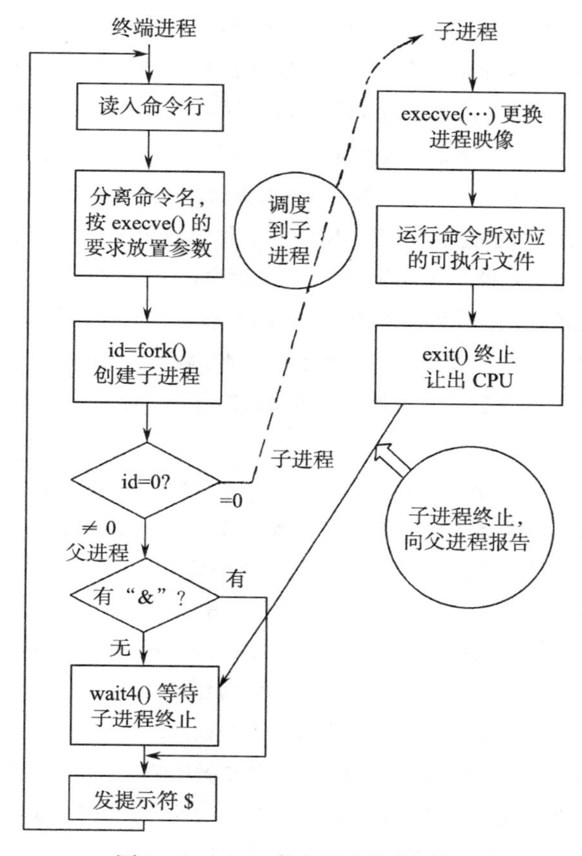

图 3-16　shell 命令基本执行过程

以上介绍的仅是 shell 作为命令解释程序的基本工作原理，其实际工作过程是很复杂的。即便如此，我们从中也可以体会到：进程是动态活动的，父子进程间构成族系，彼此间有同步关系，进程间的切换是由进程调度程序实现的。大家如果有兴趣的话，可结合上机实习，深入想一想命令的执行过程。

小结

进程调度是操作系统中最核心的调度，它根据算法选择合适的进程，并把 CPU 分配给该进程使用。在操作系统中最主要的队列有两类：一类是 I/O 请求队列，另一类是就绪队列。就绪队列包括所有准备就绪、只是等待 CPU 的进程。

处理机调度可分为三级。作业调度的基本功能是选择有权竞争 CPU 的作业。一般说来，资源的分配策略（特别是内存管理）对作业调度有很大影响。进程调度（即 CPU 调度）是从就绪队列中选择一个进程，并把 CPU 分配给它。中级调度往往实现进程的挂起和进程映像的对换。处理机调度可由系统进程来实现。在支持线程的系统中，还提供了线程调度。线程调度分为用户级和核心级两种方式。

不同的系统有不同的调度策略，如批处理系统、分时系统和实时系统各有自己的设计目标。所以，确定调度策略是一件复杂的工作，往往要兼顾多种因素的影响。CPU 利用率、吞吐量、周转时间、等待时间和响应时间等项目是通常评价性能时都要考虑的几个指标。

在批处理系统中常用的调度算法有先来先服务（FCFS）法、短作业优先（SJF）法和最短剩余时间优先（SRTF）法。先来先服务法是最简单的调度算法，但可能导致作业等待很长时间。

在分时系统中常用的调度算法有轮转（RR）法、优先级法、多级队列法、多级反馈队列法、高响应比优先法等。轮转法是最简单、最公平的一种调度算法，它总是把 CPU 分给就绪队列中第一个进程，而时间片是确定的。当时间片用完后，CPU 被抢占，该进程加入就绪队列末尾。其主要问题是时间片如何选择：时间片太长了，就成为 FCFS 调度；时间片太短了，频繁调度，开销太大。优先级算法只是简单地把 CPU 分给优先级最高的进程。优先级法可以是抢占式，也可以是非抢占式。

实时任务可分为硬实时任务和软实时任务。实时调度算法分为静态和动态两种方式。

作为实例，列出 Linux 系统中进程调度的方法。对进程采用两级调度：中级调度（即对换进程，它解决内存分配，在第 4 章介绍）和低级调度（解决 CPU 分配）。进程调度基本上采用抢占式优先级算法，而针对不同类型的进程又采用相应的调度策略。

中断是现代计算机系统中的重要概念之一，它是指 CPU 对系统发生的某个事件做出的处理过程。在不同的系统中对中断的分类和处理方式是不完全相同的，但基本原则一样。

并发是现代计算机系统的重要特性，它允许多个进程同时在系统中活动。而实施并发的基础是由硬件和软件结合而成的中断机制。硬件对中断请求做出响应，即中止当前程序的执行，保存断点信息，转到相应的处理程序。软件对中断进行相应的处理，即保存现场，分析原因，处理中断，中断返回。各中断处理程序是操作系统的重要组成部分，对中断的处理是在核心态下进行的。

系统调用处理的基本过程与中断处理基本相同。系统调用处理函数根据 trap 指令后面的系统调用号查询系统调用入口表，然后转入各个具体的系统调用处理程序。

shell 解释程序的工作过程基本上是读入命令行、分析命令行和构成命令树，创建子进程来执行命令树等步骤。

本章还介绍了 Linux 系统中常用的调度命令。

习题 3

1. 解释以下术语：作业调度、进程调度、周转时间、平均周转时间、响应时间、中断、中断源、中断请求、中断向量。
2. 处理机调度的主要目的是什么？
3. 高级调度与低级调度的主要功能是什么？为什么要引入中级调度？
4. 处理机调度一般分为哪三级？其中哪一级调度必不可少？为什么？
5. 作业在其存在过程中分为哪四种状态？
6. 在 OS 中，引起进程调度的主要因素有哪些？
7. 作业调度与进程调度二者间如何协调工作？

8. 在确定调度方式和调度算法时，常用的评价准则有哪些？
9. 简述 FCFS、RR 和优先级调度算法的实现思想。
10. Linux 系统中，进程调度的方式和策略是什么？对用户进程和核心进程如何调度？
11. 简述一条 shell 命令在 Linux 系统中的实现过程。
12. 中断响应主要做哪些工作？由谁来做？
13. 一般中断处理的主要步骤是什么？
14. UNIX/Linux 系统中系统调用的一般处理过程是怎样的？
15. 系统调用是操作系统和用户程序之间的接口，库函数也是操作系统和用户程序间的接口，这句话对吗？为什么？
16. 假定在单 CPU 条件下要执行的作业如表 3-8 所示。

表 3-8　作业列表

作业	运行时间	优先级	作业	运行时间	优先级
1	10	3	4	1	4
2	1	1	5	5	2
3	2	3			

作业到来的时间是按作业编号顺序进行的（即后面作业依次比前一个作业迟到一个时间单位）。

① 用一个执行时间图描述在下列算法中各自执行这些作业的情况：FCFS、RR（时间片 = 1）和非抢占式优先级。

② 对于上述每种算法，各个作业的周转时间是多少？平均周转时间是多少？

③ 对于上述每种算法，各个作业的带权周转时间是多少？平均带权周转时间是多少？

17. 在一个有两道作业的批处理系统中，作业调度采用短作业优先调度算法，进程调度采用抢占式优先级调度算法。设作业序列如表 3-9 所示。

表 3-9　作业列表

作业名	到达时间	预估运行时间 / 分钟	优先数	作业名	到达时间	预估运行时间 / 分钟	优先数
A	8:00	40	10	C	8:30	50	8
B	8:20	30	5	D	8:50	20	12

其中给出的作业优先数即为相应进程的优先数。其数值越小，优先级越高。要求：

① 列出所有作业进入内存的时间及结束时间。

② 计算平均周转时间和平均带权周转时间。

③ 如果进程调度采用非抢占式优先级方式，其结果如何？

18. 有 5 个待运行作业 J1、J2、J3、J4 和 J5，各自预计运行时间分别是 9、6、3、5 和 7 时间单位。假定这些作业同时到达，并且在一台处理机上按单道方式执行。讨论采用哪种调度算法和哪种运行次序将使平均周转时间最短，平均周转时间为多少？
19. 何谓进程的静态优先级和动态优先级？哪一种能够解决进程“饥饿”问题？
20. 简述高响应比优先调度算法的优缺点。
21. 在用户程序执行过程中，CPU 接收到磁盘 I/O 中断。对此，系统（硬件和软件）要进行相应处理，试列出其主要处理过程。

第4章　存储管理

学习内容

在编写程序的时候，你知道所用变量放在哪个内存单元吗？你执行命令所建立的进程、系统初启设立的进程、按动鼠标所激活的进程等都需要占用内存空间，怎么给它们分配内存？内存是共享资源。怎样做才能使有限的内存资源尽量满足众多进程的需要，同时彼此间又不冲突呢？

在计算机系统中，对内存如何处理在很大程度上将影响整个系统的性能，所以它也是关键资源。存储管理目前仍是人们研究操作系统的中心问题之一，以至操作系统的命名也往往取决于存储管理的策略。

近年来，随着硬件技术和生产水平的迅速发展，内存的成本迅速下降，而容量一直不断扩大，但是仍不能满足各种软件对存储空间急剧增长的需求。因此，对内存的有效管理仍是现代操作系统中十分重要的问题。

本章涉及的概念和管理技术较多，应结合自己上机的实际情况，理解以下概念：逻辑地址、物理地址、可重定位地址、重定位、静态重定位、动态重定位、碎片、虚拟存储器；对于每种存储管理技术应理解它解决什么问题，实现的思想是什么——硬件提供什么支持、软件采用什么算法，以及它带来的好处和存在的问题，从而了解存储管理技术如何由低级向高级发展。同时，要能简要说明 Linux 系统中的存储管理技术。

本章主要介绍以下主题：

- 地址空间与重定位
- 分区管理技术
- 分页技术
- 分段技术
- 虚拟存储概念
- 请求分页技术
- 内存块分配和抖动问题
- 段式虚拟存储器
- Linux 中的存储管理技术

学习目标

了解：存储器层次，用户程序的地址空间、装入方式、有效存取时间。

理解：有关地址的概念，重定位，对换技术，碎片，页面的共享和保护，页表的构造，分段的地址映射，内存块分配和抖动，Linux 中的存储管理技术。

掌握：固定分区法和动态分区法，可重定位分区，分页的概念及地址映射，分段的概念，虚拟存储概念，请求分页存储管理技术，常用页面置换算法，工作集。

4.1 地址空间与重定位

内存（Main Memory，Primary Memory 或 Real Memory）也称主存，是指 CPU 能直接存取指令和数据的存储器。硬盘、光盘和磁带等存储器一般称为外存或辅存（Secondary Storage）。内存是现代计算机系统进行操作的中心。如图 4-1 所示，CPU 和 I/O 系统都要与内存打交道。内存是一个大型的、由字或字节构成的一维数组，每个单元都有自己的地址。对内存的访问是通过一系列对指定地址单元进行读或写来实现的。例如，一条典型指令的执行周期是，首先从内存中取出指令，计算操作数据的有效地址，并映射为物理地址，按照该地址对内存进行存取，然后对数据实施指定的操作。

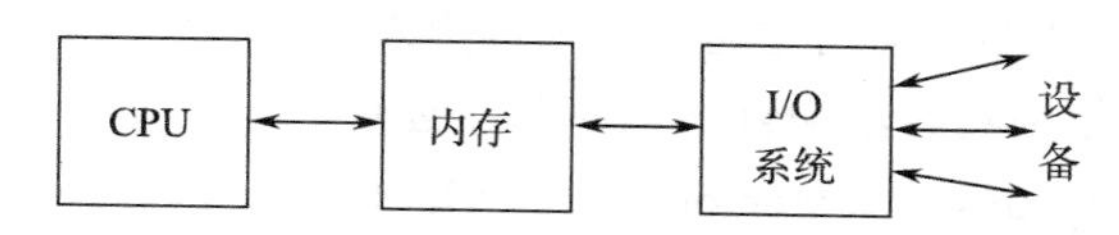

图 4-1 内存在计算机系统中的地位

4.1.1 用户程序的地址空间

1. 存储器的层次

在任何计算机中，存储器都是最主要的组成部分之一。按照速度、容量和成本划分，存储器系统构成一个层次结构，如图 4-2 所示。

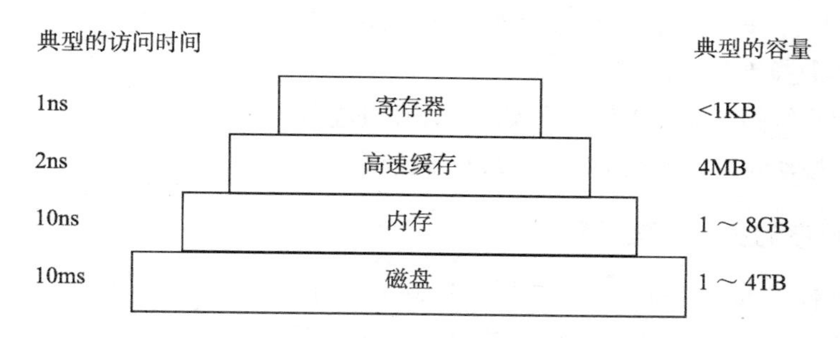

图 4-2 典型的存储器层次结构

顶层是 CPU 内部寄存器，其制作材料与 CPU 相同，故速度与 CPU 一样快，所以存取它们没有延迟。但它的成本高、容量小，通常都小于 1 KB。

下面一层是高速缓存（Cache），它们大多由硬件控制。Cache 一般采用与 CPU 同类型的半导体存储器件，它们放在 CPU 内部或非常靠近 CPU 的地方，存取速度比内存快几倍甚至十几倍。当程序需要读取具体信息时，Cache 硬件先查看它是否在 Cache 中，如果在其中（称作“命中”），就直接使用它；如果不在，就从内存中获取该信息，并把它放入Cache中，以备今后再次使用。CPU不但可以直接从Cache中读出内容，也可以直接往其中写入内容。很多著名芯片厂商的产品中不止一级Cache，如Intel、AMD等公司生产的芯片中有二级Cache，甚至三级Cache。后一级都比前一级容量大，但速度慢。

通常，操作系统都使用Cache。一些频繁使用的信息、数据或部分文件都可以存放在Cache中，以减少访问内存的次数，提高执行效率。由于Cache的存取速度相当快，使得CPU的利用率大大提高，进而使整个系统的性能得以提升。但是Cache的成本很高，容量有限。Cache一般约为4 MB。

再下面一层是内存（或称主存），它是存储器系统的主力，也称作随机存取存储器（Random Access Memory，RAM）。CPU可以直接存取内存及寄存器和Cache中的信息。因此，机器执行的指令及所用的数据必须预先存放在内存及Cache和寄存器中。然而，内存中存放的信息是易失的，当机器电源被关闭后，内存中的信息就全部丢失了。现在，内存条的价格已不太贵，且容量越来越大。个人机上内存容量一般为1～8GB。

许多计算机上除使用具有易失性的内存外，还使用少量只读存储器（Read Only Memory，ROM），信息一旦放入其中后就不能被修改，具有非易失性。这样，在机器断电后，ROM中的信息也不会丢失。此外，作为便携式存储介质的U盘、闪存也得到越来越广泛的应用。

最下层是磁盘（即硬盘），也称为辅助存储器（简称辅存或外存），它是对内存的扩展，但是CPU不能直接存取磁盘上的数据。磁盘上可以永久保留数据，而且容量特别大，现在常用的磁盘容量为1~4TB。磁盘上数据的存取速度低于内存存取速度。

除了上面介绍的存储器以外，在实际应用中还有其他存储器，如移动硬盘、光盘（CD-ROM）、磁带等。

2. 用户程序的主要处理过程

从用户源程序进入系统到相应程序在机器上运行，要经历一系列步骤，主要处理过程有编辑、编译、连接、装入和运行，如图4-3所示。

在编辑方式下，用户将源程序输入机器内，存放在相应的源文件（如file1.c）中。用户键入编译命令，调用编译程序，对源文件如file1.c中的程序进行词法、语法分析及代码生成等一系列加工，产生相应的目标代码。目标代码被存放在目标文件中，如file1.o。目标代码是不能被CPU执行的，还需要进行连接——

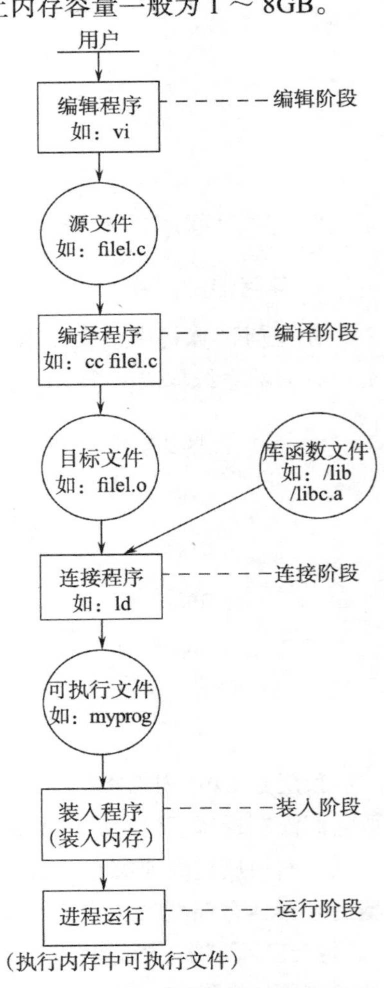

图4-3 用户程序的主要处理过程

就是将编译或汇编后得到的一组目标模块及它们所需的库函数装配成一个完整的装入模块的过程，从而产生一个可执行文件。

3. 程序装入方式

程序必须装入内存才能运行。也就是说，创建活动进程的第一步就是把程序装入内存并建立进程的映像。装入程序根据内存的使用情况和分配策略，将上述装入模块放入分配到的内存区中。这时可能需要进行重定位。如上所述，用户程序经编译之后的每个目标模块都以 0 为基地址顺序编址，这种地址称为相对地址或逻辑地址；内存中各物理存储单元的地址是从统一的基地址开始顺序编址的，这种地址称为绝对地址或物理地址。程序的逻辑地址与物理地址是不同的概念。仅在分配内存之后，才根据实际分到的内存情况修改各个模块的相对地址。所以，这些模块并不是“钉死”在内存的某个部分，而是可以“上下浮动”的。因此，在程序中出现的涉及单元地址的指令、指针变量等，它们的值是与所装入内存的物理地址有关的。

通常，程序装入内存的方式有以下三种：

1）**绝对装入方式**。将装入模块存放到内存的指定位置中，装入模块中的地址始终与其内存中的地址相同。在装入模块中出现的所有地址都是内存的绝对地址。

2）**可重定位装入方式**。由装入程序根据内存当时的使用情况，决定将装入模块放在内存的什么地方。装入模块内使用的地址都是相对地址。

3）**动态运行时装入方式**。为使内存利用率最大，装入内存的程序可以换出到磁盘上，以后再换入到内存中，但对换前后在内存中的位置可能不同。也就是说，允许进程的内存映像在不同时候处于不同的位置。

在三种装入方式中，绝对方式最简单，但性能最差；动态运行时装入方式的内存使用性能最佳，但需要硬件支持。

4.1.2 重定位概念

由程序中逻辑地址组成的地址范围称为逻辑地址空间，或简称为地址空间；由内存中一系列存储单元所限定的地址范围称为内存空间，也称物理空间或绝对空间。

由于内存地址是从统一的一个基址 0 开始按序编号的，就像是一个大数组那样，即使你在机器中插入两个内存条也是如此，所以内存空间是一维的线性空间。

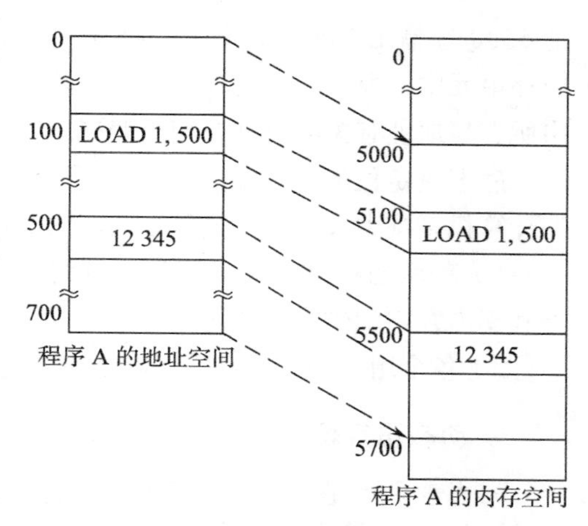

图 4-4 程序直接装入内存时的情况

如果地址空间中的程序和数据原封不动地放入内存空间，如图 4-4 所示，那么程序执行时会出现什么情况呢？从图中可看到，在地址空间 100 号单元处有一条指令 `LOAD 1,`

500，它实现把500号单元中的数据12 345装到寄存器1中。由于将程序A直接存放到内存单元5000～5700的空间中，不进行地址变换，所以在执行内存中5100号单元中的 LOAD 1, 500 指令时，就仍然从内存的500号单元中取出数据，送到寄存器1中。显然，取出的数据不正确。

可以看出，程序A的起始地址0不是内存空间的物理地址0。程序A的起始地址与物理地址5000相对应。同样，程序A的100号单元中的指令放到了内存5100号单元中，程序A的500号单元中的数据放到内存5500号单元中。因此，正确的方法是：CPU执行程序A在内存的5100号单元中的指令时，要从内存的5500号单元中取出数据（12 345）送至寄存器1中。就是说，程序装入内存时需要进行重定位。

程序和数据装入内存时，需对目标程序中的地址进行修改。这种把逻辑地址转变为内存物理地址的过程称作*重定位*。对程序进行重定位的技术按重定位的时机可分为静态重定位和动态重定位两种。

1. 静态重定位

*静态重定位*是在目标程序装入内存时，由装入程序对目标程序中的指令和数据的地址进行修改，即把程序的逻辑地址都改成实际的内存地址。对每个程序来说，这种地址变换只是在装入时一次完成，在程序运行期间不再进行重定位。按照静态重定位方式，图4-4所示的程序A装入内存时的情况变成如图4-5所示的样子。

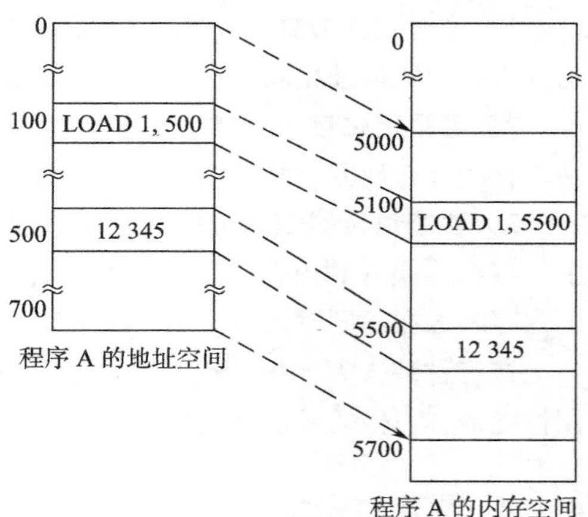

图4-5 静态重定位示意图

可以看出，经过静态重定位，程序中100号单元中的指令放到内存5100号单元中，该指令中的相对地址500相应变成5500。以后执行程序A时，CPU是从绝对地址5500号单元中取出数据12 345装入寄存器1中。如果程序A被装入8000～8700号内存单元中，那么，上述那条指令在内存中的形式将是 LOAD 1, 8500。以此类推，程序中所有与地址有关的量都要相应变更。

静态重定位的优点是无需增加硬件地址转换机构，便于实现程序的静态连接，在早期计算机系统中大多采用这种方案。它的主要缺点是：

1）程序的存储空间只能是连续的一片区域，而且在重定位之后就不能再移动，这不利于内存空间的有效使用。

2）各个用户进程很难共享内存中的同一程序的副本。

2. 动态重定位

*动态重定位*是在程序执行期间，每次访问内存之前进行重定位。这种变换是靠硬件地址转换机构实现的。通常，采用一个重定位寄存器，其中放有当前正在执行的程序在

内存空间中的起始地址，而地址空间中的代码在装入过程中不发生变化。动态重定位的过程如图 4-6 所示。

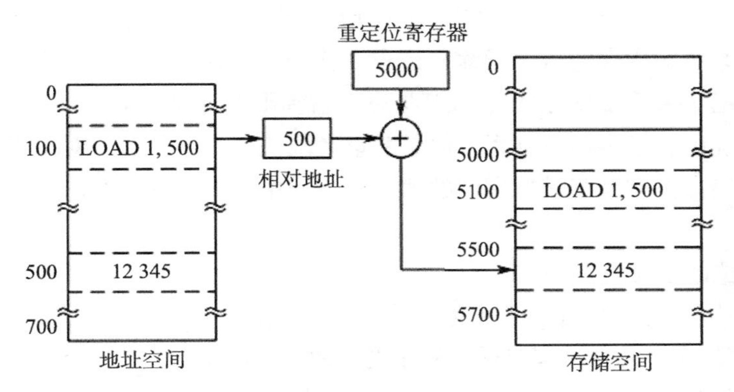

图 4-6 动态重定位示意图

如果用 (BR) 表示重定位寄存器的内容，用 addr 表示操作对象的相对地址，则操作对象的绝对地址就是 (BR) + addr 的值。

动态重定位经常是用硬件实现的。硬件支持包括一对寄存器，其中一个存放用户程序在内存的起始地址，称作基址寄存器；另一个表示用户程序的逻辑地址的最大范围，称作限长寄存器。动态重定位的实现过程如图 4-7 所示。

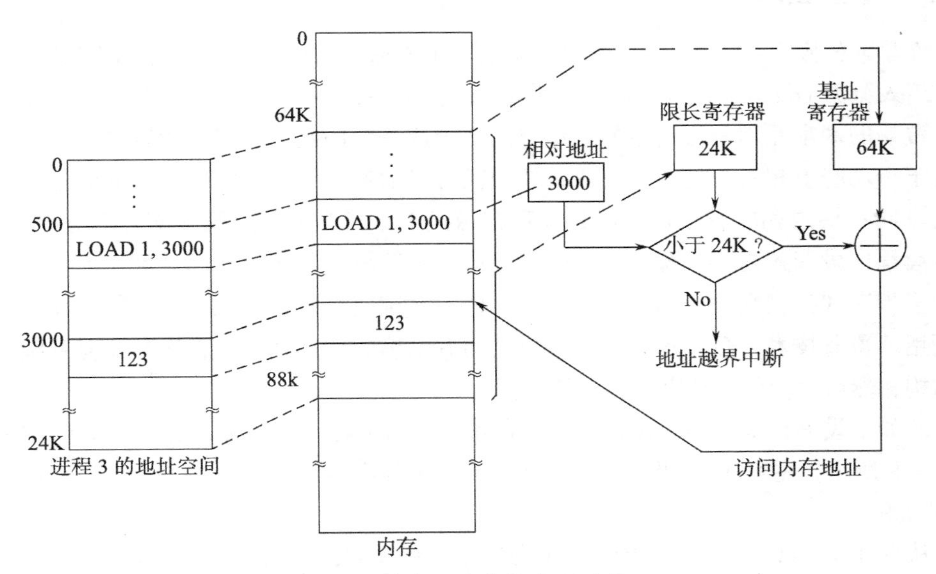

图 4-7 动态重定位的实现过程

由图 4-7 可看出，进程 3 装入内存后，其内存空间中的内容与地址空间中的内容是一样的。也就是说，将该用户程序和数据原封不动地装入内存中。当调度该进程在 CPU 上执行时，操作系统就自动将该进程在内存的起始地址（64K）装入基址寄存器，将进程的大小（24K）装入限长寄存器。当执行 `LOAD 1, 3000` 这条指令时（即把相对地址为 3000 的单元中的数据 123 装入 1 号寄存器)，操作对象的相对地址（3000）首先与限长寄存器的值（24K）进行比较。如果前者小于后者，则表示地址合法，在限定范围之内，接着将相对地址与基址寄存器中的地址相加，所得结果就是真正访问的内存的地址；如果前者不小于后者，则表示地址越界，发出相应中断并进行处理。

如果以后系统对内存进行了紧缩，进程3移到新位置，起始地址变为28K。再执行进程3时，就把28K和24K分别放入基址寄存器和限长寄存器中。

通常，系统中有很多用户进程，但是基址/限长寄存器只有一对。它们是专用的特权寄存器，只能由操作系统设置它们的值。每当选中一个进程运行时，就要为它设置这对寄存器的值。

动态重定位的主要优点是：

1）程序占用的内存空间动态可变，不必连续存放在一处。

2）比较容易实现几个进程对同一程序副本的共享使用。

3）提供了实现虚拟存储器的基础（详见4.6节）。

它的主要缺点是需要附加硬件支持，增加了机器成本，而且实现存储管理的软件算法比较复杂。

与静态重定位相比，动态重定位的优点是很突出的，所以现在的计算机系统中都采用动态重定位方法。

4.1.3 覆盖技术

在早期的操作系统中，由于可用的内存空间有限，大作业不能一次全部装入而无法运行。引入覆盖（overlap或overlay）技术是希望能够在较小的内存空间运行较大的程序。

覆盖的基本原理是将内存的可用空间划分成一个固定区和多个覆盖区；把程序划分为若干个功能上相对独立的程序段，按照其自身的逻辑结构使那些不会同时运行的程序段共享同一块内存区域。程序段先保存在磁盘上，当有关程序段的前一部分执行结束，把后续程序段调入内存，覆盖前面的程序段。一般将主程序放在固定区，无直接调用关系的子程序和数据则放在同一个覆盖区，操作系统提供覆盖系统调用函数，在转子程序前调用。覆盖技术一般要求程序各模块之间有明确的调用结构，程序员要向系统指明覆盖结构，然后由操作系统完成自动覆盖。

例如，设某作业由A、B、C、D、E和F共6个程序段组成，它们之间的调用关系如图4-8所示，主程序A调用子程序B和C，子程序B调用子程序F，子程序C调用子程序D和E。

从图4-8a可以看出，子程序B不会调用子程序C，因此B和C无需同时驻留内存，可以共享同一内存区域；同理，子程序D、E、F也可以共享同一内存区域，其覆盖结构如图4-8b所示。

在图4-8b中，除了操作系统占据内存一部分空间（低地址部分）外，内存可用空间划分成一个固定区和两个覆盖区，其大小由所存放的程序决定。主程序A与所有的被调用程序有关，需常驻内存，放在固定区，不能被覆盖。在两个覆盖区中，一个覆盖区由子程序B和C共享，另一个覆盖区由子程序F、D、E共享。可以看出，采用了覆盖技术后，原来该作业需要的内存空间是 38KB，现在只需 20KB 的内存空间即可开始执行。

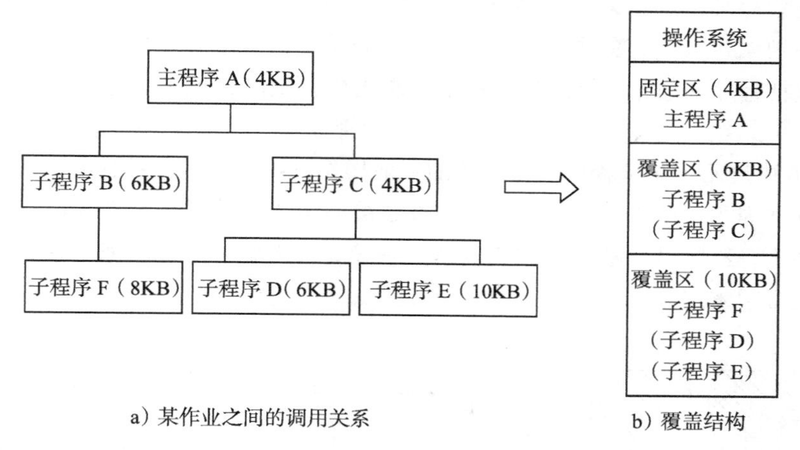

a）某作业之间的调用关系　　b）覆盖结构

图 4-8　覆盖技术示意图 .

覆盖技术的缺点是编程时必须划分程序模块和确定程序模块之间的覆盖关系，增加了用户负担；从外存装入覆盖文件，通过延长作业的周转时间来达到节省内存空间的目的。

覆盖技术与对换技术（见下节）都可以解决在小的内存空间运行大作业的问题，是从逻辑上“扩充”内存容量和提高内存利用率的有效措施。覆盖技术主要用在早期的操作系统中，对换技术则用在现代操作系统中。

4.1.4　对换技术

对换技术也称作交换技术，它是早期分时系统中（如 CTSS 和 Q-32 系统）采用的基本内存管理方式。它的实现方式就类似于日常生活中几个单位租用一个会议厅那样：甲单位租用时间到了，就退出会议厅，由乙单位使用；乙单位到时后也退出去，由丙单位使用；等等。如甲单位还需使用，就再租用，由管理者安排占用时间。

早期的对换技术用于单用户系统。其思想是：除操作系统占用的内存空间之外，所剩余的全部内存只供一个用户进程使用，其他进程都放在外存上。每次只调入一个进程进入内存运行。当这个进程用完分给它的时间片后，这个进程就放到外存上。系统再把另一个进程调入内存，让它运行一个时间片的时间，如此轮转。如图 4-9 所示。

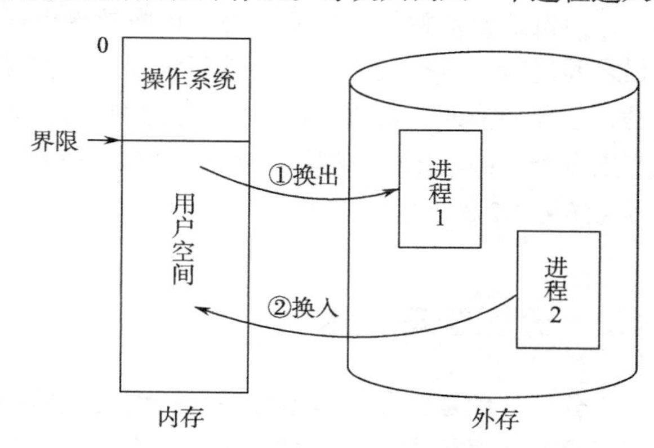

图 4-9　早期对换技术示例

这种对换技术是利用外存来解决内存不足的问题，但效率很低，因为在执行进程的换入 / 换出时，CPU 是空闲的。另外，也不能保证充分利用内存。现在，这种内存中只有一个进程的对换技术已经很少采用。

在多道程序环境中也采用对换技术。此时，内存中保留多个进程。当内存空闲空间不足以容纳要求进入内存的进程或低于某个预定限度时，系统就把内存中暂时不能运行的进程（包括程序和数据）换出到外存上，腾出内存空间，把具备运行条件的进程从外存换到内存中。在UNIX/Linux系统中对内存的管理就利用了这种多道程序的对换技术。

图4-10中展示了多道程序对换系统的一般操作过程。最初，只有进程A在内存（除操作系统必须常驻内存外），接着进程B和C被创建或者从磁盘上换入内存，然后是A换出，D换入，B换出，最后A再次换入。注意，A的新位置与原来位置不同，其中所涉及的地址必须重定位。

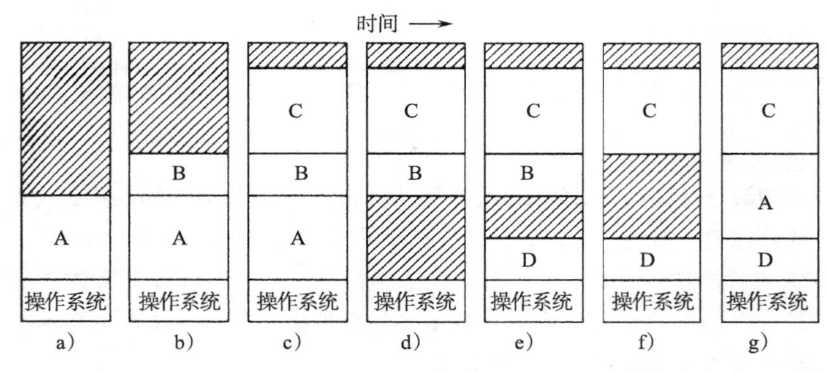

图4-10 多道程序对换技术示例

如果创建进程时其大小固定且以后不再改变，那么只需根据所需要的大小进行分配即可。如果进程的数据段可以动态增长，那么，就涉及该进程相邻的内存区是否空闲的问题。如果空闲，就把该空闲区分配给这个进程，满足其增长的需要；若相邻区不空闲，正被别的进程占用，那么该进程只好移到另一个有足够大空间的空闲区中，或者把一个或多个进程换出，以满足该进程的扩充需求。如果系统中大部分进程在运行时都要增长，就可以在换入或移动进程时为它分配一些额外的内存空间。当换出它时，只把进程实际使用的内存空间中的内容换到磁盘上。

与覆盖技术相比，对换不要求程序员给出程序段之间的覆盖结构，主要在作业或进程之间进行。对换技术支持多道程序设计，实现在有限的内存空间内运行多个进程。但是，进程的换入、换出是要花费时间开销的；另外，经过多次进程对换后，在内存中会产生多个小的空闲区（称作碎片或空洞），须采取相应措施予以改进，如采用内存紧缩技术（详见4.2.3节）。

4.2 分区管理技术

分区分配是为支持多道程序运行而设计的一种最简单的存储管理方式。在这种方式下，除操作系统占用内存的某个固定分区（通常是低址部分）外，把其余内存供用户进程使用，并且划分成若干分区，每个分区容纳一个进程。按照分区的划分方式，可分为固定分区法和动态分区法两种常见的分配方法。

4.2.1 固定分区法

固定分区就是内存中分区的个数固定不变，各个分区的大小也固定不变，每个分区只可装入一个进程。划分分区大小有两种方式：一种是等分方式，即各分区都有同样大小；另一种是差分方式，即不同分区有不同大小。等分方式有明显的缺点，如浪费大，可能无法装入大程序等。所以，实际运行的系统大多采用差分方式，即有些分区容量较小，适于存放小程序；有些分区容量较大，适于存放大程序。下面针对差分方式做进一步讨论。图4-11给出固定分区管理的示意图。

为了便于内存分配，系统建立一张分区说明表，如图4-11a所示。每个分区对应表中的一项。各表项包含每个分区的起始地址、分区大小以及状态（是否正被使用）。图4-11b示出该分区说明表所对应的内存分配情况。

当某个用户进程要装入内存时，向系统提出分配内存的申请，同时给出需要的内存空间是多大。系统按照用户的申请表检索分区说明表，从中找出一个能满足要求的并且是空闲（即未使用）的分区，将它分给该进程，然后修改分区说明表中该表项的状态栏，即把状态置为“正使用”。如果找不到大小足够的分区，则拒绝为该用户进程分配内存。

当一个用户进程执行完，不再使用分给它的分区时，就释放相应的内存空间。系统根据分区开始地址或分区号在分区说明表中找到相应的表项，把它的状态改为“未使用”。

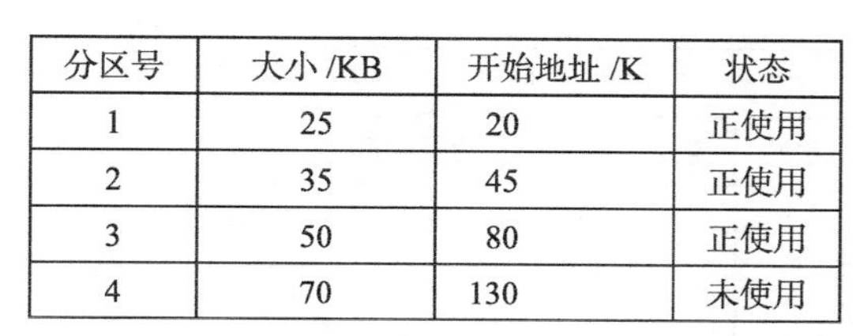

分区号	大小 /KB	开始地址 /K	状态
1	25	20	正使用
2	35	45	正使用
3	50	80	正使用
4	70	130	未使用

a）分区说明表

b）内存分配情况

图4-11 固定分区

固定分区法管理方式简单，操作系统的开销少。它的缺点是：①内存空间利用率不高，有时浪费情况会相当严重。如在图4-11b所示的情况下，进程4提出内存申请，即需要10KB空间。系统可以满足其要求，将分区4分给它。这样一来，分区4就有60KB的空间白白浪费了。因为进程4占用这个分区后，不管剩余多大空间，都不能再分给别的进程使用。②内存中活动的进程数目受到限制，至多是分区的个数。

4.2.2 动态分区法

1. 分区的分配

由于用户进程的大小不可能预先规定，而且进程到来的分布情况也无法预先确定，所以固定分区法中分区的大小不会总与进程大小相符。为了解决内存浪费问题，可把分区的大小和个数设计成可变的。也就是说，各个分区是在相应进程要进入内存时才建立的，使其大小恰好适应进程的大小。这种技术称为**动态分区法**。IBM 的 OS/360 MVT（具有可变任务数的多道程序设计）操作系统就是采用这种技术。操作系统掌握一个表格，登记每个空闲区和已分配区，指出其大小、位置和对各个区的存取限制等。最初，除操作系统占用的分区外，全部内存对用户进程都是可用的，可视为一大块。当进程需要装入内存时，系统就查表找一个空闲区，它应足以放下这个进程。如果大小恰好一样，则把该区分给这个进程使用并在登记表中进行相应记录；如果这个空闲区比进程需要的还大，就将该区分成两部分：一部分给进程使用，另一部分是剩下的空闲区。当进程完成后，应释放所占分区。系统要设法将它与邻接的空闲区合并起来，使它们成为一个连续的更大的空闲区，图 4-12 表示 MVT 的内存分配和进程调度示例。其实施过程如下。

1）开始时整个内存中只装入操作系统，它占用 40 KB 空间。

2）之后有 5 个进程到来，要求装入内存。依次给进程 1、进程 2 和进程 3 分别分配 60 KB、100 KB 和 30 KB 的内存空间。

3）此时，内存空闲空间的大小为 26 KB，无法满足进程 4（70 KB）或进程 5（50 KB）的要求，它们要等待。

4）当进程 2 执行完以后，释放所占用的 100 KB 空间。于是，进程 4 可以装入内存，用去 70 KB，还剩余 30 KB。进程 5 仍不能装入。

5）等到进程 1 完成后，释放所占用的 60 KB 空间，它能满足进程 5 的需求。此时，装入进程 5，结果又余下 10 KB 的空闲区。

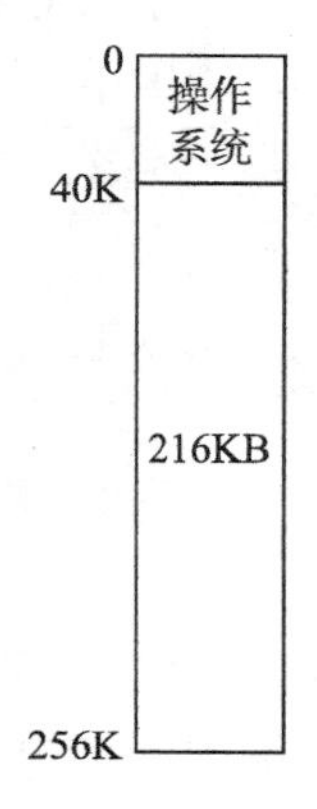

进程队列		
进程	需要内存大小	运行时间
1	60KB	10
2	100KB	5
3	30KB	20
4	70KB	8
5	50KB	15

a）内存初始情况和进程队列

图 4-12　MVT 的内存分配和进程调度情况

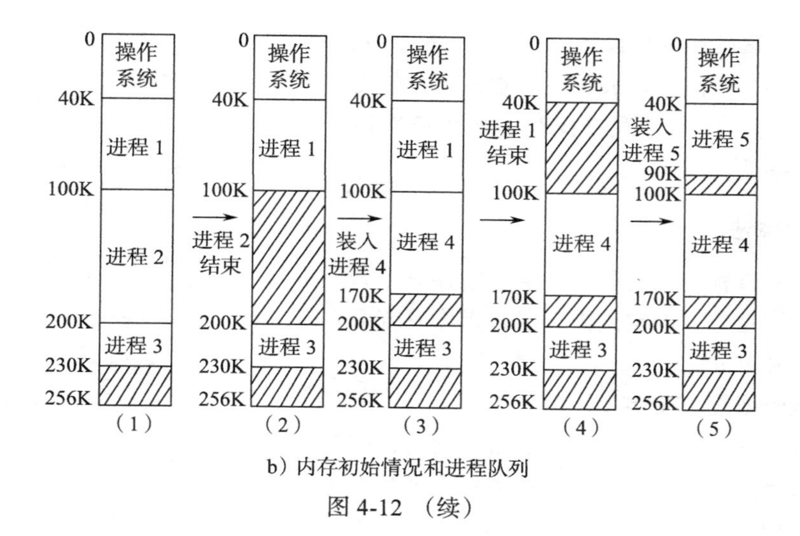

b）内存初始情况和进程队列

图 4-12 （续）

2. 数据结构

为了实现分区分配，系统要设置相应的数据结构来记录内存的使用情况。常用的数据结构形式有以下两种。

（1）空闲分区表

空闲分区表的格式示意如图 4-13 所示。内存中每个空闲的分区占用该表的一项，每个表项的内容包括：分区号、分区大小、分区起始地址及该分区的状态等。当分配内存空间时就查表，如果找到满足要求的空闲分区，则实施分配。

这种结构管理过程比较简单，但存在的问题是：由于空闲分区的个数具有不确定性，所以该表的大小也难以确定，此外，该表还要占用一部分内存空间。

分区号	分区大小 /KB	分区起始地址 /K	状态
1	50	75	空闲
2	26	170	空闲
3	40	275	空闲
4	60	418	空闲
5	…	…	…

图 4-13 空闲分区表

（2）空闲分区链

空闲分区链是使用链指针把所有的空闲分区链接成一条链，如图 4-14 所示。为此，在每个分区的开头要设置几个单元，用来存放状态位、表示本分区的大小和指向下一个分区起始地址的指针。状态位标示该分区是否已分配出去。当该分区分配出去后，就把状态位由“0”(空闲) 改为“1”(已用)，同时从空闲分区链表中删除。分区的主要部分是可以存放进程的空闲内存空间。

为了查找方便，有的系统还采用双向链结构：设置前向指针，用来链接前面一个分区；在每个分区的尾部要设置一个后向指针，用来链接后面一个分区。

这种结构与空闲分区表相比，省去了另外占用的内存空间，但是每次查找都要从头依次搜索，因而效率低。

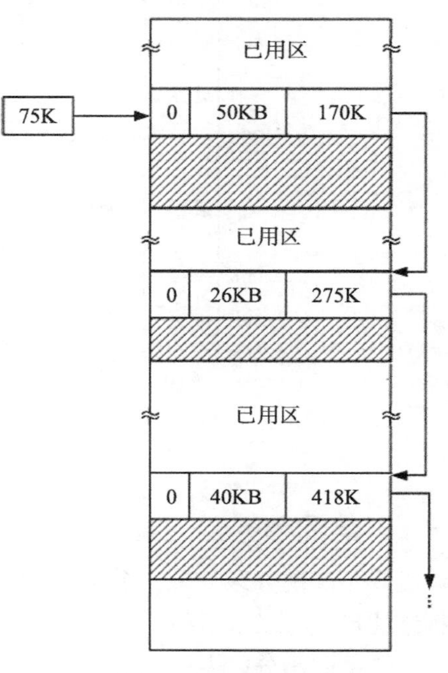

图 4-14　空闲分区链

3. 分配算法

当把一个进程装入内存或者换入内存时，若有多个容量满足要求的空闲内存区，操作系统必须决定分配哪个分区。

（1）最先适应（First-fit）算法

在这种算法中，空闲表是**按位置排列**的，即空闲区起始地址小的分区在空闲表中的序号也小。当要分配内存空间时，就从头开始，顺序查表，在各空闲分区中查找满足大小要求的可用分区。只要找到第一个足以满足要求的空闲区就停止查找，并把它分配出去；如果该空闲区与所需空间大小一样，则从空闲表中取消该项；如果该空闲区大于所申请的空间，则从该区中划出申请的大小（从低址一端划出），余下的部分仍留在空闲表中，但应修改分区大小和分区始址。如果查到表尾，则发出警告，表示无法分配。

当一个用户作业或进程执行完后，系统要收回其占用的内存区，称作释放内存。被释放的内存区成为空闲区，要插到空闲表中的相应位置。如果该分区恰好与其他空闲分区相邻接，则依据上下邻接情况把它们合二为一（或合三为一），分区大小是它们的和，分区起始地址以合并后的最小地址为准；如果该分区不与表中任何空闲分区邻接，则在空闲表中新加一项，按其起始地址的大小确定在表中的位置。

这种算法的优点是便于释放内存时进行合并，且为大进程预留高址部分的大空闲区；从搜索速度看，与下面的算法相比，它的性能最佳。缺点是内存高地址部分和低地址部分的利用不均衡，且会出现许多很小的空闲区，影响内存利用率。

（2）最佳适应（Best-fit）算法

这种算法的空闲表是以**空闲区的大小**为序、按增量形式排列的，即小区在前，大区在后。当用户作业或进程申请内存时，就从表头开始，找到第一个满足要求的空闲区就停止查找，并把它分配出去。如果该空闲空间与所需空间大小一样，则从空闲表中取消该项；如果划出后还有剩余，则余下的部分仍留在空闲表中，但应修改分区大小和分区始址，而且要重新确定新空闲区在表中的位置。如果查到表尾，则发出警告，表示无法分配。

最佳适应算法释放内存区的情况与最先适应算法相似。

这种算法在满足需要的前提下，尽量分配空间最小的空闲区。所以，它找到的空闲区是最佳的，或者恰好满足用户需求，或者产生剩余，但多余的空间也是最小的。但是，它不便于释放内存时与邻接区的合并，也同样会出现许多难以利用的小空闲区。

（3）循环适应（Next-fit）算法

这种算法也称作下次适配算法，是最先适应算法的变种。当每次找到合适的空闲区时，就同时记下当时的位置；下次查找空闲区时，不从空闲表的开头查找，而从所记位置的下一个空闲分区开始查找，从中选择满足大小要求的第一个空闲分区。在实现时设置一个指针，用于指示下一次搜索的起始位置。

该算法能使内存中的空闲区分布得更均匀，减少查找空闲空间的开销。但是，它无法为大作业或进程预留大的空闲空间。

（4）最坏适应（Worst-fit）算法

这种算法是最佳适应算法的“逆”，即空闲表仍以空闲区的大小为序，但大区在前、小区在后。这样，总是先分配最大的空闲区，使得划分后剩余的分区仍然比较大，可以进一步得到利用。而且，多数情况下第一个空闲分区就应满足要求；否则，此次申请将失败。

这种算法的基本思想是尽量不留下碎片。但是，仿真结果表明，这种算法并不是一个好方法。它和最佳适应算法相似，内存利用率不一定最佳，而且对空闲表的管理比较麻烦，特别在回收内存空间时操作过程很繁杂。

图 4-15 是采用上述四种算法（即最先适应算法、最佳适应算法、循环适应算法和最坏适应算法）分配 16KB 空闲分区之前和之后的内存配置情况（注意图中有斜线部分表示已分块，空白部分表示空闲块）。可以看出，四种算法的分配结果是不同的。最先适应算法是从 22KB 的空闲分区中分出 16KB 空间，余下 6KB；最佳适应算法是从 18KB 空闲分区中分出 16 KB，余下 2KB；而循环适应算法和最坏适应算法都是从 36KB 空闲分区中分出 16KB，余下 20KB。

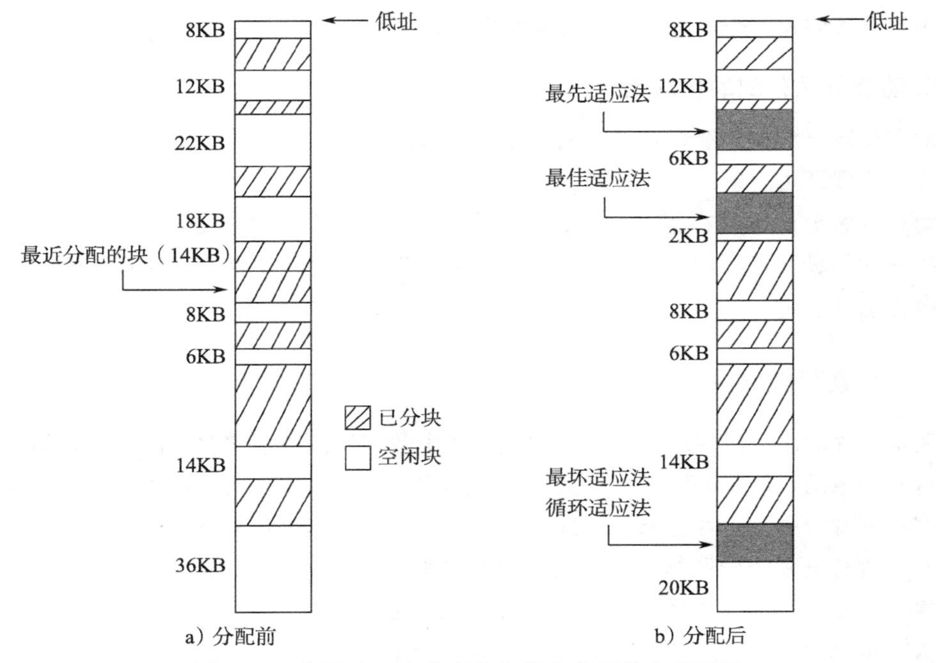

图 4-15　分配 16 KB 内存块之前和之后的内存配置

4. 硬件支持

采用分区技术需要有硬件保护机制。通常用一对寄存器分别表示用户进程在内存空间的上界地址值和下界地址值。当用户进程运行时，所产生的每个访问内存的地址都要作合法性检查。也就是说，生成的地址必须是大于或等于下界地址值，同时小于上界地址值，否则就是地址越界，从而导致中断（有的系统中将存放上界地址值的寄存器改为限长寄存器，其中存放用户程序的最大长度，如图4-7所示）。

这对寄存器是所有用户进程共用的。当前哪个进程在运行，这对寄存器就装入该进程在内存的上、下界地址值。当执行进程调度时，就更换寄存器的值。

5. 碎片

在固定分区法和动态分区法中，必须把一个系统程序或用户程序装入一个连续的内存空间中。虽然动态分区法比固定分区法的内存利用率要高，但由于各进程申请和释放内存的结果，在内存中经常可能出现大量的分散的小空闲区。如图4-12所示。当进程5装入内存后，出现3个空闲分区，它们的大小分别为10KB、30KB和26KB。三者的总和是66KB。如果此时进程6到达，它需要分配35KB的内存空间，但由于这三个空闲分区中的任何一个均小于35KB，因而进程6无法进入内存运行。内存中这种容量太小、无法被利用的小分区称作**碎片**或“零头”。就像一块大布料，裁来剪去，最后剩下很多不成材的布头。

依据碎片出现的位置，分为内部碎片和外部碎片两种。在一个分区内部出现的碎片（即被浪费的空间）称作*内部碎片*，如固定分区法会产生内部碎片。在所有分区之外新增的碎片称作*外部碎片*，如在动态分区法实施过程中出现的越来越多的小空闲块，由于它们太小，无法装入一个小进程，因而被浪费掉。

6. 动态分区分配的优缺点

动态分区分配的主要优点是：有利于多道程序设计，所需硬件支持很少，不产生内部碎片，管理算法简单，易于实现。

动态分区分配也存在很多缺点，主要有：会产生外部碎片问题，影响内存利用率；为解决碎片问题而采用的紧缩办法会占用大量处理机时间；不利于大作业运行，作业大小受内存总量限制。

4.2.3　可重定位分区的紧缩

大量碎片的出现不仅降低了内存中进程的个数，还造成了内存空间的大量浪费。怎样使这些分散的、较小的空闲区得到合理使用呢？最简单的办法是定时或在分配内存时把所有的碎片合并为一个连续区（如图4-16所示）。实现的方法是移动某些已分配区的内容，使所有进程的分区紧挨在一起，而把空闲区留在另一端。这种技术称为*紧缩*（或叫*拼凑*）。采用紧缩技术的分区方法称为*可重定位分区法*。

从图4-16中可看到，最初内存中分散有3个空闲分区，其容量分别为36KB、24KB

和 74KB。现在进程 5 申请进入内存，它的大小为 80KB，那 3 个空闲区都无法单独装入它。此时执行紧缩，将 3 个空闲区合并成一个容量为 134KB 的大空闲区，然后为进程 5 分配内存空间。

由于紧缩过程中进程在内存中要“搬家”，因而所有对地址敏感的项都必须进行适当修改，如基址寄存器、访问内存的指令、参数表和使用地址指针的数据结构等。大家会想到，采用动态重定位技术可较好地解决这个问题。

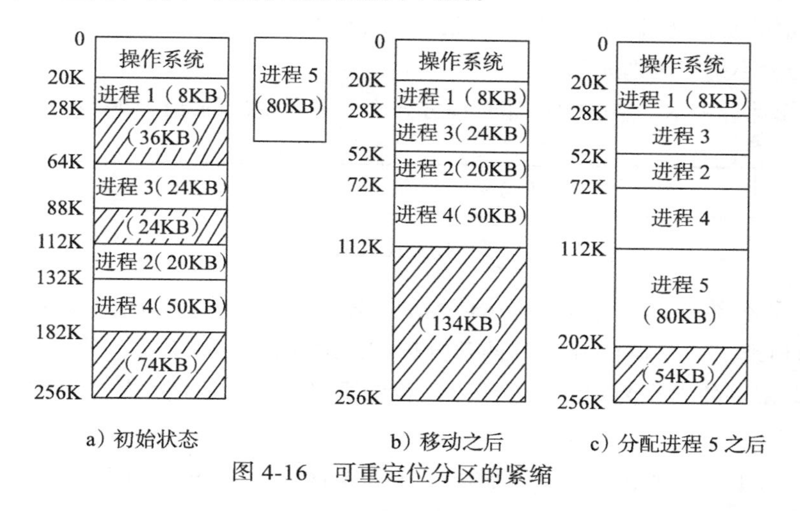

图 4-16 可重定位分区的紧缩

利用紧缩法来消除碎片，需要对分区中的大量信息进行传送，这要花费大量的 CPU 时间。为了减少进程移动的数量，可以对紧缩的方向加以改进。进程装入内存时，不是从上至下依次放置，而是采用“占两头，空中间”的办法。当紧缩时，各个进程按地址大小分别向两端靠拢，从而使空闲区保留在内存的中间部位。

可重定位分区分配技术的优点是可以消除碎片，能够分配更多的分区，有助于多道程序设计，提高内存的利用率。它的缺点是：紧缩花费了大量 CPU 时间；当进程大于整个空闲区时，仍要浪费一定的内存；进程的存储区内可能放有从未使用的信息；进程之间无法对信息共享。

4.3 分页技术

无论是分区技术还是对换技术，都要求把一个进程放置在一片连续的内存区域中，从而造成内存中出现碎片问题。解决这个问题通常有两种办法：一种是上一节讲的紧缩法，另一种是分页管理。分页管理允许程序的存储空间不一定连续，这样，可把一个进程分散地放在各个空闲的内存块中，它既不需要移动内存中原有的信息，又解决了外部碎片问题，从而提高了内存的利用率。

4.3.1 分页的基本概念

分页存储管理的基本方法如下：

1）逻辑空间分页。将一个进程的逻辑地址空间划分成若干大小相等的部分，每个部分称作页面或页。每页都有一个编号，称为页号，页号从0开始依次编排，如0，1，2，…。

2）内存空间分块。把内存划分成与页面相同大小的若干存储块，称为内存块或页框。同样，它们也进行编号，块号从0开始依次顺序排列：0#块，1#块，2#块，…。页面（或块）的大小是由**硬件**（系统）确定的，它一般选择为2的若干次幂。例如，IBM AS/400规定的页面大小为512B，而Intel 80386的页面大小为4KB（即4096B）。不同机器中页面大小是有区别的。

3）逻辑地址表示。在分页存储管理方式中，表示地址的结构如图4-17所示。

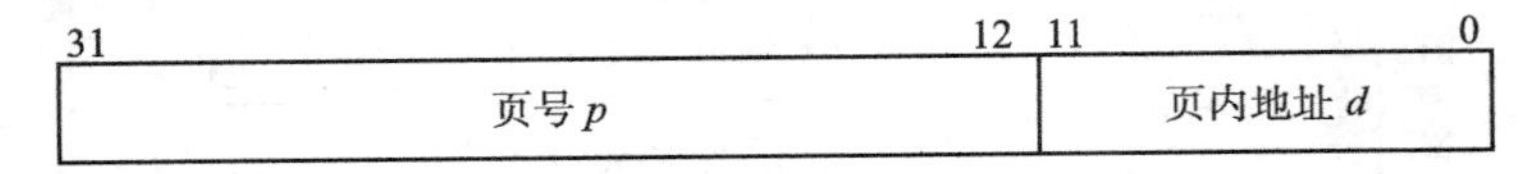

图4-17　分页技术的地址结构

它由两部分组成：前一部分表示该地址所在页面的页号 p；后一部分表示页内位移 d，即页内地址。如图4-17所示的两部分构成的地址长度为32位。其中0～11位为页内地址，即每页的大小为4KB；12～31位为页号，表示地址空间中最多可容纳 2^{20} 个页面。

应注意，地址字的长度随机器而异，有的是16位，有的是64位。一般来说，如果地址字长为 m 位，而页面大小为 2^n 字节，那么页号占 $m-n$ 位（高位），而低 n 位表示页内地址。

具体机器的地址结构是固定的。如果给定的逻辑地址是 A，页面的大小为 L，则页号 p 和页内地址 d 可按下式求得：

$$p = \text{INT}[A/L],\ d = [A]\ \text{MOD}\ L$$

其中，INT是向下整除的函数，MOD是取余函数。

例如，设某系统的页面大小为1KB, A=3456，则 p=INT (3456/1024) =3，d= (3456) MOD (1024) = 384。用一个数对 (p, d) 来表示就是 (3,384)。

4）内存分配原则。在分页情况下，系统以块为单位把内存分给各个进程，进程的每个页面对应一个内存块，并且一个进程的若干页可以分别装入物理上不连续的内存块中，如图4-18所示。当把一个进程装入内存时，首先检查它有多少页。如果它有 n 页，则至少应有 n 个空闲块才能装入该进程。如果满足要求，则分配 n 个空闲块，把它装入，且在该进程的页表中记下各页面对应的内存块号。

可以看出，进程1的页面是连续的，而装入内存后，被放在不相邻的块中，如0页放在3#块、1页放在5#块，等等。

5）设立页表。在分页系统中，允许将进程的各页面离散地装入内存的任何空闲块中，这样就出现进程的页号连续而块号不连续的情况。怎样找到每个页面在内存中对应的物理块呢？为此，系统为每个进程设立一张页面映射表，简称页表，见图4-18。

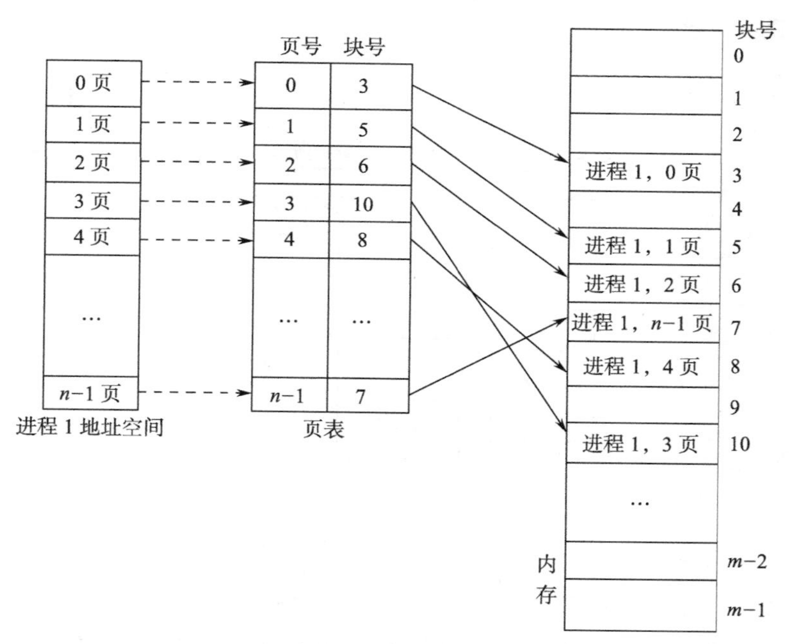

图 4-18 分页存储管理系统

在进程地址空间内的所有页（0 ～ $n-1$）依次在页表中有一个页表项，其中记载了相应页面在内存中对应的物理块号。进程执行时，按照逻辑地址中的页号查找页表中的对应项，找到该页在内存中的物理块号。页表的作用是实现从页号到物理块号的地址映射。从图 4-18 中的页表可知，页号 3 对应内存的 $10^{\#}$ 块。

6）建立内存块表。操作系统管理着整个内存，它必须知道哪些块已经分出去了、哪些块还是空闲的、总共有多少块等物理存储情况。这些信息保存在称为内存块表的数据结构中，整个系统有一个内存块表。每个内存块在内存块表中占一项，表明该块当前空闲还是已分出去了；如果已分出去，是分给哪个进程的哪个页面了。

4.3.2 分页系统中的地址映射

1. 基本地址转换机构

通常，页表都放在内存中。当进程需要访问某个逻辑地址中的数据时，分页地址映像硬件自动按页面大小将 CPU 得到的有效地址（相对地址）分成两部分：页号和页内地址 (p, d)，见图 4-17。在这个示例中，高 20 位表示页号，低 12 位表示页内地址。以页号 p 为索引检索页表，这种查找操作由硬件自动进行。从页表中得到该页的物理块号，把它装入物理地址寄存器中。同时，将页内地址 d 直接送入物理地址寄存器的块内地址字段中。这样，物理地址寄存器中的内容就是由二者拼接成的实际访问内存的地址，从而完成从逻辑地址到物理地址的转换。图 4-19 是分页系统的地址转换机构。

可以看出，分页本身就是动态重定位形式。由分页硬件机构把每个逻辑地址与某个物理地址关联在一起。

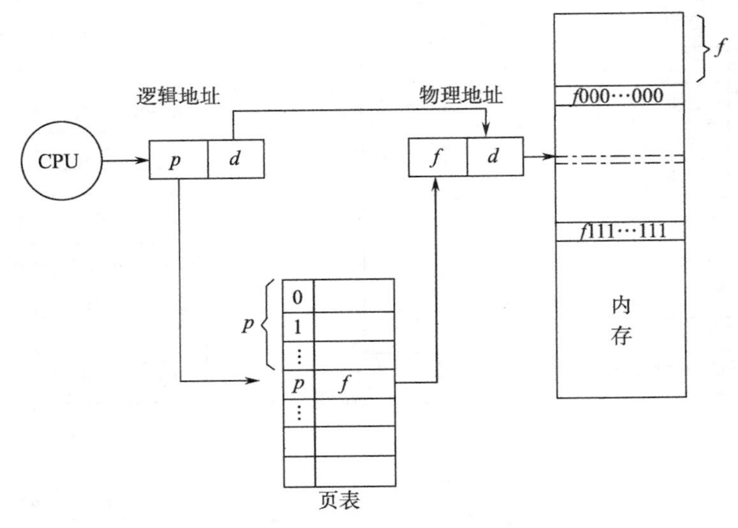

图 4-19 分页系统的地址转换机构

采用分页技术不存在外部碎片，因为任何空闲的内存块都可分给需要它的进程。当然，它会存在内部碎片，因为分配内存时是以内存块为单位进行的。如果一个进程的大小没有恰好填满所分到的内存块，最后一个内存块中就有空余的地方，这就是内部碎片。最坏情况下，一个进程有 n 个整页面加 1 字节，为它也得分 n+1 个内存块。此时，最后一块几乎都是内部碎片。如果进程大小与页面大小无关，那么每个进程平均有半个页面的内部碎片。从这点上看，似乎页面越小越好。但是，选择页面大小要综合考虑多种因素，如页面长度、磁盘 I/O 次数，等等。

2. 具有快表的地址转换机构

在内存中放置页表也带来存取速度下降的问题。因为存取一个数据（或一条指令）至少要访问两次内存：一次是访问页表，确定存取对象的物理地址；另一次是根据这个物理地址存取数据（或指令）。显然，这时的存取速度为通常寻址方式速度的 1/2，这种延迟在大多数情况下是不能容忍的。

解决这个问题的常用方法是使用专用的、小容量的高速联想存储器，也称作快表（Translation Lookaside Buffer, TLB）。快表每项包括键号和值两部分，键号是当前进程正在使用的某个页号，值是该页面所对应的物理块号。当把一个页号交给快表时，它同时和所有的键号进行比较。如果找到该页号，该项中的值就是对应的物理块号，并被立即输出，以便形成访问内存地址。这种查找是非常快的，但硬件成本也很贵。另外，人们曾对程序的行为进行研究，结果表明：一个程序在一段时间内总是相对集中在一个有限地址空间的某个区域中执行。这就是**程序局部化**的概念。根据这种理论，快表中只须包括少量的页表项，一般为 64 ～ 1024 项。图 4-20 是具有快表的地址转换机构，图中 PTBR 表示页表基址寄存器，其中存放相应页表的基址。

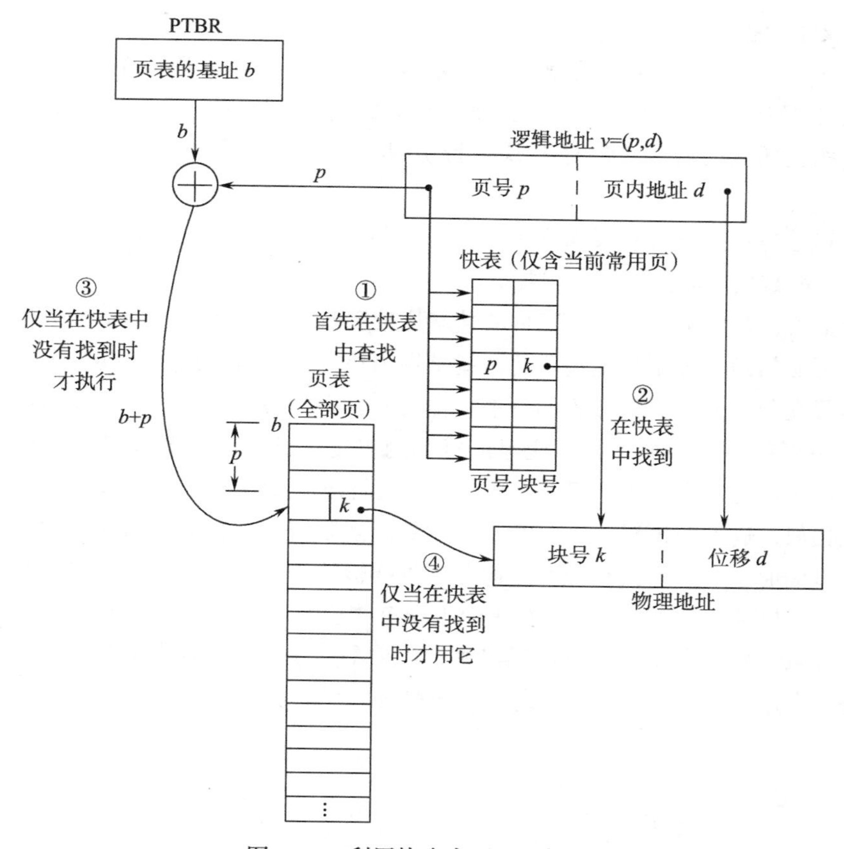

图 4-20　利用快表实现地址转换

如果没有在快表中找到该页号，就必须访问页表，从中得到相应的块号，用它形成访问内存地址。同时，把该页号和相应块号填写到快表中，以利于后面使用。如果快表中没有空闲单元，则操作系统必须从快表中选择一项进行置换。置换时淘汰该项原有的内容，装入新的页号和块号。

在快表中成功找到指定页号的次数占总搜索次数的百分比称作命中率。80% 的命中率就意味着所要用的页号有 80% 是在快表中。随着快表项数的增加，命中率也会提高，从而访问内存的性能也越好。

4.3.3　页的共享和保护

1. 页面共享

在多道程序系统中，数据共享很重要。尤其在一个大型分时系统中，往往有若干用户同时运行相同的程序（如编辑程序、编译程序）。很显然，更有效的办法是共享页面，避免同时在内存中有同一页面的两个副本。共享的方法是使这些相关进程的逻辑空间中的页指向相同的内存块（该块中放有共享程序或数据）。图 4-21 示出了三个进程共享 5#

内存块中文本数据的情况。

由图4-21可见，进程A的第3页、进程B的第1页和进程C的第2页都映射到内存空间的5#块，也就是说，这些页面都对应到同一内存块。当各进程运行过程中访问到上述相关的页面时，就都对5#块进行访问，从而5#块中的文本就被上述三个进程共享。

一个问题是：并非所有页面都可共享。实际上，那些只读的页面（如程序文件）可以被共享，而数据页面往往并不能共享。

应当指出，在分页系统中实现页的共享比较困难。因为分页系统中把进程的地址空间划分成页面的做法对用户是透明的，就是说用户并不知道该进程一共分了多少页，每一页的界限在什么地方。就像我们写书一样，一本书的各章、节、段是前后连贯的。排版时满了一版就换下一页，并不能保证每页的末尾都恰好是一节或者一个自然段的末尾。往往很多页的开头或结尾都不是某个自然段的开头或结尾。

与此相似，进程的逻辑地址空间是连续的。当系统将进程的逻辑地址空间划分成大小相同的页面时，被共享的程序文本部分不见得恰恰分在一个或几个完整的页面中。这样一来，就会出现这种情况：在一个页面中既有共享的程序，又有不能共享的私有数据。如果共享该页，则不利于对私有数据保密；如果不共享该页，则那部分可共享的程序就会在各进程占用的内存块中多次出现，从而造成内存浪费。

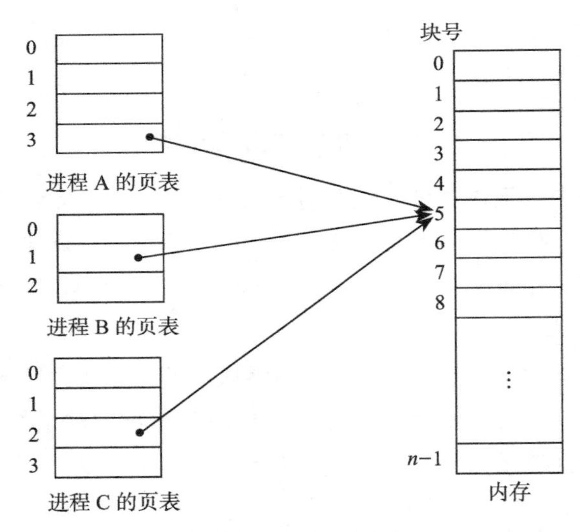

图4-21　页面的共享

2. 页面保护

为了防止不同进程间的非法访问以及本进程对自己地址空间中数据的错误操作，必须提供相应的保护措施。分页系统中提供的存储保护方式有以下三种形式。

（1）利用页表本身进行保护

每个进程有自己的页表，页表的基址信息放在该进程的PCB中。访问内存需要利用页表进行地址变换，这样使得各进程在自己的存储空间内活动。

（2）设置存取控制位

通常在页表的表项中设置存取控制字段，用于指明对应内存块中的内容允许执行何种操作，从而禁止非法访问。一般设定为只读（R）、读写（RW）、读和执行（RX）等权限。如果一个进程试图写一个只允许读的内存块，则会引起操作系统的一次中断——非法访问性中断，操作系统会拒绝该进程的这种尝试，从而保护该块的内容不被破坏。

（3）设置合法标志

一般在页表的每项中还设置合法 / 非法位。当该位设置为“合法”时，表示相应的页在该进程的逻辑地址空间中是合法的页；如果设置为“非法”，则表示该页不在该进程的逻辑地址空间内。利用该标志位可以捕获非法地址。

4.3.4 页表的构造

1. 多级页表

大多数现代计算机系统都支持非常大的逻辑地址空间，如 $2^{32}\sim 2^{64}$。在这种情况下，只用一级页表会使页表变得非常大。例如，对于逻辑地址空间用32位表示的系统，页面大小为4 KB，那么每个进程的页表中就有高达 2^{20} 个表项，设每个表项占4 B，每个进程仅页表就要占用4 MB的内存空间，而且必须是连续的。这显然是不现实的。解决此问题的简单方法是把页表分成若干较小的片段，离散地存放在内存中，并且只将当前需要的部分表项调入内存，其余的页表项根据需要动态地调入内存。

一种方法是利用两级页表，即把页表本身也分页，使每个页面的尺寸与物理内存块的大小相同，并且按序为这些页面编号 $0\sim n$。两级页表方式下逻辑地址结构如图4-22所示。

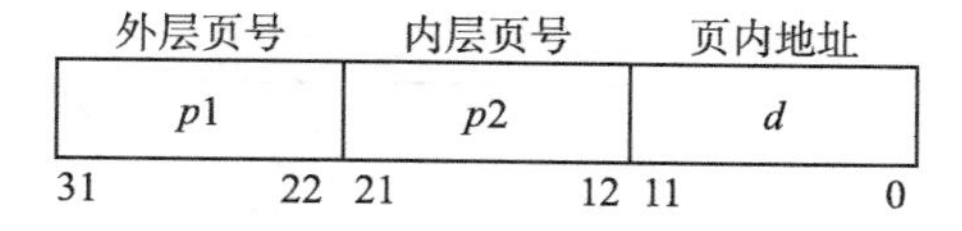

图4-22　两级页表逻辑地址结构示意图

其中，$p1$ 是访问外层页表的索引，外层页表中的每一项是相应内层页表的起始地址；$p2$ 是访问内层页表的索引，其中的表项是相应页面在内存中的物理块号。

图4-23为两级页表结构。利用上述方式可把进程的内层页表离散地存放在内存块中。为了不让大量内层页表占用过多的内存块，可以采取动态调入内层页表的方式，只把当前所需的一些内层页表装入内存，而其余部分根据需要再陆续调入。

当系统的逻辑地址空间非常大时，如64位，可以把外层页表再分页，得到三级页表结构或四级页表结构。但一般不会大于三级。

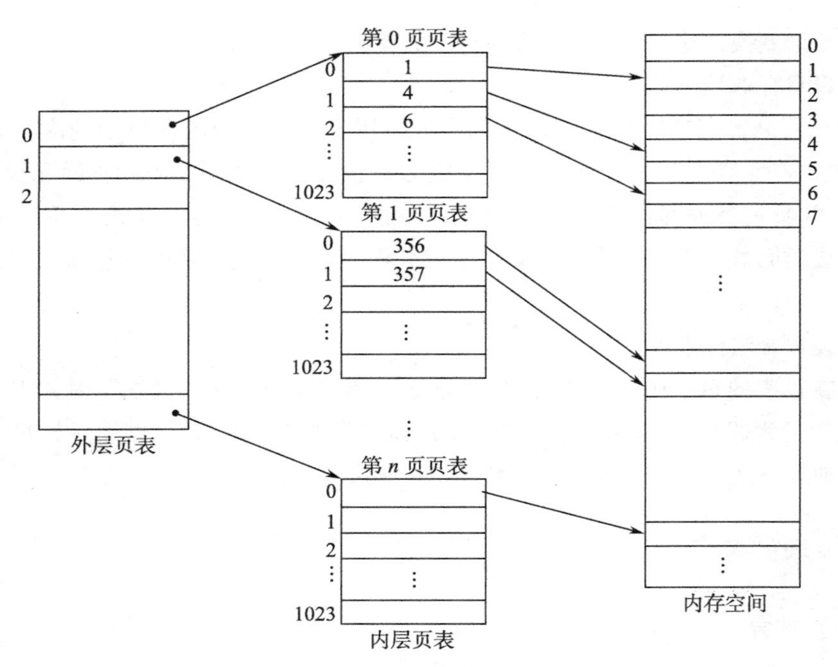

图 4-23　两级页表结构示意图

2. 散列页表

处理大于32位地址空间的通用方式是使用*散列页表*（Hashed Page Table），以页号作为参数形成散列值。散列表中每一项有一个链表，它把具有相同散列值的元素链接起来。每个链表元素由三部分组成：

1）页号。

2）对应的内存块号。

3）指向链表中下一个元素的指针。

散列页表构成及地址转换过程如图4-24所示。

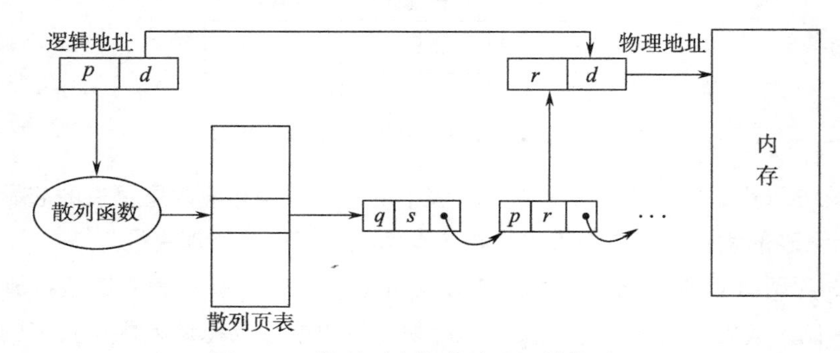

图 4-24　散列页表构成及地址转换过程

地址转换过程是：以逻辑地址中的页号p作为散列函数的参数，得到一个散列值；以它作为检索散列页表的索引；把逻辑页号p与相应链表的第一个元素内表示页号的字段进行比较，如果匹配，则将相应的内存块号与逻辑地址中的页内地址拼接起来，形成访问内存的物理地址，如果二者不匹配，就沿着链表指针向下搜索，直至找到匹配的页号。

3. 倒置页表

64 位虚拟地址空间在处理器上的应用，使物理地址空间显得很小。在这种情况下，如果直接以逻辑页号为索引来构造页表，则页表会大得无法想象。为了避免页表占用过多内存空间，可以采用*倒置页表*（Inverted Page Table）。

倒置页表的构造恰好与普通页表相反，它是按内存块号排序的，每个内存块占有一个表项。每个表项包括存放在该内存块中页面的虚拟页号和拥有该页面的进程标识符。这样，系统中只有一个页表，每个内存块对应唯一的表项。在 Ultra SPARC 和 PowerPC 系统上就采用了这种技术。

图 4-25 示出利用倒置页表进行地址转换的过程：系统中每个虚拟地址由进程标识符 pid、虚拟页号 p 和页内地址 d 三部分组成，每个倒置页表的表项由进程标识符 pid 和虚拟页号 p 组成。当需要访问地址时，就用进程标识符和页号检索倒置页表。如果找到与之匹配的表项，则该表项的序号 i 就是该页在内存中的块号，块号 i 与逻辑地址中的页内地址 d 拼接起来就构成访问内存的物理地址；如果搜索完整个页表都没有找到相匹配的页表项，则表示发生了非法地址访问—— 此页目前尚未调入内存。对于具有请求调页功能的存储管理系统，应产生请求调页中断；若没有此功能，则表示地址有错。

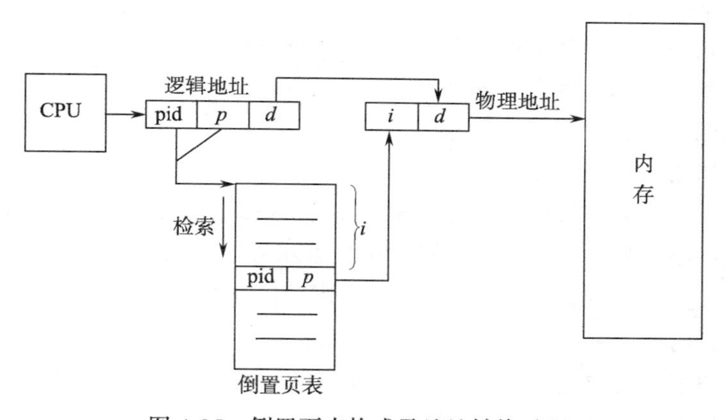

图 4-25 倒置页表构成及地址转换过程

倒置页表可减少页表占用的内存，却增加了检索页表时所耗费的时间，或许要查完整个页表才能找到匹配项。为了解决这个问题，可以采用散列页表，即用一个简单的散列函数将虚拟地址的页号映射到散列表，散列表项中包括指向倒置页表的指针。这样，可把搜索工作限定在一个页表项或多个页表项上。当然，对散列表的访问也增加了访问内存的次数：一次是访问散列页表，另一次是访问倒置页表。为了改善性能，倒置页表可以和快表一起使用。

4.4　分段技术

在前面介绍的各种存储管理技术中，提供给用户的逻辑地址空间是一维的线性空间。这与内存的物理组织基本相同，但用户所写程序的逻辑结构却不是这样的。通常，用户程序由若干程序模块和数据模块组成，各有各的名字，实现不同的功能，并有不同的大小。例如，一个C程序有一个主函数main，它调用3个子函数f1、f2和f3，它们又都调用标准库函数printf和scanf。我们希望这个程序的地址空间按照程序自身的逻辑关系划分为若干段，如每个函数一个段，各段单独占用一片内存空间，这样程序在内存中的存放情况就与我们知道的程序的逻辑结构对应起来了。另外，把程序和数据分隔为逻辑上独立的地址空间，有助于存储共享和保护。为了满足用户（程序员）在编程和使用等方面的需求，引入了分段存储管理技术。

4.4.1　分段的基本概念

1. 分段

通常，一个用户程序是由若干相对独立的部分组成的，它们各自完成不同的功能。如上所述，为了编程和使用方便，用户希望把自己的程序按照逻辑关系组织，即划分成若干段，并且按照这些段来分配内存。这样，在分段存储管理系统中，一个作业或进程可以有多个段，这些段可以离散地放入内存的不同分区中。也就是说，一个作业或进程的各段不一定放在彼此相邻的分区中。所以，段是一组逻辑信息的集合，它支持看待存储管理的用户观点。例如，有主程序段MAIN、子程序段P、数据段D和栈段S等，如图4-26所示。

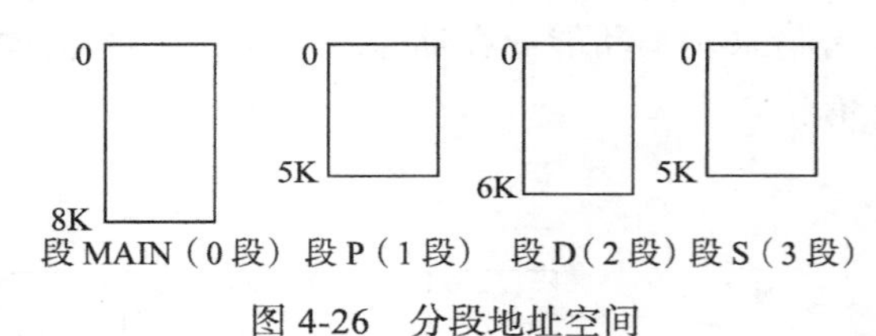

图4-26　分段地址空间

每段都有自己的名字和长度。为了管理方便，系统为每段规定一个内部段名。内部段名实际上是一个编号，称为*段号*。例如在图4-26中，段MAIN对应的段号是0，段P对应的段号是1。每段都从0开始编址，并采用一段连续的地址空间。段长度由该段所包含的逻辑信息的长度决定，因而各段长度不等。

通常，用户程序需要进行编译，编译程序自动为输入的程序构建各个段。如Pascal编译程序会为如下各个成分创建单独的段：

1）全局变量。

2）过程调用栈，用来存放参数和返回地址。

3）每个过程或函数的代码部分。

4）每个过程和函数的局部变量。

2. 程序的地址结构

由于整个进程的地址空间分成多个段，所以，逻辑地址要用两个成分来表示，即段

号 s 和段内地址 d。也就是说，在分段存储情况下，进程的逻辑地址空间是二维的。分段系统中所用的地址结构如图 4-27 所示。

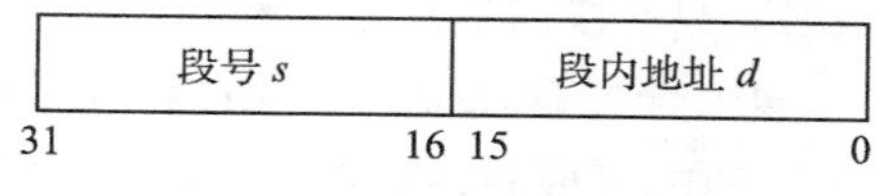

图 4-27　分段技术地址结构

在该地址结构中，允许一个进程最多有 64 K 个段，每段的最大长度为 64 KB。通常，规定每个进程的段号从 0 开始顺序编排，如 0 段、1 段、2 段等。不同机器中指令的地址部分会有差异，如有些机器指令的地址部分占 24 位，其中段号占 8 位，段内地址占 16 位。

3. 段表和段表地址寄存器

与分页一样，为了找出每个逻辑段在所对应的物理内存中分区的位置，系统为每个进程建立一个段映射表，简称“*段表*”。每个段在段表中占有一项，段表项中包含段号、段长和段起始地址（又称“段基址”）等。段基址包含该段存放在内存中的起始物理地址，而段长指定该段的长度。段表按段号从小到大顺序排列。一个进程的全部段都应在该进程的段表中登记。当作业调度程序调入该作业时，就为相应进程建立段表；在撤销进程时，清除此进程的段表。

通常，段表放在内存中。为了方便地找到运行进程的段表，系统还要建立一个*段表地址寄存器*。它有两部分，一部分指出该段表在内存的起始地址；另一部分指出该段表的长度，表明该段表中共有多少项，即该进程一共有多少段。

4. 分页和分段的主要区别

分页和分段存储管理系统有很多相似之处，如二者在内存中都不是整体连续的，都要通过地址映射机构将逻辑地址映射到物理内存中。但是，二者在概念上完全不同，主要表现于以下四点。

1）页是信息的物理单位。好像系统用“一把尺子”(即固定大小的字节数）丈量用户程序的长度：量了多少“尺”，就有多少页，根本不考虑一页中是否包含完整的函数，甚至一条指令可能跨两个页面。所以，用户本身并不需要把程序进行分页，完全是系统管理上的要求。

段是信息的逻辑单位。每段在逻辑上是相对完整的一组信息，即段是一个逻辑实体，如一个函数、一个过程、一个数组等，它一般不会同时包含多种不同的内容。用户可以知道自己的程序分成多少段，以及每段的作用。所以，分段是为了更好地满足用户的需要。

2）页的大小是由系统确定的，即由机器硬件把逻辑地址划分成页号和页内地址两部分。在一个系统中所有页的大小都一样，并且只能有一种大小。

段的长度因段而异，它取决于用户所编写的程序，如主程序段为 8 KB，而子程序只有 5 KB，等等。

3）分页的进程地址空间是一维的，地址编号从 0 开始顺次递增，一直排到末尾。因而，只需用一个地址编号（如 10 000）就可确定地址空间中的唯一地址。

分段的进程地址空间是二维的。标识一个地址时，除给出段内地址外，还必须给出段名。只有段内地址是不够的。

4）分页系统很难实现过程和数据的分离，因此，无法分别对它们提供保护，也不便于在用户间对过程进行共享。分段系统却可以很容易实现这些功能。

4.4.2　分段系统中的地址映射

在分段系统中，用户可用二维地址表示程序中的对象，但实际的物理内存仍是一维的字节序列。为此，必须借助段表把用户定义的二维地址映射成一维物理地址。

段地址转换与分页地址转换的过程基本相同，其过程如图 4-28 所示。

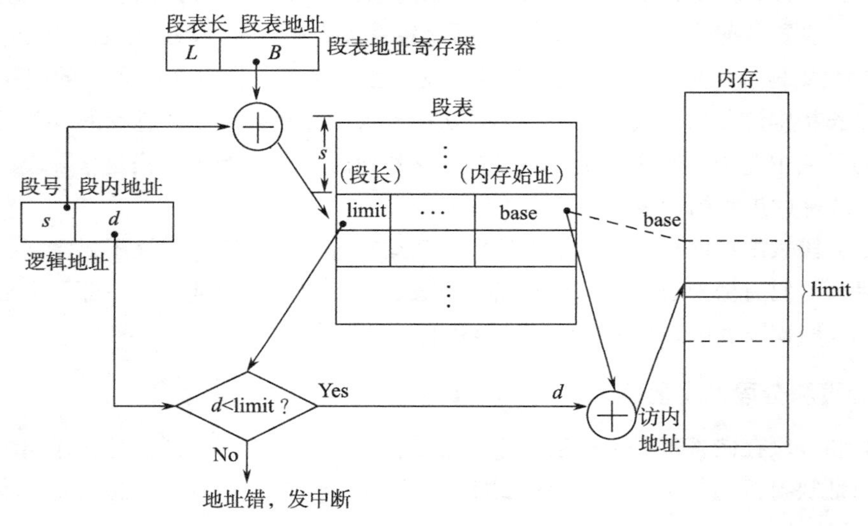

图 4-28　分段地址转换

1）CPU 计算出来的有效地址分为两部分：段号 s 和段内地址 d。

2）系统将该进程段表地址寄存器中的内容 B（表示段表的内存地址）与段号 s 相加，得到查找该进程段表中相应表项的索引值。从该表项中得到该段的长度 limit 及该段在内存中的起始地址 base（假设该段已经调入内存）。

3）将段内地址 d 与段长 limit 进行比较。如果 d 不小于 limit，则表示地址越界，系统发出地址越界中断，终止程序执行；如果 d 小于 limit，则表示地址合法，将段内地址 d 与该段的内存始址 base 相加，得到所要访问单元的内存地址。

4.4.3　段的共享和保护

1. 段的共享

分段管理的一个优点是提供对代码或数据的有效共享。每个进程有一个段表。当不同的进程想要共享某个段时，只需在各个进程的段表中都登记一项，使它们的基地址都指向同一个物理单元，如图 4-29 所示。

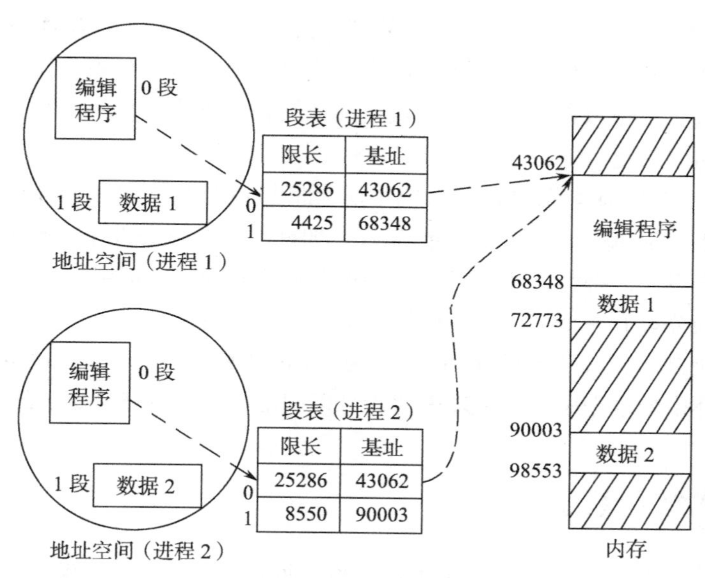

图 4-29 分段系统中段的共享

共享是在段一级实现的，任何共享信息可以单独成为一段。例如，在分时系统中使用的正文编辑程序，整个编辑程序相当大，由很多段组成，它们可被所有用户共享。这样，在内存中只需保留一个编辑程序的副本，每个用户的存储空间都对这个副本实现地址覆盖。而每个用户单独使用的局部量分别放在各自的、不能共享的段中。

也可以只共享部分程序。如果把共用的子程序包定义成可共享的只读程序段，那么很多用户就可以对它们进行共享。尽管共享看起来很简单，但有些敏感问题还必须考虑。若要共享一个代码段，所有共享进程必须以同样的段号定义该段，因为代码段中的转移地址包含段号和段内地址两部分，转移地址的段号是该代码段的段号。

2. 段的保护

分段管理的另一个突出优点是便于各段保护。因为各段是有意义的逻辑信息单位，即使在进程运行过程中也不失去这些性质，因此段中所有内容可用相同的方式使用。例如，一个程序中某些段只含指令，另一些段只含数据。一般指令段是不能修改的，它的存取方式可以定义为只读和可执行；数据段则可读可写，但不能执行。在程序执行过程中，存储映射硬件对段表中保护位信息进行检验，防止对信息进行非法存取，如对只读段进行写入操作，或把只能执行的代码段当作数据进行加工。当出现非法存取时，产生段保护中断。

段的保护措施包括以下三种：

1）存取控制。在段表的各项中增加几位，用来记录对本段的存取方式，如可读、可写、可执行等。

2）段表本身可起保护作用。每个进程都有自己的段表，在表项中设置该段的长度限制。在进行地址映射时，段内地址先与段长进行比较，如果超过段长，便发出地址越界中断。这样，各段都限定自己的活动范围。另外，段表地址寄存器中有段表长度的信息。当进程逻辑地址中的段号不小于段表长度时，表示该段号不合法，系统会产生中断。从而每个进程也被限制在自己的地址空间中运行，不会发生一个用户进程破坏另一个用户进程空间的问题。

3）保护环。它的基本思想是把系统中所有信息按照其作用和相互调用关系分成不同的层次（即环），低编号的环具有高优先权，如操作系统核心处于0环内；某些重要的实用程序和操作系统服务位于中间环；而一般的应用程序（包括用户程序）则在外环上。即每一层次中的分段有一个保护环，环号越小，级别越高。

在环保护机制下，程序的访问和调用遵循如下规则：一个环内的段可以访问同环内或环号更大的环中的数据段；一个环内的段可以调用同环内或环号更小的环中的服务。

4.5 段页式结合系统

分页存储管理能够有效地提高内存利用率，而分段存储管理能够很好地满足用户需要。把这两种管理技术有机地结合起来，“各取所长”，就形成新的存储管理系统—— 段页式存储管理系统。

段页式存储管理的基本原理是：

1）等分内存。把整个内存分成大小相等的内存块，内存块从0开始依次编号。

2）进程的地址空间采用分段方式。把进程的程序和数据等分为若干段，每段有一个段名。

3）段内分页。把每段划分成若干页，页面的大小与内存块相同。每段内的各个页面都分别从0开始依次编号。

4）逻辑地址结构。一个逻辑地址表示由三部分组成：段号 s，页号 p 和页内地址 d，记作 $v = (s, p, d)$，如图4-30所示。

段号（s）	段内页号（p）	页内地址（d）

图4-30 段页式存储逻辑地址结构

5）内存分配。内存的分配单位是内存块。

6）段表、页表和段表地址寄存器。为了实现从逻辑地址到物理地址的转换，系统要为每个进程建立一个段表，还要为该进程段表中的每段建立一个页表。这样，进程段表的内容不再是段长和该段在内存的起始地址，而是页表长度和页表地址。为了指出运行进程的段表地址，系统有一个段表地址寄存器，它指出进程的段表长度和段表起始地址。

在段页式存储管理系统中，面向用户的地址空间是段式划分，而面向物理实现的地址空间是页式划分。也就是说，用户程序逻辑上划分为若干段，每段又分成若干页面。内存划分成对应大小的块。进程映像对换是以页为单位进行的，使得逻辑上连续的段存放在分散的内存块中。

图4-31是段页式系统的地址转换机构。段页式系统的地址转换过程如下：

1）地址转换硬件将段表地址寄存器的内容 B 与逻辑地址（即有效地址）中的段号 s 相加，得到访问该进程段表的入口地址（第 s 段）。

2）将段 s 表项中的页表长度与逻辑地址中的页号 p 进行比较。如果页号 p 小于页表长度，则表示未越界，向下正常进行；否则，发中断。

3）将该段的页表基址与页号 p 相加，得到访问段 s 的页表中第 p 页的入口地址。

4）从该页表的对应页表项中读出该页所在的物理块号 f，再用块号 f 和页内地址 d 拼接成实际访问内存的物理地址。

5）如果对应的页未在内存，则发送缺页中断，系统进行缺页中断处理。如果该段的页表未在内存中建立起来，则发送缺段中断，然后由系统为该段在内存建立页表。

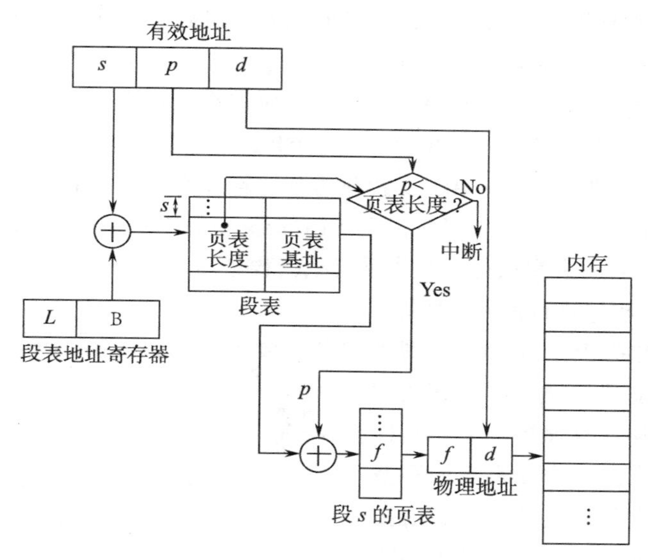

图 4-31　段页式系统的地址转换机构

4.6　虚拟存储管理

4.6.1　虚拟存储器的概念

当一个大进程的地址空间大于整个内存空间时，若采用上述几种存储管理技术，那么这个进程会因为不能全部装入内存而无法进入系统运行。另外，系统中会有很多进程要求运行，由于内存容量有限，不能把所有进程都装入内存。于是，只能选择少数进程放入内存，让它们先执行；其他大量进程放在外存上，等待空出内存后才能装入。

进程在执行之前要全部装入内存，这种限制是不合理的，会造成内存浪费。

1）程序中往往含有不会被执行的代码，如对不常见的错误进行处理的代码。因为这种错误很罕见，实际上几乎从来也不执行这个代码。

2）一般为数组、队列、表格等数据结构分配的内存空间会大于它们的实际需要。如一个数组定义为 100×100，而实际使用中很少超过 10×10。

3）一个程序的某些选项和特性可能很少使用，如把某些行中所有的字符都转换成大写字符的正文编辑命令。

即使整个程序在执行过程中都用得到，也不是同时都用到。因此，把进程“一次性地”全部装入内存的方法必然造成内存空间的浪费或使用效率的下降。

类似于人们的活动范围有一定的局限性，程序的执行过程也显示出*局部性*。也就是说，在一个短时期内，只有某一部分程序得到执行；另外，所访问的存储空间也局限于某一部分，如一个数组等。既然如此，就没有必要在进程运行之前把它全部装入内存，只把当前运行需要的那部分程序和数据装入内存，就可启动程序运行；其余部分暂时放在外存上，待以后实际需要它们时再分别调入内存。这样做至少会带来如下两点好处：

1）用户编制程序时不必考虑内存容量的限制，只要按照实际问题的需要来确定合适的算法和数据结构，可简化程序设计的任务。

2）由于每个进程只有一部分装入内存，因而占用内存空间较少，在一定容量的内存中就可同时装入更多的进程，也相应增加了CPU的利用率和系统的吞吐量。

为了给用户（特别是大作业用户）提供方便，操作系统应把各级存储器统一管理起来。也就是说，应该把一个程序当前正在使用的部分放在内存中，而其余部分放在磁盘上，在这种情况下启动进程执行。操作系统根据程序执行时的要求和内存的实际使用情况，随机地对每个程序进行换入 / 换出。

为此，引入虚拟存储器的概念。所谓*虚拟存储器*（Virtual Memory）是用户能作为可编址内存对待的虚拟存储空间，它使用户逻辑存储器与物理存储器分离，是操作系统给用户提供的一个比真实内存空间大得多的地址空间。也就是说，虚拟存储器并不是实际的内存，它的大小比内存空间大得多；用户感觉所能使用的“内存”非常大，这是操作系统对逻辑内存的扩充。如图4-32所示。

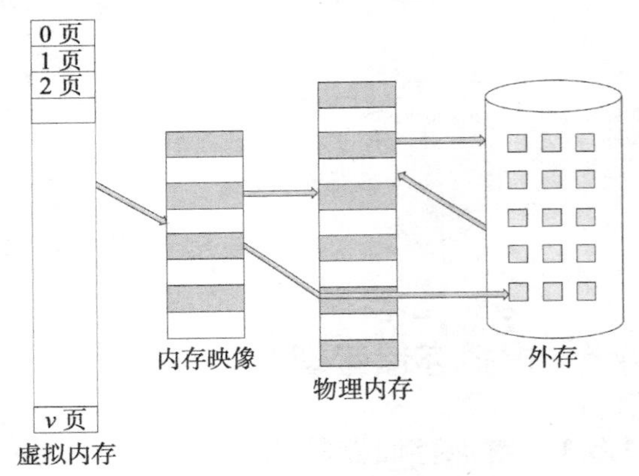

图4-32　虚拟存储器示意图

实现虚拟存储技术的物质基础是二级存储器结构和动态地址转换机构（DAT）。经过操作系统的改造，将内存和外存有机地联系在一起，在用户面前呈现一个足以满足编程需要的特大内存空间，这就是所谓单级存储器的概念。

虚拟存储器实质上是把用户地址空间和实际的存储空间区分开来，当作两个不同的概念。动态地址转换机构在程序运行时把逻辑地址转换成物理地址，以实现动态定位。

应注意，虚拟存储器虽然给用户提供了特大地址空间，用户在编程时一般不必考虑可用空间有多大，但虚拟存储器的容量不是无限大的。它主要受到两方面的限制：

1）指令中表示地址的字长。机器指令中表示地址的二进制位数是有限的，如果地址单元以字节编址，且表示地址的字长是16位，则可以表示的地址空间最大是64 KB。

如果表示地址的字长是 32 位，则可以表示的地址空间最大是 4 GB。

2）外存的容量。从实现观点来看，用户的程序和数据都必须完整地保存在外存（如硬盘）中。然而，外存容量、传送速度和使用频率等方面都受到物理因素的限制。也就是说，磁盘的容量有限，并非真正“无穷大”，其传送速度也不是“无限快”，所以，虚拟空间不可能无限大。

虚拟存储器根据地址空间的结构不同可以分为分页虚拟存储器和分段虚拟存储器两类。也可以将二者结合起来，构成段页式虚拟存储器。

4.6.2 虚拟存储器的特征

对于虚拟存储器这个基本概念应从以下 4 个方面进行理解，这些也是虚拟存储器所具有的基本特征：

1）虚拟扩充。虚拟存储器不是扩大物理内存空间，而是扩充逻辑内存容量。也就是说，用户编程时所用到的地址空间可以远大于实际内存的容量。例如，实际内存只有 1MB，而用户程序和数据所用的空间却可以达到 10MB 或者更多。所以，用户“感觉”内存扩大了。

2）部分装入。每个进程不是全部一次性地装入内存，而是分成若干部分。当进程要执行时，只需将当前运行需要用到的那部分程序和数据装入内存。以后在运行过程中用到其他部分时，再分别把那些部分从外存调入内存。

3）离散分配。一个进程分成多个部分，它们没有被全部装入内存，即使装入内存的那部分也不必占用连续的内存空间。这样，一个进程在内存的部分可能散布在内存的不同地方，彼此并不连续。这样做不仅可避免内存空间的浪费，而且为进程动态调入内存提供方便。

4）多次对换。在一个进程运行期间，它所需的全部程序和数据分成多次调入内存。每次调入一部分，只解决当前需要，而在内存的那些暂时不被使用的程序和数据，可换出到外存的对换区；甚至把暂时不能运行的进程在内存的全部映像都换出到对换区，以腾出尽量多的内存空间供可运行进程使用。被调出的程序和数据在需要时可以重新调入内存中（换入）。

4.7 请求分页技术

4.7.1 请求分页的基本思想

在如上所述的单纯分页存储管理系统中，每个进程的地址空间是连续的，而映像到内存空间后就不一定连续。利用这种办法有效地解决了内存碎片问题，从而更好地支持多道程序设计，提高内存和 CPU 的利用率。

但是，在单纯分页系统中，要求运行的进程必须全部装入内存。例如，一个进程有 1000 页，在内存中必须占用 1000 块。也就是说，单纯分页系统并未提供虚拟存储器。

请求分页存储管理技术是在单纯分页技术基础上发展起来的，二者根本区别在于请求分页提供虚拟存储器。它的基本思想是：当一个进程的部分页面在内存时就可调度它运行；在运行过程中若用到的页面尚未在内存，则把它们动态换入内存。这样就减少了对换时间和所需内存数量，允许增加程序的道数。

为了标示进程的页面是否已在内存，在每个页表项中增加一个标志位，其值为1表示该页已在内存，其内存块可以访问；其值为0表示该页尚未装入内存，不能立即进行访问。

如果地址转换机构遇到一个具有“0”状态的页表项时，便产生一个缺页中断，告诉CPU当前要访问的这个页面还未装入内存。这不是用户程序的错误。操作系统必须处理这个中断，它装入所要求的页面并调整相应页表的记录，然后再重新启动该指令。由于这种页面是根据请求而被装入的，所以这种存储管理方法称为*请求分页存储管理*。通常，在进程最初投入运行时，仅把它的少量几页装入内存，其他各页是按照请求顺序动态装入的，这样就保证用不到的页面不会被装入内存。

4.7.2　硬件支持及缺页处理

为了实现请求分页，系统必须提供一定的硬件支持：除了需要一定容量的内存和外存，以及支持分页机制外，还需要有页表机制、缺页中断机构以及地址转换机构。

1. 页表机制

如上所述，分页系统中地址映射是通过页表实现的。页表项的构造依赖于机器，但其中的信息种类大致相同。在请求分页系统中，典型页表项的结构如图4-33所示。不同计算机的页表项的大小不一样，但一般都采用32位。页表项通常包含下列5种信息：

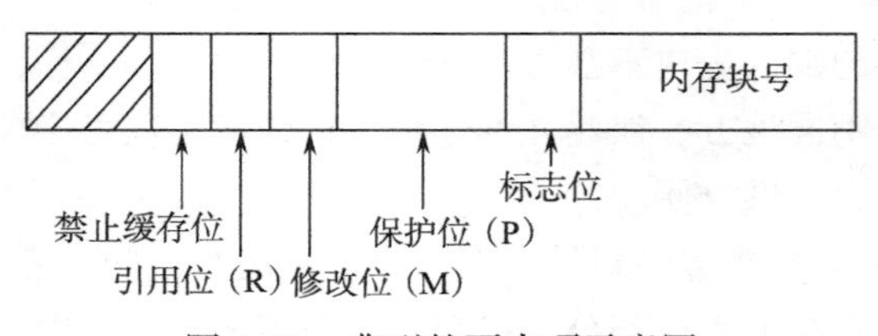

图4-33　典型的页表项示意图

1）内存块号。这是最重要的数据，页面映射的目的就是要找到这个值。

2）标志位。该位用来标示对应的页面是否已装入内存。如果该位是“1”，表示该表项是有效的，可以使用，即该页在内存中；如果该位是“0”，则表示该表项对应的页面目前不在内存中，访问该页会引起缺页中断。

3）保护位。用来规定该页的访问权限。在最简单的情况下它只有一位：“0”表示允许读写，“1”表示只允许读。更复杂的方式使用三位，各位分别表示允许对该页读、写、执行。

4）修改位和引用位。这两位用来记录该页的使用状况。当写入一页时，硬件自动置上该页的修改位。如果某页在内存块中的内容被修改过，那么该页在内存块和在磁盘块中的内容就会不一致。当进行页面置换时，若选中该内存块，就必须将该页写回外存，以保证外存中保存的内容也是最新的。如果修改位未设置，表示该页的内容未做更改，在置换该页时就不必把它写回外存，以减少写回引起的系统开销和磁盘I/O的次数。

引用位用来记载最近是否对该页进行过访问，不论读还是写，在访问该页时都置上引用位。在发生缺页时，操作系统可能淘汰某些页。如果设置了该页的引用位，就不会淘汰它，该页的内容仍留在相应内存块中。

5）禁止缓存位。该位用于禁止该页被缓存。对那些内容要映射到设备寄存器而不是内存的页面来说，这个特性很重要。如果操作系统为某个I/O设备发出命令，然后循环等待该设备做出的响应，那么应让硬件从设备中读取信息，而不要使用旧的被缓存的副本。利用这一位可以关闭缓存。如果机器中有单独的I/O空间，并且不使用内存映射I/O，就不需要这一位。

从图4-33所示的页表项中可看出，其中并不包含该页的磁盘地址（该地址放在由盘块描述字组成的表中），因为页表中存放的信息仅包括把逻辑地址转换成物理地址时硬件所需的信息。所以，当处理缺页时操作系统所需要的信息保存在操作系统内部的软件表格中，硬件不需要知道该页的外存地址。

2. 缺页中断机构

在硬件方面，还要增加对缺页中断进行响应的机构。一旦发现所访问的页面不在内存，能立即产生中断信号，随后转入缺页中断处理程序进行相应处理。

缺页中断的处理过程是由硬件和软件共同实现的，其相互关系如图4-34所示。从图中可看出，上半部是硬件指令处理周期，由硬件自动实现，它是最经常执行的部分。下半部是作为操作系统中的中断处理程序来实现的，处理完之后再转入硬件周期中。软件和硬件的关系如此密切，以致在有些实验性的系统中用硬件机构来实现上述软件功能。例如，MITRE公司在Interdata 3上实现的Venus操作系统，就把它的缺页中断处理等软件用微程序代码实现了，并且成为该机器的重要组成部分。显然，这就大大加快了指令执行的速度。

3. 页面置换过程

由图4-34看出，如果被访问的页不在内存时则产生缺页中断，操作系统进行中断处理，把该页从外存调入内存。那么新调进的页到底放在什么地方呢？如果内存中有空闲块，则可把该页装入任何空闲块中，调整页表项及内存块表。如果当前内存空间已装满，那么该页放到哪里去呢？此时必须先淘汰已在内存的一页，腾出空间，再把所需页面装入。其工作流程如图4-35所示。

它主要包括以下4个步骤：

1）找出所需页面在磁盘上的位置。

2）找出一个空闲内存块。如果有空闲块，就用它；如果没有空闲块，就用页面置换算法选择一个置换的内存块。把该置换的页写到磁盘上，并相应地修改页表和内存块表。

3）把所需页面读入内存块（刚刚得到的空闲块），修改页表和内存块表。

4）重新启动该用户进程。

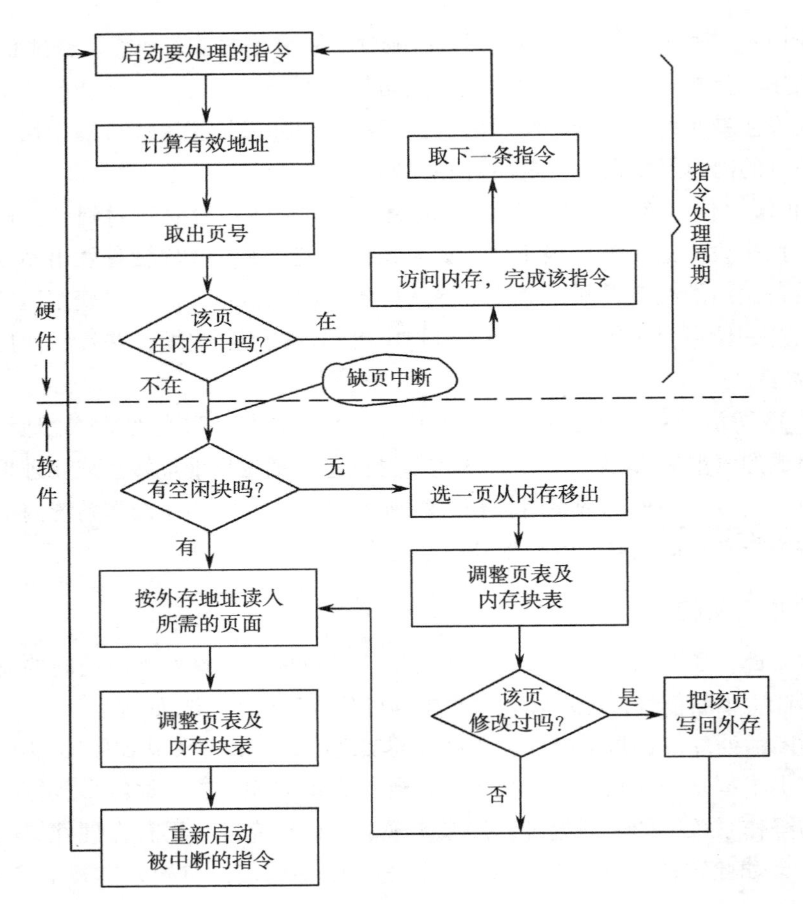

图4-34　指令执行步骤与缺页中断处理过程

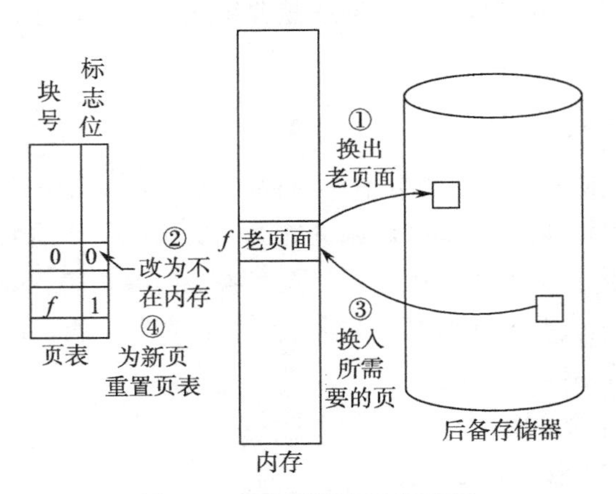

图4-35　页面置换流程示例

可见，如果内存中没有空闲块可用，就要发生两次页面传送（换出和换入），这样使缺页处理时间加倍，相应增加了有效存取时间。利用页表项中的修改位，可以适当减少这种开销。因为选中一页进行置换时，如果它的修改位没有设置，就不必把它在内存块中的内容写回盘上。

实现请求分页必须解决内存块的分配算法和页面置换算法两个主要问题。如果有多个进程在内存，必须决定为每个进程分配多少内存块；另外，当需要置换页面时，必须确定淘汰哪个内存页面。

4.7.3 页面置换算法

1. 有效存取时间和页面走向

（1）有效存取时间

请求分页会对计算机系统的性能产生重要影响。为了说明这个问题，计算一下请求分页系统的有效存取时间。对多数计算机系统来说，内存存取时间 ma 一般为 10 ～ 200 ns，只要不出现缺页中断，有效存取时间等于内存存取时间。如果发生缺页中断，则首先必须从外存读入该页，然后才能进行内存存取。

令 p 表示缺页中断的概率（$0 \leqslant p \leqslant 1$），简称*缺页率*，它等于缺页次数与全部访问内存次数之比。我们希望 p 与 0 越接近越好，这样仅有很少的缺页中断发生。有效存取时间可表示为：

有效存取时间 = $(1-p) \times \text{ma} + p \times$ 缺页处理时间

为了算出有效存取时间，必须知道处理缺页中断所需的时间。缺页导致一系列动作，但在任何情况下，缺页中断处理所花费的时间主要有以下三部分：

1）处理缺页中断的时间。

2）调入该页的时间。

3）重新启动该进程的时间。

其中，第 1 项和第 3 项对应的工作可以通过精心设计使代码减至几百条指令，每项执行的时间约为 1 ～ 100 μs。而第 2 项是将页面从磁盘上读到内存，这个过程花费的时间包括磁盘寻道时间（即磁头从当前磁道移至指定磁道所用的时间）、旋转延迟时间（即磁头从当前位置落到指定扇区开头所用的时间）和数据传输时间三部分，典型磁盘的旋转延迟时间约为 8 ms，寻道时间约为 15 ms，传输时间是 1 ms，这样包括硬件和软件处理时间的全部换页时间将近 25 ms。还应注意，这仅仅考虑了设备的服务时间，还有很多用于排队等待的时间没有计算在内。

如果把平均缺页服务时间取为 25 ms，内存存取时间取为 100 ns，那么

$$\begin{aligned}\text{有效存取时间} &= (1-p) \times 100 + p \times 25\,000\,000 \\ &= 100 + 24\,999\,900 \times p\ (\text{ns})\end{aligned}$$

可以看出，有效存取时间直接正比于缺页率。如果缺页率为千分之一，则有效存取时间为 25 ms。由于请求分页导致计算机慢了 250 倍！如果期望下降率不超过 10%，则有：

$$110 > 100 + 25\,000\,000 \times p$$

$$10 > 25\,000\,000 \times p$$

$$p < 0.000\,000\,4$$

就是说，为使存取速度下降控制在 10% 以内，缺页率不能超过千万分之四。所以，在请

求分页系统中使缺页率保持在很低水平是非常重要的。

（2）页面走向

置换算法的好坏直接影响系统的性能。若采用的置换算法不合适，可能出现这样的现象：刚被换出的页，很快又被访问，为把它调入而换出另一页，之后又访问刚被换出的页……如此频繁地更换页面，以致系统的大部分时间花费在页面的调度和传输上。此时，系统好像很忙，但实际效率却很低。这种现象称为**抖动**（详见 4.8.2 节）。

好的页面置换算法能够适当降低页面更换频率（减少缺页率），尽量避免系统“抖动”。

为评价一个算法的优劣，可将该算法应用于一个特定的存储访问序列上，并且计算缺页数量。存储访问序列也叫**页面走向**，它可由人工生成（如用随机数生成程序）或者通过跟踪一个给定的系统，记下每个存储访问的地址。后面的方法要产生非常多的数据（约为每秒 100 万个地址）。为减少计算量，可进行如下合理的简化：

1）对于给定的页面大小，仅考虑其页号，不关心完整的地址。

2）如果当前对页面 p 进行了访问，那么，马上又对该页访问就不会缺页。这样连续出现的同一页号就简化为一个页号。如果追踪特定程序，可记下下述地址序列（用十进制数表示）：

```
0100，0432，0101，0612，0102，0103，0104，0101，0611，0102，0103，0104，0101，
0610，0102，0103，0104，0101，0609，0102，0105
```

若每页 100 字节，则页面走向简化为：

```
1，4，1，6，1，6，1，6，1，6，1
```

对特定的访问序列来说，为确定缺页数量和页面置换算法，还要知道可用的内存块数。一般来说，随着可用块数的增加，缺页数将减少。例如，对上述给定的页面走向，如果有三个或更多的块可供使用，那么仅有三次缺页，各次缺页分别对应于第一次访问的新页。另一方面，若只有一块可用，那么每次访问页面都要进行淘汰，共有 11 次缺页。通常期望随内存块数的增加，缺页数下降到最小。

为了说明下面的页面置换算法，统一采用下述页面走向：

```
7，0，1，2，0，3，0，4，2，3，0，3，2，1，2，0，1，7，0，1
```

并且假定每个进程只有三个内存块可供使用。

2. 常用的页面置换算法

（1）先进先出法

最简单的页面置换算法是先进先出（First-In First-Out，FIFO）法。这种算法总是淘汰在内存中停留时间最长（年龄最老）的一页，即先进入内存的页，先被换出。其理由是：最早调入内存的页不再被使用的可能性要大于刚调入内存的页。当然，这种理由并不很充分。这种算法把一个进程所有在内存中的页按进入内存的次序排队，淘汰页面总是在队首进行。如果一个页面刚被放入内存，就把它插在队尾。

针对给定的页面走向，设有三个内存块，最初都是空的（见图 4-36）。前面三个页

面访问（即 7, 0, 1）导致缺页，它们被分别放入这三块中。下面访问页面 2，它不在内存，发生缺页；因三个内存块中都有页面，所以要淘汰页面 7，它是最先进入的。接着，访问页面 0，它已在内存，不发生缺页。这样顺次做下去，就产生如图 4-36 所示的情况。每出现一次缺页，在图中就示出淘汰后的情况。经计算，总共有 15 次缺页。

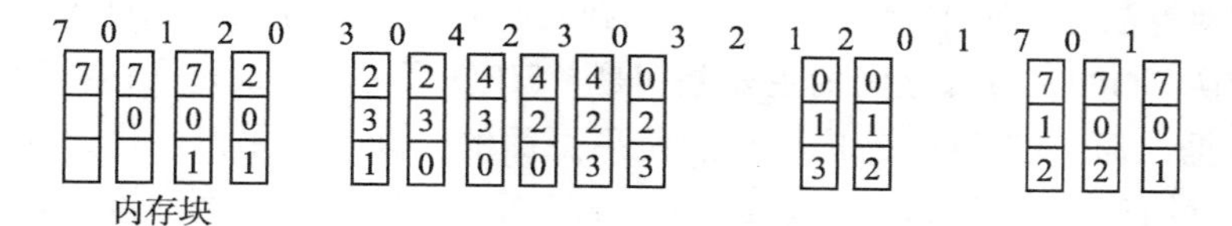

图 4-36　FIFO 页面置换算法

FIFO 页面置换算法的优点是容易理解且方便程序设计，然而它的性能并不是很好。仅当按线性顺序访问地址空间时，这种算法才是理想的；否则，效率不高。因为那些常被访问的页，往往在内存中停留最久，结果它们因变“老”而不得不被淘汰出去。请读者分析，针对下述页面走向的页面置换过程（设有三个内存块可用）：

1, 2, 3, 4, 1, 2, 5, 1, 2, 3, 4, 5

FIFO 页面置换算法的另一个缺点是存在 Belady 异常现象，即缺页率随内存块增加而增加，如图 4-37 所示。当然，导致这种异常现象的页面走向实际上是很罕见的。

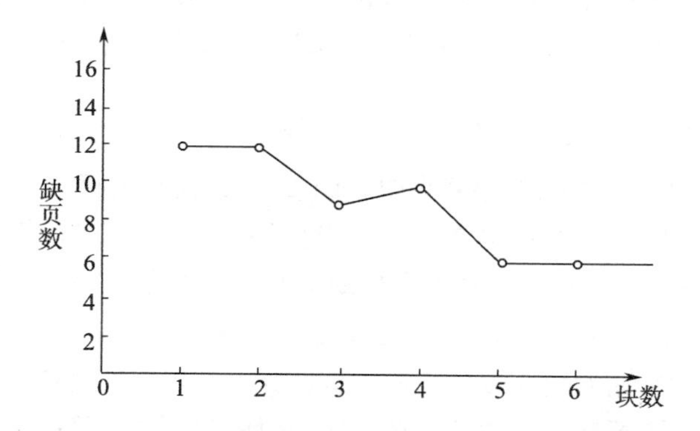

图 4-37　关于一个页面走向的 FIFO 淘汰算法的缺页曲线

（2）最佳置换法

最佳置换（Optimal Replacement, OPT）算法是 1966 年由 Belady 提出的，其实质是：为调入新页面而必须预先淘汰某个老页面时，所选择的老页面应在将来不被使用，或者是在最远的将来才被访问。采用这种算法，能保证有最小缺页率。

例如，针对上面给定的页面走向，OPT 算法仅出现 9 次缺页中断，如图 4-38 所示。

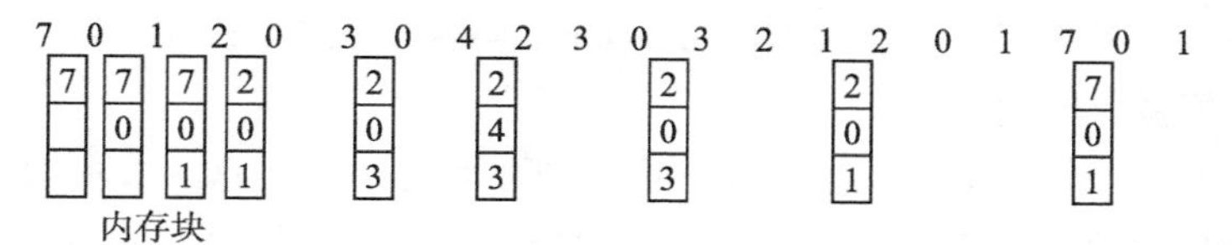

图 4-38　最佳页面置换算法

OPT算法在实现上有困难，因为它需要预先知道一个进程在整个运行过程中页面走向的全部情况。不过，这个算法可用来衡量（如通过模拟实验分析或理论分析）其他算法的优劣。

（3）最近最久未使用置换法

最佳置换算法在实际中行不通，但可以找到与它接近的算法。先进先出（FIFO）算法和最佳置换（OPT）算法之间的主要差别是，FIFO算法将页面进入内存后的时间长短作为淘汰依据，而OPT算法是依据今后使用页面的时间。如果以“最近的过去”作为“不久将来”的近似，就可以把最近最长一段时间里不曾使用的页面淘汰掉。它的实质是：当需要置换一页时，选择在最近一段时间里最久没有使用过的页面予以淘汰。这种算法称为最近最久未使用（Least Recently Used，LRU）算法，如图4-39所示。

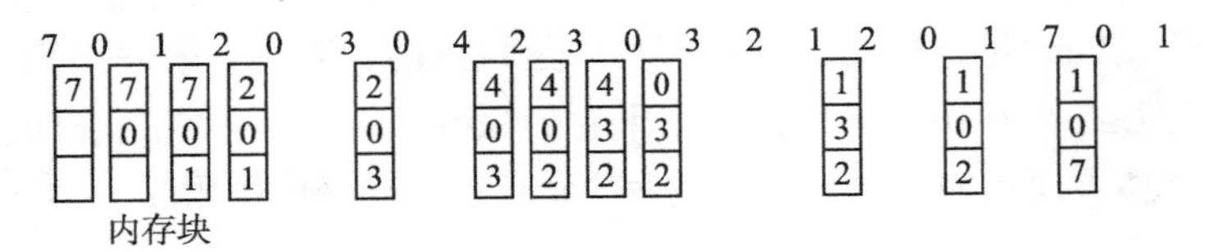

图4-39　最近最久未使用页面置换算法

LRU算法与每个页面最后使用的时间有关。该算法赋予每个页面一个访问字段，用来记录一个页面自上次被访问以来所经历的时间 t，当必须淘汰一个页面时，LRU算法选择现有页面中 t 值最大的那个页面。这就是OPT算法在时间上向过去看而不是向将来看的情况。

在图4-39的示例中，应用LRU算法产生12次缺页。其中前面5次缺页情况和OPT算法一样。然而，当访问到第4页时，LRU算法查看内存中的三个页：从当前时刻看过去，第0页刚刚用过，而第2页很久未使用了，所以LRU算法淘汰第2页，而不管将来是否要用它。当以后3号页面发生缺页时，LRU就淘汰0号页。尽管这样做比OPT算法效果差，但缺页情况还是比FIFO算法好得多。

LRU算法是经常采用的页面置换算法，被认为是相当好的算法。但它也存在如何实现的问题。LRU算法需要实际硬件的支持，实现时的问题是怎样确定最后访问以来所经历时间的顺序。对此，有以下两种可行的办法：

1）计数器。最简单的办法是使每个页表项对应一个使用时间字段，并给CPU增加一个逻辑时钟或计数器，每进行一次存储访问，该时钟都加1。每当访问一个页面时，时钟寄存器的内容就被复制到相应页表项的使用时间字段中。这样，可以始终保留着每个页面最后访问的“时间”。在淘汰页面时，选择该时间值最小的页面。可见，为了确定淘汰哪个页面，这种方式要查询页表，而且每次进行存储访问时，都要修改页表中的使用时间字段。另外，当页表改变时（由于CPU调度）必须维护这个页表中的时间，还要考虑到时钟值溢出问题。

2）栈。用一个栈保留页号。每当访问一个页面时，就把它从栈中取出，放在栈顶上。这样，栈顶总放有目前使用最多的页，而栈底放着目前最少使用的页（见图4-40）。

由于要从栈中间移走一项，所以，要用具有首指针和尾指针的双向链把各个栈单元连起来。如图 4-40 所示，移走 7 号页并把它放在栈顶，需要改动 6（=3×2）个指针。每次修改链都要有开销，但却可直接确定淘汰哪个页面，因为尾指针指向栈底，其中放有被淘汰页。

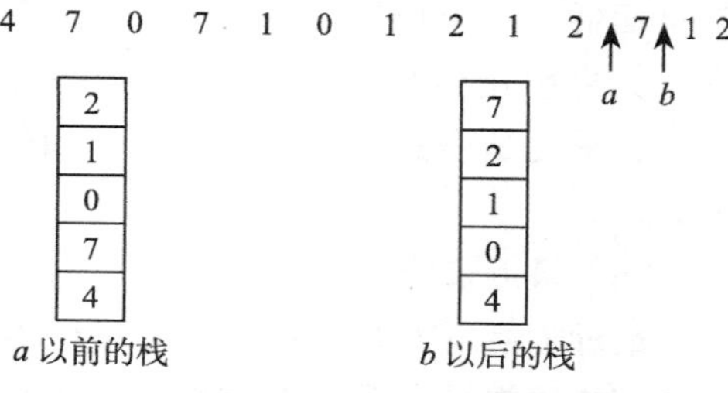

图 4-40 利用栈记录目前访问最多的页面

从上面分析看出，实现 LRU 算法必须有大量硬件支持，同时需要一定的软件开销。所以，实际实现的都是一种简单有效的 LRU 近似算法。

（4）第二次机会置换法

第二次机会置换（Second Chance Replacement, SCR）法是对 FIFO 算法的改进——避免把经常使用的页面置换出去。该算法的思想基本上与 FIFO 相同。当选择某一页面置换时，就检查最“老”页面的引用位：如果是 0，就立即淘汰该页；如果该引用位是 1，就给它第二次机会，将引用位清 0，并把它放入页面链表的末尾，把它的装入时间重置为当前时间；然后选择下一个 FIFO 页面。这样，得到第二次机会的页面将不被淘汰，直至所有其他页面都被置换过（或者给了第二次机会）。因此，如果一个页面经常使用，它的引用位总保持为 1，那么它就不会被淘汰。

图 4-41 给出第二次机会置换法的示例。图 4-41a 中页面 A ～ H 按进入内存时间的先后为序排列在链表中。最早进入的是 A。设在时刻 20 出现一次缺页，如果 A 的引用位为 0，则把它淘汰出内存—— 如果其修改位为 1，则写回磁盘；否则，只是简单地放弃。如果 A 的引用位为 1，则把它放入链尾，其引用位清 0，然后由 B 开始寻找置换页，如图 4-41b 所示。

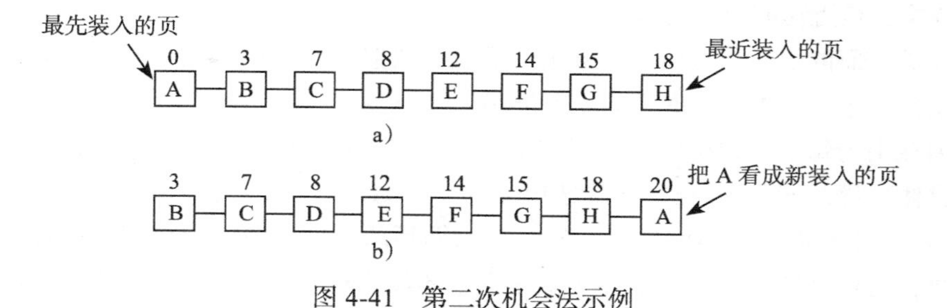

图 4-41 第二次机会法示例

由图 4-41 可见，如果所有的页面先前都被访问过，即它们的引用位都为 1，那么该算法就降为纯粹的 FIFO 算法。第一遍扫描将所有页面的引用位清 0，第二遍检查找出 A，把 A 淘汰。

（5）时钟置换法

时钟（Clock）置换法既是对第二次机会置换法的改进，也是对 LRU 算法的近似。它避免采用第二次机会置换法需要页面在链表中移动所带来的效率问题。具体办法是：把所有页面保存在一个类似钟表表盘的环状链表中，如图 4-42 所示，由一个指针指向最

"老"的页面。

当发生缺页时，首先检查指针指向的页面，如果它的引用位是 0 就淘汰该页，且把新页面插入这个位置，然后把指针向前移一个位置；如果引用位是 1 就清 0，且把指针前移一个位置；重复这个过程，直至找到引用位为 0 的页面为止。

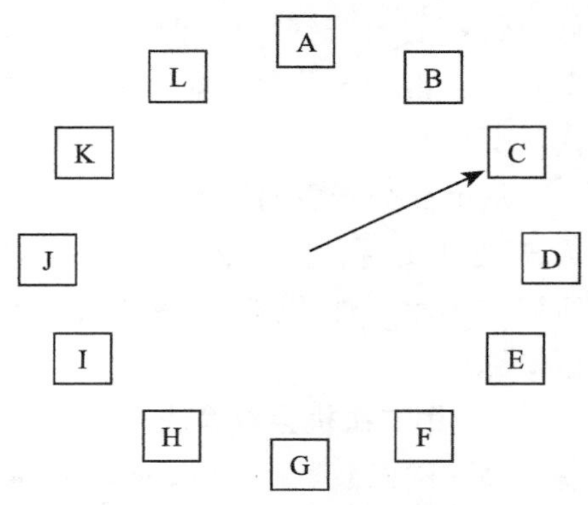

图 4-42　时钟置换法示意图

（6）最近未使用置换法

最近未使用（Not Recently Used，NRU）置换法的基本思想是由系统统计哪些页面最近使用过，哪些页面未使用，对未使用的页予以淘汰。为此，在页表项中设置两个状态位，即引用位 R 和修改位 M，如图 4-33 所示。每次访问内存时要更新这些位，由硬件设置它们。一旦某位被置为 1，就一直保留为 1，直至操作系统把它重新置为 0。

当启动一个进程时，它所有页的引用位和修改位都由操作系统置为 0。引用位被定期（如每次时钟中断时）清 0。每次访问内存时，该页的引用位就置 1。这样，通过检查引用位就可确定哪些页最近使用过，哪些页自上次置 0 以后还未用过。

当发生缺页时，操作系统检查所有的页面，并根据它们当前的引用位和修改位的值，把它们分为如下四类。

第 0 类：最近未访问过，未修改（值为 00）。

第 1 类：最近未访问过，已修改（值为 01）。

第 2 类：最近访问过，未修改（值为 10）。

第 3 类：最近访问过，已修改（值为 11）。

第 3 类页面的引用位被时钟中断清 0 后就成为第 1 类。而修改位并不被时钟中断清除，该位作为今后是否写回磁盘的一个条件。

在内存中的每个页面必定是这四类中的某一类。在进行页面替换时，检查该页所属的类。具体来说，该算法的执行过程如下：

1）从指针所指向的当前位置开始，扫描循环队列，寻找引用位和修改位都是 0 的第 0 类页，所遇到的头一个第 0 类页就是选中的淘汰页，而在第 1 次扫描期间不改变引用位。

2）如果第 1 步失败（即第 0 类为空），则重新开始第 2 轮扫描，寻找引用位为 0、修改位为 1 的第 1 类页，所遇到的头一个第 1 类页就作为选中的淘汰页。在第 2 轮扫描期间，将所经过的每个页的引用位都置为 0。

3）如果第 2 步也失败（即第 1 类为空），则将指针返回最初位置，且将队列中所有页面的引用位清 0。然后，重复第 1 步，继续执行。此时，必定能找到被淘汰的页。

这个算法循环扫描队列中的所有页，首先淘汰的页是既没有修改过且最近也没有被访问过的页。这样做的好处是不必把选中的页写回磁盘。若第 1 轮未找到淘汰页，在第

2轮中就寻找最近未访问过但修改过的页，该页必须被写回。因为按照局部化理论，它可能不会很快被访问。如果第2轮也未找到淘汰页，就把队列中所有页都标志为最近未访问，第3轮会执行成功。

（7）最少使用置换法

最少使用（Least Frequently Used，LFU）页面置换算法是基于访问计数的页面置换法。该算法要为每个页面设置一个软件计数器，用于记载该页被访问的次数，其初值为0。在每次时钟中断时，操作系统扫描内存中的页面，将每页的引用位R的值加到对应的计数器上。这个计数器可粗略反映各页被访问的频繁程度。发生缺页时，淘汰其计数值最小的页。

一般计数方式会出现如下主要问题：某些页面在进程刚开始时频繁使用，而后不再使用，其计数器的值一直保持很大，因而操作系统将淘汰有用的页面而不是后面不再使用的页面。

为很好地模拟LRU，应对计数方式进行如下修改：①先将计数器右移一位，再加上引用位R的值；②将引用位R加到计数器的最左端，而不是最右端。

修改后的算法也称老化（Aging）算法。页面最近被使用的情况由$\sum R_i$反映出来，使用得越多，该值越大。而最早访问的页面随着计数器的右移，其作用越来越小。

该算法与LRU仍有差别。一个是无法区分在一个时钟周期内较早和较晚时间的访问，因为在每个周期中只记录一位；另一个是计数器只有有限位，无法真正反映页面使用的历史情况，因为更早的使用情况无法在计数器中反映出来。

（8）页面缓冲算法

页面缓冲（Page Buffering）算法是对FIFO简单置换算法的改进。该算法维护两个链表：一个是空闲页链表，另一个是修改页链表。空闲页链表其实是页面内存块链表，直接用于读入页面；修改页链表是由已修改页面的内存块构成的链表。

当发生缺页时，按照FIFO算法选取一个淘汰页，并不是抛弃它，而是把它放入两个链表中的一个。如果该页未被修改，就放入空闲页链表中；否则，把它放入修改页链表中。注意，此时页面在内存中并不进行物理上的移动，只是将页表中的表项链入上述两个链表之一。需要读入的页面装入空闲页链表中的第一个内存块，使得该进程尽可能快地重新启动。不必等待淘汰页面被写出去。当淘汰页以后要写出去时，也只是把该页的内存块链入空闲页链表的末尾。类似地，当选中的淘汰页为已修改页面时，也把该页的内存块链入修改页链表的末尾。

利用这种方式可使被淘汰页当时还留在内存中。这样，当进程又访问该页时，只需花费较少的开销就使它回到该进程的驻留集（进程在内存映像的集合）中，不需要进行输入输出。当修改页链表中的页数达到一定数量时，就把它们一起写回磁盘，而不是一次一页操作，这就显著地减少了磁盘I/O操作的次数和磁盘存取时间。事实上，这两个链表起到了页面缓存的作用。

页面缓冲算法的简化版本已在Mach操作系统中实现，只是它没有区分修改页和未修改页。

4.8　内存块分配和抖动问题

页面置换算法直接影响缺页率的高低和系统实现的复杂程度。除此之外，缺页率还与进程所分得的内存块数目有密切关系。

4.8.1　内存块分配

1. 最少内存块数

为进程分配的内存块数目是受到限制的，分配的总块数不能超出可用块的总量（除非存在页共享的情况）。另一方面，每个进程也需要有最少的内存块数。

分给每个进程的*最少内存块数*是指保证进程正常运行所需的最少内存块数，它是由指令集结构决定的。当正在执行的指令在完成之前出现缺页时，该指令必须重新启动。相应地，必须有足够的内存块把一条指令所访问的各个页都存放起来。

2. 内存块分配策略

（1）固定分配策略

固定分配策略即分配给进程的内存块数是固定的，且在最初装入时（即进程创建时）确定块数。分给每个进程的内存块数基于进程类型（交互式、批处理型、应用程序型等），或者根据程序员或系统管理员提出的建议。当一个进程在执行过程中出现缺页时，只能从分给该进程的内存块中进行页面置换。

（2）可变分配策略

可变分配策略即允许分给进程的内存块数随进程的活动而改变。如果一个进程运行过程中持续缺页率太高，表明该进程的局部化行为不好，需要给它分配另外的内存块，以便减少它的缺页率。如果一个进程的缺页率特别低，就可减少分配它的内存块，但不要造成缺页率显著增加。

可变分配策略的功能相对较强，但需要操作系统预估各活动进程的行为，这就增加了操作系统的软件开销，并且依赖于处理器平台所提供的硬件机制。

3. 页面置换范围

页面置换可分成两个主要类型：全局置换和局部置换。*全局置换*允许一个进程从全体存储块的集合中选取淘汰块，尽管该块当前分配给其他进程，还是能强行占用。而*局部置换*是每个进程只能从分给它的一组内存块中选择淘汰块。

（1）局部置换可与固定分配策略相结合

在这种情况下，每个运行进程分到固定数量的内存块。当出现缺页时，操作系统只能从分给它的一组内存块中选择一页淘汰出去。这种方式存在的不足是：如果给进程分配的内存块太少，则缺页率会很高，导致整个多道程序系统运行速度降低；若分配得太多，则内存中的程序太少，处理器空转时间或用于对换的时间会加长。

（2）局部置换也可与可变分配策略相结合

在此情况下，内存块分配和置换过程如下：

1）当新进程装入内存时，根据应用程序类型、程序需求或其他准则为它分配一定数量的内存块。

2）当出现缺页时，从该进程的驻留集中选择淘汰页。

3）随时计算应分配给该进程的内存块数量，并且适当增减，以改进总体性能。

这种策略比较复杂，然而性能也更好。

（3）全局置换只能与可变分配策略相结合

这种方式最容易实现，已在很多操作系统中使用。在任何时候，内存中有若干进程，每个进程都分到一定数目的内存块。特别地，操作系统会保持一个空闲内存块链表。当出现缺页时，由系统从空闲链中取出一个空闲块分给相应进程，且把所需页面装入该内存块中。发生过缺页的进程就得到更多的内存块，有助于降低系统中总体的缺页率。

当空闲块链表中的内存块用完时，操作系统必须从当前在内存的所有页面中选择一页予以淘汰，除已被加锁的内存块（如核心页面）外。这样，选中的淘汰页可能属于任意一个进程，相应的进程会减少其内存块数，且导致其缺页率增加。

请读者自行分析为什么全局置换不能与固定分配策略相结合。

4. 分配算法

为每个进程分配内存块的算法主要有等分法、比例法和优先权法三种。

（1）等分法

最简单的内存块分配办法是平分。若有 m 个内存块、n 个进程，则每个进程分 m/n 块（其值向下取整）。若有 93 块、5 个进程，则每个进程分得 18 块，余下 3 块作为自由缓冲池。这种方法称为等分法。

等分法不区分具体进程的需求，“一视同仁”地进行分配，其结果造成有的进程用不了那么多块，而另外一些进程却远远不够用。

（2）比例法

为解决等分法出现的问题，采取按需呈比例的分配办法。

设进程 p_i 的地址空间大小为 s_i，则总地址空间为

$$S=\sum s_i$$

若可用块的总数是 m，则分给进程 p_i 的块数是

$$a_i \approx m \cdot s_i / S$$

当然，a_i 必须是整数，大于所需最少块数，且总数不超过 m。

以上两种分配算法，分给每个进程的块数依据多道程序数目而变。多道程序数增加了，每个进程就要少分一些块。相反，多道程序数减少了，分给每个进程的块数可多一些。

（3）优先权法

在上面两种算法中，没有考虑优先级问题，即把高优先级进程和低优先级进程一样对待。为了加速高优先级进程的执行，可给高优先级进程分配较多内存。这样，可以将

比例法与优先权法结合起来，分给进程的块数不仅取决于程序的相对大小，而且也取决于优先级的高低。

4.8.2　抖动问题

如 4.7.3 节所述，如果系统非常频繁地进行页面替换，以致大部分时间都用在来回进行的页面调度上，只有一小部分时间用于进程的实际运算，这种局面称为系统“抖动”（Thrashing）。

1. 产生抖动的原因

随着系统中多道程序度的增加，CPU 利用率会得到提升。同时，伴随新进程引入系统中，使得内存空间愈发紧张。由于新进程要从正在运行的进程那里取得一些内存块，导致更多缺页，磁盘设备频繁地进行页面的换入和换出，而 CPU 利用率进一步下降，调度程序进一步增加多道程序度。这种恶性循环的结果是，缺页率急剧增加，内存的有效存取时间加长，系统吞吐量骤减。其实，在此情况下系统已经不能完成什么任务，因为各个进程都把它们的全部时间花在页面置换上，这就出现了“抖动”。

在一定范围内，随着多道程序度的增加，CPU 利用率也缓慢增加。但是，当到达最大值以后，如多道程序度进一步增大，就会出现抖动，CPU 利用率急剧下降。此时，为增加 CPU 利用率和消除抖动，必须减小多道程序度。

2. 防止抖动的方法

防止抖动发生或者限制抖动影响有多种方法。根据产生抖动的原因，这些方法都基于调节多道程序度。

1）采用局部置换策略。如果一个进程出现抖动，它不能从另外的进程那里获取内存块，不会引发其他进程出现抖动，使抖动局限于一个小范围内。然而，这种方法并未消除抖动的发生，而且在一些进程发生抖动的情况下，等待磁盘 I/O 的进程增多，使得平均缺页处理时间加长，延长了有效存取时间。

2）利用工作集策略防止抖动（详见下一小节）。

3）挂起某些进程。当出现 CPU 利用率很低、磁盘 I/O 非常频繁的情况时，可能因为多道程序度太高而造成抖动。为此，可以挂起一个或几个进程，腾出内存空间供抖动进程使用，从而消除抖动现象。被挂起进程的选择策略有多种，如选择优先权最低的进程、缺页进程、最近激活的进程、驻留集最小的进程、最大的进程等。

4）采用缺页频度（Page Fault Frequency, PFF）法。抖动发生时缺页率必然很高，通过控制缺页率就可预防抖动。如果缺页率太高，表明进程需要更多的内存块；如果缺页率很低，表明进程可能占用了太多的内存块。这里规定一个缺页率，依次设置相应的上限和下限。如果实际缺页率超出上限值，就为该进程分配另外的内存块；如果实际缺页率低于下限值，就从该进程的驻留集中取走一个或几个内存块。通过直接测量和控制缺页率，就可避免抖动。

4.8.3 工作集

1. 局部性模型

由前面的讨论可以看出，一个页面置换算法的优劣与进程运行时的页面走向有很大关系。同一个算法对不同的进程来说，其效果可能相差很大。测试表明，虚拟存储系统的有效操作依赖于程序中访问的局部化程度。对于 LRU 算法而言，局部化程度越突出，进程运行效率越高。

局部性模型表示对一个进程程序和数据的访问都趋向于聚在一起。可以认为，一个进程在一个很短的时间间隔里只需要少量页面。也就是说，能够对一个进程在不久的将来需要哪些页面做出合理的推测，从而避免抖动。证实局部性模型的一个办法是在虚拟存储器环境中查看进程的性能。在进程的生存期中，存储访问被限制在页面的子集。

局部化分为时间局部化和空间局部化两类。*时间局部化*是指一旦某条指令或数据被访问过，它往往很快又被再次访问。这是大多数程序所具有的性质，如程序中的循环部分、常用的变量和函数等。*空间局部化*是指一旦某个位置被访问过，它附近的位置也可能很快要被访问，如程序中的顺序指令串、数组及若干存放在一起的常用变量等，都具有空间局部化的性质。这种情况反映在页面走向上，就是在任何一小段时间里，进程运行只集中于访问某几页。

2. 工作集模型

Denning 于 1968 年提出工作集理论，用于研究和描述这种局部性。所谓*工作集*（Working Set），就是一个进程在某一小段时间 D 内访问页面的集合。如用 $WS(t_i)$ 表示在 $t_i-\Delta$ 到 t_i 之间所访问的不同页面，那么它就是进程在时间 t_i 的工作集，如图 4-43 所示。

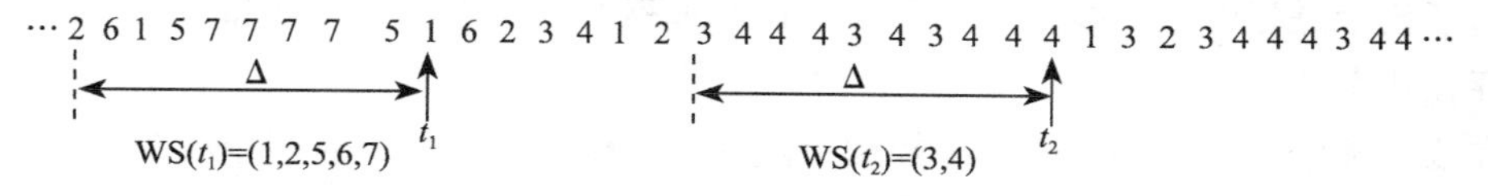

图 4-43 工作集模型

对于给定的页面走向，如果 Δ 为 10 次存储访问所用的时间，则在 t_1 时刻的工作集是（1, 2, 5, 6, 7），而在 t_2 时刻，工作集是（3, 4）。

可以看出，如果页面正在使用，它就落在工作集中；如果不再使用，它将不出现在相应的工作集中。所以，工作集是程序局部性的近似表示。

一般情况下，在不同运行时刻进程的工作集是不同的。也就是说，工作集依赖于程序的行为，并且其大小与 Δ 的取值有关。如果 Δ 取得过大，就会覆盖若干局部区。在极端情况下，如果 Δ 与进程运行时间接近，那么工作集就不再反映局部特性，其大小接近于整个程序所需页面的总数。反之，如果 Δ 过小，则不能体现工作集过渡缓慢变化的局部化特性。所以，进程工作集也是时刻 t_i 与时间间隔 Δ 的函数。

工作集最重要的性质是它的大小。工作集越小，反映程序局部性越好。如果计算出系统中每个进程的工作集大小为 WSS_i，那么

$$D = \sum_{i=1}^{n} \mathrm{WSS}_i$$

其中，D 就是系统中全部（n 个）进程对内存块的总请求量。此时，每个进程都在利用工作集中的页面。如果请求值 D 大于可用内存块的总量 $m(D > m)$，将出现抖动，因为某些进程得不到足够的内存块。

利用工作集模型可以防止抖动。操作系统监督每个进程的工作集，并且给它分配工作集所需的内存块。若有足够多的额外块，就可装入并启动另外的进程。如果工作集增大，超出可用块的总数，操作系统则要选择一个进程挂起，把它的页面写出去，将它占用的内存块分给别的进程。被挂起的进程将在以后适当时机重新开始执行。

4.9 请求分段技术

4.4 节中介绍的分段技术是不带虚存的段式存储管理技术。在此基础上再引入虚拟存储器技术，就形成了带虚存的段式存储管理技术，即请求分段存储管理技术。

在段式虚存系统中，一个进程的所有分段的副本都保存在外存上。当它运行时，先把当前需要的一段或几段装入内存，其他段仅在调用时才装入。其过程一般是：当所访问的段不在内存时，便产生缺段中断；操作系统接到中断信号后，进行相应处理，按类似于申请分区的方式，在内存中找一块足够大的分区，用于存放所需分段。如果找不到这样的分区，则检查未分配分区的总和，确定是否需要对分区进行紧缩，或者移出（即淘汰）一个或几个分段后再把该分段装入内存。这样，一个进程只有部分分段放在内存，从而允许更多的进程和更大的程序（不受实际内存容量限制）同时在内存中执行。

为了记录进程的各分段是否在内存，在该进程的各段表项中要增加一位，以表明该段的存在状态。

在段表项中还要增加另外一些控制位。其中一位是修改位，表明该段的内容自最近一次装入内存以来是否修改过。如果没有修改，那么淘汰该段时就不必把它写回磁盘；否则，必须写回磁盘。另外还有保护位或共享位，分别表明相应段的存取权限和共享方式。

采用段式虚存系统可以实现程序的*动态链接*。也就是说，仅当用到某个分段时才对它进行链接，从而避免不必要的链接。

在 MULTICS 系统中采用了动态链接技术。为了支持动态链接还要附加*间接编址*和*链接故障指示位*两个硬件设施。间接编址是指令中表示地址的部分，它并不是所要存取数据的直接地址，而是间接地址—— 存放直接地址的地址，即它所指向的单元中存放所需数据的地址。包括直接地址的字称为*间接字*。链接故障指示位设在间接字中，用于表示所访问的段号是否已链接上。间接编址与直接编址的区别如图 4-44 所示。

如果所要访问的段尚未链接上（即相应指令利用间接字寻址时，发现链接故障位被置为 1），则硬件产生链接中断，控制转向操作系统的链接故障处理程序进行处理。

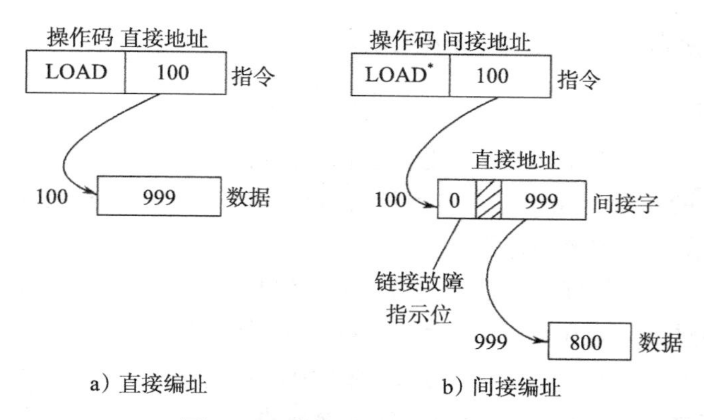

图 4-44　直接编址与间接编址

如果所要访问的段不在内存，则由动态地址转换机构产生缺段中断，由操作系统进行相应处理。

应该注意，并不是动态链接后该段就已在内存了。所以，重新启动被中断的指令时，就会发生缺段中断。当采取一定的算法将该段装入内存后，相应程序才能真正执行下去。

4.10　Linux 系统的存储管理技术

与 UNIX 一样，Linux 系统也采用了**请求分页**存储管理技术和**对换技术**。这样，当进程运行时，不必整个进程的映像都在内存，而只需在内存保留当前用到的页面。当进程访问到某些尚未在内存的页面时，就由核心把这些页面装入内存。这种策略使进程的逻辑地址空间映射到机器的物理空间时具有更大的灵活性。通常，允许进程的地址空间大于可用内存的总量，并允许更多进程同时在内存中执行。这种对换技术的优点是比较容易实现，并且系统开销较少。下面简要介绍 Linux 系统中的两种存储管理技术：对换和请求分页。

4.10.1　对换技术

1. 对换空间的分配

对换设备是块设备，如经过构造的硬盘。实际上，作为对换空间使用的对换文件就是普通文件，但它们所占的磁盘空间必须是连续的，即文件中不能存在“空洞”（即中间没有任何数据，但也无法写入的空间）。另外，对换文件必须保存在本地硬盘上。对换分区和其他分区没有本质区别，可像建立其他分区一样建立对换分区，但对换分区中不能包含任何文件系统。通常，将对换分区类型设置为 Linux Swap。

核心要为每个换出内存的进程建立对换文件。进程的对换文件往往是临时性的，它最终要调入内存运行，并释放所占用的对换空间。因为对换速度是关键性问题，系统一次进行多块 I/O 传输要比每次一块、做多次 I/O 传输的速度快，所以，进程的对换文件占用一片连续的磁盘空间，而不管碎片问题。

2. 进程对换

当系统出现内存不足时，Linux 内存管理子系统就要释放一些内存页，从而增加系统中空闲内存页的数量。此任务是由内核的对换守护进程 kswapd 完成的。它的任务就是保证系统中有足够的空闲内存页。

当系统启动时，对换守护进程由内核的 init（初始化）进程启动。它在一些简单的初始化操作之后便进入无限循环。在每次循环的末尾会进入睡眠。内核在一定时间以后又会唤醒并调度它继续运行，这时，它又回到无限循环开始的地方。通常的间隔时间是 1 秒钟，但在有些情况下，内核也会在不到 1 秒钟的时间内就把它唤醒，使 kswapd 提前返回并开始新一轮的循环。

在发现可用的内存页面短缺时，kswapd 就把一个或几个进程换到对换设备中。当核心决定一个进程适宜换出时，就在对换设备上为该进程分配所需的对换空间。

每次执行 I/O 操作时，对换守护进程都力图对换尽可能多的数据。对换是**直接**在对换设备和用户的内存空间之间进行的，不通过缓冲机制。如果硬件在一次操作过程中不能传送多个页面，则核心软件要反复传送内存的页面——一次一页。因而，数据的实际传送速率和机制就主要依赖于磁盘控制器的能力和内存管理办法。例如，若内存是分页结构，那么被换出的数据往往就分散在内存中。核心必须把换出数据的页面地址汇集起来，磁盘驱动程序要用它们执行 I/O 操作。在把前面的数据换出之前，对换进程要等待每次 I/O 操作的完成。

此外，对换工作仅需局部进行。也就是说，核心不必把整个进程的虚拟地址空间都写到对换设备上。相反，它只需把该进程占用的全部内存空间复制到所分配的对换空间中，而不管未分配内存的那一部分虚拟空间。以后，当核心把该进程换入内存时，它知道该进程的虚拟地址映射情况，就可以重新为该进程指定正确的虚拟地址。对换过程不经过缓冲区，也可以加快数据传送速度。

4.10.2　请求分页技术

1. Linux 的多级页表结构

在 x86 平台的 Linux 系统中，地址码采用 32 位，因而每个进程的虚拟存储空间可达 4 GB。Linux 内核将这 4 GB 的空间分为两部分：最高地址的 1 GB 是“系统空间”，供内核本身使用，系统空间由所有进程共享；而较低地址的 3 GB 是各个进程的“用户空间”。虽然理论上每个进程的可用用户空间都是 3 GB，但实际的存储空间大小受到物理存储器（包括内存及磁盘对换区或对换文件）的限制。Linux 进程的虚拟存储空间如图 4-45 所示。

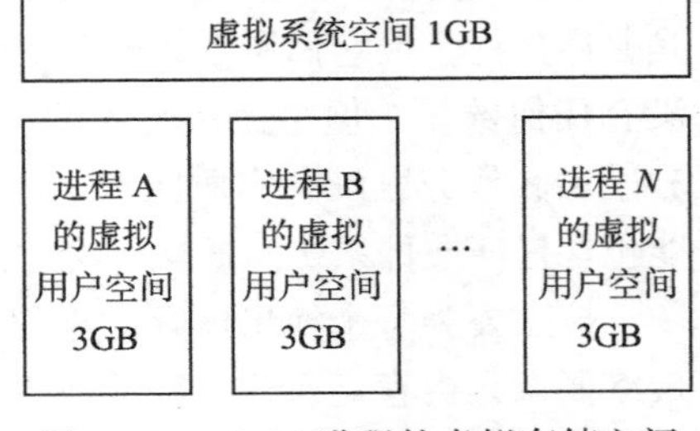

图 4-45　Linux 进程的虚拟存储空间

由于 Linux 系统中页面的大小为 4KB，因此进程虚拟存储空间要划分为 2^{20}（1M）个页面。如果直接用页表描述这种映射关系，那么每个进程的页表就要有 2^{20}（1M）个表项，即占用 4MB（设每个表项占 4B）的物理内存。很显然，用大量的内存资源来存放页表是不可取的。为此，Linux 系统采用三级页表的方式，如图 4-46 所示。

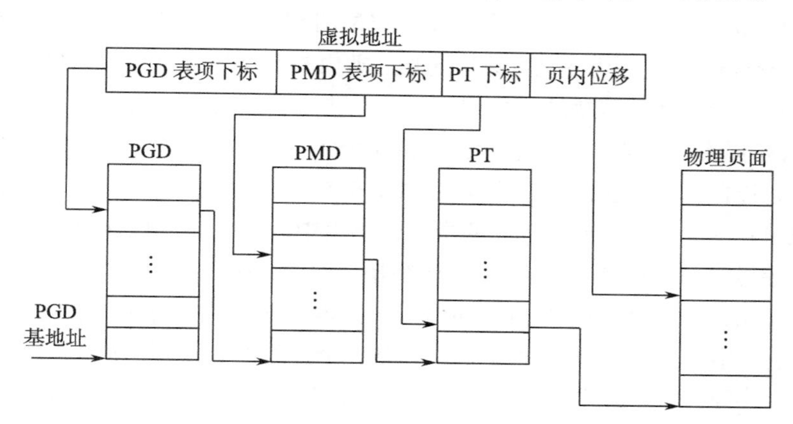

图 4-46　三级页表地址映射示意图

图 4-46 中 PGD 表示页面目录，PMD 表示中间目录，PT 表示页表。一个线性虚拟地址在逻辑上划分成 4 个位段，从高位到低位分别用作检索页面目录 PGD 的下标、中间目录 PMD 的下标、页表 PT 的下标和物理页面（即内存块）内的位移。把一个线性地址映射成物理地址分为以下四步：

1）以线性地址中最高位段作为下标，在 PGD 中找到相应的表项，该表项指向相应的 PMD。

2）以线性地址中第 2 个位段作为下标，在 PMD 中找到相应的表项，该表项指向相应的 PT。

3）以线性地址中第 3 个位段作为下标，在 PT 中找到相应的表项，该表项指向相应的物理页面（即该物理页面的起始地址）。

4）线性地址中的最低位段是物理页面内的相对位移量，此位移量与该物理页面的起始地址相加就得到相应的物理地址。

地址映射是与具体的 CPU 和 MMU（内存管理单元）相关的。对于 i386 来说，CPU 只支持两级模型，实际上跳过了中间的 PMD 这一级。从 Pentium Pro 开始，允许将地址从 32 位提高到 36 位，并且在硬件上支持三级映射模型。

2. 内存页的分配与释放

当一个进程开始运行时，系统要为其分配一些内存页；当进程结束运行时，要释放其所占用的内存页。一般地，Linux 系统采用位图和链表两种方法来管理内存页。

位图可以记录内存单元的使用情况。它用一个二进制位（bit）记录一个内存页的使用情况：如果该内存页是空闲的，则对应位是 1；如果该内存页已经分配出去，则对应位是 0。例如，有 1 024 KB 的内存，内存页的大小是 4 KB，则可以用 32 B 构成的位图来记录这些内存的使用情况。分配内存时检测该位图中的各个位，找到所需个数的、连续位值为1的位段，获得所需的内存空间。

链表可以记录已分配的内存单元和空闲的内存单元。采用双向链表结构将内存单元链接起来，可以加速空闲内存的查找或链表的处理。

Linux系统的物理内存页分配采用链表和位图相结合的方法，如图4-47所示。图中数组free_area的每一项描述某种内存页组（即由相邻空闲内存页构成的组）的使用状态信息。其中，第1个元素描述孤立出现的单个内存页的信息，第2个元素描述以2个（2^1）连续内存页为一组的页组的信息，而第3个元素描述以4个（2^2）内存页为一组的页组的信息，以此类推，页组中内存页的数量依次按2的倍数递增。free_area数组的每项有两个成分：一个是双向链表list的指针，链表中的每个节点包含对应的空闲页组的起始内存页编号；另一个是指向map位图的指针，map中记录相应页组的分配情况。如图4-47所示，free_area数组的项0中包含一个空闲内存页组；而项2中包含两个空闲内存页组（该链表中有两个节点），每个页组包括4个连续的内存页，第1个页组的起始内存页编号是4，另一个页组的起始内存页编号是100。

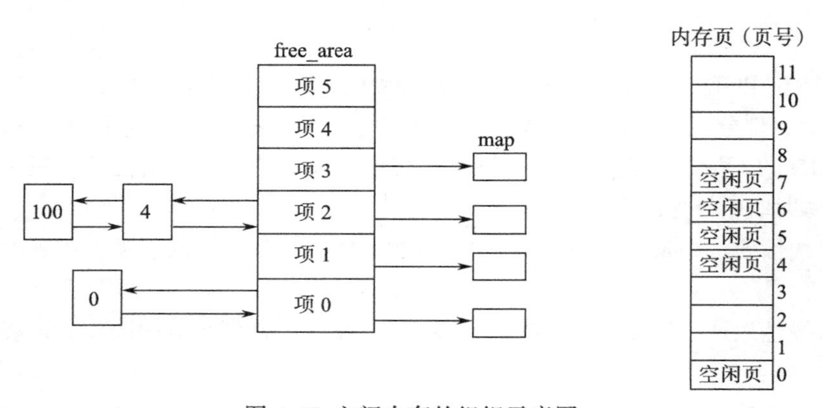

图4-47 空闲内存的组织示意图

在分配内存页组时，如果系统有足够的空闲内存页满足请求，Linux的页面分配程序首先在free_area数组中搜索与要求数量相等的最小页组的信息，然后在对应的list双向链表中查找空闲页组。如果没有所需数量的空闲内存页组，则继续查找下一个空闲页组（其大小为上一个页组的两倍）。如果找到的页组大于所要求的页数，则把该页组分为两部分：满足请求的部分，把它返回给调用者；剩余的部分，按其大小插入相应的空闲页组队列中。

当释放一个页面组时，页面释放程序就会检查其上下地址，看是否存在与它邻接的空闲页组。如果有的话，则把释放的页组与所有邻接的空闲页组合并成一个大的空闲页组，并且修改有关的队列。

4.10.3 Linux常用内存管理命令和函数

当一个进程开始运行时，系统要为其分配一些内存页；当进程结束运行时，要释放其所占用的内存页。一般地，Linux 系统采用位图和链表两种方法来管理内存页。

对任何一个普通进程来讲，都会涉及 5 种不同的结构成分：

1）代码段：代码段用来存放可执行文件的操作指令，是可执行程序在内存中的镜像。代码段需要防止在运行时被非法修改，所以只准许读取操作，而不允许写入（修改）操作。

2）数据段：数据段用来存放可执行文件中已初始化的全局变量，包括静态分配的变量和全局变量。

3）BSS（Block Started by Symbol）段：BSS 段是指用来存放程序中未初始化的全局变量和静态变量的一块内存区域，在程序执行之前 BSS 段会自动清 0。

4）堆（heap）：堆是用于存放进程运行中动态分配的内存段，它的大小并不固定，可动态扩张或缩减。当进程调用 malloc 等函数分配内存时，新分配的内存就被动态添加到堆上（堆被扩张）；当利用 free 等函数释放内存时，被释放的内存从堆中被去掉（堆被缩减）。

5）栈：栈是用户存放程序临时创建的局部变量，但不包括 static 声明的变量，static 意味着在数据段中存放静态变量。除此以外，在函数被调用时，其参数也会被压入发出调用的进程栈中，并且待到调用结束后，函数的返回值也会被存放回栈中。由于栈的"先进先出"特点，所以栈特别方便用来保存 / 恢复调用现场。从这个意义上可以把堆栈看成一个临时数据寄存、对换的内存区。

1. 内存管理命令

（1）free 命令

在 Linux 系统中，一般可以使用 free 命令查看内存使用情况。其格式为：

```
free [选项]
```

在默认情况下，以 KB(1 024 字节) 为单位显示内存使用情况。

下面是 free 命令使用的例子。

```
# free
           total        used        free      shared     buffers      cached
Mem:     506908      485572       21336           0       17248      280704
-/+buffers/cached:   187620      319288
Swap:  1052216           0     1052216
```

下面对各项的含义进行说明。第 1 行中：

- Mem：物理内存使用情况。
- total：物理内存的总量，total=used+free。
- used：已使用的内存数量。
- free：可供使用的内存数量。
- shared：多个进程共享的内存总量。
- buffers：缓冲区数量，其中存放尚未被写到磁盘的内容。
- cached：缓存数量，其中存放已从磁盘读入、用于后面使用的内容。

第2行中：

- -/+ buffers/cached：-buffers/cached表示从应用程序角度看，它使用了多少内存；+ buffers/cached表示应用程序认为系统还有多少内存。

第3行中：

- Swap：对换空间大小。

第1行中的used/free列与第2行中的used/free列对应项目的区别在于使用的角度不同。第1行是从操作系统的角度来看，因为对于操作系统来说，buffers/cached都是属于被使用的，所以这时的可用内存是21336 KB，已用内存是485572 KB（其中包括：内核（OS）使用的+各种应用软件（如X系统、Oracle等）使用的+buffers+cached）。

第2行所指的是从应用程序的角度来看，因为对于应用程序来说，设置buffers/cached是为了提高文件访问的性能，当应用程序需用到内存的时候，buffers/cached会很快地被回收。所以从应用程序的角度来说，buffers/cached等于是可用的，因此，可用内存总量等于系统可用（free）内存+buffers+cached。

free命令主要选项有：

- -b，-k，-m，-g：分别表示以字节、KB、MB、GB为单位显示内存使用情况。
- -l：长格式详细列表，包括内存的Low和High等值。
- -o：老格式列表，不显示/+ buffers/cached行。
- -t：显示RAM+swap的总值。
- -s n：每隔n秒显示一次内存使用情况，按Ctrl+C组合键退出显示。

如果想使命令延时一定时间，以便连续地监视内存的使用情况，就可以用带 `-s n` 参数的free命令（其中n表示秒数，如60）：

```
# free  -b  -s 60
             total      used       free     shared    buffers     cached
Mem:        506908    485572      21336          0      17248     280704
-/+buffers/cached:    187620     319288
Swap:      1052216         0    1052216

             total      used       free     shared    buffers     cached
Mem:        506908    485572      21336          0      17248     280704
-/+buffers/cached:    187620     319288
Swap:      1052216         0    1052216

             total      used       free     shared    buffers     cached
Mem:        506908    485572      21336          0      17248     280704
-/+buffers/cached:    187620     319288
Swap:      1052216         0    1052216
[Ctrl-C]
# █
```

这个命令将会在终端窗口中连续不断地报告内存的使用情况，每隔60秒更新一次。如果想退出显示，则可按下Ctrl+C组合键。

（2）检测进程对内存的使用情况和进行内存回收

毫无疑问，所有进程都必须占用一定数量的内存，它或是用来存放从磁盘载入的程序代码，或是用来存放取自用户输入的数据等。不过进程对这些内存的管理方式因内存用途不一而不尽相同，有些内存是事先静态分配和统一回收的，而有些却是按需要动态分配和回收的。

1）利用下面的命令可以显示所有终端上所有用户的有关进程的所有信息，其中包括各个进程使用内存的信息：

```
$ ps  aux
USER       PID %CPU %MEM   VSZ  RSS TTY     STAT  START  TIME COMMAND
root         1  0.0  0.2  1972  524 ?       S     19:07  0:01 init [5]
root         2  0.0  0.0     0    0 ?       SN    19:07  0:00 [ksoftirqd/0]
root         3  0.0  0.0     0    0 ?       S<    19:07  0:00 [events/0]
root         4  0.0  0.0     0    0 ?       S<    19:07  0:00 [khelper]
      ……
mengqc    3116  0.0  3.9 30292 10088 ?      Ss    19:09  0:00 kdeinit:Running…
……
mengqc    8566  0.0  7.1 56596 18376 ?      S     19:13  0:01 kdeinit: konsole
mengqc    8603  0.0  0.5  6004 1452 pts/1   Ss    19:14  0:00 /bin/bash
……
mengqc   28158  0.0  0.3  3844  780 pts/1   R+    19:58  0:00 ps aux
```

在上面列表的进程信息中包含了一些新项，它们的含义是：

- USER: 启动进程的用户。
- %CPU: 运行该进程占用 CPU 的时间与该进程总的运行时间的比例。
- %MEM: 该进程占用内存和总内存的比例。
- VSZ: 虚拟内存的大小，以 KB 为单位。
- RSS: 进程占用的不被对换出去的物理内存的数量，以 KB 为单位。
- STAT: 用多个字符表示进程的运行状态，其中可以包括以下几种代码。
  - D：进程处于不可中断睡眠状态（通常是 I/O）。
  - R：进程正在运行或处于就绪状态。
  - S：进程处于可中断睡眠状态（等待要完成的事件）。
  - T：进程停止，由于作业控制信号或者被跟踪。
  - Z：进程僵死，终止了但还没有被其父进程回收。
  - <：高优先权的进程。
  - N：低优先权的进程。
  - L：有锁入内存的页面（用于实时任务或 I/O 任务）。
- START：进程开始的时间或日期。一般以“HH:MM”（即小时：分钟）形式显示。

2）利用 `cat  /proc/meminfo` 命令可以查看 RAM 使用情况，而且这是最简单的方法：

```
$ cat  /proc/meminfo
```

参数 /proc/meminfo 是个动态更新的虚拟文件，实际上它的内容是许多其他内存相关工具（如 free 、ps 、top）等显示信息的组合。/proc/meminfo 列出了所有你想了解的内存的使用情况。进程的内存使用信息也可以通过 cat 命令显示 /proc/<pid>/statm 和

/proc/<pid>/status 文件的信息来查看。

根据上述命令的输出，用户可以发现一些使用内存较大的进程。为了缓解系统内存的紧张情况，可以使用 kill 命令终止一些进程，使系统释放一部分内存空间。

例如，pid 为 XXX 的进程占用的内存较大，且当前处于睡眠状态，现在想回收该进程所占用的内存，可以使用下面命令：

```
# kill  -9  xxx
```

这样，就可以使系统释放一部分内存空间。

（3）vmstat 命令

在 Linux 系统上运行的程序只看到大量的可用内存，而不关心哪部分在磁盘上，哪部分是物理内存。当然，硬盘的读写速度比物理内存要慢得多（大约慢千倍），所以如果程序运行中多次在物理内存和硬盘之间对换内存块，则导致程序运行较慢。

vmstat 命令是 Virtual Memory Statistics（虚拟内存统计）的缩写，它是一个通用监控程序，可以用来监视对换区使用情况。该命令执行后会显示实时数据与平均值的统计情况，包括 CPU、内存、I/O 等内容。例如内存使用情况不仅显示物理内存，也统计虚拟内存。

一般 vmstat 工具的使用是通过两个数字参数来完成的，第一个参数是采样的时间间隔数，单位是秒；第二个参数是采样的次数。下面是一个使用 vmstat 命令监视虚拟内存使用的例子。

```
# vmstat 2 1
procs   -----------memory---------- --swap-- ---io--- --system-- ----cpu----

 r  b  swpd   free   buff   cache  si    so  bi    bo  in      cs  us  sy id wa

 1  0    0  3498472 315836 3819540  0      0  0     1  2        0   0   0 100 0
```

vmstat 命令报告主要的活动类型有进程 (procs)、内存 (以千字节为单位)、对换分区 (以千字节为单位)、块设备 (硬盘)I/O 量、系统中断 (每秒钟发生的次数)，以及 CPU 使用情况（包括分配给用户的时间、系统占用时间和空闲时间分别占用的比例）。

2. 内存动态管理函数

用户在编程时，如果需要为产生的数据申请内存空间，可以在程序中使用系统提供的相应函数，如 malloc(分配没有被初始化的内存块)、calloc（分配内存块并且初始化）、realloc（调整先前分配的内存块的大小）、free（释放先前由 malloc 等分配的内存）。表 4-1 列出它们的格式和功能。

表 4-1　有关内存管理函数的格式和功能

格　式	功　能
`#include <stdlib.h>` `void *malloc(size_t size);`	分配没有被初始化过的内存块，其大小是 size 所指定的字节数。如成功，则返回指向新分配内存的指针；否则，返回 NULL

（续）

格 式	功 能
#include <stdlib.h> void *calloc(size_t nmemb, size_t size);	分配内存块并且初始化，其大小是包含 nmemb 个元素的数组，每个元素的大小为 size 字节。如成功，则返回指向新分配内存的指针；否则，返回 NULL
#include <stdlib.h> void *realloc(void *ptr, size_t size);	改变以前分配的内存块的大小，即调整先前由 malloc 或 calloc 所分得内存的大小。参数 ptr 必须是由 malloc 或 calloc 返回的指针，而表示大小的 size 既可以大于原内存块的大小，也可以小于它。通常，对内存块的缩放操作在原地进行。如不行，则把原来的数据复制到新位置。另外，realloc 不对新增内存块初始化；如不能扩大，则返回 NULL，原数据保持不动；如 ptr 为 NULL，则等同 malloc ；如 size 为 0，则释放原内存块
#include <stdlib.h> void free(void *ptr);	释放由 ptr 所指向的一块内存。ptr 必须是先前调用 malloc 或 calloc 时返回的指针

小结

用户程序必须装入到内存才能运行。进程的地址空间不同于内存的物理空间。经过重定位可以把逻辑地址转变为内存的物理地址。重定位分为静态和动态两种方式，现在的计算机系统中都采用动态重定位方法。

在早期的操作系统中，由于可用的内存空间有限，大作业不能一次全部装入而无法运行，于是引入覆盖技术。操作系统中也采用对换技术，它可以利用外存来解决内存不足的问题。现在 UNIX/Linux 系统中还采用这种技术。

分区分配是为支持多道程序运行而设计的一种最简单的存储管理方式，可分为固定分区法和动态分区法。动态分区法常用的分配策略是最先适应算法和最佳适应算法，前者空闲表按位置排列，后者空闲表以空闲块的大小为序。

操作系统中用于多道程序的存储管理算法很多，从最简单的分区方法到复杂的虚拟存储。在一个特定系统中所用策略的决定因素取决于硬件提供的支持。由 CPU 生成的所有地址都必须进行合法性检查，并尽可能映射到物理地址。由于效率原因，这种检查用软件不能实现，因此必须用硬件来完成。

以上讨论的存储管理算法在很多方面是有差别的，下面列出不同存储管理算法进行比较时应重点考虑的几个方面。

1）硬件支持。一对基址 / 限长寄存器适用于动态重定位分区管理，而分页方式需要页表，分段方式需要段表，用于确定地址映射。

2）性能。随着算法更加复杂，把一个逻辑地址映射成物理地址所需的映射时间也增加了。对于简单系统，仅需要比较或加上逻辑地址，操作相当快。对分页方式来说，如果页表是在内存中，那么用户的存储访问就明显地变慢了。利用快表可改善其性能。

3）碎片。在多道程序系统中，一般都要有较多的进程进入内存。为此，必须减少内存的损耗或碎片。具有固定大小分配单元的系统，如 MFT（具有固定任务数的多道程序设计）或分页系统，会产生内部碎片；而具有可变大小分配单元的系统，如 MVT（具有可变任务数的多道程序设计），会出现外部碎片。

4）重定位。解决外部碎片的一个办法是紧缩。紧缩即通过移动内存中的程序或数据，从而使空闲区连成一片。这就要求逻辑地址在执行时是动态重定位的。如果地址仅在装入时被重定位，那么就无法紧缩内存。

5）对换。任何算法都可加上对换技术。对换由操作系统确定，通常受CPU调度策略的支配，在此期间进程从内存复制到后备存储器上，以后再复制回内存。用这种方式支持多个进程运行，进程数可超过内存能同时容纳的数目。

6）共享。为了提高多道程序度，可以在不同用户间共享代码和数据。利用共享方式可避免同一副本占用多处内存，从而在有限的内存中运行多个进程。

7）保护。如果采用分页技术，则用户程序的不同部分应加上相应的保护说明信息，如可执行、只读、可读/写等。在共享代码或数据时必须有这种限制，这对于运行时进行一般性的程序设计错误检验也是有用的。分段方式更容易实现各分段的共享与保护。

虚拟存储技术允许把大的逻辑地址空间映射到较小的物理内存上，这样就提高了多道程序并发执行的程度，增加了CPU的利用率。虚拟存储器具有一系列新的特性，包括：虚拟扩充、部分装入、离散分配和多次对换等。

请求分页式存储管理是根据实际程序执行的顺序，动态申请存储块的，并不是把所有页面都放入内存。对一个程序的第一次访问将产生缺页中断，转入操作系统进行相应处理。操作系统依据内部表格确定页面在外存上的位置，然后找一个空闲块，把该页面从外存上读到内存块中。同时，修改页表有关项目，以反映这种变化，产生缺页中断的那条指令被重新启动执行。这种方式允许一个程序即使它的整个存储映像并没有同时在内存中，也能正确运行。只要缺页率足够低，其性能还是很好的。

请求分页可用来减少分配给一个进程的块数，这就允许更多进程同时执行，而且允许程序所需内存量超出可用内存总量。所以，各个程序是在虚拟存储器中运行的。

当内存的总需求量超出实际内存量时，为释放内存块给新的页面，需要进行页面置换。有多种页面置换算法可供使用。FIFO是最容易实现的，但性能不是很好。OPT算法需要知道程序未来的页面走向，这在实际上不可行，故仅有理论价值。LRU是OPT的近似算法，但实现时要有硬件的支持和软件开销。此外，较有名的页面置换算法还有第二次机会置换法、时钟置换法、最近未使用置换法、最少使用置换法、页面缓冲置换法等，多数页面置换算法都是LRU的近似算法，如最近未使用置换法、最少使用置换法等。

Linux采用对换和请求分页存储管理技术，页面置换采用LRU算法。为实现对换和请求分页，系统设立了很多数据结构，便于各分区的共享和保护。

习题4

1. 用户程序在计算机系统中主要分为哪些处理阶段？
2. 解释以下术语：物理地址、逻辑地址、逻辑地址空间、内存空间、重定位、静态重定位、动态重定位、碎片、紧缩、虚拟存储器。

3. 装入程序的功能是什么？常用的装入方式有哪几种？
4. 对换技术如何解决内存不足的问题？
5. 解释固定分区法和动态分区法的基本原理。
6. 说明内部碎片和外部碎片之间的不同。
7. 动态分区法采用的分配算法主要有哪几种？简述各自的实现方式。
8. 动态重定位分区管理方式中如何实现虚－实地址映射？
9. 虚拟存储器有哪些基本特征？
10. 分页存储管理的基本方法是什么？
11. 在分页系统中页面大小由谁决定？页表的作用是什么？如何将逻辑地址转换成物理地址？
12. 什么是分页？什么是分段？二者有何主要区别？
13. 什么是页面抖动？它与什么有关？一旦检测到抖动，系统如何消除它？
14. 何谓工作集？它有什么作用？
15. 请求分页技术与简单分页技术之间的根本区别是什么？
16. 某虚拟存储器的用户编程空间共 32 个页面，每页为 1KB，内存为 16KB。假定某时刻一用户页表中已调入内存的页面的页号和物理块号的对照表如表 4-2 所示。

表 4-2 页表中页号和物理块号对照表

页号	物理块号	页号	物理块号
0	5	2	4
1	10	3	7

则逻辑地址 0A5C(H) 所对应的物理地址为________________。

17. 为了提高内存的利用率，在可重定位分区分配方式中可通过____________技术来减少内存碎片；为了进行内存保护，在分段存储管理方式中可以通过______________和段表中的____________________________来进行越界检查。

18. 选择题。

① 外存（如磁盘）上存放的程序和数据____________。

A. 可由 CPU 直接访问　　B. 必须在 CPU 访问之前移入内存

C. 是使用频度高的信息　　D. 是高速缓存中的信息

② 虚拟存储管理策略可以____________。

A. 扩大逻辑内存容量　　B. 扩大物理内存容量

C. 扩大逻辑外存容量　　D. 扩大物理外存容量

③ 请求分页存储管理中，若把页面大小增加一倍，则一般缺页中断次数（程序顺序执行）____________。

A. 增加　　B. 减少　　C. 不变　　D. 可能增加也可能减少

④ 下面的存储管理方案中，只有____________会使系统产生抖动。

A. 固定分区　　B. 可变分区　　C. 单纯分区　　D. 请求分页

19. 已知段表如表 4-3 所示。

表 4-3　段表

段号	基址	长度	合法（0）/ 非法（1）	段号	基址	长度	合法（0）/ 非法（1）
0	219	600	0	3	1327	580	0
1	2300	14	0	4	1952	96	0
2	90	100	1				

下述逻辑地址的物理地址是什么？

① 0, 430；② 1, 10；③ 1, 11；④ 2, 500；⑤ 3, 400；⑥ 4, 112。

20. 有一页式系统，其页表存放在主存中。

① 如果对主存的一次存取要 3μs，问实现一次页面访问要多长时间？

② 如系统有快表，平均命中率为 97%，假设访问快表的时间忽略为 0，问此时一次页面访问要多长时间？

21. 为什么分段技术比分页技术更容易实现程序或数据的共享和保护？

22. 考虑下述页面走向：

1，2，3，4，2，1，5，6，2，1，2，3，7，6，3，2，1，2，3，6

当内存块数量分别为 3、5 时，试问 LRU、FIFO、OPT 这三种置换算法的缺页次数各是多少？（注意，所有内存块最初都是空的，所以，凡第一次用到的页面都产生一次缺页。）

23. 考虑下面存储访问序列，该程序大小为 460 字：

10，11，104，170，73，309，185，245，246，434，458，364

假设页面大小是 100 字，请给出该访问序列的页面走向。又假设该程序基本可用内存是 200 字，采用 FIFO 置换算法，求出其缺页率。如果采用 LRU 置换算法，缺页率是多少？如果采用最优淘汰算法，其缺页率又是多少？

24. 考虑一个请求分页系统，测得的利用率如下：

CPU——20%，磁盘——99.7%，其他 I/O 设备——5%

下述哪种办法能改善 CPU 的利用率？为什么？

① 用更快的 CPU；② 用更大的磁盘；③ 增加多道程序的道数；④ 减少多道程序的道数；⑤ 用更快的其他 I/O 设备。

25. 在一个使用对换的系统中，按地址排列的内存中的空闲区大小为：10KB、4KB、20KB、18KB、7KB、9KB、12KB 和 15KB，对于连续的段请求① 12KB；② 10KB；③ 9KB, 请写出采取首次适应法、最佳适应法和循环首次适应法时取出的段的号码。

26. 有一矩阵 `int a[100][100]`；按行进行存储。有一虚拟存储系统，物理内存共有三块，其中一块用来存放程序，其余两块用来存放数据。假设程序已在内存中占一块，其余两块空闲。

程序 A:

```
for(i=0;i < 100;i++)
   for(j=0;j < 100;j++)
       a[i][j]=0;
```

程序 B:

```
for(j=0; j < 100; j++)
   for(i=0;i < 100;i++)
       a[i][j]=0;
```

若每页可存放 200 个整数，程序 A 和程序 B 在执行过程中各会发生多少次缺页？试问：若每页只能存放 100 个整数呢？上面情况说明了什么问题？

第5章 文件系统

学习内容

对于“文件”这一术语，大家并不陌生。比如，我们都会知道怎样建一个Word文件，如何拷贝文件、删除文件、更改工作目录、列目录内容等。我们的程序和数据等都要以文件形式存放在系统中，所以文件系统与用户的关系也最为密切。操作系统通过管理多种存储设备（如第6章介绍的磁盘）来执行抽象的文件概念。

那么什么是文件呢？你怎样看待文件？文件系统是什么？它有什么功能？系统内部如何对文件进行管理？文件怎样在目录中登记？有些文件内容可供大家共享，而另外一些却需要保护起来，应采取什么措施？具体一点说，你知道Linux系统中文件系统是如何构造的吗？……好，这些正是我们要学习的重点。

本章主要介绍以下主题：

- 文件系统的功能
- 文件的逻辑组织和物理组织
- 文件的目录结构
- 文件存储空间的管理
- 文件系统的可靠性
- 文件共享和保护
- Linux文件系统的一般概念

学习目标

了解：用户对文件的存取方法，文件系统结构，Ext2文件系统，虚拟文件系统，对文件的主要操作。

理解：文件的分类，文件链接，文件的后备和恢复，文件保护，Linux文件系统的一般概念。

掌握：文件系统的功能，文件的逻辑组织和物理组织，文件的目录结构，文件存储空间的管理。

5.1 文件系统概述

计算机中有大量的用户程序、应用程序和系统程序，所有程序在运行过程中都需要保存和读取信息。当一个进程运行时，它可以把有限的信息存放在分给自己的内存空间中。但是，计算机系统需要处理的信息量太大，而内存容量有限，无法把所有的信息全部保存在内存中。另外，进程地址空间中存放的信息是临时性的，当进程终止后，信息就丢失了，这不符合长期保存信息的要求。此外，系统中往往有多个进程要同时访问一个信息，而进程地址空间中的信息不允许这样做。为了解决这些问题，实现大量信息的长期方便共享，通常系统中的绝大部分信息都存放在外存，一般是保存在磁盘（指硬盘）中，不经常使用的信息才保存在磁带、光盘或软盘中。对这些信息在存储介质上的存放和管理必须利用文件和文件系统。

本节介绍文件的定义、分类、命名、属性、存取方式以及文件系统的功能。

5.1.1　文件及其分类

1. 文件

文件（File）是从存储设备抽象出来的被命名的相关信息的集合体。它通常存放在外存（如磁盘、磁带）上，可以作为一个独立单位存放和实施相应的操作（如打开、关闭、读、写等）。例如用户编写的一个源程序、经编译后生成的目标代码程序、初始数据和运行结果等，均可以文件形式保存。所以，文件表示的对象相当广泛。一般地，文件是由二进制代码、字节、行或记录组成的序列，它们由文件创建者或用户定义。

文件中的信息由创建者定义。很多不同类型的信息都可存放在文件中，如源程序、目标程序、可执行程序、数值数据、文本、工资单、图形图像、录音等。根据信息类型，文件具有一定的结构。如文本文件是一行一行（或页）的字符序列；源文件是子程序和函数序列，它们又有自己的构造，如数据说明和后面的执行语句；目标文件是组成模块的字节序列，系统连接程序知道这些模块的作用；而可执行文件是由一系列代码段组成的，装入程序可把它们装入内存，然后运行。

2. 文件类型

为了便于管理和控制文件，常把文件分成若干类型。由于不同系统对文件的管理方式不同，因而对文件的分类方法也有很大差异。下面是常用的几种文件分类方法。

（1）按用途分类

1）系统文件—— 由操作系统及其他系统程序的信息所组成的文件。这类文件对用户不直接开放，只能通过操作系统提供的系统调用为用户服务。

2）库文件—— 由标准子程序及常用的应用程序组成的文件。这类文件允许用户使用，但用户不能修改它们。

3）用户文件—— 由用户委托保存、管理的文件，如源程序、目标程序、原始数据、计算结果等。这类文件可由创建者（即文件主）或被授权者进行适当的读、写或其他操作。

（2）按文件中的数据形式分类

1）源文件—— 从终端或输入设备输入的源程序和数据所构成的文件，它通常由ASCII码或汉字组成。

2）目标文件—— 源程序经过相应语言的编译程序进行编译后，尚未经过连接处理的目标代码所形成的文件。它属于二进制文件。

3）可执行文件—— 经过编译、连接之后所形成的可执行目标文件。

（3）按存取权限分类

1）只读文件—— 仅允许对其进行读操作的文件，不允许写操作。

2）读写文件—— 允许文件主和被授权用户对其进行读或写操作的文件。

3）可执行文件—— 允许被授权用户执行它，但通常不允许读或写。

（4）按保存时间分类

1）临时文件—— 用户在一次解题过程中建立的“中间文件”，它只保存在磁盘上，当用户退出系统时，它也随之撤销。

2）永久文件—— 长期保存的有价值的文件，以备用户经常使用。它不仅在磁盘（硬盘或软盘）上存有副本，同时在移动硬盘或磁带上也有一个可靠的副本。

（5）在 UNIX/Linux 和 MS-DOS 系统中，按文件的内部构造和处理方式分类

这些系统中文件类型主要包括普通文件、目录文件和特殊文件。

1）**普通文件**—— 由表示程序、数据或文本的字符串构成，内部没有固定的结构。这类文件包括一般用户建立的源程序文件、数据文件、目标代码文件，也包括各种系统文件（如操作系统本身的众多代码文件）和库文件（如标准 I/O 文件和数学函数文件）。

2）**目录文件**—— 由下属文件的目录项构成的文件。它类似于人事管理方面的花名册—— 本身不记录个人的档案材料，仅仅列出姓名和档案分类编号。对目录文件可进行读、写等操作。

3）**特殊文件**—— 特指各种外部设备。为了便于统一管理，系统把所有 I/O 设备都作为文件对待，按文件格式提供用户使用，如目录查找、存取权限验证等方面与普通文件相似，而在具体读、写操作上，要针对不同设备的特性进行相应处理。特殊文件分为字符特殊文件和块特殊文件。前者是有关输入输出的设备，如终端、打印机、扫描仪和网络等；后者是存储信息的设备，如硬盘、软盘、CD-ROM 和磁带等，关于硬盘的组织管理见第 6 章。

普通文件通常分为 ASCII 文件和二进制文件。ASCII 文件由只包含 ASCII 字符的正文行组成，每个正文行以回车符或换行符终止，各行的长度可以不同。ASCII 文件又称文本文件，常用来存储资料、程序源代码和文本数据。文本文件的最大特点是可以直接显示和打印，可用普通文本编辑器进行编辑加工。

二进制文件所包含的每个字节可能有 256(2^8) 种值。因此，对于表达信息来说，二进制文件是一种更为有效的方式，但它不能在终端上直接显示出来。二进制文件的一种常见示例是可执行文件。通常，可执行的二进制文件都有内部结构。在 UNIX/Linux 系统中它有 5 个区，依次是文件头、正文段、数据段、重定位区和符号表区。文件头结构由幻数（标志可执行文件的特征）、正文段长度、数据段长度、BSS 段（存放未初始化的数据）长度、符号表长度、入口单元及各种标志组成。重定位时利用重定位区，而符号表用于调试程序，如图 5-1a 所示。

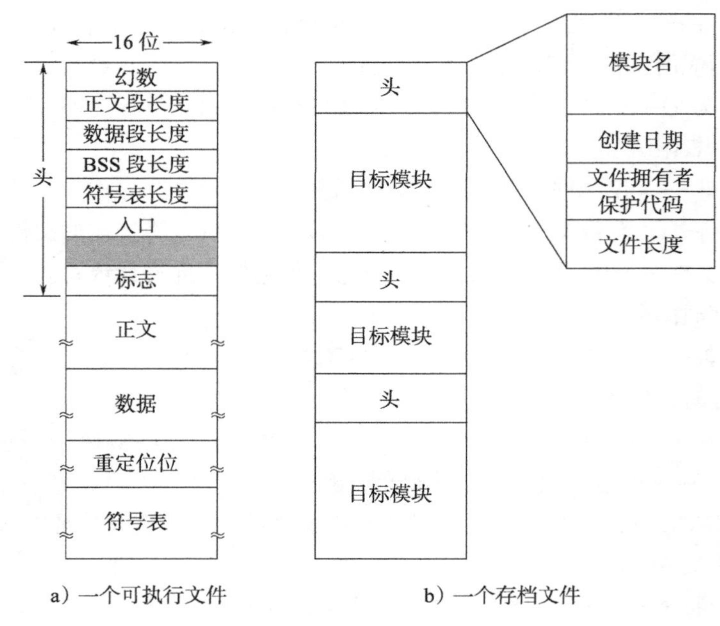

a）一个可执行文件　　b）一个存档文件

图5-1　可执行文件和存档文件的内部结构

*存档文件*是二进制文件的另一示例。在UNIX/Linux系统中，它由编译过但未连接的库过程（模块）集合组成。每个存档文件的结构是在其目标模块之前有一个文件头，这个文件头由模块名、创建日期、文件拥有者、保护代码和文件长度等项组成。文件头全是二进制数码，如图5-1b所示。

所有操作系统都必须至少识别一种文件类型——它自己的可执行文件。有些操作系统可以识别多种文件类型。一般情况下，对文件进行操作时必须注意其类型，特别是不同操作系统所识别的文件类型是不一致的。

3. 文件命名

文件是抽象机制，提供在磁盘上存放信息和以后从中读出的方法。用户不必了解信息如何存放、存放在何处、磁盘如何实际工作等细节。抽象机制最重要的特性就是“按名”管理对象。用户对文件也是“按名存取”的。

不同系统对文件的命名规则是不同的，但所有操作系统都允许由1～8个字母构成的字符串作为合法的文件名。数字和特殊字符也可出现在文件名中。有些文件系统区分文件名中的大小写字母，如UNIX和Linux系统，而另外的文件系统则不加区分，如MS-DOS。Windows继承了MS-DOS的很多特性，如Windows NT、Windows 7和Windows 10等都支持MS-DOS文件系统，也包括文件名构成。当然它们也有自己的文件系统。很多操作系统支持的文件名都由两部分构成：文件名和扩展名。二者间用圆点分开，如prog.c。扩展名也称为后缀，利用扩展名可以区分文件的属性。表5-1给出了常见文件扩展名及其含义。

表 5-1 常见文件扩展名及其含义

扩展名	文件类型	含 义
exe，com，bin	可执行文件	可以运行的机器语言程序
obj，o	目标文件	编译过的、尚未连接的机器语言程序
c，cc，java，pas，asm，a	源文件	用各种语言编写的源代码
bat，sh	批文件	由命令解释程序处理的命令
txt，doc	文本文件	文本数据、文档
wp，tex，rrf，doc	字处理文档文件	各种字处理器格式的文件
lib，a，so，dll	库文件	供程序员使用的例程库
ps，pdf，jpg	打印或视图文件	以打印或可视格式保存的 ASCI I 码文件或二进制文件
arc，zip，tar	存档文件	相关文件组成一个文件（有时压缩）进行存档或存储
mpeg，mov，rm	多媒体文件	包含声音或 A/V 信息的二进制文件

5.1.2 文件系统的功能

现代操作系统中都配置有较完备的文件管理系统，简称文件系统。所谓**文件系统**，就是操作系统中负责操纵和管理文件的一整套设施，它实现文件的共享和保护，方便用户“按名存取”。文件系统为用户提供了存取简便、格式统一、安全可靠的管理各种文件信息的方法。有了文件系统，用户就可以用文件名对文件实施存取和相应管理，而不必考虑其信息放在磁盘的哪个面、哪个道、哪个扇区上，也不必关心怎样启动设备进行 I/O 等实现过程的细节。因而，文件系统提供了用户与外存的界面。

一般说来，文件系统应具备以下功能：

1）文件管理——能够按照用户要求创建一个新文件、删除一个旧文件，对指定的文件进行打开、关闭、读、写、执行等操作。

2）目录管理——为每个文件建立一个文件目录项，若干文件的目录项构成一个目录文件。根据用户要求创建或删除目录文件，对用户指定的文件进行检索和权限验证、更改工作目录等。

3）文件存储空间的管理——由文件系统对文件存储空间进行统一管理，包括对文件存储空间的分配与回收，并为文件的逻辑结构与它在外存（主要是磁盘）上的物理地址之间建立映射关系。

4）文件的共享和保护——在系统控制下使一个用户可共享其他用户的文件。另外，为防止对文件的未授权访问或破坏，文件系统应提供可靠的保护和保密措施，如采用口令、存取权限以及文件加密等。为防止意外事故对文件信息的破坏，文件系统应有转储和恢复文件的能力。

5）提供方便的接口——为用户提供统一的文件存取方式，即用户只要用文件名就可对存储介质上的信息进行相应操作，从而实现“按名存取”。操作系统应向用户提供一个使用方便的接口，主要是有关文件操作的系统调用，供用户编程时使用。

看待文件系统有不同的观点，主要是用户观点（即外部使用观点）和系统观点（即内部设计观点）。从用户观点来看，文件系统应该做到存取文件方便，信息存储安全可靠，既能实现共享又可做到保密。从系统观点来看，文件系统要实现对存放文件的存储空间的组织、分配、信息的传输，并对已存信息进行检索和保护等。

5.2　文件的逻辑组织和物理组织

用户和系统设计人员看待同一文件的角度往往不同。用户对文件的观察和使用是从自身处理文件中数据时采用的组织方式来看待文件组织形式。这种从用户观点出发所见到的文件组织形式称为文件的逻辑组织。

系统设计人员看待文件时要考虑文件具体在存储设备中如何放置、如何组织、如何实现存取等细节，这与存储介质的存储性能有关。文件在存储设备上的存储组织形式称为文件的物理组织。

5.2.1　文件的逻辑组织

用户可以采用不同的方式构造文件。通常有两种方式，即无结构文件和有结构文件。如图5-2所示。

1. 无结构文件

无结构文件是指文件内部不再划分记录，是由一组相关信息组成的有序字符流，即流式文件，如图5-2a所示，其长度直接按字节计算。大量的源程序、可执行程序、库函数等采用的文件形式是无结构文件形式。在UNIX和Windows系统中，所有的文件都被看作流式文件。事实上，操作系统不知道或不关心文件中存放的内容是什么，它所见到的都是一个一个的字节。文件中任何信息的含义都由用户级程序解释。

把文件看作字符流，为操作系统带来了灵活性。用户可以根据需要在自己的文件中加入任何内容，不用操作系统提供任何额外帮助。

2. 有结构文件

有结构文件又称记录式文件。它在逻辑上可被看成一组连续记录的集合，即文件是由若干相关记录组成，且对每个记录编上号码，依次为记录1，记录2，……，记录*n*。每个记录是一组相关的数据集合，用于描述一个对象某个方面的属性，如年龄、姓名、职务、工资等，如图5-2b所示。

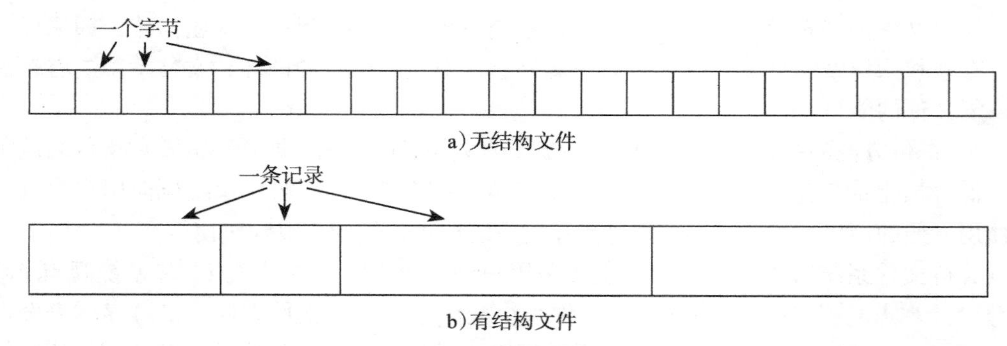

图5-2　两种文件结构

记录式文件按记录长度是否相同，又可分为定长记录文件和变长记录文件两种。

1）定长记录文件。文件中所有记录的长度都相同。文件的长度可用记录的数目来表示。定长记录处理方便，开销小，被广泛用于数据处理中。

2）变长记录文件。文件中各记录的长度不相同（如图 5-2b 所示）。如姓名、单位地址、文章的标题等，有长有短，并不完全相同。在处理之前，每个记录的长度是已知的。

有结构文件源于早期穿孔卡片的使用，每张卡片由 80 个字符组成一个记录，如 CP/M 操作系统就把文件看作定长记录序列。

5.2.2　用户对文件的存取方法

文件的基本作用是存储信息。当使用文件时，必须存取这些信息，且把它们读入计算机内存。文件的存取方法是由文件的性质和用户使用文件的方式决定的。按存取的顺序来分，通常有顺序存取和随机存取两类。顺序存取严格按照字符流或记录的排列次序依次存取。如在提供记录式文件结构的系统中，当前读取记录 R_i，则下次要读取的记录自动地确定为 R_{i+1}。随机存取允许按用户要求随意存取文件中的一个记录，下次要存取的记录和当前存取的记录间并不存在顺序关系。

1. 顺序存取方法

对文件的大量操作是读和写。读文件操作是按照文件指针指示的位置读取文件的内容，并且文件指针自动地向前推进。类似地，写文件操作是把信息附加到文件的末尾，且把文件指针移到文件的末尾。可以把这样的文件看成一条信息带，按顺序存取，如图 5-3 所示。在早期的操作系统中，这种方法是唯一的存取文件方法，所针对的存储介质是磁带，而不是磁盘。

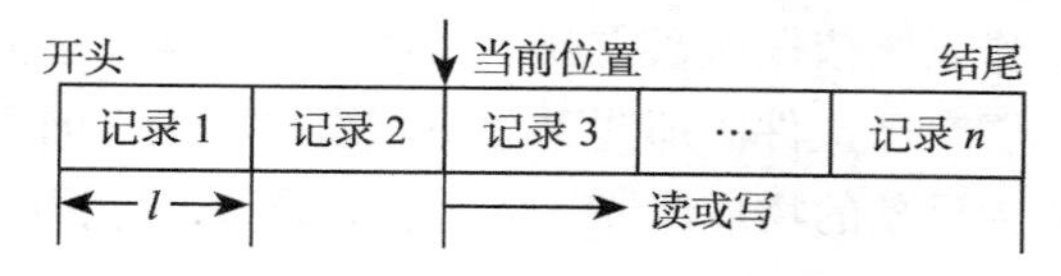

图 5-3　顺序存取定长记录文件

可用一个文件读写指针 rp 指向下一次要读出的记录的起始地址。当该记录读出后，对 rp 进行相应的修改。例如，对定长记录文件，有

$$rp_{i+1} = rp_i + l$$

其中，l 是记录长度。

对变长记录文件进行顺序存取时，每当一个记录被读、写之后，读写指针 rp 也同样要进行调整，指向下一个要存取的记录的起始地址。但由于各记录的长度不同，所以有如下关系：

$$rp_{i+1} = rp_i + l_i$$

其中，l_i 是第 i 个记录的长度（$1 \leqslant i < m$），如图 5-4 所示。

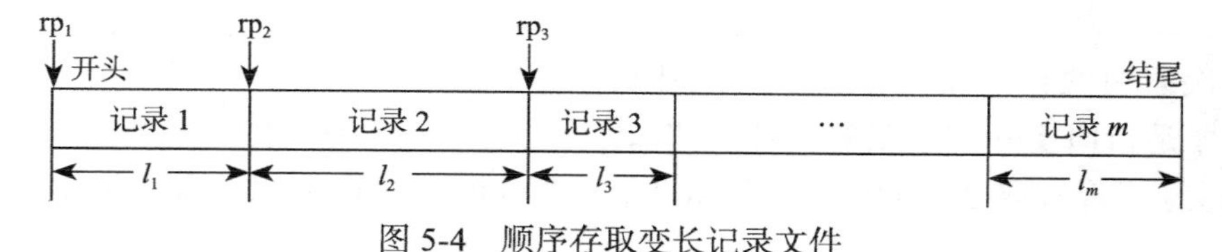

图 5-4　顺序存取变长记录文件

2. 随机存取方法

随机存取也称作直接存取，它是基于磁盘的文件存取模式。对于定长记录文件来说，随机存取把一个文件视为一系列编上号的块或记录，通常每块的大小是一样的，它们被操作系统作为最小的定位单位，如图5-5所示。每块大小可以是1 B、512 B、1024 B或其他数值，这取决于系统。

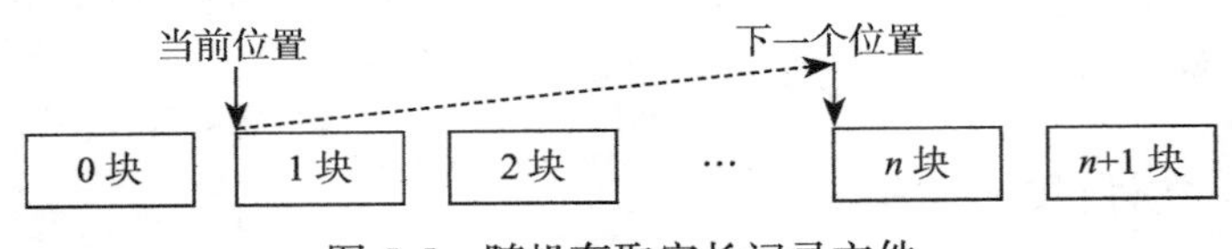

图5-5　随机存取定长记录文件

随机存取文件方式允许以任意顺序读取文件中的字节或记录，如当前读取第14块，接着读取第53块、第7块等。随机存取方式主要用于对大批信息的立即访问，如对大型数据库的访问。当接收到访问请求时，系统计算出信息所在块的位置，然后直接读取其中的信息。

进行随机存取时，先要设置读写指针的当前位置，可用专门的操作seek实现。然后，从这个位置开始读取文件内容。

随机方式下读写文件等操作都以块号为参数。用户提供的操作系统的块号通常是相对块号。相对块号是相对文件开头的索引。文件的第1个相对块号是0，下一个是1，以此类推。但是，该文件在磁盘上的相应物理块号却不是按这样的顺序排列的，它由操作系统依据磁盘空间的具体使用情况动态分配，这有助于信息保护，防止用户存取不属于自己文件的那些磁盘块。用户对文件的存取是逻辑操作，由操作系统将逻辑地址转换为设备的物理地址，然后驱动设备进行相应操作。

3. 其他存取方法

其他存取方法是建立在随机存取方法之上的。这些方法一般都包含对文件的索引构造。例如，对于变长记录结构的文件，通过计算从头至指定记录的长度来确定读写位移，这种方式很不方便。通常采用索引表组织方式，如图5-6所示。每个文件有一个索引表。索引表是按记录号顺序排列的，每个表项有两个数据项：记录长度和指向该记录在文件空间中首地址的指针。为了找到文件中的一个记录，首先利用记录号作为索引，可以很快找到表中的项，从而获取所需记录的首地址。当然，该表要占用一部分存储空间。

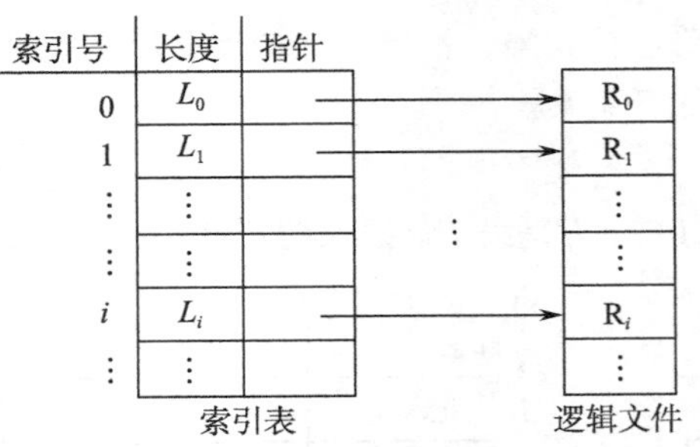

图5-6　直接存取变长记录文件的索引表结构

对于大型文件，索引文件本身也变得很大，需占用大量内存。解决此问题的一种办法是建立二级索引，即主索引文件包含的项是指向次索引文件的指针，次索引文件包含的项才是指向实际数据项的指针。例如，IBM的索引顺序存取方法（ISAM）使用一个小型的主索引，它指向次索引所在的磁盘块，二次索引块指向实际的文件块。文件按定义的键排序存取。若要找出特定的项，先对主索引进行二分法查找，它提供次索引文件的块号。读入这一块，再进行二分法查找，找到包含所要记录的块。最后，顺序查找这些块。利用这种方法，至多两次直接存取就可以利用键找出任意记录的位置。

5.2.3 文件的物理组织

文件的物理组织涉及一个文件在存储设备上是如何放置的。它和文件的存取方法有密切关系，另外也取决于存储设备的物理特性。从逻辑上看，所有文件都是连续的，但在物理介质上存放时却不一定连续。下面介绍几种基本的文件物理存储组织形式。

1. 连续文件

连续文件（又称作顺序文件）是基于磁带设备的最简单的物理文件结构，它是把一个逻辑上连续的文件信息存放在连续编号的物理块（或物理记录）中。例如定长记录文件 file1 长度为 2000 字节，存放在连续分块的磁带上，每块大小设为 512 字节，这样它要占用 4 块，设首块编号为 30。file1 在磁带上的存放形式如图 5-7 所示。

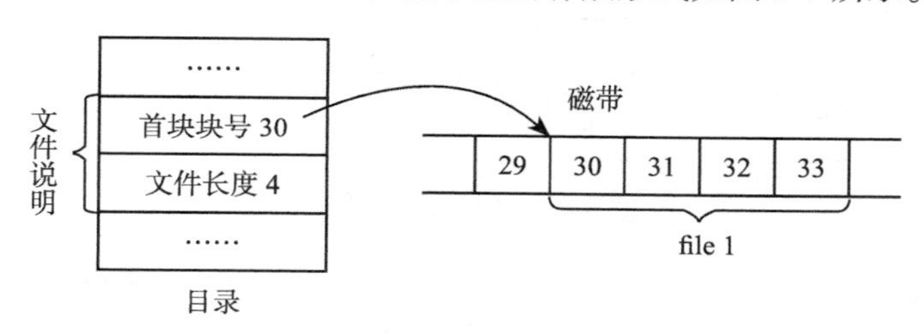

图 5-7 连续文件结构

连续分配的优点是在顺序存取时速度较快，一次可以存取多个盘块，改进了 I/O 性能。所以，它常用于存放系统文件，如操作系统文件、编译程序文件和其他由系统提供的实用程序文件，因为这类文件往往被从头至尾依次存取。另外，连续分配方式也很容易直接存取文件中的任意一块。例如，文件的起始块是 b，则访问该文件第 i 块的地址就是 $b+i$。

连续分配也存在如下缺点：

1）要求建立文件时就确定它的长度，依此来分配相应的存储空间，这往往很难实现。

2）它不便于文件的动态扩充。在实际计算时，作为输出结果的文件往往随执行过程而不断增加新内容。当该文件需要扩大空间而其后的存储单元已被别的文件占用时，就必须另外寻找一个足够大的空间，把原空间中的内容和新加入内容复制进去。这种文件的“大搬家”是很费时间的。

3）可能出现外部碎片。即在存储介质上存在很多空闲块，但它们都不连续，无法被连续的文件使用，从而造成浪费。

当创建一个文件时，实现连续盘块分配的策略类似于内存的动态分配算法，可采用最先适应算法或最佳适应算法。

2. 链接文件

为了克服连续文件的缺点，可把一个逻辑上连续的文件分散存放在不同的物理块中，这些物理块不要求连续，也不必规则排列。为使系统找到下一个逻辑块所在的物理块，可在各物理块中设立一个指针（称为链接字），它指示该文件的下一个物理块，如图 5-8 所示。同样，每个文件在文件分配表（File Allocation Table，FAT）中单独占一项，其中包括文件名、起始块号和最后块号。这里起始块号就相当于指向该文件的首指针。

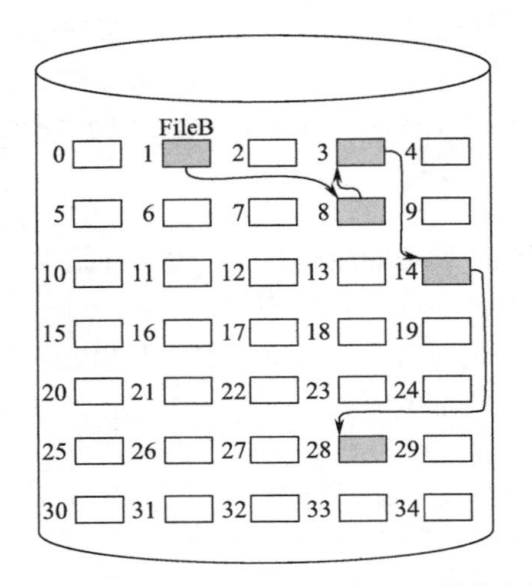

文件分配表

文件名	起始块	最后块
…	…	…
FileB	1	28
…	…	…

图 5-8　链接文件的结构

当创建新文件时，就在相应的 FAT 表项中建立一个新项。文件首指针初始化为 nil（链尾指针值），表示是个空文件，文件长度置为 0。当发生写文件时，就从空闲盘块管理系统中找一个空闲盘块，把信息写到该块上，然后把它链入该文件的末尾。读文件只是简单地沿着链接指针一块挨一块地读。虽然在链接分配方法中也可采用预分配策略，但是更常用的方法还是“按需分配”。这样，挑选空闲盘块就很简单，任何空闲盘块都可供写文件使用。

采用链接分配不会产生磁盘的外部碎片，因为每次按需要只分配一块，若不够，再分配另外的块。所以，文件可以动态增长，只要有空闲块可供使用就行。这种方法从来也不需要紧缩磁盘空间。

这种物理结构形式的文件称作链接文件或串连文件。链接文件克服了连续文件的缺点，但又带来以下三个新的问题：

1）一般仅适于对信息的顺序访问，而不利于对文件的随机存取。例如，为了存取一个文件的第 i 块中的信息，必须从头至尾顺次检索，直至找到所需的物理块号。而每次存取链接字都需要读盘，甚至寻道，因此，对链接文件进行随机存取的效率是很低的。

2）每个物理块上增加一个链接字，为信息管理添加了一些麻烦。例如，每个链接字占用 4B，每个物理盘块 512 B，那么，链接字就占用盘块的 0.78%，这部分空间没有存放文件信息。为了方便管理，信息块大小通常是 2^n（n 为 9、10、11 或 12），然而链接字破坏了信息块的这种规范尺寸。

3）可靠性。因为文件是通过指针将散布在磁盘上的磁盘块链接在一起的，如果因指针丢失或受损出现故障，会导致链接到空闲空间队列或链入另一文件的盘块链中。对此，可以采用双链表，或者在每个盘块中存放文件名和相关块号，但这样做会带来更大开销。

使用改进的文件分配表是很好的办法。文件分配表出现在每个磁盘分区开头的扇区中。每个盘块在表中占一项，表的序号是物理盘块号，每个表项中存放链接下一盘块的指针。这样，文件分配表就被用作链表。这种办法简单有效，在 MS-DOS 和 OS/2 操作系统中都使用它。

3. 索引文件

链接分配解决了连续分配所存在的外部碎片和预先说明文件大小的问题，但是在没有采用文件分配表的情况下，它并不能有效地支持随机存取。为了解决这个问题，引入索引分配。

索引分配是实现非连续分配的另一种方案。系统为每个文件建立一个索引表，其中的表项指出存放该文件的各个物理块号，如索引表中的第 i 项就存放该文件的第 i 个盘块号。而索引表本身也存放在一个盘块中，由文件对应的目录项指出该索引盘块的地址，如图 5-9 所示。这种物理结构形式的文件称为索引文件。

这种分配方式类似于第 4 章介绍的分页方式。当创建一个文件时，为它建立一个索引表，其中所有的盘块号为一个特殊值，如 −1。当首次写入第 i 块时，从空闲盘块中取出一块，然后把它的地址（即物理块号）写入索引表的第 i 项中。若要读取文件的第 i 块，就检索该文件的索引表，从第 i 项中得到所需盘块号。

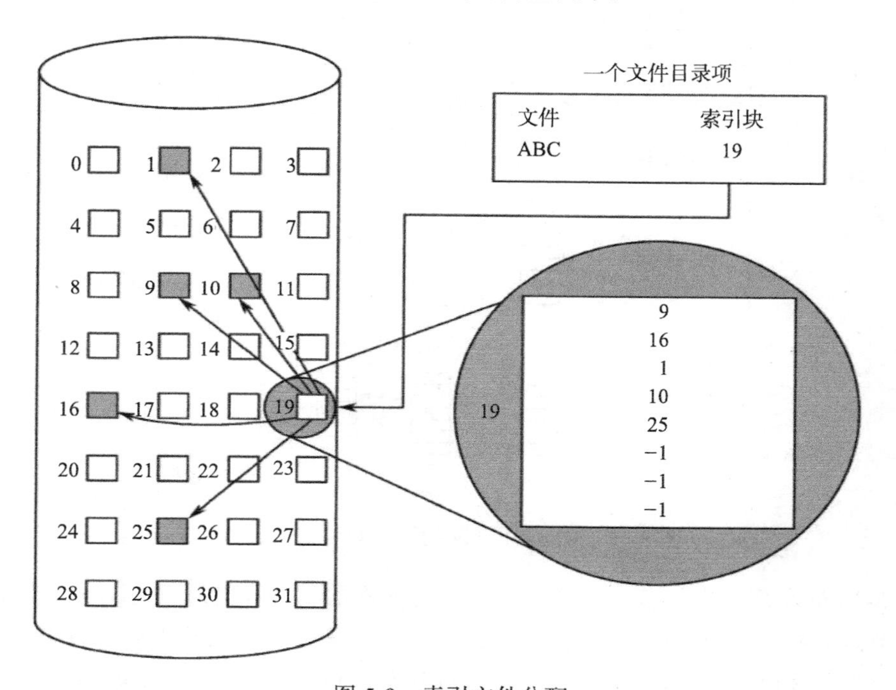

图 5-9　索引文件分配

索引文件除了具备链接文件的优点外，还克服了它的缺点。索引文件可以方便地进行随机存取，但是这种组织形式需要增加索引表带来的空间开销。如果这些表格仅放在盘上，那么，在存取文件时首先要取出索引表，然后才能查表得到物理块号。这样，至少增加一次访盘操作，从而降低了存取文件的速度，加重了 I/O 负担。一种改进办法是把索引表部分或全部放入内存，这是以内存空间的代价来换取存取速度的方法。

4. 多重索引文件

为了用户使用方便，系统一般不应限制文件的大小。如果文件很大，那么不仅存放文件信息需要大量盘块，而且相应的索引表也必然很大。例如，盘块大小为 1 KB、长度为 100KB 的文件就需要 100 个盘块，索引表至少包含 100 项；若文件大小为 1000KB，则相应索引表项要有 1000 项。设盘块号用 4 字节表示，则该索引表至少占用 4000B（约 4KB）。很显然，在这种情况下，把索引表整个地放入内存是不合适的，而且不同文件的大小也不同，文件在使用过程中很可能需要扩充空间。单一索引表结构无法满足灵活性和节省内存的要求，为此引出多重索引结构（又称多级索引结构）。在这种结构中采用间接索引方式，即由最初索引项中得到某个盘块号，该块中存放的信息是另一组盘块号；而后者每一块中又可存放下一组盘块号（或者是文件本身信息），这样间接几级（通常为 1 ～ 3 级），最末尾的盘块中存放的信息一定是文件内容。例如，UNIX/Linux 的文件系统就采用多重索引的方式，如图 5-10 所示。

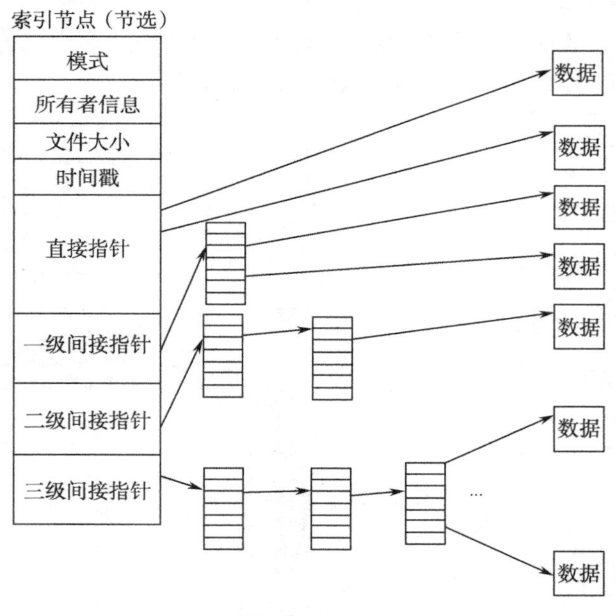

图 5-10 UNIX/Linux 的多重索引文件结构

图 5-10 的左部是索引节点，其中含有对应文件的状态和管理信息。一个打开文件的索引节点放在系统内存区，与文件存放位置有关的索引信息是索引节点的一个组成部分。它是由直接指针、一级间接指针、二级间接指针和三级间接指针构成的数组。

前 12 项作为直接指针。直接指针所指向的盘块中放有该文件的数据，这种盘块称为直接块。一级间接指针所指向的盘块（间接块）中放有直接块的块号表。如果盘块的容量为 1KB，每个盘块号用 4 字节表示，那么该块号表中可以存放 256 个盘块号。为了通过间接块存放文件数据，核心必须先读出间接块，找到相应的直接块项，然后从直接块中读取数据。二级间接指针所指向的盘块中放有一级间接块号表（可以有 256 项）。同样，三级间接指针所指向的盘块中放有二级间接块号表（可以有 256 项）。

因此，对于一般的小型文件来说，其大小不超过 12KB，则可以利用前 12 个直接指针立即得到存放该文件的盘块号。对于大于 12KB 且小于 268KB 的中型文件来说，其超出 12KB 的部分要采用一级间接索引形式存放。对于大于 268KB 且小于 65804KB（即 $12+256+256^2$）的大型文件来说，其超出 268KB 的部分要用二级间接索引形式。以此类推，对于巨型文件要采用三级间接索引形式，最大的文件可以是 16GB。

这种方法具有一般索引文件的优点，但也存在着间接索引需要多次访盘而影响速度的缺点。由于 UNIX/Linux 分时环境中多数文件都较小，这就减弱了其缺点所造成的不利影响。

5.3　目录文件

大家都知道，每个人有一个档案，记载了个人的历史和现时情况。在第 2 章介绍进程时，我们知道，每个进程有唯一的进程控制块（PCB），它记载了与进程活动有关的各种信息。同样，对于文件也要有相应控制结构。通常，文件系统都用目录或文件夹来记载系统中文件的信息。在很多系统中，目录本身也是文件。

5.3.1　文件控制块和文件目录

1. 文件控制块

用户对文件是“按名存取”，所以用户首先要创建文件，为它命名。以后对该文件的读、写以至最后删除它，都要用到文件名，为了便于对文件进行控制和管理，在文件系统内部给每个文件唯一地设置一个文件控制块，这种数据结构通常由下列信息项组成：

1）文件名——符号文件名，如 file5、mydata、m1.c 等。

2）文件类型——指明文件的属性，是普通文件，还是目录文件、特别文件，是系统文件还是用户文件等。

3）位置——指针，它指向存放该文件的设备和该文件在设备上的位置，如哪台设备的哪些盘块上。

4）大小——当前文件的大小（以字节、字或块为单位）和允许的最大值。

5）保护信息——对文件读、写及执行等操作的控制权限标志。

6）使用计数——表示当前有多少个进程在使用（打开了）该文件。

7）时间——日期和进程标志，这个信息反映出文件有关创建、最后修改、最后使用等情况，可用于对文件实施保护和监控等。

核心利用这种结构对文件实施各种管理。例如，按名存取文件时，先要找到对应的控制块，验证权限；仅当存取合法时，才能取得存放文件信息的盘块地址。

2. UNIX 文件系统的 i 节点

在 UNIX/Linux 系统中，对文件进行控制和管理的数据结构称为 i 节点（index-node），每个文件都有自己的 i 节点，每个 i 节点有唯一的 i 节点号。i 节点有静态和动态两种形式，静态形式存放在磁盘的专设 i 节点区中；而动态形式又称为活动 i 节点，它存放在系统专门开设的活动 i 节点区（在内存）中。

每一个文件对应唯一的盘 i 节点（即静态形式），此外，每个打开的文件都有一个对应的活动 i 节点。

盘 i 节点是一种数据结构，其定义形式（简化）如下（用 C 语言描述）：

```
struct  dinode
{
    ushort  di_mode;        /* 文件属性和类型 */
    short   di_nlink;       /* 文件连接计数 */
    ushort  di_uid;         /* 文件主标号 */
    ushort   di_gid;        /* 同组用户标号 */
    off_t   di_size;        /* 文件字节数 */
    char   di_addr[40];     /* 盘块地址 */
    time_t  di_atime;       /* 最近存取时间 */
    time_t  di_mtime;       /* 最近修改时间 */
    time_t  di_ctime;       /* 创建时间 */
};
```

活动 i 节点除了具有盘 i 节点的主要信息外，还增添了下列反映该文件活动状态的项目：

- 散列链指针（i_forw 和 i_back）和自由链指针（av_forw 和 av_back），构成两个队列。利用散列链可加快检索 i 节点的速度。散列值利用 i 节点号和其所在的逻辑设备号求得。
- 状态标志（i_flag），表示该 i 节点是否被封锁、有无进程等待它解除封锁、是否被修改过、是否是安装文件系统的节点等。
- 访问计数（i_count），表示在某一时刻该文件被打开以后进行访问的次数。当它为 0 时，该 i 节点被放到自由链中，表示它是空闲的。
- i 节点所在设备的逻辑号（i_dev），表明文件系统可由多台逻辑设备构成。
- i 节点号（i_number）。它是对应的盘 i 节点在盘区中的顺序号。

另外还有指针项，分别指向安装设备 i 节点、相关数据流、多文件映像盘块号等。

3. 文件目录

为了加快对文件的检索，以便获取文件的属性信息，往往将文件控制块集中在一起进行管理。这种文件控制块的有序集合称为*文件目录*。文件控制块就是其中的*目录项*。完全由目录项构成的文件称为*目录文件*，简称目录。

文件目录具有将文件名转换成该文件在外存的物理位置的功能，它实现文件名与存放盘块之间的映射，这是文件目录所提供的最基本的功能。

在MS-DOS系统中，一个目录项占用32字节长度，其中包含文件名、扩展名、属性、时间、日期、首块号和文件大小。利用首块号作为查找物理块链接表的索引，按索引链向下查找，可以找到该文件所有的盘块。图5-11是MS-DOS目录项示意图。在MS-DOS中，一个目录可包含其他目录，从而形成层次结构的文件系统。

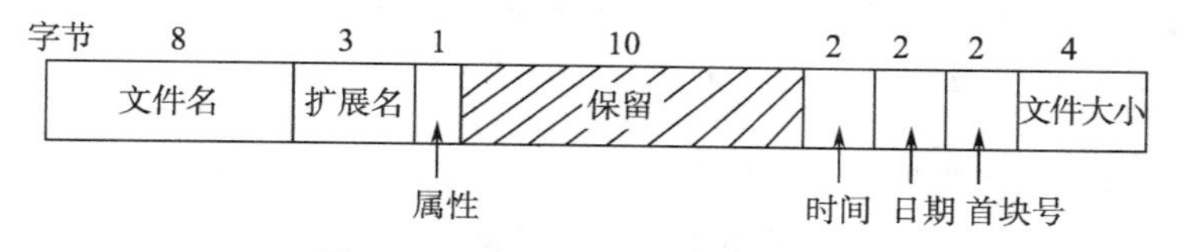

图5-11　MS-DOS目录项示意图

UNIX系统的目录项非常简单，它只由文件名和i节点号组成，如图5-12所示。有关文件的类型、大小、时间、文件主和磁盘块等信息都包含在i节点中。UNIX系统中所有目录文件都由这种目录项组成。按照给定路径名的层次结构，一级一级地向下找。由文件名找到对应的i节点号，再从i节点中找到文件的控制信息和盘块号。

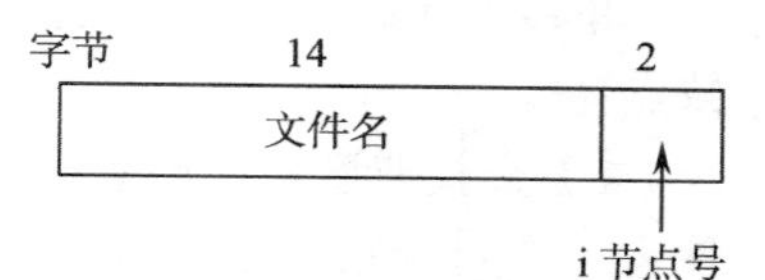

图5-12　UNIX目录项示意图

在考虑一个具体的目录结构时，必须注意对目录所实行的操作。主要的目录操作有如下几种：

1）查找。通过查找一个目录结构，找到特定文件所对应的项，实现按名查找。

2）建立文件。建立新文件，把相应控制块加到目录中。

3）删除文件。当一个文件不再需要时，把它从目录中抹掉。

4）列出目录清单。显示目录内容和该清单中每个文件目录项的值。

5）后备。为了保证可靠性，需要定期备份文件系统。通常的办法是把全部文件复制到磁盘上。这样，在系统失效需要重新恢复运行时，能够提供后备副本。目录文件经常要存档或转储。

5.3.2 目录结构

如何组织文件目录是文件系统的主要内容之一，它直接关系到用户存取文件是否方便和文件系统所能提供的性能。这就如同一个企事业单位内部行政机构的设置。目录的基本组织方式包含单级目录、二级目录、树形目录和非循环图目录。

1. 单级目录

最简单的目录结构就是单级目录，如设备目录就是单级目录。在这种组织方式下，全部文件都登记在同一目录中，如图5-13所示。这种结构在实现和理解上都很容易。由图5-13可见，每当创建一个新文件时，就在目录表中找一个空目录项，把新文件名、物理地址和其他属性填入该目录项中。在删除一个文件时，从目录中找到该文件的目录项，回收该文件占用的外存空间，然后清空其所占用的目录项。

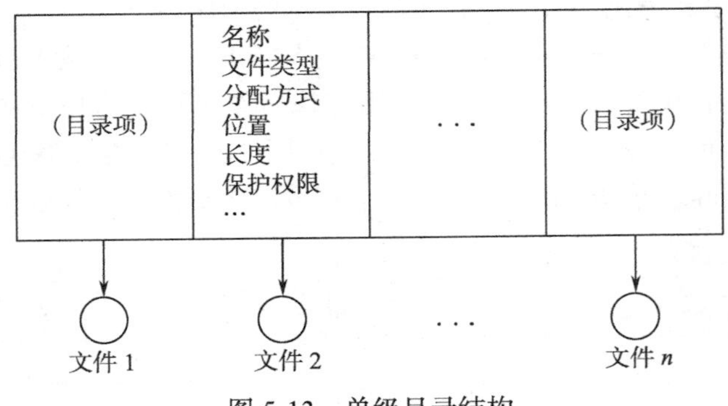

图 5-13　单级目录结构

单级目录结构的优点是简单，能够实现按名存取。但是，单级目录结构有以下三个缺点：

1）查找速度慢。当系统中存在大量文件或众多用户同时使用文件时，由于每个文件占一个目录项，单级目录中就拥有数目很大的目录项。如果要从目录中查找一个文件，就需花费较长时间才能找到。平均而言，找一个文件需要扫描半个目录表。

2）不允许重名。因为各个文件都在同一目录中管辖，所以它们各自的名字应是唯一的。如果两个用户都为自己的文件起了同一名字（如 file1），就破坏了文件名唯一的规则。然而，用户对文件命名完全是根据需要和个人习惯，无法由系统强行规定各用户的命名范围。这样，在多个用户（如学生）上机过程中，文件同名现象经常会发生。当出现同名时，系统就无法实现“辨认”工作，即使只有一个用户，随着大量文件的创建，也难于记住哪些名字已过时，不再使用了。

3）不便于共享。因为各个用户对同一文件可能用不同的名称，而单级目录却要求所有用户用同一名字来访问同一个文件。

2. 二级目录

单级目录的主要缺点是无法解决多个用户间文件“重名”的问题。标准的解决办法是为每个用户单独建立一个目录，各自管辖自己下属的文件。在大型系统中，用户目录是逻辑结构，它们在逻辑上分开，而在物理上全部文件都可放在同一设备上。

图 5-14 为二级目录结构。每个用户有自己的用户文件目录（UFD），用户文件目录都有同样的结构，其中只列出每个用户的文件。在主文件目录（MFD）中记载各个用户的名称，当用户作业开始或用户登录时，需要检索主文件目录，找到唯一的用户名（或用户编号），再按项中指针的指向找到对应的用户文件目录。用户使用特定文件时，只需在自己的用户文件目录中检索，与其他用户文件目录无关。从而使不同用户能够使用相同的文件名，只要单独的用户文件目录中所有文件不重名即可。建立或删除文件也仅限于一个用户目录。

用户文件目录本身也需要创建或删除，这是由专用的系统程序实现的，用户则要提供相应的用户名和某些说明信息。当创建一个用户文件目录时，要在主文件目录中附加相应的一项。主文件目录也放在磁盘上，如果用户需要删除自己的用户文件目录，可请求系统管理员将它撤销。

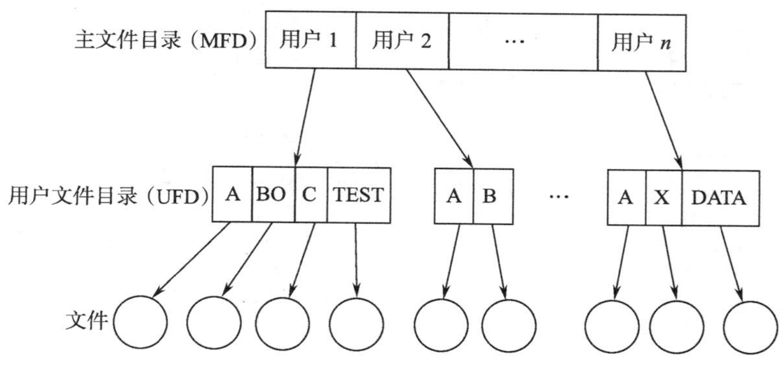

图 5-14 二级目录结构

用户利用系统调用创建新文件时，系统先找到该用户的用户文件目录，在判定该 UFD 中的文件没有与新建文件同名时，在 UFD 中建立一个新的目录项，填入新文件名及有关属性信息。当用户要删除一个文件时，系统从主文件目录中找到该用户的 UFD，再从 UFD 中找到指定文件的目录项，然后回收该文件占用的外存空间，清空该目录项。

二级目录结构基本上解决了单级目录存在的问题。其优点是：不同用户可有相同的文件名；提高了检索目录的速度；不同用户可用不同的文件名访问系统中同一文件。

这种结构能够把一个用户与其他用户有效地隔开。当各个用户间毫无联系时，它是优点；当多个用户要对某些盘区共同操作和共享文件时，它就是缺点。也就是说，这种结构仍不利于文件共享。

可把二级目录结构想象成一棵分层的树：树根是主文件目录，它的直接分枝是用户文件目录，而实际文件是该树的叶子。因而，文件的路径名是由用户名和文件名来定义的。

3. 树形目录

（1）树形目录结构

为了给使用多个文件的某些用户提供检索方便，以及更好地反映实际应用中多层次的复杂文件结构关系，可以把二级目录自然推广成多级目录。在这种结构中，每一级目录中可以包含文件，也可以包含下一级目录。从根目录开始，一层一层地扩展下去，形成一个树形层次结构，如图 5-15 所示。每个目录的直接上一级目录称作该目录的父目录，而它的直接下一级目录称作子目录。除根目录外，每个目录都有父目录。这样，用户创建自己的子目录和相应的文件就很方便。在树形结构文件系统中，只有一个根目录。系统中的每一个文件（包括目录文件本身）都有唯一的路径名，它是从根目录出发、经由所需子目录、最终到达指定文件的路径分量名的序列。

在这种结构中，末端一般是普通的数据文件（图中用圆圈表示），而路径的中间节点是目录文件（用方框表示）。

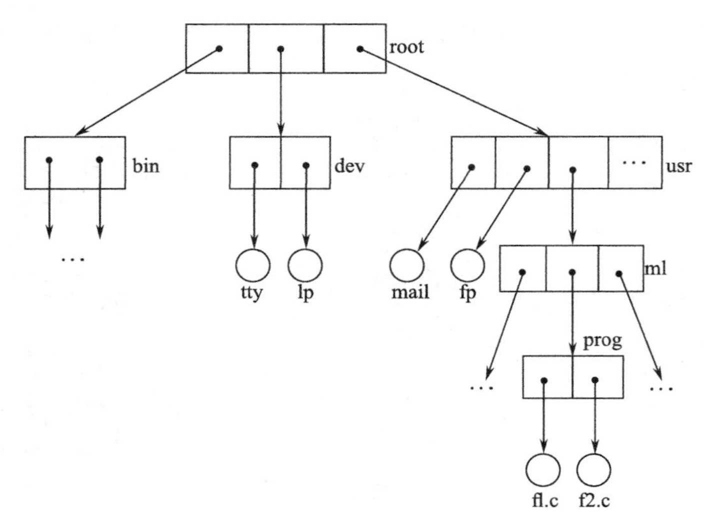

图 5-15 树形目录结构

（2）路径名

在树形目录结构中，从根目录到末端的数据文件之间只有一条唯一的路径。这样利用路径名就可唯一地表示一个文件。路径名有绝对路径名和相对路径名两种表示形式。

1）绝对路径名，又称全路径名，是指从根目录开始到达所要查找文件的路径名。例如，在 UNIX/Linux 系统中，以“/”表示根目录。从根目录开始到所需文件，所经历的各个目录或文件称为“节点”。各节点之间以“/”分开。例如，图 5-15 中文件 f2.c 的绝对路径名是 (root)/usr/ml/prog/f2.c 其中，usr、ml、prog 和 f2.c 都是路径分量名。通常，根节点 root 被省略掉，但绝对路径名中最左边的“/”不能省略，以它开头，表示文件路径名是从根节点开始的。

2）相对路径名。在一个多层次的树形文件目录结构中，如果每次都从根节点开始检索，很不方便，多级检索要耗费很多时间。一种捷径是为每个用户设置一个当前目录（又称工作目录），访问某个文件时，就从当前目录开始向下顺次检索。由于当前目录是在根目录下靠近常用文件的一个目录，所以，检索路径缩短，处理速度提高。如当前目录是 ml，访问 f2.c 就可以直接从目录 ml 开始向下按级查找。

当用户登录时，操作系统为用户指定一个当前目录，通常是用户的主目录。在以后的使用过程中，用户可根据需要随时改变当前目录的定位，系统提供相应的命令。其实，每个进程有自己的工作目录，所以，当一个进程改变其工作目录并且随后又终止时，对其他进程没有影响，在文件系统中也不会留下修改目录的痕迹。

绝对路径名从根目录开始书写，如：

```
/usr/ml/prog/f2.c
```

而相对路径名是从当前目录的下级开始书写，如当前目录是 /usr/ml，则有：

```
prog/f2.c
```

在 UNIX、Linux 以及 Windows 系统中约定，不以分隔符（“/”或“\”）开头的文件路径名就表示相对路径名。

在这种目录结构下，文件的层次和隶属关系很清晰，便于实现不同级别的存取保护和文件系统的动态装卸。但是，在上述纯树形目录结构中，只能在用户级对文件进行临时共享。也就是说，文件主创建一个文件并指定对其共享权限后，有权共享的用户可以利用相同的路径名对文件实施限定操作（如读、写、执行等）。当文件主删除该文件后，其他用户就无法再使用该文件了。当然，其他用户可以使用 copy 命令把共享文件复制到自己的目录下面，但这样做不符合共享的本义。它既占用额外的存储空间，又花费 I/O 时间。

对目录的删除不同于对普通文件的删除。若一个目录是空的，可简单清空它在父目录中所占的项。若所要删除的目录不空，其中含有若干文件或子目录，则可采用如下两种方法处理：

1）等到该目录为空时再删除。也就是说，为删除一个目录，必须先删除该目录中的全部文件。如果有子目录，那么这项工作就要递归地进行，这样做的工作量是很大的。

2）当出现删除一个目录的请求时，就认为它的所有文件和子目录也都被删除。

选择哪种方法是由系统所用的策略决定的。

4. 非循环图目录

树形目录结构的自然推广就是非循环图目录结构，如图 5-16 所示。它允许一个文件或目录在多个父目录中占有项目，但并不构成环路。在 MULTICS 和 UNIX 系统中，这种结构方式称为*链接*（Link）。由图 5-16 看出，对文件共享是通过两种链接方式实现的：一种是允许目录项链接到任一表示文件目录的节点上，另一种是只允许链接到表示普通文件的叶节点上。

第 1 种方式表示可共享被链接的目录及其各子目录所包含的全部文件。例如 dict 链接 spell 的子目录 words，这样 words 目录中所包含的三个文件（list1、radc 和 w7）都为 dict 所共享。就是说，可以通过两条不同的路径访问上述三个文件。在这种结构中，可把所有共享的文件放在一个目录中，所有共享这些文件的用户可以建立自己的子目录，并且链接共享目录。这样做的好处是便于共享，但问题是限制太少，对控制和维护造成困难，甚至因为使用不当而造成环路链接，产生目录管理混乱。

UNIX 系统基本上采取第 2 种链接方式，即只允许对单个普通文件链接。从而通过几条路径来访问同一文件，即一个文件可以有几个“别名”。如 /spell/count 和 /dict/count 表示同一文件的两个路径名。这种方式虽限制了共享范围，但更可靠，且易于管理。

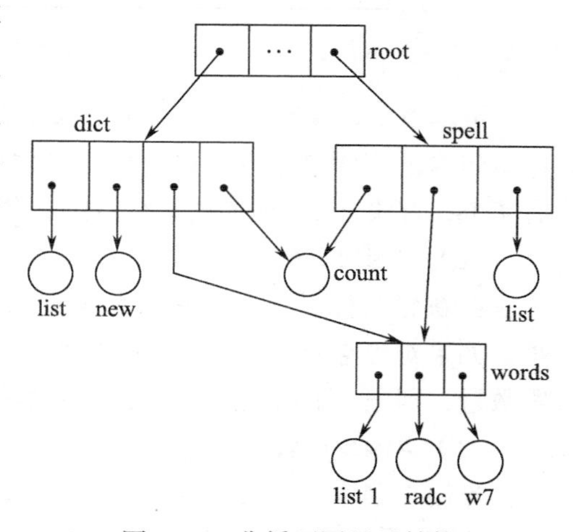

图 5-16　非循环图目录结构

应该指出，一般常说UNIX文件系统是树形结构的，严格地说，是带链接的树形结构，也就是上述的非循环图结构，而不是纯树形结构。

5.4　文件存储空间的管理

大家知道，当我们使用编辑命令创建一个新文件时，在编辑工作的末尾要执行写盘操作，就是把编辑缓冲区中的内容写到磁盘的盘块上。也就是说，当一个用户要求创建一个新文件时，系统要为用户的文件分配相应的外存空间。相应地，当用户要求删除一个"老"文件时，系统就要回收该文件所占用的外存空间，供以后新建文件使用。

为了能对外存空间进行有效的利用，并提高对文件的访问速率，系统对外存中的空闲块资源要妥善管理。在多数情况下，都利用磁盘来存放文件。下面就基于磁盘文件讨论目前常用的磁盘空闲空间管理技术，主要包括空闲空间表法、空闲块链接法、位示图法和空闲块成组链接法。

1. 空闲空间表法

计算机系统在工作期间频繁地创建和删除文件。由于磁盘空间是有限的，所以对过时无用的文件要清除，腾出地方供新文件使用。

（1）空闲空间表

为了记载磁盘上哪些盘块当前是空闲的，文件系统需要创建一个空闲空间表，如图5-17所示。

序号	第1个空闲块号	空闲块个数	物理块号
1	2	4	2,3,4,5
2	18	9	18,19,20,21,22,23,24,25,26
3	59	5	59,60,61,62,63
⋮	⋮	⋮	⋮

图5-17　空闲空间表

可以看出，所有连续的空闲盘块在表中占据一项，其中标出第一个空闲块号和该项中所包含的空闲块个数，以及相应的物理块号。如第1项（序号为1）中，表示空闲块有4个，首块是2，即连续的空闲块依次是2、3、4和5。

（2）空闲块分配

在新建文件时，要为它分配盘空间。为此，系统检索空闲空间表，寻找合适的表项。如果对应空闲区的大小恰好是所申请的值，就把该项从表中清除；如果该区大于所需数量，则把分配后剩余的部分记在表项中。

（3）空闲块回收

当用户删除一个文件时，系统回收该文件占用的盘块，且把相应的空闲块信息填回空闲空间表中。如果释放的盘区和原有空闲区相邻接，则把它们合并成一个大的空闲区，记在一个表项中。

这种方法把若干连续的空闲块组合在一个空闲表项中，它们一起被分配或释放，特别适于存放连续文件。但是，若存储空间有大量的小空闲区时，则空闲表变得很大，使检索效率降低。同时，如同内存的动态分区分配一样，随着文件不断地创建和删除，将使磁盘空间分割成许多小块。这些小空闲区无法用来存放文件，从而产生了外存的外部碎片，造成磁盘空间的浪费。虽然理论上可采用紧缩办法，使盘上所有文件紧靠在一起，使所有的外存碎片拼接成一大片连续的磁盘空闲空间，但这样做要花费大量的时间，没有实用价值。

2. 空闲块链接法

这种方法与串连文件结构有相似之处，只是前者链上的盘块都是空闲块而已。如图5-18所示，所有的空闲盘块链接在一个队列中，用一个指针（空闲块链头）指向第1个空闲块，而各个空闲块中都含有下一个空闲区的块号，最后一块的指针项记为NULL，表示链尾。

当分配空闲块时，从链头取下一块，然后使空闲链头指向下一块。若需 n 块，则重复上述动作 n 次。当删除文件时，只需把新释放的盘块依次链入空闲链头，且使空闲链头指向最后释放的那一块。这种技术易于实现，只需要用一个内存单元保留链头指针。但其工作效率低，因为每当在链上增加或移走空闲块时都需要执行大量I/O操作。

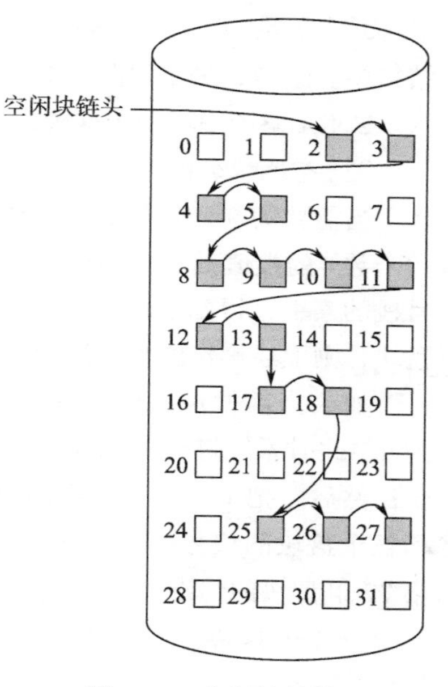

图5-18　空闲块链接

3. 位示图（Bit Map）法

它利用一串二进制位值反映磁盘空间的分配情况，也称位向量（Bit Vector）法。每个盘块都对应一个二进制位。如果盘块是空闲的，对应位是1；如果盘块已分出去，则对应位是0（注意，有些系统标志方式与此恰好相反）。例如，假设下列盘块是空闲的：

2, 3, 4, 5, 8, 9, 10, 11, 12, 13, 17, 18, 25, 26, 27,…

则位示图向量是：

001111001111110001100000011 1…

位示图法的主要优点是在寻找第1个空闲块或几个连续的空闲块时相对简单和有效。实际上，很多计算机都提供位操作指令，可以有效地用于查找。为了找到第1个空闲块，系统顺序检查位示图中的每个字，查看其值是否等于0。若不为0，则第1个不是0的位就对应第1个空闲块。块号的计算公式如下：

字长 × “0”值字数 + 首位“1”的偏移

位示图大小由盘块总数确定，如果磁盘容量较小，则它占用的空间较少，因而可以复制到内存中，使得盘块的分配和释放都可高速进行。当关机或文件信息转储时，位示图信息需完整地在盘上保留下来。为节省位示图所占用的空间，可把盘块成簇构造。

4. 空闲块成组链接法

（1）空闲块成组链接

用空闲块链接法可以节省内存，但实现效率低。一种改进办法是把所有空闲盘块按固定数量分组，如每50个空闲块为一组，组中的第1块为“组长”块。第1组的50个空闲块块号放在第2组的组长块中，而第2组的其余49块是完全空闲的。第2组的50个块号又放在第3组的组长块中。以此类推，组与组之间形成链接关系。最后一组的块号（可能不足50块）通常放在内存的一个专用栈（即文件系统超级块中的空闲块号栈）结构中。这样，平常对盘块的分配和释放在栈中（或构成新的一组）进行，如图5-19所示。UNIX系统中就采用这种方法。

（2）空闲块分配

当需要为新建文件分配空闲盘块时，总是先把超级块中表示栈深（即栈中有效元素的个数）的数值减1，如图5-19中所示情况：40−1=39。以39作为检索超级块中空闲块号栈的索引，得到盘块号111，它就是当前分出去的第1个空闲块。如果需要分配20个盘块，则上述操作就重复执行20次。

如果当前栈深的值是1，需要分配2个空闲盘块，那么，栈深值（1）减1，结果为0，此时系统进行特殊处理：以0作为索引下标，得到盘块号150，它是第78组的组长；然后，把150号盘块中的内容——下一组（即第77组）所有空闲盘块的数量（50）和各个盘块的块号—— 分别放入超级块的栈深和空闲块号栈中，超级块的栈中记载了第77组盘块的情况；最后把150号盘块分配出去。至此，分出去1个空闲盘块。接着再分配1个盘块，此时工作简单多了，即50−1=49，以49为索引得到第77组的151号块。

（3）空闲块释放

在图5-19所示的情况下，若要删除一个文件，它占用3个盘块，块号分别是69、75和87。首先释放69号块，其操作过程是：把块号69放在栈深40所对应的元素中，然后栈深值加1，变为41。接着分别释放75号块和87号块。最后，超级块中栈深的值为43，空闲块号栈中新加入的3个盘块出现的次序是69、75、87。

如果栈深的值是50，表示该栈已满，此时还要释放一个盘块89号，则进行特殊处理：先将该栈中的内容（包括栈深值和各空闲块块号）写到需要释放的新盘块（即89号）中；将栈深及栈中盘块号清0；以栈深值0为索引，将新盘块号89写入相应的栈单元中，然后栈深值加1—— 栈深值变为1。这样，盘块89号就成为新组的组长块。

图5-19中第1组只有49块，它们的块号存于第二组的组长块3950号中。该块中记录第1组的总块数为50，而首块块号标志为0。这是什么意思？原来这个“0”并不表示物理块号，而是分配警戒位，作为空闲盘块链的结束标志。如果盘块分配用到这个标志，说明磁盘上所有空闲块都用光了，系统要发告警信号，必须进行特殊处理。

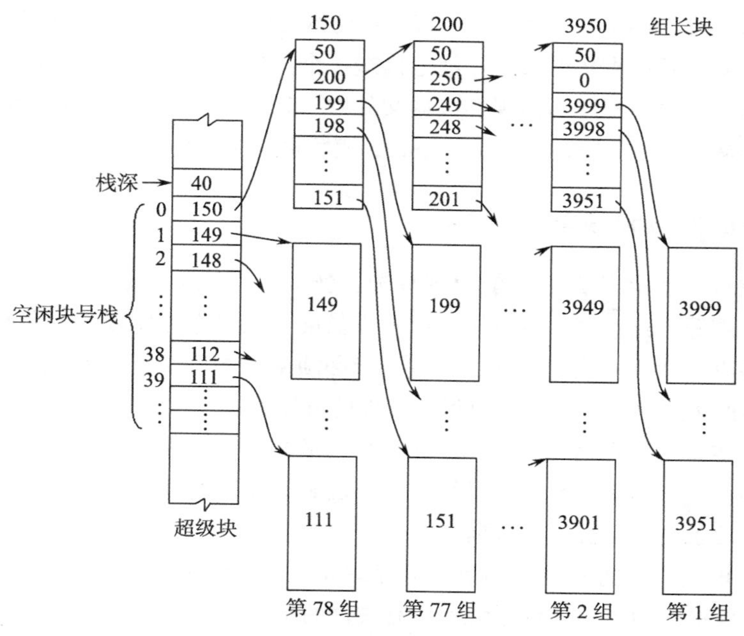

图5-19 空闲块成组链接

空闲块成组链接法是UNIX系统中采用的空闲盘块管理技术，它兼具空闲空间表法和空闲块链接法的优点，克服了两种方法中表（或链）太长的缺点。当然，空闲块成组链接法在管理上要复杂一些，尤其当盘块分配出现栈空，盘块释放遇到栈满时，要进行特殊处理。

5.5 文件系统的可靠性

文件系统受到破坏所造成的损失往往比计算机硬件受到破坏所造成的损失要大得多。如果计算机由于物理原因（如火灾、雷击、短路等）遭到损害，可以花钱再买一台。但是，如果计算机的文件系统由于硬件或软件的原因造成信息丢失或破碎，其损失往往是无可挽回的，即使有时能恢复一些信息，也难以避免损失。为此，文件系统必须采取某些保护措施，预防此种情况的发生。这就是文件系统的可靠性问题，即文件系统避免因各种原因的故障而造成信息破坏的能力。为提高系统的可靠性，通常采用以下几种方法。

5.5.1 坏块管理

磁盘经常有坏块，有的坏块是磁盘从生产线下来时就存在的（如硬盘），有的是在使用中出现的。由于硬盘修复特别昂贵，所以多数硬盘制造商给出每个驱动器的坏块清单。

解决坏块问题有硬件和软件两种方案。硬件方案是在磁盘的一个扇区上记载坏块清单。当控制器第一次进行初始化时，它会读取坏块清单，并且挑选多余的块（或者磁道）取代有缺陷的块，在坏块清单中记下这种映像。以后用到坏块时就由对应的多余块代替。

软件方案需要用户或文件系统仔细地构造一个文件，它包含全部坏块。这样把这些坏块从自由链中清除，使之不出现在数据文件中。只要不对坏块文件进行读写，就不会出现问题。但是，在磁盘后备时要格外小心，避免读这个文件。

5.5.2　文件的备份和恢复

无论是硬件还是软件都有可能出现故障。例如，系统运行过程中由于电源突然掉电、火灾或地震等自然灾害，以及用户或管理员的不慎操作等原因，均会使文件和文件系统受到损害以及数据丢失。为此，文件系统必须采取某些安全措施，避免因故障而造成信息被破坏的无法挽回的结局，以保证文件的可靠性。

既然无法防止系统在运行过程中不出现任何故障，那么如何保证文件系统中所存信息的持续完整性呢？大家会想到，最简便的办法是对文件进行备份（后备），一旦系统出现故障，可从后备中恢复丢失的数据。

备份就是把硬盘上的文件在其他外部存储介质（如磁带或软盘上）做一个副本。类似地，文件系统的备份就是文件系统上所有文件的副本。

1. 备份策略

按照备份时将磁盘上的数据拷贝到备份设备所涉及数据的范围，可采用下述三种方法。

（1）完全备份

完全备份也称为简单备份，即每隔一定时间就对系统做一次全面的备份，这样在备份间隔期间出现了数据丢失或破坏，可以使用上一次备份数据将系统恢复到此前的状态。

这也是最基本的系统备份方式。但是，每次都需要备份所有的系统数据，这样每次备份的工作量相当大，需要很大的存储介质空间。因此，不可能太频繁地进行这种系统备份，只能每隔一段时间（如一个月）才进行一次完全备份。然而，在这段相对较长的时间间隔内（整个月）一旦发生数据丢失现象，则所有更新的系统数据都无法被恢复。

（2）增量备份

在这种备份策略中，首先进行一次完全备份，然后每隔一个较短的时间段进行一次备份，但仅仅备份在这段时间间隔内修改过的数据。然后，当经过一段较长的时间后，再重新进行一次完全备份。依照这样的周期反复执行。

由于只在每个备份周期的第一次备份时才进行完全备份，其他备份只对修改过的文件进行备份，因此工作量较小，也能够进行较为频繁的备份。例如，可以以一个月为备份周期，每个月进行一次完全备份，每天下班后或是业务量较小时进行当天的增量数据备份。这样，一旦发生数据丢失或损坏，首先恢复前一个完全备份，然后按照日期依次恢复每天的备份，一直恢复到前一天的状态为止。所以，这种备份方法比较经济，也较为高效。

（3）更新备份

这种备份方法与增量备份相似。首先每隔一段时间进行一次完全备份，然后每天进行一次更新数据的备份。但不同的是，增量备份是备份当天更改的数据，而更新备份是备份从上次进行完全备份后至今更改的全部数据文件。一旦发生数据丢失，首先可以恢复前一个完全备份，然后再使用前一个更新备份恢复到前一天的状态。

更新备份的缺点是，每次进行小备份工作的任务比增量备份的工作量要大。但是其好处在于，增量备份每天都保存当天的备份数据，需要过多的存储量；而更新备份只需要保存一个完全备份和一个更新备份就行了。另外在进行恢复工作的时候，增量备份要顺序进行多次备份的恢复，而更新备份只需要恢复两次。因此，更新备份的恢复工作相对较为简单。

增量备份和更新备份都能够以比较经济的方式对系统进行完全备份。二者的策略不同，在它们之间进行选择不但与系统数据更新的方式有关，也与管理员的习惯相关。通常，如果系统数据更新不是太频繁的话，可以选择更新备份的方式。但是，如果系统数据更新太快的话，就备份时间而言，使用更新备份就不太经济了，这时可以考虑增量备份，以便缩短备份周期，或者视系统数据更新频度，混合使用更新备份和增量备份两种方式。

2. 备份时机

按备份进行的时间来分，有“定期备份”和“不定期备份”。

1）定期备份是根据预先安排的时间表执行正规的备份。备份时间表确定执行备份的日期以及备份的级别等等。当利用备份时间表进行备份时，不需要每次都保留整个文件系统。实际操作中有效的备份方法是把备份工作分成若干级别，如分成0、1、2和3共四级。0级是最低级的备份，采用完全备份方法，把整个文件系统的全部内容进行复制。而1、2、3级备份采用增量备份或更新备份方法，分别把较低一级的最后一次备份以来做过修改的文件和新创建的文件进行备份。整个备份的内容是金字塔形。

如果系统中有很多的用户和大量的每天都做修改的文件，就应建立一个备份时间表，执行正规的定期备份。通常，应该选择在系统比较空闲时进行，以免影响系统的正常工作，并且此时系统中的数据更新频度较低。可以选择在半夜零点之后进行备份。

2）不定期备份是对文件系统或目录进行的完整的无规律的备份。不定期备份拷贝整个文件系统或目录，不是仅拷贝修改过的文件，这样一来就会需要更多的存储介质。

不定期备份不使用备份时间表，可以根据系统中数据进入和修改的情况随时进行备份。

3. 备份文件的恢复

如果由于某种原因造成系统中文件或文件系统的损坏，那么就可以利用此前做的文件后备，从中恢复原先保存的文件或文件系统。首先，必须确定待恢复的文件所在的位置，然后执行数据I/O命令，如UNIX/Linux系统的 `tar -xp` 或 `cpio -im` 命令。

5.5.3　文件系统的一致性

对文件进行操作时，文件系统往往需要读取盘块内容，在内存修改它们之后把它们写出去。如果在所有修改过的内容写出去之前系统崩溃了，那么文件系统就处于不一致的状态，即该文件有一部分是修改之后的内容，而其余的是修改之前的内容。如果某些未更新的内容有关i节点、目录或空闲盘块链表等信息，那么问题会很严重。为了解决文件系统的不一致性问题，多数计算机系统都有一个实用程序，用来检查文件系统的一致性，如UNIX系统的fsck、Windows系统的scandisk。每当系统进行引导，特别是崩溃之后，都要运行这个实用程序。

在UNIX系统中需要检查两类一致性：盘块一致性和文件一致性。

1. 盘块一致性检查

检查程序建立两个表格，即使用表和空闲表。每个盘块在两个表中各对应一项，其实，各表项就是一个计数器。使用表记载各个盘块在文件中出现的次数，而空闲表记录各个盘块在自由链（或空闲块位示图）中出现的次数。所有表项的初值都为0。

检查程序读取全部i节点，从而建立相应文件所用盘块号的清单。每读到一个盘块号，使用表中对应项加1。把所有i节点处理完之后，检查空闲链或位示图，找出所有未用盘块；每找到一个，空闲表对应项就加1。

检查之后，如果文件系统是一致的，那么每个盘块在两个表中对应项的值加在一起是1，即每个盘块或者在文件中使用，或者处于空闲，如图5-20a所示。如果系统失败，会造成盘块丢失现象，如图5-20b所示，其中盘块4在两个表中都未出现。解决办法很简单：把丢失的盘块添加到空闲链中。

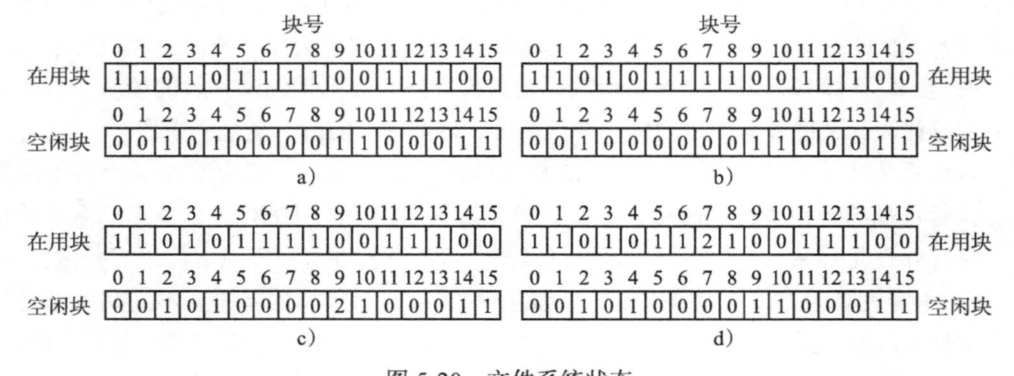

图5-20　文件系统状态

还可能出现如图5-20c所示情况，即盘块9在空闲链中出现两次。其解决办法是重建空闲链。

最麻烦的情况是同一数据块在两个或更多文件中出现，如图5-20d所示，盘块7在使用表中计数值为2。如果删除其中一个文件，则该块就同时出现在两个表中；如果删除这两个文件，则它在空闲表中的计数就是2。对此，可让系统分配一个空闲块K，把盘块7的内容复制到该块中，并且把盘块K添加到一个文件中。如果一个盘块既在使用表中，又在空闲表中，就把它从空闲链中去掉。

2. 文件一致性检查

系统检查程序查看目录系统，也使用计数器表，每个文件对应一个计数器。从根目录开始，沿目录树递归向下查找。对于每个目录中的每个文件，其 i 节点对应的计数器值加 1。当检查完毕后，得到一个以 i 节点号为下标的列表，说明每个文件包含在多少个目录中。然后，把这些数目与存放在 i 节点中的链接计数进行比较。如果文件系统保持一致性，那么两个值相同；否则，出现两种错误，即 i 节点中的链接计数太大或太小。

如果 i 节点中的链接计数大于目录项个数，即使所有文件都从全部目录中删除，该计数也不会等于 0，从而无法释放 i 节点。该问题并不太严重，只是浪费了磁盘空间。对此可把该计数置为正确值，如正确值为 0，则应删除该文件。

如果该计数太小，比如有两个目录项链接到一个文件，但 i 节点链接计数却是 1，只要其中有一个目录项删除，i 节点链接计数就变为 0。此时，文件系统标记它不可使用，并释放其全部盘块。结果导致还有一个目录指向不可用的 i 节点，它的盘块可能分给另外的文件，这就造成了严重的后果。解决办法是，使 i 节点链接计数等于实际的目录项数。

为了提高效率，可把检查盘块和检查文件这两种操作集成在一起进行。当然，文件系统还会出现其他不一致现象，如 i 节点模式异常（不允许文件主访问，而其他用户却可以读写此文件），文件放在普通用户目录中，却被特权用户拥有等，对此要根据具体情况进行具体处理。

5.6 文件共享和保护

5.6.1 文件共享

在现代计算机系统中，都保存了大量的文件，有系统文件，也有用户文件。其中有些文件可供多个用户共用，如编辑程序、打印例程和数学库函数等。此外，同一项目组人员在开发工作中也需要共享有关该项目的所有文件。所以，文件共享是文件系统必须具备的一项基本功能。

所谓文件共享，是指系统允许多个用户（进程）共同使用某个或某些文件。利用文件共享功能，可以节省大量外存空间和内存空间，因为系统中只需保存共享文件的一个副本，从而减少了输入输出操作，同时为用户应用带来很大方便。随着计算机技术的发展，文件共享已不限于单机系统，如今已扩展到全球的计算机网络系统。

现在，文件共享的方式主要有两种：路由共享和链接共享。

1. 路由共享

用户登录后，系统自动为其确定当前工作目录（按照建立该用户账号时的设置）。该用户访问的所有文件都相对于工作目录。当所访问的文件不在工作目录之下时，授权用户可以从工作目录出发、沿目录树的路径（向上或向下）找到所需文件，然后执行允许的操作。

这种文件共享方式往往用于对系统文件的共享。如UNIX/Linux系统中，所有用户可以查看系统目录的内容、执行系统命令等。但是，要实现各用户文件的有选择的共享就存在困难，而且当文件主删除文件后，其他用户就无法看到该文件。因而，这种共享是临时的。

2. 链接共享

如前所述，UNIX/Linux系统中一个文件可以在多个目录中登记，这种结构方式称为链接。被链接的文件可以存放在相同的目录下，但是必须有不同的文件名，而不用在硬盘上为同样的数据重复备份；也可以存放在不同的目录下，可以有相同的或不同的文件名。

文件链接有两种形式，即硬链接和符号链接。

（1）硬链接

建立硬链接时，就在另外的目录或本目录中增加目标文件的一个目录项，这样，一个文件就登记在多个目录中。如图5-21所示的m2.c文件就在目录mub1和liu中都建立了目录项。应注意，所有文件（包括普通文件、目录文件和特殊文件等）的i节点是唯一的。也就是说，一个文件可以在多个目录中登记，但并未创建新的i节点。

创建硬链接后，已经存在的文件的i节点号会被多个目录项使用。一个文件的链接计数（在i节点中）可以在相应目录的长列表格式中看到（如使用 `ls -l` 命令），无额外链接的文件的链接数为1。当链接一个共享文件时，会增加链接数；当删除该文件时，只会减少链接数。一个文件除非其链接数为0，否则不会从文件系统中被物理地删除。

对硬链接有如下限制：

1）不能对目录文件进行硬链接。

2）不能在不同的文件系统之间进行硬链接。也就是说，链接文件和被链接文件必须位于同一个文件系统中。

（2）符号链接

符号链接也称为软链接，是将一个路径名链接到一个文件。符号链接文件是一种特殊类型的文件。事实上，它们只是一个文本文件（如图5-21中的abc文件），其中包含被链接文件的绝对路径名，如图5-21中虚线箭头所示。被链接文件是实际包含所有数据的文件。所有读、写文件内容的命令被用于符号链接时，将沿着链接方向前进来访问实际的文件。

与硬链接不同的是，符号链接文件确实是一个新文件，当然它具有不同的i节点号；而硬链接并没有建立新文件。

符号链接没有硬链接的限制，可以对目录文件进行符号链接，也可以在不同文件系统之间进行符号链接。而且，当文件主删除该共享文件时，该文件就真的被删掉了。以后若试图通过符号链接访问该文件将导致失败，因为系统不能找到该文件。而删除符号链接却不会影响该文件。

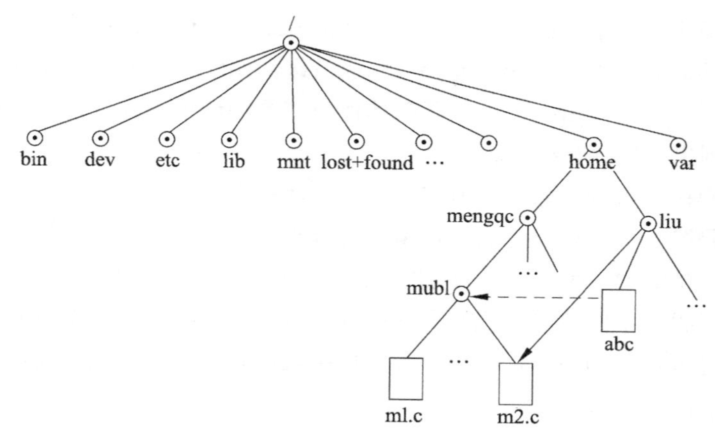

图 5-21 文件链接

当然，符号链接也带来额外开销的问题，因为读取包含路径的文件需要多次额外的磁盘存取。另外，每个符号链接都需要额外的 i 节点和存放相应文件的磁盘空间。

在现代计算机系统中，文件共享给人们带来众多好处和方便的同时，也潜藏着诸多不安全因素，如自然灾害造成的机器损坏、上次故障造成的数据破坏或丢失、人们有意或无意的行为使文件系统中的信息遭到破坏或丢失等，这些问题都对文件系统的安全性造成很大影响。在现代操作系统中，不仅为用户提供了共享的便利，而且充分注意到系统和数据（文件）的安全性和保密性。

5.6.2 文件保护

文件共享和保护保密是一个问题的两个方面。对文件的保护保密是由对文件的共享要求引起的。在非共享环境中，所有文件都是用户私有的，实际上它已是极端的完全保护情况；相反，另一种极端情况是完全共享，不进行任何保护。这两种情况都缺乏实用意义，一般做法是有控制地共享文件。

计算机系统中的文件既存在保护问题，又存在保密问题。所谓文件保护是指文件免遭文件主或其他用户由于错误的操作而使文件受到破坏；文件保密是指未经文件主授权的用户不得访问该文件。这二者都涉及用户对文件的访问权限问题。以下内容对二者不加严格区分。

保护机制通过限制文件存取的类型来实现受控共享。用户对文件的存取权限由多种因素共同决定，如用户的身份、文件本身的性质、对文件所要进行的存取类型等。用户对文件进行操作的可受控权限有如下类型：

1）读——从文件中读取信息。

2）写——写或重写文件。

3）执行——把文件装入内存并执行它。

4）附加——在文件末尾写入新的信息。

5）删除——删除文件并释放所占空间，以便系统再分配。

另外一些操作，如重新命名文件、复制文件或编辑文件等也可受到控制。然而，在很多系统中这些高级功能是由核心程序（构成低级的系统调用）来实现的，仅在底层提供保护。例如，复制或编辑一个文件可简单地由一系列读请求实现，具有读权限的用户就可进行文件列出、复制等操作。

对目录的操作必须进行保护，但它与文件的保护不同。通常，不仅要控制对目录中文件的创建和删除，另外还要控制用户是否可以查看目录文件的存在情况。这样，列出目录的内容就是受保护的操作，因为有时知道文件的存在和它的名字是很重要的事情。

人们提出了很多不同的保护机制，各有其优点和不足，必须根据需要和实现的可能性来选择合适的方法，如小型计算机系统的保护机制就不必与大型机相同。下面列举一些常用的保护机制。

1. 命名

有些系统采用的保护方式是不让用户存取其他用户建立的文件。也就是说，一个用户不能通过系统来获取其他用户的文件名，光凭猜测来获取文件名是很难的，因为文件名是由文件主为方便自己记忆而独自选择的。用户不知道文件的名称，也就无法打开使用。

2. 口令

另外一种方式是让每个文件都带有口令。存取文件时要先输入口令，口令正确才允许用户对它进一步操作。这就像用户进入系统登录时要验证口令一样。如果文件主对口令随机选择并经常改变，那么这种方式在限制文件存取方面是相当有效的。只有那些知道口令的人才能对文件进行存取。

一般说来，每个文件仅有一个口令。因而，用户一旦获取了口令，就可以与文件主一样使用文件，而没有进一步地区分使用等级。为使保护层分得更细，可以使用多次口令。

3. 存取控制

这种方式是根据不同的用户身份，对每个文件为他们规定不同的存取控制权限。各个用户对一个文件或目录可能需要不同类型的存取方式。可以对每个文件或目录设置一个存取控制表，说明用户名称和允许他进行存取的类型。当用户请求一个特定文件时，操作系统查询存取控制表。如果该用户列在表中，那么就允许他进行相应的存取；否则出现保护违约，该用户作业就被中止。

在很多系统中采用这种文件保护的压缩形式，以便缩短存取控制表的长度。在存取控制表中要列出具有同一存取权限的全部用户的名称，不仅使表目很长，而且往往难于实现，因为用户的多少是可变的。很多系统按照用户间的关系，把他们分为三类对象：文件主、同组用户和其他用户。每个文件都有一个文件主，由他创建这个文件。此外，某些用户可能与文件主关系密切，同属一个用户组，可以共享该文件，具有类似的存取权限。例如，在程序设计期间的各个成员、一个班级或者一个部门的成员都可定义为一个用户组。除上述两种身份之外的所有用户都属于其他用户，可根据需要为他们规定某些存取权限。

例如，在 UNIX/Linux 系统中，因为文件的使用环境是比较开放的，所以对文件存取权限的规定比较简单，用 9 个二进制位表示，分成三个域，每个域三位，它们是 r、w 和 x，分别控制读、写和执行操作。三个域分别表示文件主、同组用户和其他用户所具有的权限。

文件保护既与文件本身有关，又与文件的路径有关，可以在文件的路径上提供保护。因而，若一个用户想存取由路径名指定的文件，必须对涉及的目录和文件都有存取权。在对文件有连续共享的情况下，由于检索文件的路径名不同，就可能出现一个用户对同一文件有不同的存取权限。

4. 密码

为了防止破坏或泄密，对一些重要的文件信息还可采用密码方法存储。就像发密码电报那样，信息在其存储之前进行加密，在特定用户读取后经过解密再进行相应处理。这样，即使加密后的文件信息被其他用户不正当地获取了，由于他们不知道怎样解密(很难猜测出加密方法)，就无法知道信息的真实内容，从而达到对文件的保密。

在密码方式中，由核心负责文件写入时的编码工作及读出时的译码工作，但是密匙仅由享有存取权的特定用户掌握。利用密匙生成一串相继随机数的起始码。编码时把生成的随机数顺序地加到文件的字节串上；译码时再从读出的文件代码中依次减去对应的随机数，从而恢复信息的本来面貌。

密码技术保密性强，但是编码和译码要花费很多时间，增加了系统开销。

随着计算机应用的普及，各种软件越来越丰富，随之而来的一个重要问题就是如何保护软件产品的版权，其关键是防止对文件的随意复制。

上述通过编制一段保护程序、控制用户对文件操作的方式等，往往被称为软保护方式，另外常用的一种方式是利用附加的硬件（如固化模块）来实现保护，称为硬保护。例如，凡涉及文件读、写、复制、转储等功能的命令，在实施相应操作之前，先通过一个硬件模块检查其合法性，如有侵权行为（如把系统文件复制到软盘上)，则系统拒绝执行。硬保护方式具有保密性好、速度快的优点，但相应增加了硬件成本。

5.7　Linux 文件系统

Linux 系统为它能够识别的所有文件系统类型提供了一个通用界面，所以对一般用户来说，文件存储的精确格式和方式并不重要。Linux 支持多种文件系统，主要类型有：

1）Ext2 或 Ext3 文件系统，用于存储 Linux 文件。

2）MS-DOS 文件系统，允许 Linux 访问 MS-DOS/Windows 9x 分区和软盘上的文件。

3）其他文件系统，还包括 CD-ROM 使用的 ISO 9660 文件系统等。

每种类型的文件系统存储数据的基本格式都不一样。但是，在 Linux 下访问任何文件系统时，系统都能把数据组织成在一个目录树下的文件，其中包括前面介绍的文件属主、组 ID、权限保护位和其他特征等信息。事实上，只有那些能够存储 Linux 文件的文件系统类型，才能提供属主和保护位等信息。对于没有能力存储这些信息的文件系统类型，用来访问这些文件系统的核心驱动程序能够模拟这些信息。在一定意义上说，这种方法使所有类型的文件系统看起来都很相似（详见5.7.2节）。每个文件都有各自的属性，但这些属性不一定在文件系统底层被使用。

5.7.1　一般文件系统的格式

1. 文件系统的不同含义

构成操作系统的最重要部件就是进程管理和文件系统。然而，并非所有的操作系统都同时具有这两个部件。如一些嵌入式操作系统可能有进程管理而没有文件系统，而另一些操作系统（如MS-DOS）则有文件系统，但没有进程管理。

以上介绍文件定义时，主要指磁盘文件，进而把内存中有序存储的一组信息也称作文件。有些系统把一片内存区用于存放文件，以加快数据存取速度，因而把这片内存区称作虚拟盘。广义上讲，UNIX把外部设备（如终端、打印机、磁盘等）都称作文件。

与“文件”含义有狭义和广义之分相似，“文件系统”一词在不同情况下也有不同含义。上面对文件系统的定义是指在操作系统内部（通常在内核中）用来对文件进行控制和管理的一套机制及其实现。而在具体实现和应用上，文件系统又指存储介质按照一种特定的文件格式加以构造。例如，Linux的文件系统是Ext2，MS-DOS的文件系统是FAT16，而Windows NT的文件系统是NTFS或FAT32。对文件系统可以进行安装或拆卸等操作。

2. 硬盘分区

为了建立文件系统，首先应该对硬盘正确地分区。硬盘分区有三种类型：主分区（Primary Partition）、扩展分区（Extended Partition）和逻辑分区（Logical Partition）。

如果只有一个硬盘，那么这个硬盘上肯定有一个主分区。DOS必须在主分区中才能启动。建立主分区的主要用途是安装操作系统。另外，如果有多个主分区，那么只有一个可以设置为活动（Active）分区，操作系统就是从这个分区启动的。

根据需要，一个硬盘可以有1个或多个主分区，但最多只能有4个主分区。为了克服这种限制，就设立了扩展分区。但是需要注意，扩展分区不能直接用来保存数据，其主要功能是在其中建立若干逻辑分区（事实上只能建立20多个）。逻辑分区并不是独立的分区，它是建立在扩展分区中的二级分区，而且在DOS/Windows下，这样的一个逻辑分区对应于一个逻辑驱动器（Logical Driver），我们平时说的D盘、E盘，一般指的就是这种逻辑驱动器。硬盘分区结构示例如图5-22所示。

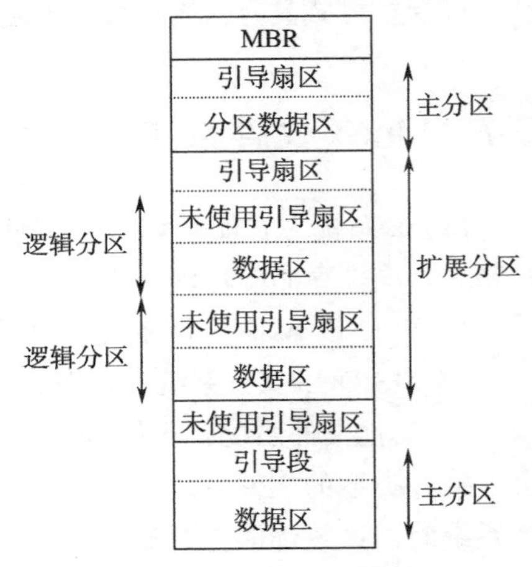

图5-22　硬盘分区结构示例

这样一来，就可以把一个硬盘划分为4个主分区，或者三个主分区加上一个扩展分区，在扩展分区上可以划分出多个逻辑分区。Linux既可以安装在主分区上，也可以安装在逻辑分区上。

对硬盘分区后，每个分区好像是单独的硬盘。如果系统中只有一个硬盘，但又希望安装多个操作系统，则可以把硬盘分成多个分区。每个操作系统可以任意使用自己的分区，不会干扰另外一个操作系统的正常工作。通过对硬盘分区，多个操作系统可以共存于同一个硬盘中。当然，硬盘分区还有如下其他原因：

1）当系统中硬盘容量较大时，使用分区可以提高硬盘的访问效率。

2）在不同分区上安装不同的操作系统，能够方便管理和维护。

对于软盘来说，不需要分区。因为软盘的容量太小，没有必要分区。CD-ROM也没有必要分区，因为光盘中没有安装多操作系统的需求，而且就容量（720MB左右）来说，也没有必要分区。

如图5-22所示，硬盘分区的信息存放在它的第1个扇区（对应于0号磁头的0柱面0扇区），该扇区就是整个硬盘的主引导记录（Main Boot Record, MBR）。如果该硬盘是多硬盘系统的第1个硬盘，那么该扇区就是系统的MBR。计算机引导时，BIOS从该扇区读入并且执行其中的程序。MBR中包含一小段程序，其功能是读入分区表（在MBR的末尾，其中给出每个分区的开始和结束地址），检查系统的活动分区（即默认引导分区。分区表中只有一个分区标记为活动），读入活动分区的第1个扇区（与MBR略有不同，它表示某个分区上的启动扇区。该启动扇区包括另一个小程序，用于读入该分区上操作系统的引导部分，然后执行它）。引导块中的程序把该分区中的操作系统装入内存。为保证一致性，每个分区开头都有引导块，即使它不包含可引导的操作系统。由于将来有可能包含一个操作系统，所以每个分区都保留一个引导块，这是一个好主意。

3. 文件系统的一般布局

除了磁盘分区都以引导块开头外，各个文件系统的分区格式有很大差别。文件系统的一般布局如图5-23所示。其中，*超级块*（Superblock）包含有关该文件系统的全部关键参数。当计算机加电进行引导或第1次遇到该文件系统时，就把超级块中的信息读入内存。超级块中包含标识文件系统类型的幻数、文件系统中的盘块数量、修改标记及其他关键管理信息。

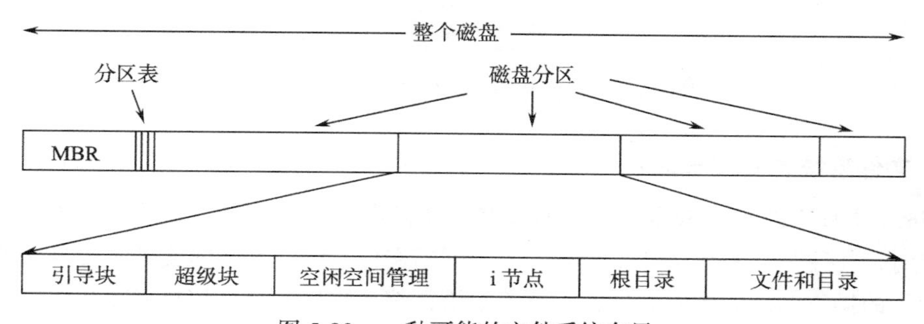

图5-23　一种可能的文件系统布局

在超级块之后是有关空闲块的信息，可能用位示图形式给出，也可能用指针链表形式表示。接着是i节点，它是一个结构数组，每个文件有一个i节点，其中包含有关该文件的全部管理信息。之后是根目录，它是文件系统目录树的顶端。最后，磁盘的其余部分则要包含除根目录以外的所有目录和全部文件。

5.7.2　虚拟文件系统

Linux系统可以支持多种文件系统，为此，必须使用一种统一的接口，这就是虚拟文件系统（VFS）。通过VFS将不同文件系统的实现细节隐藏起来，因而从外部看上去，所有的文件系统都是一样的。

1. VFS 系统结构

图5-24给出了VFS和实际文件系统之间的关系。从图中可以看出，用户程序（进程）通过有关文件系统操作的系统调用进入系统空间，然后经由VFS才可使用Linux系统中具体的文件系统。也就是说，VFS是建立在具体文件系统之上的，它为用户程序提供一个统一的、抽象的、虚拟的文件系统界面。这个抽象的界面主要由一组标准的、抽象的有关文件操作构成，以系统调用的形式提供给用户程序，如read( )、write( )、lseek( )等。所以，VFS必须管理所有的文件系统。它通过使用描述整个VFS的数据结构和描述实际安装的文件系统的数据结构来管理这些不同的文件系统。

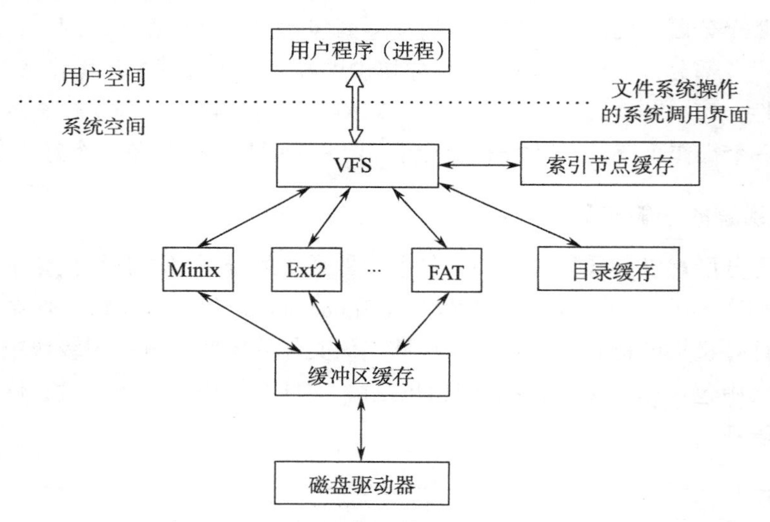

图5-24　VFS和实际文件系统之间的关系

2. 文件系统的安装与拆卸

Linux文件系统可以根据需要随时装卸，从而实现文件存储空间的动态扩充。在系统初启时，往往只有一个文件系统安装上，即根文件系统，其上的文件主要是保证系统正常运行的操作系统的代码文件，以及若干语言编译程序、命令解释程序和相应的命令处理程序等构成的文件，此外，还有大量的用户文件空间。根文件系统一旦安装上，则在整个系统运行过程中是不能卸载的，它是系统的基本部分。

其他文件系统（例如，由软盘构成的文件系统）可以根据需要（如从硬盘向软盘复制文件），作为子系统动态地安装到主系统中，如图 5-25 所示。其中 mnt 是为安装子文件系统而特设的安装节点。经过安装之后，主文件系统与子文件系统就构成一个有完整目录层次结构的、容量更大的文件系统。这种安装可以高达几级。也就是说，若干子文件系统可以并联安装到主文件系统上，也可以一个接一个地串联安装到主文件系统上。

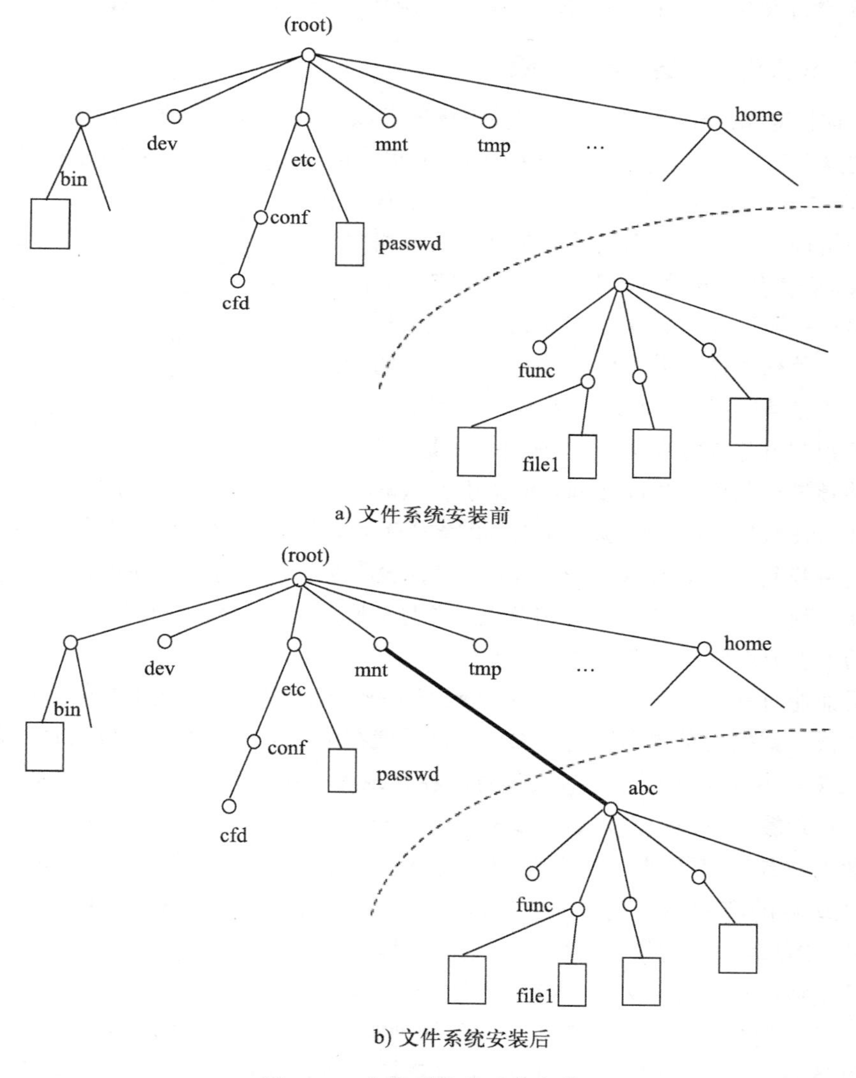

图 5-25　文件系统的动态安装

当超级用户试图安装一个文件系统时，Linux 系统内核必须首先检查有关参数的有效性。VFS 首先应找到要安装的文件系统，搜索已知的文件系统（该结构中包含文件系统的名字和指向 VFS 超级块读取程序地址的指针），当找到一个匹配的名字，就可以得到读取文件系统超级块的程序的地址。接着要查找作为新文件系统安装点的 VFS 索引节点，并且在同一目录下不能安装多个文件系统。VFS 安装程序必须分配一个 VFS 超级块（super_block），并且向它传递一些有关文件系统安装的信息。当文件系统安装以后，该文件系统的根索引节点就一直保存在 VFS 索引节点缓存中。

卸载文件系统的过程基本上与安装文件系统的过程相反。在执行一系列验证后（如该文件系统中的文件当前是否正被使用、相应的 VFS 索引节点是否标志为“被修改过”等），若符合卸载条件，则释放对应的 VFS 超级块和安装点，从而卸载该文件系统。

3. VFS 索引节点缓存和目录缓存

为了加快对系统中所有已安装文件系统的存取，VFS 提供了索引节点缓存——把当前使用的索引节点保存在高速缓存中。为了能很快地从中找到所需的 VFS 索引节点，采用了散列（hash）方法。其基本思想是，VFS 索引节点在数据结构上被链入不同的散列队列，具有相同散列值的 VFS 索引节点在同一队列中。设置一个散列表，其中每一项包含一个指向 VFS 索引节点散列队列的头指针。散列值是根据文件系统所在块设备的标志符和索引节点号计算出来的，如图 5-26 所示。

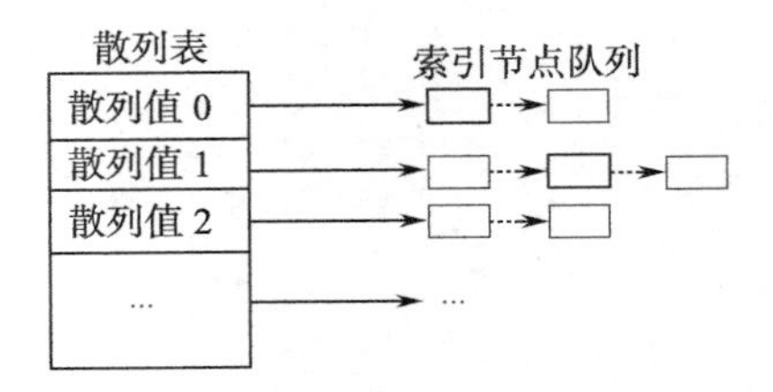

图 5-26　散列结构示意图

当虚拟文件系统根据需要计算出一个散列值时，VFS 就将该散列值作为访问散列表的索引，从散列表中得到指向相应的索引节点队列的指针。如果在所指的队列中包含要查找的索引节点，则说明该索引节点包含在高速缓存中，然后将找到的索引节点的访问计数加 1，表明又有一个进程在使用该索引节点。否则，必须找到一个空闲的 VFS 索引节点，并且从底层的文件系统中读取该索引节点，然后把新的索引节点放到对应的散列队列中。

为了加速对常用目录的存取，VFS 还提供一个目录缓存。当实际文件系统读取一个目录的时候，就把目录的详细信息添加到目录缓存中。下一次查找该目录时，系统就可以在目录缓存中找到此目录的有关信息。在目录缓存中保存的目录项长度必须少于 15 个字符。目录缓存也采用散列表的方法进行管理。表中每一项都是一个指针，指向有相同散列值的目录缓存队列。散列值是利用文件系统所在设备的号码和目录名来计算的。由于高速缓存的容量不可能很大，所以在使用过程中需要对缓存中的目录进行替换。VFS 采用 LRU 算法来替换缓存中的目录项，其思想是把最近一段时间里最久没有使用过的目录项替换掉。其方法是，VFS 维护一个目录缓存链表，当第一次查找一个目录项时，该目录项就被放入目录缓存中，同时加到第一层 LRU 链表的末尾。如果此时缓存已满，将替换 LRU 链表中最前面的一个目录项，把它放入缓存中。以后该目录项再次被存取时，它将被提升到第二层 LRU 链表的末尾。同样，若缓存已满，则替换该链表中最前面的目录项。这样，经常用到的目录项就不会出现在链表的前面，只有那些最近不常用的项才逐步移动到链表的开头，从而被替换掉。

4. 数据块缓冲区

Linux 系统采用多重缓冲技术，来平滑和加快文件信息从内存到磁盘的传输。当从盘上读数据时，如果数据已经在缓冲区中，则核心就直接从中读出，而不必从盘上读；仅当所需数据不在缓冲区中时，核心才把数据从盘上读到缓冲区，然后再从缓冲区读出。核心尽量让数据在缓冲区停留较长时间，以减少磁盘 I/O 操作的次数。

在系统初启时，核心根据内存大小和系统性能要求分配若干缓冲区。一个缓冲区由两部分组成：存放数据的缓冲区和一个缓冲控制块（又称缓冲首部 buffer_head，其中包含指向相应缓冲区的指针和记载缓冲区使用情况的信息）。缓冲区和缓冲控制块是一一对应的。系统通过缓冲控制块来实现对缓冲区的管理。

所有处于“空闲”状态的 buffer_head 都链入自由链中，它只有一条。具有相同散列值（由设备的标志符和数据块的块号生成）的缓冲区组成一个散列队列，可以有多个散列队列。每个缓冲区总是存在于一个散列队列中，但其位置是动态可变的。每个队列都被一个指针所指示，这些指针构成一个散列表。其形式与图 5-26 相似。

当进程想从物理块设备上读取数据块或打算把数据块写到物理块设备上时，核心要查看该数据块是否已在缓冲区中。如果未在，则为该块分配一个空闲的缓冲区。当核心用完缓冲区后，要把它释放，链入自由链。对数据块缓冲区的管理也采用 LRU 算法。

5.7.3 Linux Ext2 文件系统

目前，Linux 主要使用的文件系统是 Ext2 和 Ext3。Ext3 是 Ext2 的升级版本，加入了记录数据的日志功能。它们都是十分优秀的文件系统，即使系统发生崩溃也能很快修复。

与其他文件系统一样，Ext2 文件系统中的文件信息都保存在数据块中。对同一个 Ext2 文件系统而言，所有数据块的大小都是一样的，如 1024B。但是，不同的 Ext2 文件系统中，数据块的大小可以不同。

1. Ext2 文件系统布局

Ext2 文件系统分布在块结构的设备中，文件系统不必了解数据块的物理存储位置，它保存的是逻辑块的编号。块设备驱动程序能够将逻辑块号转换到块设备的物理存储位置。Ext2 文件系统将逻辑块划分成块组，每个块组重复保存着一些有关整个文件系统的关键信息，以及实际的文件和目录的数据块。

Ext2 文件系统的物理构造形式如图 5-27 所示。磁盘的引导块不被 Linux 使用，通常用来存放启动计算机的代码。在引导块之后是若干个块组。

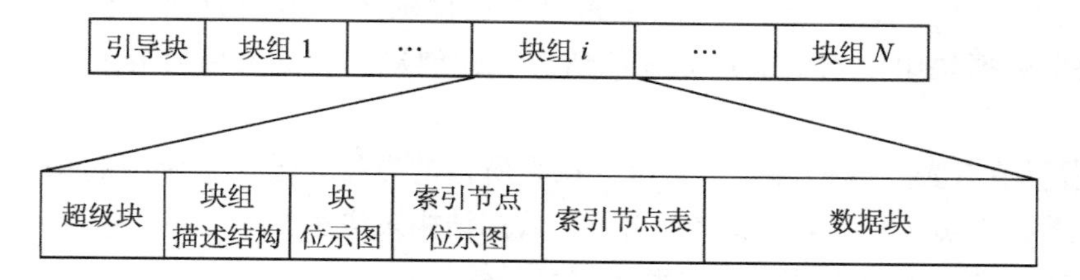

图 5-27 Ext2 文件系统的物理布局

使用块组对于提高文件系统的可靠性有很大好处：由于文件系统的控制管理信息在每个块组中都有一份副本，从而当文件系统意外出现崩溃时，可以很容易地恢复它。另外，由于在有关块组内部，索引节点表和数据块的位置很近，在对文件进行I/O操作时，可减少硬盘磁头的移动距离。

2. 块组的构造

从图5-27中可以看出，每个块组重复保存着一些有关整个文件系统的关键信息、真正的文件和目录的数据块。每个块组中包含超级块、块组描述结构、块位示图、索引节点位示图、索引节点表和数据块。

（1）超级块

超级块（Superblock）中包含关于文件系统本身的大小和形式的基本信息。文件系统管理员可以利用这些信息来使用和维护文件系统。每个块组都有一个超级块。在一般情况下，当安装文件系统时，系统只读取数据块组1中的超级块，将其放入内存，直至文件系统被卸载。

超级块中包含以下内容：

1）幻数。用于安装时确认是Ext2文件系统的超级块。

2）修订级别。这是文件系统的主版本号和次版本号。

3）安装计数和最大安装数。系统用来决定文件系统是否应该进行全面的检查。

4）块组号码。包含此超级块的数据块组的号码。

5）数据块大小。文件系统创建后，数据块的大小就固定了。它一般为1024B、2048B或4096B。

6）每组数据块的个数。文件系统创建后，它就确定了。

7）空闲块。文件系统中空闲块的个数。

8）空闲索引节点。文件系统中空闲索引节点的数目。

9）第一个索引节点。文件系统中第一个索引节点的号码。在Ext2根文件系统中，第一个索引节点是根目录（/）的入口。

（2）块组描述结构

每个数据块组都有一个描述它的数据结构，即块组描述结构（Block Group Descriptor）。其中包含以下信息：

1）数据块位示图。这一项表示数据块位示图所占的数据块数。块位示图反映出数据块组中数据块的分配情况。在分配或释放数据块时要使用块位示图。

2）索引节点位示图。这一项表示索引节点位示图所占的数据块数。索引节点位示图反映出数据块组中索引节点分配的情况。在创建或删除文件时要使用索引节点位示图。

3）索引节点表。数据块组中索引节点表所占的数据块数。系统中的每一个文件都对应一个索引节点，每个索引节点都由一个数据结构来描述。

4）空闲块数、空闲索引节点数和已用目录数。

一个文件系统中的所有数据块组描述结构组成一个数据块组描述结构表。每一个数据块组在其超级块之后都包含一个数据块组描述结构表的副本。实际上，Ext2 文件系统只使用块组 1 中的数据块组描述结构表。

3. 打开文件表

Linux 系统中每个进程都有两个数据结构用来描述进程与文件相关的信息，其中一个是 fs_struct 结构，它包含两个指向 VFS 索引节点的指针，分别指向 root（即根目录节点）和 pwd（即当前目录节点）；另一个是 files_struct 结构，它保存该进程打开文件的有关信息，又称作*进程文件描述符表*。每个进程能够同时打开的文件至多是 256 个，分别由 fd[0] ～ fd[255] 所表示的指针指向对应的 file 结构。在 I/O 重定向中用到的文件描述符（如 0、1、2 等）其实就是 fd 指针数组的索引下标。

file 结构又称作打开文件描述符表（简称*打开文件表*）。在 file 结构中，f_mode 是文件打开的模式，如“只读”“只写”“读写”等；f_pos 是文件当前的读写位置；f_flag 包含许多标志位，用以表示文件的一些属性；f_count 表示对该文件的共享计数；f_inode 指向 VFS 中该文件的索引节点；f_op 是指向 file_operations 结构的指针，该结构中包含了对该文件进行操作的各种例程。利用 f_op 可以针对不同的文件定义不同的操作函数。进程文件描述符表、打开文件表和文件 i 节点之间的关系如图 5-28 所示。

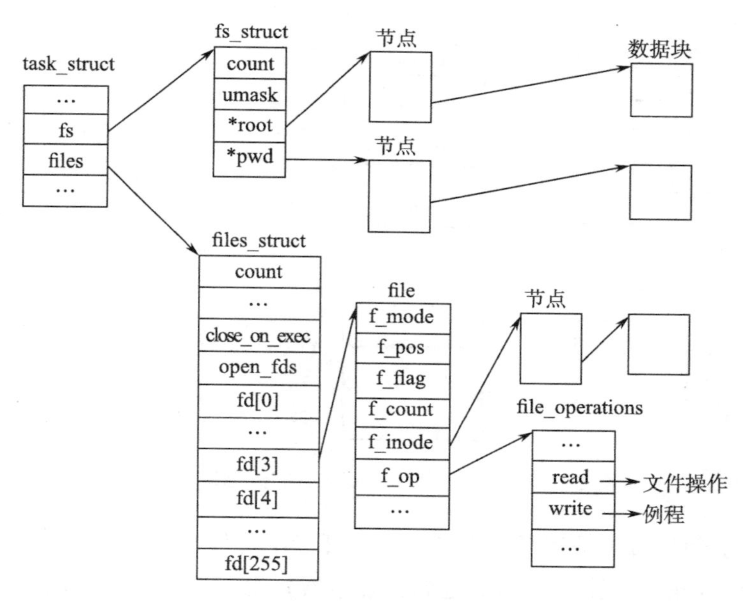

图 5-28　进程文件描述符表、打开文件表和文件 i 节点之间的关系

设置进程文件描述符表的目的主要有两个：一个是让各个进程掌握它当前使用文件的情况，不要同时打开过多文件；另一个是加速对文件的查找速度，其中数组 fd 的下标值就是文件描述符 fd 的值。由 fd 作索引来访问打开的文件，比直接用文件名来查找要快得多。

核心设置打开文件表的原因是：一个文件可以被同一进程或不同进程、用相同的或不同的路径名、以相同的或不同的操作要求同时打开。在UNIX/Linux系统中，普通文件是一个无结构的字符流，文件的每次读写都要由一个读写指针指示位置。对于具有父子关系的进程，它们可利用同一读写指针；而对于无父子关系的进程来说，各自要用不同的读写指针。为此，系统在内存中开辟了一个打开文件表，其中包含若干项，每项是一个file结构。

图5-29示出多个进程打开文件时逻辑通路的关系。其中，进程A是进程B的父进程，它们共享同一打开文件，共用同一文件的读写指针，二者使用同一打开文件表项。而进程C与进程A和B不是父子关系，但是共享同一文件，所以进程C另外占用一个打开文件表项。由于3个进程都共享同一文件，因此使用同一个i节点。

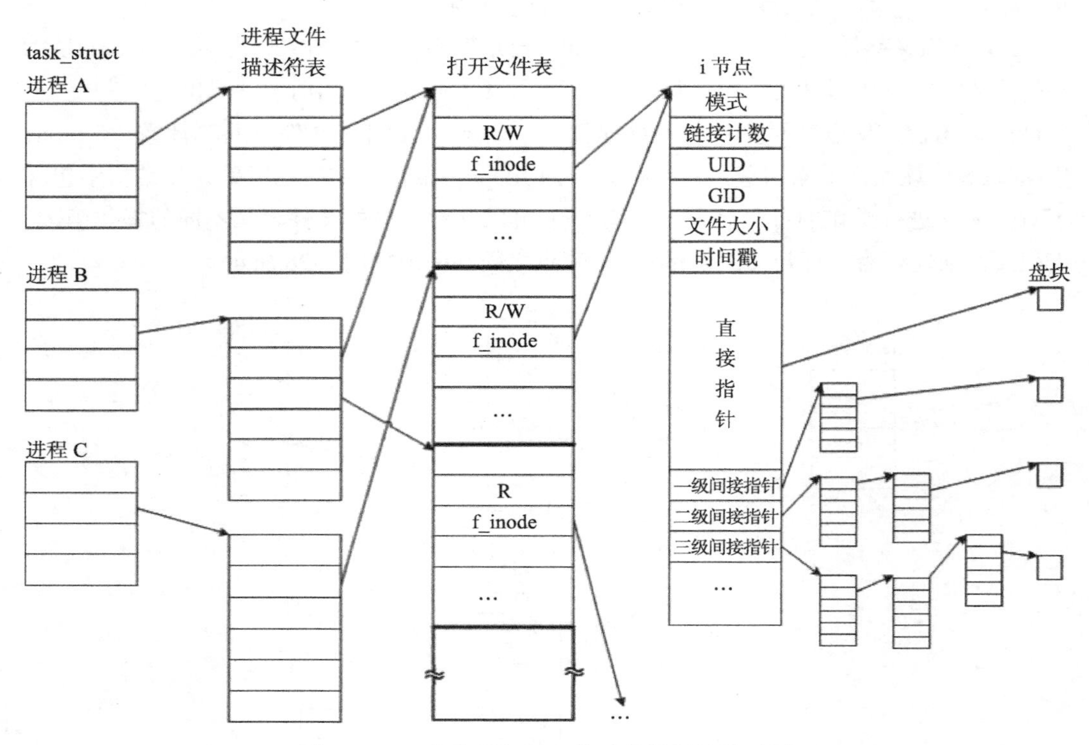

图5-29　三个进程打开文件后的数据结构示例

Linux系统创建每个进程后，自动为它打开三个文件，即标准输入文件（stdin，通常是键盘），标准输出文件（stdout，通常是显示器），以及标准错误输出文件（stderr，通常也是显示器），它们的文件描述符分别是0、1和2，即进程文件描述符表（files_struct结构）中数组fd的前三项。如果进程运行时进行输入输出重定向，则这些文件描述符就指向给定的文件，而不是标准的终端输入输出。每当进程打开一个文件时，就从files_struct结构中找一个空闲的文件描述符，使它指向打开文件的描述结构file。对文件的操作要通过file结构中定义的文件操作例程和VFS索引节点的信息来完成。

大家回顾一下，在编写 C 程序时，往往用库函数 fopen ( ) 打开文件，它返回一个指向 FILE 结构（注意，不是上面讲到的 file 结构）的指针 fp，以后就利用 fp 对该文件进行读写操作。FILE 结构中有一个成员 `int _fd`，它就是这里讲到的文件描述符。所以用户通过 fp 找到具体文件信息的路径是：fp → FILE → _fd →进程文件描述符表项→打开文件表项→活动 i 节点→盘块。

5.7.4　对文件的主要操作

文件是一种抽象数据类型。为了正确定义文件，需要了解对文件实施的操作。操作系统提供一组系统调用，用于文件的创建、删除、打开、关闭、读、写等。不同的操作系统所提供的文件操作是不同的。下面是 Linux 系统中一些最常用的有关文件操作的系统调用。

1. 创建文件 creat

创建一个新文件时要做两步工作：首先，为该文件在文件系统中分配必要的空间；然后，生成一个新的目录项，添加到相应的目录中。目录项中记载该文件的名字、文件类型、在外存上的位置、大小、建立时间等有关文件属性信息。其使用格式如下：

```
#include <sys/types.h>
#include <sys/stat.h>
#include <fcntl.h>

int creat(const char *pathname, mode_t  mode);
```

其中，参数 pathname 为指向文件名字符串的指针，mode 为表示文件权限的标志。若成功，则返回值为只写打开的文件描述符；若出错，则为 -1。mode 值可以是八进制数字（如 0644）或者是 <sys/stat.h> 中定义的一个或多个符号常量进行按位或的结果（如 S_IRWXU，值为 00700；S_IUSR 或 S_IREAD，值为 00400）。

2. 删除文件 unlink

如果不再使用某个文件，必须删除它，以释放其所占用的磁盘空间。若要删除一个文件，先在相应目录中检索该文件，找到相应的目录项后，释放该文件所占用的全部空间，以便其他文件使用，并且清除该目录项中的内容（使之成为空项）。其使用格式如下：

```
#include <unistd.h>
int unlink(const char *path);
```

通过减少指定文件（由 path 指定）上的链接计数，实现删除目录项。如果成功，则返回值为 0；否则，返回 -1。删除文件需要拥有对其目录的写和执行权限。

3. 打开文件 open

通常，文件的使用规则是先“打开”，后使用。打开文件的目的就是建立从用户文件管理机构到具体文件的控制块（i节点）之间的一条联络通路。利用这种通路可加速系统对文件的检索、权限验证、读写指针共享等操作，改善文件系统的性能。

打开文件的主要过程是：

1）根据给定的文件名查找文件目录。如果找到该文件，则把相应的文件控制块调入内存的活动文件控制块区。

2）检查打开文件的合法性。如果用户指定的打开文件之后的操作与文件创建时规定的存取权限不符，则不能打开该文件，返回不成功标志。如果权限相符，则建立文件系统内部控制结构（如UNIX系统中的用户打开文件表、系统打开文件表和活动i节点等）之间的通路联系，返回相应的文件描述字fd。

其使用格式如下：

```
#include <sys/types.h>
#include <sys/stat.h>
#include <fcntl.h>
int open(const char *path, int oflags);
int open(const char *path, int oflags, mode_t mode);
```

指针path标示要打开的文件名或设备名，oflags定义对该文件要进行的操作。在打开一个未存在的文件时（即创建文件），才用mode参数指定文件的权限（其值与creat的相同）。oflags的常用符号常量是：O_RDONLY，值为0，表示只读；O_WRONLY，值为1，表示只写；O_RDWR，值为2，表示可读写。若成功，返回一个文件描述符，可供后继的read、write等系统调用使用；否则，返回 -1。

4. 关闭文件close

对文件存取后，不再需要文件属性和文件在盘上地址等信息，这时应当关闭文件，释放打开该文件时所分配的内部表格。很多系统对进程同时打开文件的个数有限制，提倡用户关闭不再用的文件。另外，关闭文件也防止对打开文件进行非法操作，可起到保护作用。

关闭文件的过程是：如果该文件的最后一块尚未写到盘上，则强行写盘，不管该块是否为满块。系统根据文件描述字（打开该文件时的返回值）依次找到相应的内部控制结构，切断彼此间联系，释放相应的控制表格。其使用格式如下：

```
#include <unistd.h>
int close(int fd);
```

关闭由文件描述符fd指定的文件。若成功，返回0；否则，返回 -1。

5. 读文件read

从文件中读取数据。一般读出的数据来自文件的当前位置，调用者还要指明一共读取多少数据，以及把它们送到用户内存区的什么地方。

读文件的基本操作过程是：

1）根据打开文件时得到的文件描述字找到相应的文件控制块，确定读操作的合法性，设置工作单元初值。

2）把文件的逻辑块号转换为物理块号，申请缓冲区。

3）启动磁盘I/O操作，把盘块中的信息读入缓冲区，然后传送到指定的内存区，同时修改读指针，供后面读写定位之用。

如果文件大，读取的数据多，上述步骤2）和步骤3）会反复执行，直至读出所需数量的数据或读至文件尾。其使用格式如下：

```
#include <unistd.h>
#include <sys/types.h>
#include <sys/stat.h>
#include <fcntl.h>
size_t read(int fd,const void *buf,size_t count);
```

从文件描述符fd所表示的文件中读取count字节的数据，放到缓冲区buf中。其返回值是实际读取的字节数，可能会小于count。如果返回值为0，则表示读到文件末尾；若为-1，则表示出错。

6. 写文件write

将数据写到文件中。通常，写操作也是从文件当前位置开始向下写入。如果当前位置是文件末尾，则文件长度增加。如果当前位置在文件中间，则现有数据被覆盖，并且永久丢失。

写文件的过程是：

1）根据文件描述字找到文件控制块，确认写操作的合法性，置工作单元初值。

2）由当前写指针的值得到逻辑块号，然后申请空闲物理盘块，申请缓冲区。

3）把指定用户内存区中的信息写入缓冲区，然后启动磁盘进行I/O操作，将缓冲区中信息写到相应盘块上。

4）修改写指针的值。

如果需要写入的数据很多，则步骤2）～4）会反复执行，直至把给定的数据全部写到盘上。

其使用格式如下：

```
#include <unistd.h>
#include <sys/types.h>
#include <sys/stat.h>
#include <fcntl.h>
size_t write(int fd,const void *buf,size_t count);
```

将缓冲区buf中count字节写入文件描述符fd所表示的文件中，其返回值是实际写入的字节数。如果发生fd有误或者磁盘已满等问题时，则返回值会小于count；如果没有写出任何数据，则返回值为0；如果在write调用中出现错误，则返回值为-1，对应的错误代码保存在全局变量errno里面。errno和预定义的错误值声明在<errno.h>头文件中。

小结

文件是被命名的数据的集合体，是由操作系统定义和实施管理的抽象数据类型。可以从不同的角度来划分文件的类型，如在UNIX/Linux和MS-DOS系统中，文件分为普通文件、目录文件和特殊文件。而普通文件又分为ASCII文件和二进制文件两种。

不同的文件系统对文件的命名规则是不同的，通常由文件名和扩展名（即后缀）组成。一般利用扩展名可区分文件的属性。

看待文件系统有不同的观点，主要是用户观点和系统观点。从用户观点来看，文件系统是文件和目录以及对它们的操作的集合，文件可以读、写，目录可以创建和删除，文件可以从一个目录移到另一个目录中，实现用户对文件的按名存取。而从系统观点来看，要考虑如何实现文件系统的功能。一般来说，文件系统应具备以下功能：文件管理、目录管理、文件存储空间的管理、文件的共享和保护以及提供方便的对外接口。

文件的逻辑组织有两种形式：有结构文件和无结构文件。有结构文件又称为记录式文件，它又分为定长和变长的记录文件。而无结构文件又称为字符流文件，UNIX/Linux系统中文件都采用流式文件。用户对文件的存取通常包括顺序存取和随机存取两种方式。

文件通常存放在磁盘的盘块上，文件的物理组织涉及文件的信息如何在磁盘上放置。基本的文件物理组织形式有：连续文件、链接文件、索引文件和多重索引文件。它们各有优缺点，多重索引文件的性能相对更佳。

核心对文件的管理是通过文件控制块实施的。每个文件有唯一的文件控制块，在UNIX/Linux系统中把它称为i节点。

由文件控制块构成的文件称作目录文件，简称目录。文件控制块就是其中的目录项。不同的文件系统中目录项的组成是不同的，有的很简单（如UNIX系统），有的就比较复杂。

文件系统的目录结构是多种多样的。单级目录最简单，但存在重名问题，难以保证所有文件的名字都是唯一的。二级目录为各个用户单独建立一个目录，从而解决了上述问题，每个用户的文件都在各自的目录下。为使用方便，对二级目录进行扩展，成为树形文件目录。这种多分支多层次的目录结构允许用户创建自己的子目录，便于用户更合理地组织其文件。非循环图目录结构是带链接的树形目录结构，它利于实现对文件或目录的共享。UNIX/Linux系统中的目录结构就采用带链接的树形目录结构。

创建新文件或扩充老文件时，需要申请空闲盘块；删除文件时要回收释放的文件块。对空闲盘块的管理方式主要有：空闲空间表、空闲块链接、位示图和空闲块成组链接等。

文件的共享与文件系统的安全性是文件系统中的一个重要问题。文件链接是实现文件共享的有效途径，分为硬链接和符号链接。由于文件是多数计算机系统中主要的信息存储机制，既要实现共享，又必须加以保护。对文件的保护可分别由存取类型来设定，如读、写、执行等，也可以通过命名、口令、存取权限或者加密的方法实现对文件的保护。

文件信息可能因硬件或软件的故障而遭到损坏，为此必须加强对文件系统的可靠性管理，如文件系统的备份和必要时的恢复。备份就是把硬盘上的文件转储到其他外部介质上。

为了建立文件系统，必须对硬盘进行分区。Linux既可以安装在主分区上，也可以安装在逻辑分区上。Linux 系统的一个重要特征就是支持多种不同的文件系统，目前，Linux 主要使用的文件系统是 Ext2 和 Ext3。Ext2 文件系统将逻辑块划分成块组，每个块组重复保存着一些有关整个文件系统的关键信息，以及实际的文件和目录的数据块。

Linux 系统提供了虚拟文件系统（VFS），通过 VFS 将不同文件系统的实现细节隐藏起来。Linux 文件系统可以根据需要随时装卸，从而实现文件存储空间的动态扩充。

UNIX/Linux 系统利用进程文件描述符表、打开文件表和文件 i 节点等结构，方便地实施对文件的打开、关闭等，有效地保证对文件的共享访问。

文件是一种抽象数据类型。为了正确定义文件，需要了解对文件实施的操作。操作系统提供一组系统调用，用于文件的创建、删除、打开、关闭、读、写等操作。不同的操作系统所提供的文件操作是不同的。

习题 5

1. 解释以下术语：文件、文件系统、目录项、目录文件、路径、当前目录、文件控制块、文件的逻辑组织、文件的物理组织。
2. UNIX/Linux 系统中文件分为哪些类型？
3. 文件的逻辑组织有哪几种形式？
4. 文件的物理组织形式主要有哪几种？各有什么优缺点？
5. 文件系统的层次结构是怎样的？
6. 文件系统中的目录结构有哪几种基本形式？各有何优缺点？ UNIX/Linux 系统中采用哪种目录结构？
7. 在 UNIX 系统中，如果当前目录是 /usr/meng，则相对路径名为 ../pic/xxx 文件的绝对路径名是什么？
8. 常用的磁盘空闲区管理技术有哪几种？试简要说明各自的实现思想。
9. 什么是文件的共享？文件链接如何实现文件共享？
10. 什么是文件保护？常用的保护机制有哪些？
11. 什么是文件的备份？数据备份的方法有哪几种？按时机，备份分哪几种？
12. 硬盘分区有哪三种类型？ Linux 可以安装在哪些分区上？
13. 在 Linux 系统中，Ext2 文件系统的构造形式是什么？超级块的作用是什么？
14. 一般来说，文件系统应具备哪些功能？
15. 文件控制块与文件有何关系？
16. 在 UNIX/Linux 系统中，如何表示一个文件的存取权限？
17. 在 Linux 系统中，为什么要提供 VFS ？
18. 简述 Linux 文件系统中进程文件描述符表、打开文件表和文件 i 节点之间的关系。
19. 在实现文件系统时，为了加快文件目录的检索速度，可用“文件控制块分解法”。假设目录文件存放在磁盘上，每个盘块为 512 B。文件控制块占 64 B，其中文件名占 8 B。通常将文件控制块分解成两部分，第 1 部分占 10 B（包括文件名和文件内部号），第 2 部分占 56 B（包括文件内部号和文件其他描述信息）。

① 假设某个目录文件共有 254 个文件控制块，试分别给出采用分解法前后，查找该目录文件的某个文件控制块的平均访问磁盘次数。

② 一般地，若目录文件分解前占用 n 个盘块，分解后改用 m 个盘块存放文件名和文件内部号，请给出访问磁盘次数减少的条件。

20. 在 UNIX 系统中，假定磁盘块大小是 1KB，每个盘块号占 4B，文件索引节点中的磁盘地址明细如图 5-30 所示，请将下列文件的字节偏移量转换为物理地址（写出计算过程）：① 8 000；② 13 000；③ 350 000。

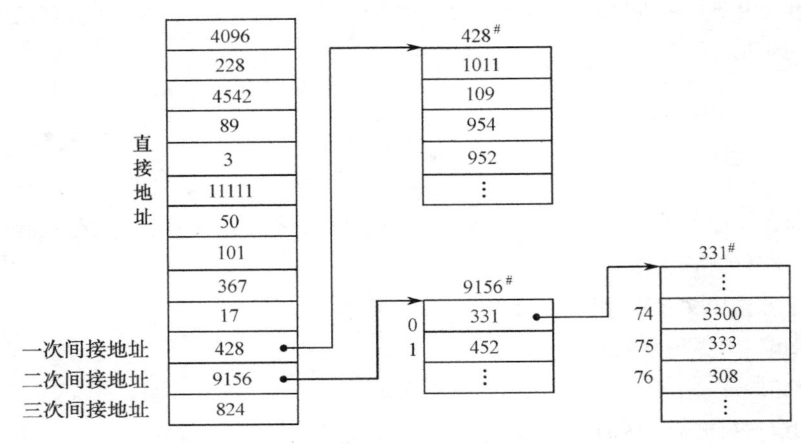

图 5-30　文件索引节点磁盘地址明细

第6章 设备管理

学习内容

在上机时，我们要从键盘上输入数据，从屏幕上读取信息，用打印机输出结果，下载的文件要存放在磁盘上，等等，要用到很多设备。那么系统如何管理这些种类繁多、特性各异的设备呢？怎样按用户要求来分配设备呢？常用设备如何安装和管理呢？……

外部设备种类繁多，它们的特性和操作方式又有很大差别，因此无法按一种算法统一进行管理。在操作系统中，设备管理是比较繁琐和复杂的一部分。此外，设备管理与硬件紧密相关。对各种外部设备进行管理是操作系统的一个重要任务，也是其基本组成部分。

操作系统中I/O系统的关键目标有两个：一个是提供与系统其他部分的最简单接口，方便使用，并且这种接口在可能条件下应对所有设备是相同的（即具有设备无关性）；另一个是优化I/O操作，实现最大并行性，因为设备往往是系统性能的瓶颈。

本章重点要介绍设备管理功能、设备分配技术、I/O管理、缓冲技术以及Linux系统常用设备管理和安装的知识。

本章主要介绍以下主题：

- 设备管理功能
- 设备分配技术
- 缓冲技术
- 设备驱动程序
- 磁盘调度和管理
- Linux系统设备管理

学习目标

了解：设备分类和标识，I/O系统结构，DMA方式，I/O软件系统的四个层次，Linux字符设备和块设备的管理。

理解：缓冲技术，处理I/O请求的步骤，SPOOLing系统，I/O软件目标，与设备无关的I/O软件的功能，Linux设备驱动的分层结构。

掌握：设备管理的目标和功能，设备分配技术，设备驱动程序概念，磁盘存取时间，常用磁盘调度算法。

6.1　设备管理概述

6.1.1　设备分类和标识

I/O 设备种类繁多，特性各异。终端、打印机、鼠标、硬盘驱动器、软盘驱动器、CD-ROM 等等，各有不同的物理特性，各自实现不同的 I/O 功能。

1. 设备分类

可以从不同角度对外部设备进行分类。

1）按照工作特性可把它们分成存储设备和输入输出设备两大类：

①存储设备，也称为外存或后备存储器、辅助存储器。它们主要是计算机用来存储信息的设备。虽然它们的存储速度较内存慢，但比内存容量大得多，价格相对也便宜。存储设备通常包括磁盘（通常指硬盘）、光盘、磁带等，它们提供了基本的联机信息（程序和数据）的存储。大多数程序——像编译程序、汇编程序、排序例程、编辑程序、格式化程序等，都是存放在磁盘上，在使用时才调入内存。在这类设备上存储的信息，在物理上往往是按字符块组织的，因此，这类设备也称为面向块的设备，或简称块设备。

②输入输出设备：输入设备是计算机用来接收来自外部世界信息的设备，如终端键盘、卡片输入机、纸带输入机等；输出设备是将计算机加工处理好的信息送向外部世界的设备，如终端屏幕显示或打印输出部分、行式打印机、卡片输出机等。由于输入输出设备上的信息往往是以字符为单位组织的，所以这种设备也称为面向字符的设备，或简称字符设备。

但有个别设备并不符合这两类设备的特性，如时钟，它定时产生中断，但它既不是存储设备，也不能产生或接收字符流。

2）根据设备的使用性质可将设备分成独占设备、共享设备和虚拟设备三种：

① 独占设备。独占设备是不能同时共用的设备，即在一段时间内，该设备只允许一个进程独占。例如，对于行式打印机、读卡机、磁带机之类的设备，应该由进程独占。

② 共享设备。共享设备是可由若干进程同时共用的设备。这类设备具有高速、大容量、可直接存取等特点。例如有一台磁盘机，用户甲读自己的文件，用户乙写文件，用户丙访问数据库文件，这些文件都存放在这个磁盘上，各用户进程共用一个磁盘设备。

③ 虚拟设备。虚拟设备是利用某种技术把独占设备改造成可由多个进程共用的设备，这种设备并非物理上变成了共享设备，而是用户使用它们时"感觉"它是共享设备，不像独占设备。虚拟设备属于可共享设备，因而可把它分配给多个进程使用。

3）按照数据传输的方式可将设备分为串行设备和并行设备：

① 串行设备。串行设备是指数据按二进制位一位一位地顺序传送的设备，如键盘、鼠标、USB 设备、外置 Modem 以及老式摄像头和写字板等设备。相应的接口称作串行

接口，简称串口，也就是 COM 接口，是采用串行通信协议的扩展接口。现在的 PC 一般至少有两个串行口 COM1 和 COM2。

② 并行设备。并行设备是指 8 位数据同时通过并行线进行传送的设备，如打印机、扫描仪、磁盘驱动器、光驱、磁带机等。相应的接口称作并行接口，简称并口。

还可从其他角度出发对设备进行分类。例如，按传输速率的快慢，可分为低速设备（键盘、鼠标等）、中速设备（行式打印机、激光打印机等）、高速设备（磁盘机、磁带机等）；按设备的从属关系可分为系统设备和用户设备，等等。

2. 设备标识

一个计算机系统中可以配置多种类型的设备，并且同一类型的设备又可以有多台，如有 10 台终端、3 台打印机。怎样标识各台设备呢？也就是说，如何给每台设备命名呢？各系统中对设备命名的方法虽不相同，但基本思想相似，就是系统按某种原则为每台设备分配一个唯一的号码，用作硬件（设备控制器）区分和识别设备的代号，称作**设备的绝对号**（**或绝对地址**）。它如同内存中每一单元都有一个地址那样。

在多道程序环境中，系统中的设备被多个用户共享，用户并不知道系统中哪台设备忙、哪台设备闲，哪台可用、哪台不可用，只能由操作系统根据当时设备的具体情况决定哪个用户使用哪台设备。这样，用户在编写程序时就不能通过设备绝对号来使用设备，他只需向系统说明他要使用的设备类型，如是打印机还是显示器。为此，操作系统为每类设备规定了一个编号，称为**设备的类型号**。如在 UNIX/Linux 系统中，类型号被称为**主设备号**。该系统中所有块设备的设备名由两部分构成：主设备号和次设备号，前者表示设备类型，后者表示同类设备中的相对序号。如 rfd0、rfd1 分别表示第一个和第二个软盘驱动器。

用户程序往往会同时使用几台同类设备，并且每一台设备都可能多次使用。这样，用户程序必须向操作系统说明当时它要用的设备是哪类设备的第几台。这里的“第几台”是**设备相对号**，是用户自己规定的所用同类设备中的第几台，应与系统为每台设备规定的绝对号相区别。

用户程序提出使用设备的申请时，使用系统规定的设备类型号以及用户自己规定的设备相对号，由操作系统进行“地址转换”，变成系统中的设备绝对号。

6.1.2　I/O 系统结构

不同规模的计算机系统，其 I/O 系统结构也有差别。通常可将 I/O 系统结构分为两大类：主机 I/O 系统和微型机 I/O 系统。

1. 主机 I/O 系统

比较典型的主机 I/O 系统具有四级结构：主机、通道、控制器和外部设备。如图 6-1 所示。

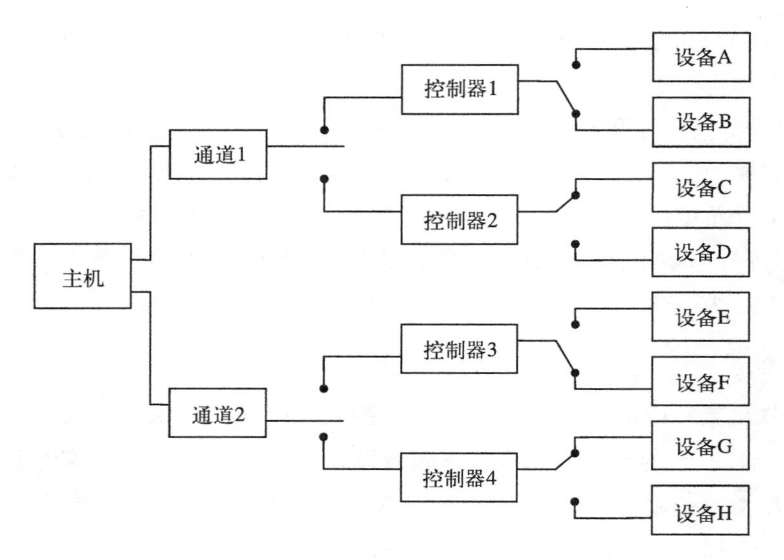

图 6-1　I/O 系统四级结构

为了使 CPU 摆脱繁忙的 I/O 事务，现代大、中型计算机都设置了专门处理 I/O 操作的机构，这就是**通道**。通道相当于一台小型处理机，它接受主机的委托，独立地执行通道程序，对外部设备的 I/O 操作进行控制，以实现内存和外设之间的成批数据传输。当主机委托的 I/O 任务完成后，通道发出中断信号，请求 CPU 处理。这样，就使得中央处理器基本上摆脱了 I/O 的处理工作，因而就大大提高了 CPU 和外设工作的并行程度。

虽然各种 I/O 通道的基本功能是相同的，但其形式和规模却相差很大。有的很简单，有的甚至用 CPU 作为 I/O 通道。根据信息交换的方式，通道可以分成字节多路通道、选择通道和成组多路通道三种类型。

1）*字节多路通道*。它以字节作为信息输送单位，服务于多台低速 I/O 设备，如卡片输入机、打印机等。当通道为一台设备传送一个字符之后，立即转向为下一台设备传送字符，从而交叉地控制下属各个设备的工作。如 IBM 370 中，这样一个通道最多可以连接 256 台低速设备。

2）*选择通道*。它在同一时间里只能为一台设备服务，连续地传输一批数据，故传输速率很高。它主要用于连接高速外部设备，如磁盘、磁带等。当一个 I/O 请求完成后，再选择另一个设备执行 I/O 操作。

3）*成组多路通道*。它结合字节多路通道分时操作和选择通道高速传送的优点，广泛用于连接高速和中速设备。成组多路通道允许多个通道程序在同一 I/O 通道中并行运行，每当执行完一条通道指令，它就转向另一通道程序。由于它在任意时刻只能为一个设备服务，这类似于选择通道；但它不必等到整个通道程序结束就能为另一设备服务，这又类似于字节多路通道。

图 6-2 描述了 IBM 370 系统的结构，它包括上述三种类型的通道。

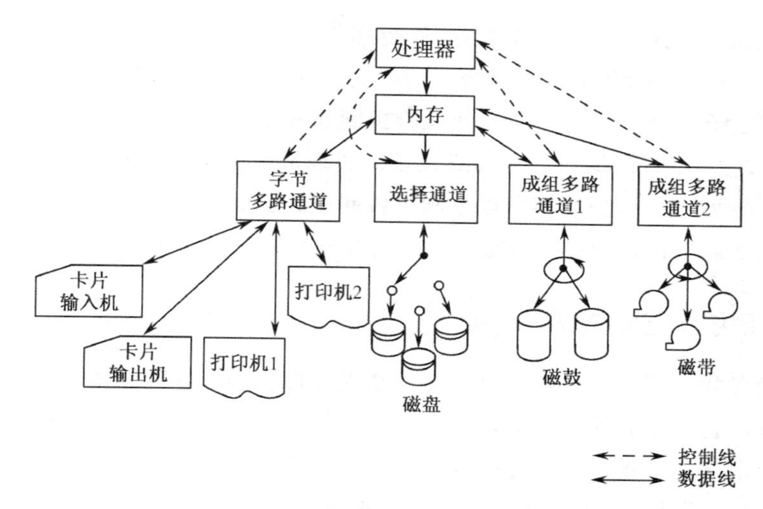

图 6-2 IBM 370 系统结构

2. 微型机 I/O 系统

在大多数微型机和小型机中都使用总线 I/O 系统结构，实现 CPU 与控制器之间的通信，如图 6-3 所示。

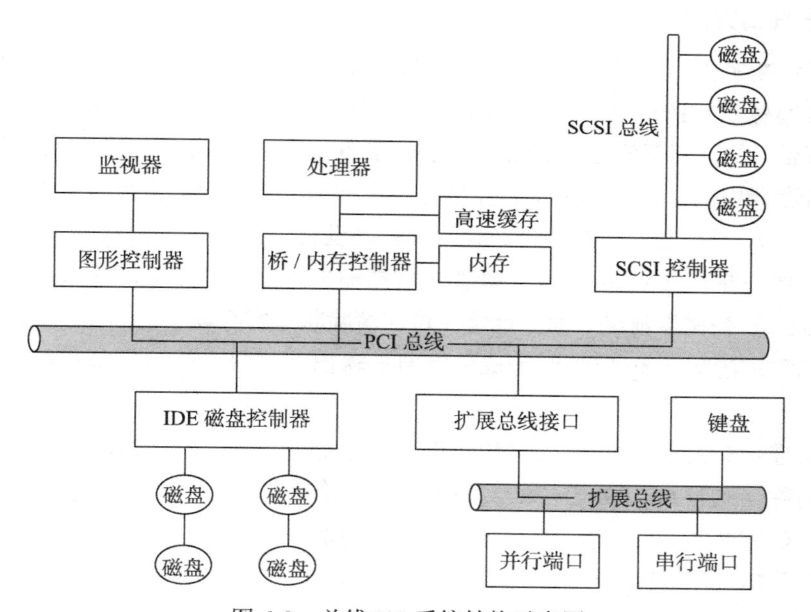

图 6-3 总线 I/O 系统结构示意图

总线是组成计算机的各部件间进行信息传送的一组公共通路，其传送的信息都遵循严格定义的协议。从图 6-3 中看出，各部件只与总线连接，它们的信息发送和接收也通过总线实现。目前 PC 上常用的公共系统总线是 PCI（Peripheral Component Interconnect，外部设备互连）总线结构，它把处理器—— 内存子系统与高速设备连接起来。另外，使用扩展总线把相对慢速的设备（如键盘、串行和并行端口）连接起来。

I/O设备一般由机械和电子两部分组成。为了达到模块化和通用性要求，设计时往往将这两部分分开处理。电子部分称作**设备控制器**或**适配器**，常以印刷线路板的形式插入主机槽中。它可以管理端口、总线或设备，实现设备主体（即机械部分）与主机间的连接与通信。通常，一台控制器可以控制多台同一类型的设备。因此，操作系统总是通过设备控制器实施对设备的控制和操作。控制器是可编址的设备。

6.1.3 I/O 系统的控制方式

由前面介绍可以看出，设备品种繁多，物理特性各异，各种设备与主机的连接方式不同，且I/O控制方式也不同。随着计算机技术的发展，I/O控制方式逐渐由简到繁，由低级到高级，其主要发展方向是CPU与外围系统并行工作。根据I/O设备的速度和工作方式的差别，I/O系统的控制方式可分为以下6种。

1. 程序控制直接传递方式

早期的I/O方式很简单，由程序员利用I/O指令编写输入输出程序，直接控制数据传送，不需查询外设状态。此方式虽简单，但只能应用于外设确已准备就绪的状态下。

2. 程序查询方式

在尚无中断机构的早期计算机系统中，输入输出过程完全由CPU控制。例如，CPU通过端口要写输出，I/O控制的工作过程如下：① CPU循环读取（控制器）状态寄存器中的busy（忙）位，直至该位被清除—— 表示设备就绪，可以接收下一条命令；② CPU设置命令寄存器中的write（写）位，并且把一字节写入数据输出寄存器，CPU设置“命令就绪”位；③ 当控制器得知“命令就绪”位已设置，它就置上busy位；④ 控制器读取命令寄存器，并看到write命令，接着从数据输出寄存器中读取一字节，传给设备执行输入输出；⑤ 控制器清除“命令就绪”位，清除状态寄存器中的error（出错）位表明输入输出成功，清除busy位表明完成一字节的输出。对每个输出字节都循环执行以上步骤。

由于在进行I/O传送的开头，CPU需要一次又一次地读取状态寄存器，直至其中busy位被清除，此时CPU处于“忙式等待”或“轮询”状态。通常情况下，I/O设备的速度远低于CPU的速度，造成CPU高速处理能力浪费。因此，当“中断”概念出现后，很快就被用于I/O系统中。

3. 中断控制方式

为克服上述方式的缺点，使CPU与I/O设备能够并行工作，在现代计算机系统中，广泛采用中断驱动方式。其基本工作过程是：

1）CPU执行设备驱动程序，发出启动I/O设备的指令，使外设处于准备工作状态。然后，CPU继续运行程序，进行其他信息的处理。

2）I/O 控制器按照 I/O 指令的要求，启动并控制 I/O 设备的工作。此时，CPU 与设备并行工作。

3）当输入就绪、输出完成或发生错误时，I/O 控制器便向 CPU 发送一个中断信号。

4）CPU 接收到中断信号后，保存少量的状态信息，如指令计数器和程序状态寄存器的内容，然后将控制传送给中断处理程序。

5）中断处理程序确定中断原因，执行相应的处理工作，最后退出中断，返回中断前的执行状态。

6）CPU 恢复对被中断任务的处理工作。

上述过程反复执行。

中断处理方式一般用于随机出现的 I/O 请求。由于每当完成一次 I/O 传送都要执行中断处理程序，所以费时多，只适用于中、慢速外设。

4. 直接存储器访问方式

（1）DMA 控制方式的引入

磁盘、磁带等以数据块为单位的存储设备具有容量大、传送速度快的特点。如果仍以中断控制方式实现数据的传送，即每传送一字节，I/O 控制器就向 CPU 发一次中断，使 CPU 执行一次中断服务，很显然，CPU 被中断的次数过多，会降低 CPU 的工作效率。由于 CPU 执行中断处理程序，可能延误数据的接收，会导致数据丢失。为了解决这个问题，引入了直接存储器存取（Direct Memory Access, DMA）方式。如果硬件设施中有 DMA 控制器，那么操作系统就使用 DMA 方式，多数系统都这样做。

DMA 方式具有以下四个特点：

1）数据是在内存和设备之间直接传送的，传送过程中不需要 CPU 干预。

2）仅在一个数据块传送结束后，DMA 控制器才向 CPU 发中断请求。

3）数据的传送控制工作完全由 DMA 控制器完成，速度快，适用于高速设备的数据成组传送。

4）在数据传送过程中，CPU 与外设并行工作，提高了系统效率。

可以看出，与中断控制方式相比，DMA 方式成百倍地减少了 CPU 对 I/O 控制的干预，DMA 传送的基本思想是用硬件机构实现中断服务程序所要完成的功能。

（2）DMA 的传送操作

DMA 控制器包含几个寄存器，如内存地址寄存器、字节计数寄存器及一个或多个控制寄存器。控制寄存器指明所用的端口、传送的方向（是读还是写）、传送的单位（一次一字节还是一个字），以及本次传送的字节数。CPU 可以读 / 写这些寄存器。DMA 传送操作如图 6-4 所示。

DMA 的工作过程如下：

1）CPU 把一个 DMA 命令块写入内存，该命令块包含传送数据的源地址、目标地址和传送的字节数；CPU 把这个命令块的地址写入 DMA 控制器的寄存器中。CPU 向磁盘控制器发送一个命令，让它把数据从磁盘读到内部缓冲区中并进行校验。然后，CPU

就处理其他任务。当有效数据存入磁盘控制器的缓冲区后，就开始直接存储器存取。

2）DMA 控制器启动数据传送。通过总线，向磁盘控制器发送一个读（盘）请求，让它把数据传送到指定的内存单元。

3）磁盘控制器执行从内部缓冲区到指定内存的数据传送工作，一次传送一个字。

4）当把数据字写入内存后，磁盘控制器通过总线向 DMA 控制器发送一个回答信号。

5）DMA 控制器把内存地址增 1，并且减少字节计数。如果该计数值仍大于 0，则重复执行上述第 2 步至第 4 步，直至计数值为 0。此时，DMA 控制器中断 CPU，告诉 CPU 传送已经完成。

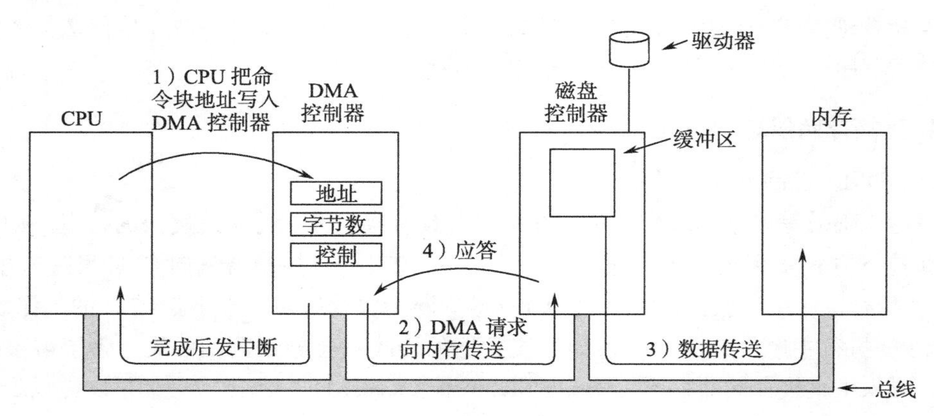

图 6-4　DMA 传送操作

（3）DMA 控制器的工作模式

某些 DMA 控制器可以在每次一字模式和整块模式两种模式下工作。上面所介绍的模式就是每次一字模式，即 DMA 控制器一次请求传送一个字。在 DMA 控制器启动数据传送时，它要占用总线。如果此时 CPU 也想用总线，则 CPU 必须等待，因为 I/O 访问的优先权高于 CPU 访问。在一个数据字从内部缓冲区传送到内存期间，设备控制器偷偷地挪用了 CPU 的总线周期，即 CPU 空出一个总线周期，让磁盘将数据送到内存，所以这种机制也称挪用周期。

在整块模式下，DMA 控制器命令设备占用总线，发出一连串数据予以传送，然后释放总线。这种形式的操作也称阵发模式，它比挪用周期模式效率更高，因为占用总线需要花费时间，而一次传送多个字只需付出一次占用总线的代价。阵发模式的缺点是：当进行很长的阵发传送时，会在一段时间内封锁 CPU 和其他设备。

在上面介绍的每次一字模式中，使用了 DMA 控制器的内部缓冲区。其作用是：① 磁盘控制器在开始传送之前可以进行校验，以避免传送错误数据；② 避免因申请占用总线而延误对后续数据字的接收。因为磁盘控制器把数据直接写到内存时，它必须占用总线来传送每个字。

可以看出，DMA 控制方式具有数据成块传送，仅在整块数据传送完成后才中断 CPU 等特点。然而，并非所有计算机都使用 DMA。批评者的意见是：主 CPU 往往比

DMA 控制器快得多，可以把 I/O 工作干得更快。对于低端（嵌入式）计算机来说，这种意见是重要的。

5. 独立通道方式

DMA 方式可以成块传送数据，显著减少产生中断的次数。但是，仍然需要 CPU 进行干预，特别当一次需要读取多个离散的数据块，且将它们传送到不同的内存区域，或者反向传送时，CPU 需要分别发出多条 I/O 指令，进行多次中断处理。

如 6.1.2 节所述，现代大、中型计算机都设置了通道。它接受主机的委托，独立执行通道程序。

通道程序由通道执行的指令组成。通道指令比较简单，一般有三组基本操作：数据传送（读、写）、设备控制和转移。一个通道可以分时地执行几个通道程序，每道程序的控制部分称为一个子通道。这样，一个通道可以具有多个子通道，由它们各自控制一道通道程序的执行，管理一个外设的工作。

如 6.1.2 节所述，根据信息交换的方式，通道可以分成字节多路通道、选择通道和成组多路通道三种类型。

6. I/O 处理器方式

虽然独立通道方式可以完成数据传送工作，使 CPU 主要致力于计算工作，但是通道并不能承担全部的输入输出工作，仍需 CPU 的干预。例如，通道开始工作时，需要 CPU 执行相应的 I/O 指令，启动设备；在工作结束时，CPU 要进行善后处理，如数据格式的转换、数据区的整理等。当通道出现故障时，CPU 要进行检测与故障处理。特别在数据输入输出过程中，CPU 要进行码制转换、格式处理、数据校验等工作。为使 CPU 充分发挥高速计算的能力，真正摆脱上述 I/O 事务，在一些大型、高速的机器中，往往利用一个专用的处理器来独自完成全部的输入输出管理工作，包括设备管理、文件管理、信息传送和转换、故障检测与诊断等。这样，整个计算机系统就由集中控制变成分散控制，使计算机性能有明显的飞跃。当然，这种方式增加了系统成本；当 I/O 任务不是很繁重时，I/O 处理器的负载不是很饱满。

6.1.4 缓冲技术

在 4.1.1 节中介绍过，为了解决 CPU 和内存之间的数据交换速度不匹配的问题，提高计算机的处理效率，在计算机硬件结构中增加了高速缓存（Cache）。它是根据程序的局部性原理设计的：就是 CPU 执行的指令和访问的数据在较短的一段时间内往往集中于某个局部，这时候可能会遇到一些需要反复调用的子程序或数据。计算机在工作时，把这些活跃的子程序存入比内存快得多的 Cache 中。其中的数据会根据读取频率进行组织，把最频繁读取的内容放在最容易找到的位置，把不再读的内容不断往后排，直至从中删除。

同高速缓存的作用类似，为了缓和 CPU 和 I/O 设备速度不匹配的矛盾，提高 CPU

和I/O设备的并行性，在现代操作系统中，几乎所有的I/O设备在与处理器交换数据时都用了缓冲区，并提供获得和释放缓冲区的手段。一般说来，缓冲区（buffer）就是存放这些数据的一片内存区（高速缓存成本高，容量比较小）。

1. 缓冲技术的引入

计算机系统中各个部件间速度的差异是很大的。CPU的速度是以微秒甚至毫微秒计量，而外设一般的处理速度是以毫秒甚至是秒计算。在不同时刻，系统中各部分的负荷也常常很不均衡。例如，某进程可能在一段相当长的时间内只进行计算而无输出；过一段时间之后，又要在很短时间内把产生的大量数据输出到打印机上。这种阵发性的I/O操作，使得CPU又不得不停下来，等待慢速设备的工作。这样，系统中各个部件的并行程度仍不能得到充分发挥。

为了解决这个矛盾，可采用缓冲技术。缓冲的基本思想很简单：读入一个记录之后，CPU正在启动对它的操作，输入设备被指示立即开始下面的输入，CPU和输入设备就同时忙起来了。这样，输入设备将数据或指令送入缓冲区，由缓冲区再很快地送到内存。CPU不断地从内存中取出信息进行加工处理，而输入设备也不断地把信息送进来。如配合得当，CPU处理完一个记录，输入设备又送入下一个记录，这样二者就充分地并行起来了。

缓冲技术同样适用于输出的情况，CPU把产生的记录放入缓冲区，输出设备从中取出并输出。

实际上，缓冲区不仅限于CPU和I/O设备之间，凡是数据到达速率和离去速率不同的地方都可设置缓冲区。采用缓冲技术可以解决快速通道与慢速外设之间的矛盾，节省通道时间。例如，卡片输入机把一张卡片的内容送到内存大约占用通道60ms，若设置一个80字节的缓冲区，那么卡片机可预先把一张卡片内容送入这个缓冲区里，当启动通道请求读入卡片信息时，便可把缓冲区里的内容高速地送到内存，仅需要约100μs的通道时间。

利用缓冲技术可以大大减少对CPU的中断次数，放宽CPU对中断的响应时间要求。例如，从远程终端发来的信息若仅用一位缓冲寄存器接收，那么每发来一个脉冲便中断一次CPU，而且在下次脉冲到来之前，必须将缓冲寄存器中的内容取走，否则会丢失信息。如果设置一个16位缓冲寄存器来接收信息，则仅当16位都装满时才中断CPU一次，从而把中断的频率降低为原中断频率的1/16。

总之，引入缓冲的主要目的是：①缓和CPU与I/O设备间速度不匹配的矛盾；②提高CPU与I/O设备之间的并行性；③减少对CPU的中断次数，放宽CPU对中断响应时间的要求。

2. 缓冲区的设置

缓冲区可以用硬件寄存器实现，如有些终端或打印机都带有缓冲区。这种由硬件实现的缓冲区速度较高，但成本很贵，一般容量不会很大。另外一种较经济的办法是在内存中开辟一片区域充当缓冲区，有人称之为软缓冲。软缓冲的数量可在系统生成时由管理员进行配置。

为了管理方便，缓冲区的大小一般与盘块的大小一样。缓冲区的个数可根据数据输入输出的速率和加工处理的速率之间的差异情况来确定，可设置单缓冲、双缓冲或多缓冲。

（1）**单缓冲**

如果数据到达率与离去率相差很大，则可采用单缓冲方式。例如，需要输出的信息很多，而输出设备工作很慢。这时，可用一缓冲区存放从内存中取来的部分输出信息。当输出设备取空缓冲区后，产生中断；CPU 处理中断，然后很快装满缓冲区，启动输出，CPU 转去执行其他程序。CPU 与 I/O 设备之间是并行工作的。此时，对缓冲区来说，信息的输入和输出是串行工作的。但由于二者速度相差很大，所以这个过程的时间基本上是输出设备传送信息所用的时间。

（2）**双缓冲**

如果信息的输入和输出速率相同（或相差不大），则可利用双缓冲区，实现二者的并行。如图 6-5 所示。首先把一张卡片读入缓冲区 1，装满后打印缓冲区 1 中的内容，同时启动读卡机向缓冲区 2 读入下一张卡片。正好在缓冲区 1 中的内容打印完时，缓冲区 2 也被装满；然后交换动作，打印缓冲区 2 的内容，读卡片信息到缓冲区 1，如此反复进行。此时，读卡机和打印机处于完全并行的工作状态，I/O 设备得到最充分的利用。这种技术有时也称为缓冲对换技术。

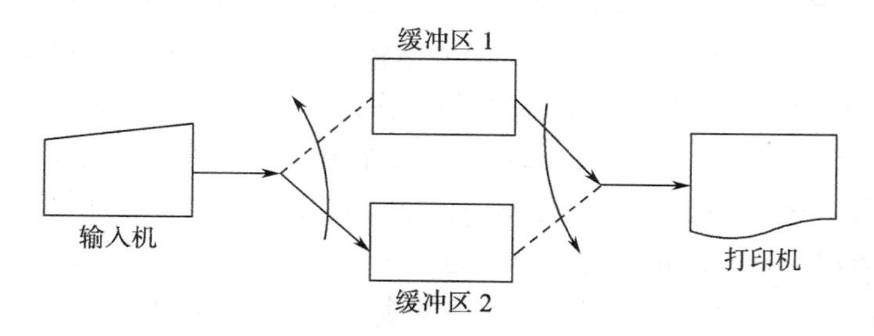

图 6-5　双缓冲工作示例

（3）**多缓冲**

对于阵发性的输入、输出，双缓冲区往往不够使用，并且不能获得令人满意的 CPU 和 I/O 设备的并行操作。例如，输入机输入数据的速度时而远高于 CPU 消耗数据的平均速度，则输入机很快地把缓冲区装满而处于空闲；时而 CPU 消耗数据的速度又远高于输入机输入数据的速度，CPU 不得不处于等待状态。为了解决阵发性 I/O 的速度不匹配问题，可以设立多个缓冲区。例如，用 n 个缓冲区构成一个缓冲池，将它们顺序编号，如 0，1，2，3，……，$n-1$。输入机依次把卡片内容读入各个缓冲区，CPU 也按同样顺序从中取出内容进行处理，由于缓冲区数量多，它们的容量就大，在一般情况下（阵发性 I/O 的信息量不是很大），可协调 CPU 和输入机的并行工作。

可见，双缓冲是多缓冲的一种特例。多缓冲具有双缓冲的优点，同时提高了处理速度，而空间消耗却增加了。

在多缓冲的基础上，可以构造循环缓冲或缓冲池。循环缓冲需要另加两个指针：一个指针指向缓冲区中数据的第一个字，另一个指针指向首个空闲区位置。取走并处理数据时，第一个指针后移；而添加新数据时，第二个指针后移。多个缓冲区组成环形结构，这样，两个指针各自到达缓冲池末尾后，下一步就又指向缓冲池的开头。

为了提高缓冲区的利用率，往往采用公用缓冲池的方式，池中的缓冲区可供多个进程共用。当一个进程需要使用缓冲区时，就申请缓冲区，使用完后就释放缓冲区。

在UNIX/Linux系统中，块设备作为文件系统的物质基础，使用了完整的多重缓冲技术，从而提高了文件系统的效率。

缓冲是一种被广泛采用的技术，但过度使用也会带来不利的方面。如果数据在传输过程中被缓冲次数太多，则性能反而会降低。因为缓冲区中数据的复制必须按序进行，所有这些复制操作在很大程度上都会降低传输速率。

6.1.5　设备管理的功能

1. 设备管理的目标

设备的种类繁多，而其物理特性和使用方式各不相同。所以，设备管理这一部分在整个操作系统中占很大比重。设备管理要达到的目标主要是：

1）*使用方便*。系统应向用户提供使用方便的界面，使用户摆脱具体设备的物理特性，按照统一的规则使用设备。简单的输入输出程序也至少需要几百条指令，由操作系统负责输入输出工作，用户就从这种繁杂琐碎的事务中解放出来。如只要将打印的文件拖放到打印机图标上进行打印，而不用管打印机的具体操作，这样大大方便了用户的使用。

2）*与设备无关*，也称作*设备独立性*。也就是说，用户程序应与实际使用的物理设备无关，由操作系统考虑因实际设备不同而需要使用不同的设备驱动程序等问题。这样，用户程序的运行就不依赖于特定设备是否完好、是否空闲，而由系统合理地进行分配，不论实际使用同类设备的哪一台，程序都应正确执行。此外，还要保证用户程序可在不同设备类型的计算机系统中运行，不致因设备型号的变化而影响程序的工作。

在已经实现设备独立性的系统中，用户编写程序时一般不再使用物理设备，而使用虚拟设备，由操作系统实现虚、实对应。如在UNIX系统中，外部设备作为特殊文件，与其他普通文件一样由文件系统统一管理，从而使用户像使用普通文件那样使用各种设备，用户具体使用的物理设备由系统统一管理。

3）*效率高*。为了提高外设的使用效率，除合理地分配各种外部设备外，还要尽量提高外设和CPU以及外设之间的并行性，往往采用通道和缓冲技术。另外，还要均衡系统中各设备的负载，最大限度地发挥所有设备的潜力。

4）*管理统一*。在设计上，对各种外设尽可能采用统一的管理方法，使得设备管理系统简练、可靠且易于维护。

2. 设备管理的功能

为了实现上述目标，操作系统的设备管理要有以下功能：

1）监视设备状态。一个计算机系统中存在许多设备、控制器和通道，在系统运行期间它们完成各自的工作，并处于各种不同的状态。例如，系统内共有3台打印机，其中一台正在进行打印，一台出现故障，另一台空闲。系统要知道3台打印机的情况，当有打印请求时，就能进行合理地分配——把空闲的打印机分出去。所以，设备管理的功能之一就是记住所有设备、控制器和通道的状态，以便有效地管理、调度和使用它们。

2）进行设备分配。按照设备的类型（是独占的、可共享的还是虚拟的）和系统中所采用的分配算法，实施设备分配，即决定把一台I/O设备分给哪个要求该类设备的进程，并把使用权交给它。在大、中型系统中，还应分配相应的控制器和通道，以保证I/O设备与CPU之间有传送信息的通路。如果一个进程没有分到所需的设备、控制器或通道，那么它就进入相应的等待队列。完成这一功能的程序称为设备分配程序（或I/O调度程序）。

3）完成I/O操作。通常完成这一部分功能的程序称为设备驱动程序。在设置有通道的系统中，应根据用户提出的I/O要求，构成相应的通道程序。通道程序是由通道指令构成，它们实现简单的I/O控制和操纵。通道程序由通道执行。总之，系统按照用户的要求调用具体的设备驱动程序，启动相应的设备，进行I/O操作；并且处理来自设备的中断。操作系统中每类设备都有自己的设备驱动程序。

4）缓冲管理与地址转换。为了使计算机系统中各个部分充分并行，不致因等待外设的I/O而妨碍CPU的计算工作，以及减少中断次数，大多数I/O操作都涉及缓冲区。因此，系统应对缓冲区进行管理。此外，用户程序应与实际使用的物理设备无关，这就需要将用户在程序中使用的逻辑设备转换成物理设备的地址。

6.2 设备分配技术与SPOOLing系统

6.2.1 设备分配技术和算法

1. 与设备分配相关的因素

各种设备是系统掌管的资源。在一般系统中，进程个数往往多于设备数，从而引起进程对设备的竞争。为了使系统有条不紊地工作，系统必须具有合理的设备分配原则，该原则与下列因素有关：

1）I/O设备的固有属性。某些设备要求人工干预，如把卡片放入读卡机上，或把一盘磁带放在磁带输入机中。这种工作很费时间，如果这类设备由一个进程独占，它用完了，别的进程再用，则可节省人工干预时间。而对于高速磁盘机，则情况完全不同，往往可由多个进程共享。

2）系统所采用的分配算法。由分配算法确定哪些进程可得到设备。

3）设备分配应防止死锁发生。死锁是一种可导致严重后果的状态：若干进程循环等待彼此占有的资源，谁也无法运行下去。因而，对不能共享的设备若采用动态分配法，则有可能导致死锁情况。所以，分配时应注意安全性。

4）用户程序与实际使用的物理设备无关。为了提高系统的可适应性和扩展性，用户程序中使用的设备都是逻辑设备，由系统根据用户的请求和资源的使用情况，分配具体的物理设备。

2. 设备分配技术

1）独占分配。独占分配技术是把独占设备固定地分配给一个进程，直至该进程完成I/O操作并且释放它为止。在该进程占用这个设备期间，即使闲置不用，也不能分给别的进程使用。这是由设备的物理性质决定的。这样做不仅使用起来方便，而且可避免死锁发生。否则，若几个用户同时用一台打印机输出，各用户的输出结果交织在一起，无法区分。从设备的利用率来说，这种技术并不好，因为它是低效高耗的。所以，只要有可能，最好还是使用其他两种技术，即共享分配和虚拟分配。

2）共享分配。通常，共享分配技术适用于高速、大容量的直接存取存储设备，如磁盘机和可读写CD-ROM等，这类设备是共享设备。每个进程只用其中的某一部分，系统保证对各个部分方便地进行检索，而且又互不干扰，使共享设备的利用率得到显著提高。然而，由于多个进程同时共用一台设备，会使设备管理工作变得复杂起来。

3）虚拟分配。虚拟分配技术利用共享设备实现独占设备的功能，从而使独占设备"感觉上"成为可共享的、快速的I/O设备。实现虚拟分配最成功的技术是SPOOLing（Simultaneous Peripheral Operations On-Line，同时外围联机操作）技术，也称假脱机操作。它把卡片机或打印机等独占设备变成共享设备。例如，SPOOLing程序预先把一台卡片机上一个作业的全部卡片输入磁盘中。以后，当进程试图读卡时，由SPOOLing程序把这个请求转换成从盘上读入。从用户程序来看，它是从"快速"卡片机上读入信息，而实际上却是从磁盘上读入的。因为磁盘容易被多个用户共享，这样就把一台卡片机变成多台"虚拟"卡片机。各用户作业可一个接一个地放在卡片机上，然后送入磁盘，独占设备也就成为"共享"设备了。

3. 设备分配算法

设备分配算法就是按照某种原则把设备分配给进程。设备的分配算法与进程的调度算法有相似之处，但它比较简单。常用的算法有先来先服务和优先级高的优先服务。

（1）先来先服务

当多个进程对同一设备提出I/O请求时，按照进程对设备提出请求的先后次序，将这些进程排成一个设备请求队列。当设备空闲时，设备分配程序总是把设备分给该请求队列的队首进程，即先申请的先被满足。

（2）优先级高的优先服务

当有多个进程请求I/O操作时，设备I/O请求队列按进程优先级的高低排列，高优先级进程排在队列前面，低优先级进程排在后面。当有一个新进程要加入设备队列时，并不是直接把它挂在队尾，而是根据它的优先级插在适当的位置。这样，设备队列的队首进程总是当时请求I/O设备优先级最高的进程。当设备空闲时，就由设备分配程序把设备分配给队首进程。

6.2.2　SPOOLing 系统

早期设备分配的虚拟技术是脱机实现的，目的是解决高速 CPU 与慢速外设之间的匹配问题。脱机方式是这样的：用一台专用的外围计算机高速地读卡片，并把相应信息记录在磁带上，外围机可以使用两台或多台卡片输入机。然后，把磁带连到主计算机上，主机便可高速地读取磁带上的卡片副本，允许多个作业同时执行。最后的输出结果记到另一条磁带上，然后由专门负责输出的另一台外围机运行输出磁带，把各作业的结果一个接一个地在打印机上输出。

这种技术多用于早期的批处理系统。虽然它解决了慢速外设与快速主机的匹配问题，但是存在如下缺点：① 需要人工干预，产生人工错误的机会多，且效率低；② 周转时间慢；③ 无法实现优先级调度。

在引入处理能力很强的 I/O 通道和多道程序设计技术之后，人们可用常驻内存的进程模拟一台外围机，用一台主机就可完成上述脱机技术中需用三台计算机完成的工作。虚拟分配采用的 SPOOLing 技术就是按这种思想实现的，其工作过程及控制关系如图 6-6 所示。

SPOOLing 系统一般分为存输入、取输入、存输出、取输出 4 个部分。

1）存输入部分。控制读卡机工作，物理地读每张输入卡，并存于磁盘（或称输入井）中。

2）取输入部分。把输入井中该作业的卡片信息送入内存，作业运行时，执行特定的读卡请求—— 访问下一张输入卡片内容。注意，作业认为自己在读卡。

3）存输出部分。在内存中运行的作业所产生的中间结果或最后结果，由存输出部分放入输出磁盘（或称输出井）中。

4）取输出部分。当打印机打印完上一个作业的信息后，就由取输出部分选取合适作业，执行打印输出，即从输出井中取出该作业的结果，交给打印机打印。

上述 4 个部分的工作可由输入进程 IN 和输出进程 OUT 完成。IN 进程负责存输入和取输入工作，OUT 进程负责存输出和取输出工作。

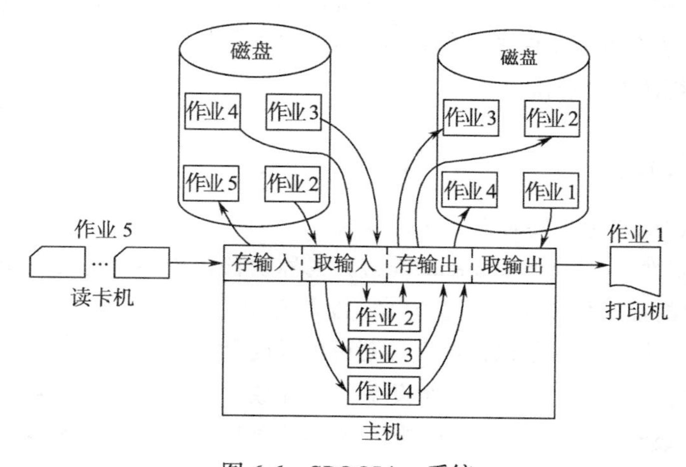

图 6-6　SPOOLing 系统

在工作过程中，SPOOLing 系统广泛与内存管理、处理机管理、设备管理和文件管理系统发生联系。SPOOLing 本身的程序需要占用内存空间，而且它执行取输入功能时也要把盘上的卡片信息送入内存。SPOOLing 本身在取得 CPU 控制权之后才可运行，而且它在工作时会对相关表格、队列等共享数据进行存取或修改。处理机高级调度程序也要对该共享数据进行操作。因此，二者要协同工作。例如，高优先级的作业应较早经 SPOOLing 调入内存，优先被选中运行，尽快从打印机上输出结果。

SPOOLing 优于简单缓冲技术之处在于，SPOOLing 可使一个作业的输入输出与其他作业的计算重叠起来进行。在简单系统中，SPOOLing 程序可以读取一个作业的输入而同时打印不同作业的输出，在此期间，另外的作业也正在执行，从盘上读“卡片”信息和把输出行“打印”到盘上。SPOOLing 实现的输入输出和计算的重叠可在很多作业之间出现。这样，SPOOLing 可使 CPU 和 I/O 设备以很高的速率工作。

此外，SPOOLing 提供了非常重要的数据结构—— 作业池。通常，SPOOLing 把一些作业读到磁盘上，并等待它们运行。磁盘上的作业池使操作系统酌情选择下面要运行的作业，以便提高 CPU 的利用率。SPOOLing 是很多现代大型机系统的重要组成部分。

SPOOLing 突显上述优点是要付出不少代价的，主要表现在：① 占用大量的内存作为外设之间传送信息用的缓冲区，它所用的表格也占用不少内存空间；② 占用大量磁盘空间作为输入井和输出井；③ 增加了系统的复杂性。

6.3　I/O 软件构造原则

外部设备种类繁多，其特性和操作方式又有很大差别，所以，设备管理既是系统的基本组成部分，又是比较繁琐、复杂的一部分。构造 I/O 软件的基本思想是划分若干层次，每一层都有其独立的功能，并且定义好与相邻层的接口。高层软件为用户提供清晰、方便的统一界面，底层软件对高层软件隐藏了硬件的具体特性。图 6-7 示出 I/O 软件系统的四个层次。

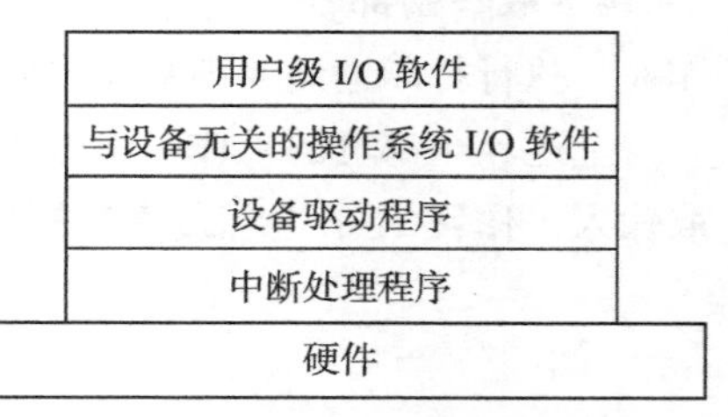

图 6-7　I/O 软件系统的层次

6.3.1　I/O 软件目标

设计 I/O 软件的目标主要有以下 4 个方面。

1）设备独立性（device independence）。也称设备无关性。这是一个关键概念。意指应该使编写出的程序可以访问任意的 I/O 设备而无需事先指定设备。例如，编写一个程序，它从一个文件上读取数据，该文件既可以是硬盘、光盘上的文件，又可以是 DVD 或者 USB 盘上的文件。也就是说，对设备实施抽象，实现程序与实际使用的物理设备无关，由操作系统处理因设备不同而带来的各种具体问题（如设备驱动程序、中断向量等）。

2）统一命名（uniform naming）。文件或设备的命名不应依赖于设备，应由系统统一规定。在 UNIX/Linux 系统中，设备作为特殊文件对待，与普通文件的命名规则一致，可以是简单的字母数字串。所有存储盘都能以任意方式集成到文件系统层次结构中，用户不必知道哪个名字对应哪台设备。例如，一个 USB 盘可以安装到目录 /usr/meng/backup 下，当把一个文件复制到 /usr/meng/backup/music_1 时，就把它复制到 USB 盘上了。所有文件和设备都采用路径名这种方式进行寻址。

3）出错处理。一般说来，错误应尽可能地在接近硬件的层面得到处理。当控制器发现一个读错误时，如果它能够处理就应由它本身设法纠正；反之，就应由设备驱动程序予以处理，可能重读一次这块数据就正确了。所以，在许多情况下，错误恢复可以在低层透明地得到解决，而高层软件甚至不知道存在这一错误。

4）同步（即阻塞）和异步（即中断驱动）传输。多数物理 I/O 是异步工作的——CPU 发 I/O 指令，启动传输后就去做别的事情，此时 CPU 与设备并行工作；当 CPU 接到 I/O 中断信息后，才进行相应的处理。如果 I/O 操作是同步的，则用户程序使用系统调用执行读写操作，该程序自动被挂起，等待数据送入或取出缓冲区。这样，由于操作系统的工作，使实际上是中断驱动的操作变成在用户程序看来是阻塞式的操作。

此外，还要考虑缓冲以及共享设备与独占设备的管理等问题。

6.3.2 设备驱动程序

1. 设备驱动程序的功能

如上所述，设备驱动程序是控制设备动作（如设备的打开、关闭、读、写等）的核心模块，用来控制设备上数据的传输。一般来说，设备驱动程序应有以下 4 个功能：

1）接收来自上层、与设备无关软件的抽象读写请求，并且将该 I/O 请求排在请求队列的队尾，同时还要检查 I/O 请求的合法性（如参数是否合法）。

2）取出请求队列中队首请求，且将相应设备分配给它。

3）向该设备控制器发送命令，启动该设备工作，完成指定的 I/O 操作。

4）处理来自设备的中断。

通常，来自设备的中断包括数据传输完成的结束中断、传输错误中断和设备故障中断。结束中断的处理是把设备控制器和通道的控制块（即控制结构）中的状态位设置成“空闲”，然后，查看请求队列是否为空：如果为空，则设备驱动进程封锁自己，等待用户的 I/O 请求；如果队列不空，则处理队列中下一个请求。若是传输错误中断，则向系统报告错误或者相应进程重复执行处理。对于设备故障中断，则向系统报告故障，由系统做进一步处理。

2. 设备驱动程序在系统中的位置

通常，设备驱动程序与设备类型是一一对应的，即系统可有一个磁盘驱动程序控制所有的磁盘机，一个终端驱动程序控制所有的终端等。注意，如果系统配置中的设备是不同厂家生产的，如不同品牌的磁带机，就应把它们作为不同类型的设备来对待，因为这些设备要用不同的命令序列才能进行适当的操作。这样，一个设备驱动程序可以控制同一类型的多个物理设备。驱动程序能够区别它所控制的多台设备。为了管理方便，常采用主、次设备号方式。主设备号表示设备类型，而次设备号表示该类型的一个设备。利用次设备号可把一类设备中的多台设备互相区别开。

设备文件中记录了设备的名称、文件类型及主、次设备号。在系统启动时，不用每次都创建设备文件，只有当配置发生改变时，如添加新设备，才需要改变设备文件。

设备生产厂商不仅制造设备，而且提供该设备的驱动程序代码。操作系统提供某种方式把这些驱动程序安装到系统中。为此，系统的体系结构应能满足安装外来驱动程序的需要。这就意味着，对驱动程序做什么，以及它们与操作系统其他部分如何交互作用等都要提出良好定义。设备驱动程序在系统中的逻辑位置如图6-8所示。

建立设备驱动程序层的目的是对核心I/O子系统隐藏各设备控制器的差别，如同I/O系统调用把设备的特性封装在少数几个通用类中，对高层应用程序隐藏了硬件的差异，从而实现I/O子系统与硬件无关。这样，不仅简化了操作系统的设计，而且也为硬件制造商带来好处：他们可以使新设计的设备与已有的主机控制器接口（如SCSI-2）兼容，也可以自己编写设备驱动程序，实现新硬件与流行操作系统的接口。这样，新的外部设备就可以连接到计算机上，不必等待操作系统销售商开发支持该设备的代码。

由于每类操作系统都有自己的设备驱动程序标准，对个别给定的设备来说，可能需要配备多个驱动程序，如用于MS-DOS、Windows 95/98、Windows NT/2000及UNIX、Linux等不同系统的驱动程序。

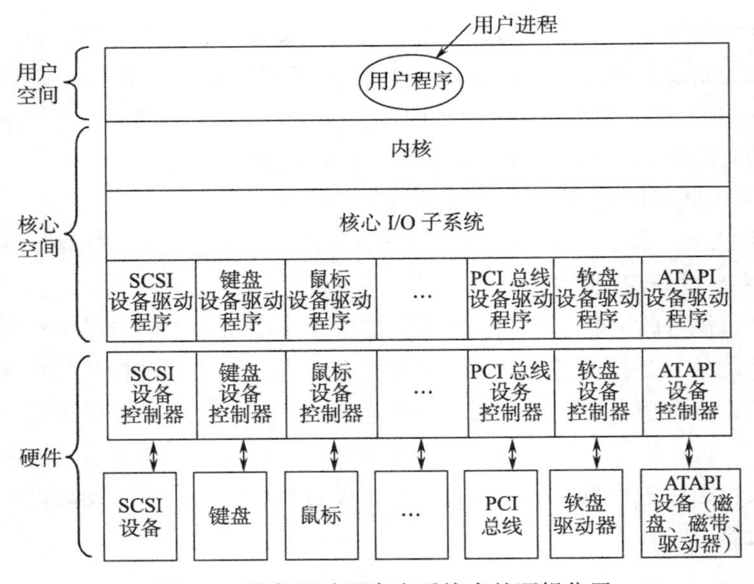

图6-8　设备驱动程序在系统中的逻辑位置

3. 设备驱动程序的特点

各种设备的驱动程序存在很大差别。如硬盘驱动程序与打印机驱动程序就属于不同类别的驱动程序，前者属于块设备驱动程序，后者属于字符设备驱动程序。

驱动程序有如下一些共同特点：

1）驱动程序的主要作用是实现请求I/O的进程与设备控制器之间的通信，将上层的I/O请求经加工后送给硬件控制器，启动设备工作；把设备控制器中有关寄存器的信息传给请求I/O的进程，如设备状态、I/O操作完成情况等。

2）驱动程序与设备特性密切相关。通常，每个设备驱动程序只处理一种设备类型，至多是一类紧密相关的设备。例如，SCSI磁盘驱动程序一般可以处理多台有不同大小和速度的SCSI磁盘，也可以是SCSI CD-ROM。鼠标和控制杆设备之间的差异太大，必须配置不同的驱动程序。从技术角度讲，并没有限制一个设备驱动程序对多台无关设备的控制，但在实现上存在困难。即使不同厂家生产的同一类型的设备，如打印机，它们之间并不能完全兼容，需要由各个厂家为自己的产品配置相应的驱动程序。

3）驱动程序可以动态安装或加载。在某些系统中，操作系统是单独的二进制程序，其中包括全部驱动程序。这种模式适于运行在计算中心且设备几乎不发生变动的环境下。随着个人计算机时代的到来，I/O设备千变万化，这种模式已不再满足应用的需要，即使用户手头有内核源码或目标模块，也很少对核心重新编译或连接。现在，在系统运行时可以动态加载驱动程序。当然，不同的系统处理加载驱动程序的方法是不同的。

4）驱动程序与I/O控制方式相关。常用的控制方式包括程序轮询方式、中断方式和DMA方式。这些方式的驱动程序存在明显差别。对于不支持中断的设备，读写时需要轮询设备状态，以决定是否继续传送数据。例如，打印机驱动程序在默认时轮询打印机的状态。如果设备支持中断，则按照中断方式进行。对于磁盘一类的块设备往往采用DMA控制方式，数据成块传送，一块数据传完后才发送一次中断。

5）驱动程序与硬件密切相关。为了有效地控制设备的打开、读写等操作，驱动程序往往有一部分用汇编语言编写，甚至有不少驱动程序固化在ROM中。

6）不允许驱动程序使用系统调用。允许驱动程序与内核的其余部分交互作用，例如，可以调用某些核心过程分配和释放内存的物理页面，这些页面可用作缓冲区。还有些过程调用很有用，用来管理MMU（存储器管理部件）、计时器、DMA控制器、中断控制器等。

6.3.3 与设备无关的操作系统I/O软件

尽管有些I/O软件是设备专用的，但大部分仍是与设备无关的。设备驱动程序与设备无关软件之间的确切界限依赖于具体系统，因为一些本来可用设备无关方式实现的功能，由于效率或其他原因，实际上是在驱动程序中实现的。图6-9给出了与设备无关软件所实现的典型功能。它的基本功能是执行所有驱动器共同的I/O功能和为用户级软件提供统一接口。

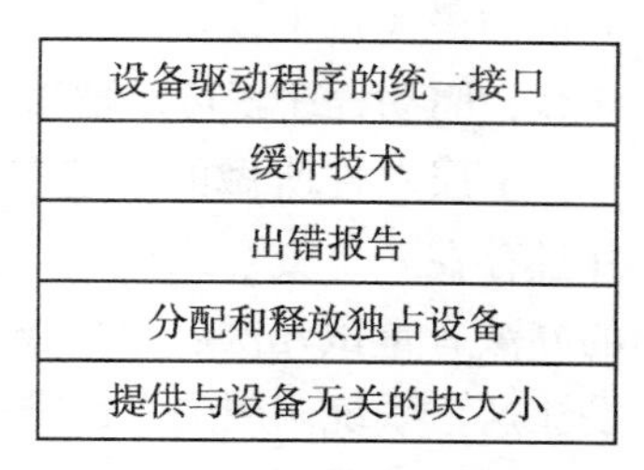

图6-9 与设备无关的操作系统I/O软件的功能

1. 设备驱动程序的统一接口

如果每个设备驱动程序与操作系统间都有自己专用的接口，那么每当新设备到来时，操作系统必须为它进行修改。这意味着，驱动程序所需的核心功能随驱动程序而异。这肯定不是一个好接口，因为要实现与新驱动程序的接口必须做大量的编程工作。

与此相反的方法是，所有驱动程序都有相同的接口。让新的驱动程序遵循驱动程序接口的约定，这样它就很容易加入系统中。这意味着，在编写设备驱动程序时，编写者必须清楚自己期望什么（即它们必须提供什么功能，以及要调用什么核心功能）。实际上，虽然不是所有的设备都完全一样，但是，通常系统中仅少量设备有不同的类型。即使对于块设备和字符设备这两种不同类型的设备来说，它们也有很多功能是共同的。

与统一接口相关的另一方面的问题是I/O设备如何命名。设备无关软件负责把符号设备名映像到相应的设备。例如在UNIX系统中，每个设备名(如/dev/fd0)唯一指定一个特殊文件的i节点，该i节点中包括主设备号和次设备号。主设备号用来确定相应的驱动程序，而次设备号作为传递给驱动程序的参数，以便区分对哪台设备进行读/写。所有的设备都有主、次设备号，并且都利用主设备号来访问驱动程序。

与命名密切相关的还有保护问题，即系统如何防止未授权用户访问设备。在UNIX和现在常用的Windows系统中，设备都以命名的对象出现在文件系统中，I/O设备与文件采用同样的保护规则。系统管理员可为每台设备规定适当的权限。

2. 出错报告

在I/O过程中常会发生错误，操作系统必须予以处理。虽然很多错误都与设备密切相关，必须由相应的驱动程序处理，但出错处理的架构是设备无关的。

根据错误产生的原因，可把I/O错误分为两类：一类是程序设计错误，另一类是实际I/O错误。当一个进程要做不可能做的事情时，就会出现第一类错误。例如，要把信息写到输入设备上（如键盘、鼠标、扫描仪等），或者要从输出设备（如打印机、绘图仪等）上读取数据。此类错误还包括提供的缓冲区地址是非法或其他参数有误，或者指定的设备不合法（如系统中只有两台磁盘机，程序中却要用3号磁盘）。处理这类错误的办法很简单：向调用者报告出错代码。

另一类错误是实际I/O错误。例如，要把信息写到一个已损坏的盘块上，或者要从关机的摄像机中读取信息。在这种情况下，驱动程序要确定做什么事情。如果不知道做什么，驱动程序就可以把这个问题向上传给设备无关软件。

上层软件所做的事情需要根据环境和错误的性质来决定。如果只是简单的读错误，并且存在一个交互式用户，就显示一个对话框，要求用户说明要做什么事情。可供选择的办法有重试几次、忽略错误或杀掉调用进程。如果没有交互用户，唯一可行的办法就是让这个系统调用失败，带错误码返回。

对一些关键数据结构出现的错误就不能这样简单处理了，如根目录或空闲块表出错。在此情况下，系统必须显示错误信息，并且终止运行。

3. 分配和释放独占设备

像CD-ROM机这样一些设备，在一段时间内只能由一个进程使用。操作系统必须检查对设备的请求，根据该设备是否可用，决定对这些请求接收还是拒绝。处理这些请求的简单办法是让进程直接打开设备特殊文件。如果设备不可用，则打开失败。以后通过关闭独占设备来释放它。

另一种办法是设立专门机制，负责独占设备的申请和释放。如果所申请的设备当前不可用，则阻塞调用者，而不是报告失败。被阻塞的进程放在一个队列中，不管早或晚，当所申请设备成为可用时，阻塞队列中的第一个进程就获准得到该设备，并继续执行。

4. 提供与设备无关的块大小

不同磁盘的扇区大小可能不同，通过这部分软件的作用可隐藏这些差异，向高层提供统一的盘块大小。例如通过组块方式，可把若干扇区作为一个逻辑盘块。这样，高层软件只与抽象设备打交道，它们有相同大小的逻辑块，与物理扇区的大小无关。对于字符设备，有的设备一次只传输一字节数据（如Modem），而另外的设备可以一次传送多字节数据（如网络接口）。经过这部分软件的作用，也隐藏了这些区别。

6.3.4 用户空间I/O软件

多数I/O软件都在操作系统中，用户空间中也有一小部分。通常，它们以库函数形式出现。

用户空间中另一个重要的I/O软件是SPOOLing系统。如前所述，利用SPOOLing系统可在多道程序系统中实现虚拟设备技术。SPOOLing不仅用于读卡机、打印机，还可用于其他场合。例如，在网络上传送文件往往要用网络精灵进程。若要发送一个文件到某个地方，用户把它放入网络的SPOOLing目录（专用的目录）中，随后网络精灵进程取出它并进行传送。USENET是一种电子邮件系统，利用这种方式可实现文件传送。

综合起来看，当用户程序要从一个文件中读出一块时，需要请求操作系统提供服务。与设备无关软件先在高速缓存中查找所需的块，如果没有找到，就调用设备驱动程序，对硬件发出I/O请求，让该进程封锁（等待），直至磁盘完成操作，产生中断信号；然后中断处理程序处理相应中断，取出设备状态，唤醒因等待I/O完成而睡眠的进程，然后调度用户进程继续运行。

6.3.5 处理输入输出请求的步骤

系统如何完成用户提出的I/O请求呢？这包括：用户进程发出I/O请求→系统接收这个I/O请求→设备驱动程序具体完成I/O操作→ I/O完成后，用户进程重新开始执行。

在UNIX系统中，处理用户提出的I/O请求的主要过程如图6-10所示。

1）用户进程发出I/O请求。I/O请求发自于用户进程。例如，用户编写的C程序中可以使用标准的I/O库函数，如printf、scanf等。用户的源程序经过编译、连接之后，就把用户程序和相应的库函数连在一起，然后装入内存运行。而与这些库函数对应的源代码中要利用系统调用，其中包括I/O系统调用。经过系统调用进入操作系统，由操作系统接收用户I/O请求，提供相应的服务。

在UNIX/Linux系统中，把设备作为特殊文件来处理。因此，对设备的访问变成对文件的访问。所以，对输入输出的管理是通过对文件操作的功能调用来实现的，包括打开文件、关闭文件、读文件、写文件和查找文件。

2）执行到与I/O请求相对应的系统调用后，转去执行操作系统的核心程序，此时进程的状态由用户态转到核心态。

在UNIX/Linux系统中，核心程序执行有关文件操作的代码，如写文件（在标准输出文件——屏幕上显示文件内容）。系统分配相应的缓冲区，将输出数据送入缓冲区，同时系统根据内部预设的表格，将对文件的操作转为对相应设备驱动程序的调用，实现符号设备名映射到相应的驱动程序。在UNIX/Linux系统中，像/dev/tty 0这样的设备名唯一地指定一个特殊文件的i节点，该i节点中包括主、次设备号：主设备号确定相应的驱动程序，次设备号是传给驱动程序的参数，指定读写的装置。

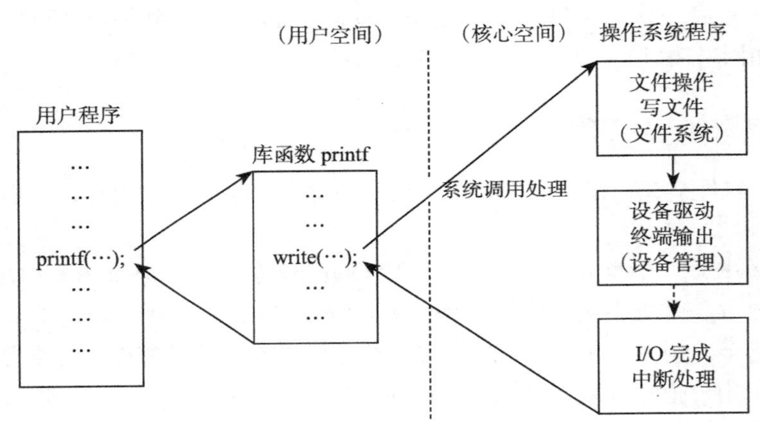

图6-10　I/O请求处理过程示意图

3）一般说来，设备驱动程序接收来自上层、与设备无关软件的抽象请求，并且使该请求得以执行。如果请求到来时驱动程序是空闲的，那么它就立即执行该请求；反过来，若它正忙于处理前面的请求，就会把新请求放入未完成请求队列中，并尽快予以处理。

对磁盘来说，执行I/O请求实际要做的第一步工作是把抽象请求转换成具体术语。也就是说，磁盘驱动程序要计算出所请求的盘块在盘上的实际位置，检查驱动器是否在运行，确定磁头是否在所需的磁道上，等等。

驱动程序确定发送给控制器的命令，然后把它们写入控制器设备寄存器中。有些控制器一次只处理一条命令，而另外的控制器可以接收一串命令，依次执行它们，不需要操作系统进一步干预。

发出命令之后，可采取下述两种方式中的一种来处理：在很多情况下设备驱动程序要等待控制器完成某些工作。所以，它封锁自己，直至出现中断，对它解除封锁。而在另外一些情况下，操作没有延迟就完成了，所以驱动程序不必封锁。例如，在终端上的滚屏就是把一些字节写入控制器寄存器，速度很快，整个动作用几个微秒就完成了。

上述操作完成后，必须检查是否有错。如果一切正常，设备驱动程序就把数据传送到与设备无关的软件（如刚读出的一块）。最后，它返回某些出错状态信息，向调用者报告。如果有排队请求，就从中选出一个，启动它执行。如果没有排队请求，则该驱动程序封锁，等待下面请求的到来。

4）I/O 操作完成后，由通道（或设备）产生中断信号。CPU 接到中断请求后，如条件符合（中断优先级高于运行程序的优先级），则响应中断，然后转去执行相应的中断处理程序。唤醒因等待 I/O 完成而睡眠的进程，然后调度用户进程继续运行。

6.4 磁盘调度和管理

几乎所有的计算机都用磁盘存储信息，这是由于磁盘相对于内存有如下三个主要优点：① 容量很大；② 每位的价格非常低；③ 当关掉电源后，存储的信息不丢失。然而，磁盘的动作是机械运动，无论盘片转动还是磁头移动，都不可能无限快。所以，磁盘读写往往是系统 I/O 的瓶颈。为改善系统性能，合理地调度磁盘是必要的。

6.4.1 磁盘硬件

磁盘有很多种类型，最常见的是硬磁盘和软磁盘。磁盘读与写的速度相同，因而用作辅助存储器。为了提供高可靠性的存储器，可将若干磁盘组成阵列。

从外部看，一个硬盘的结构如图 6-11 所示。

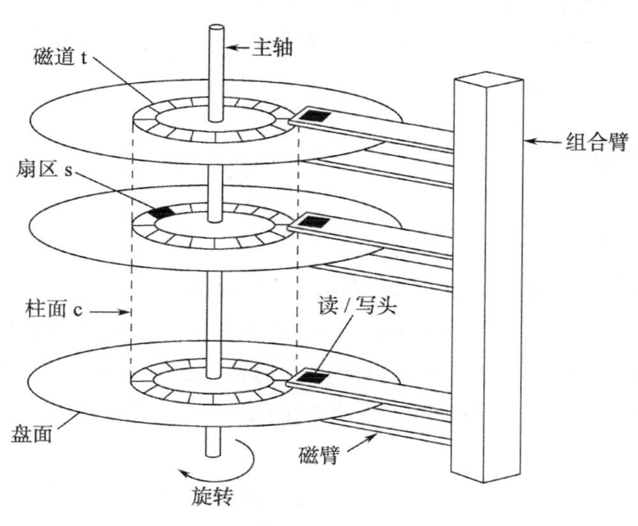

图 6-11 硬盘结构示意图

（1）Head（磁头）

通常看到的硬盘都是封装好的，看不到内部的构成情况。事实上，在同一个硬盘中存在好几张硬盘盘片（通常为 9 片），每片硬盘盘片与双面软盘一样，每面有一个读 / 写头。只不过在这些盘片中，因为最上面和最下面两张盘片的外存储面分别与硬盘顶部和底座接触，所以通常这两个存储面不存放数据，也没有对应的磁头。这样，硬盘所包含的盘片数可以通过磁头数用如下公式计算出来：

硬盘盘片数 =（磁头数 +2）/2

例如，常见的 16 个磁头的硬盘，通常有（16+2）/2=9 个存储盘片。

（2）Cylinder（柱面）

通常，把磁盘存储面上的存储介质同心圆圆环称为**磁道**。对于硬盘来说，由于有多个盘片，这些盘片中同一位置上的磁道不仅存储密度相同，而且其几何形状就像一个存储介质组成的圆柱一样，所以，将硬盘上的多个盘片上的同一磁道称作**柱面**。

（3）Sector（扇区）

从几何特性来说，**扇区**是将磁道按照相同角度等分的扇形，每个磁道上的等分段都是一个扇区。一个扇区所对应的数据存储量就是数据块大小。通常，一个硬盘扇区的大小在 512 ～ 2048 B 之间。

在现代磁盘技术中，将盘面分为若干区，在外边的区中每个磁道包含的扇区数比里边区中的扇区数多。例如，将盘面划分为两个区，外区中每个磁道有 32 个扇区，而内区中每个磁道有 16 个扇区。实际磁盘，如 WD 18300，有 16 个区。

为了隐藏每个磁道有多少扇区的细节，现代磁盘驱动器提供给操作系统的是虚拟的几何参数，如有 x 个柱面、y 个磁头，每个磁道 z 个扇区。当操作系统提出寻道请求时，再由磁盘控制器把请求的参数重新映射成实际的磁道地址。也就是说，磁盘的逻辑地址是由逻辑块构成的一维数组，逻辑块是传送的最小单位，其大小一般为 512 B。当然，某些磁盘可以低级格式化，此时可以选择另外的逻辑块大小。当文件系统读 / 写某个文件时，就要由逻辑块号映射成物理块号，由磁盘驱动程序把它转换成磁盘地址，再由磁盘控制器把后者定位到具体的磁盘物理地址。

6.4.2　磁盘调度算法

1. 磁盘存取时间

如前所述，存取盘块中的信息一般包括三部分时间：首先，系统要把磁头移到相应的磁道或柱面上，这个时间称为**寻道时间**；一旦磁头到达指定磁道，必须等待所需要的扇区转到读写头下，这部分时间称为**旋转延迟时间**；最后，信息在盘和内存之间进行实际传送也要花费时间，这部分时间称为**传输时间**。一次磁盘服务的总时间就是这三者之和。

操作系统的一项职责就是有效地利用硬件。对于磁盘驱动器来说，就是尽量加快存取速度和增加磁盘带宽（即所传送的总字节数除以第 1 个服务请求至最后传送完成所用去的总时间）。通过调度磁盘 I/O 服务的顺序可以改进存取时间和带宽。对于大多数磁盘来说，寻道时间远大于旋转延迟时间与传输时间之和，所以减少平均寻道时间就可以显著地改善系统性能。

2. 磁盘调度算法

（1）先来先服务法

先来先服务（First-Come, First-Served, FCFS）调度算法最简单，也最容易实现。但它并没有提供最佳的服务（平均来说）。例如，有一个请求磁盘服务的队列，要访问的磁道分别是98、183、37、122、14、124、65、67。最早来的请求是访问98道，最后一个是访问67道。设磁头最初在53道上，它要从53道移到98道，然后依次移到183、37、122、14、124、65道，最后移到67道，总共移动了640个磁道。其调度方式如图6-12所示。

可见，这种调度算法产生的磁头移动幅度太大：从122道到14道，然后又回到124道。如果把邻近磁道的请求放在一起服务（如37和14道，122和124道），那么，磁头移动总量将明显减少，对每个请求的服务时间也会减少，从而可改善磁盘的吞吐量。此外，磁头频繁地大幅度移动，容易产生机械振动和误差，对使用寿命也有损害。

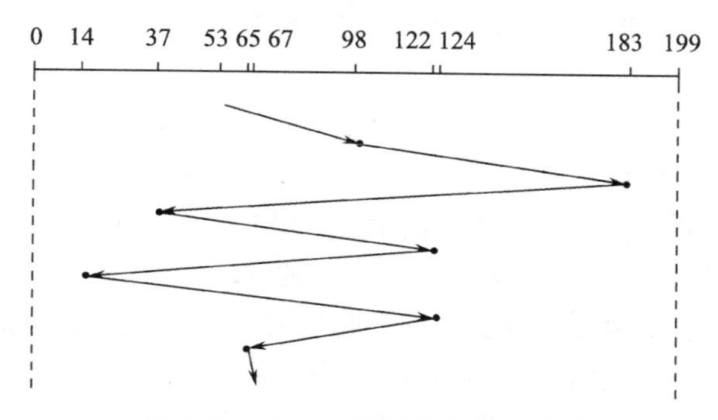

图6-12 先来先服务调度算法示例

（2）最短寻道时间优先法

在把磁头移到远处，为另外的请求服务之前，应该先把靠近磁头当前位置的所有请求都服务完。这种假定的根据是最短寻道时间优先（Shortest Seek Time First, SSTF）调度算法。SSTF法选择的下一个请求距当前磁头所在位置有最小的寻道时间。由于寻道时间通常正比于两个请求的磁道差值，所以，磁头移动总是移到距当前道最近的磁道上。

例如，用SSTF算法处理上面的请求队列。当前磁头在53道上，最接近的磁道是65道。一旦移到65道，则下一个最接近的是67道。在此点，到37道的距离是30，而到98道的距离是31，所以37道距67道最近，被选为下一个服务对象。接下去的服务顺序是14、98、122、124道，最后是183道，如图6-13所示。

采用这种方法，磁头共移动了236个磁道，是先来先服务算法的三分之一多一点。很明显，它改善了磁盘服务。

SSTF算法从本质上讲是SJF调度的形式，它可能导致某些请求长期得不到服务（即出现“饥饿”问题）。在实际系统中，请求可在任何时候到达。假设队列中有两个请求，如14和186道。当正在为14道服务时，一个靠近它的请求到来，那么它将在下面得到服务，而186道的请求必须等待。从理论上讲，这种彼此接近的请求流可能接连不断地到达，那么186道的请求将无限期地等待下去。

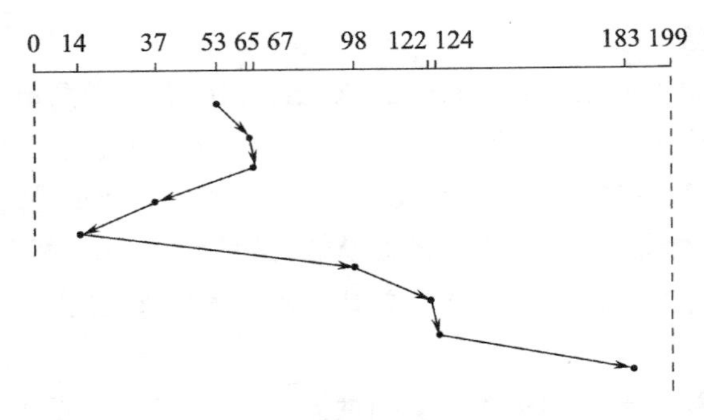

图6-13　最短寻道时间优先调度

SSTF算法与FCFS算法相比有显著改进，但并不是最优的。例如，若把磁头从53道移到37道（尽管它不是靠得最近的），然后移到14道，接下去是65、67、98、122、124和183道，则磁头总移动量降为208个磁道。

（3）电梯法

由于到来的请求队列具有动态性质，所以可采用扫描法。磁头从磁盘的一端出发，向另一端移动，遇到所需的磁道时就进行服务，磁头仅移到每个方向上有服务请求的最远的道上。即：一旦在当前方向上没有请求了，磁头的移动方向就反过来，继续下面的服务。这种算法调度磁头的移动过程与调度电梯的移动过程相似，因而称为电梯法。

采用前面的例子，但要知道磁头移动方向和离它最近的位置。如果磁头正向0道方向移动，那么，它先为37道服务，接着是14道；到达14道后，因在这个方向上没有请求了，所以磁头移动方向反过来，移向盘的另一端，服务序列分别是65、67、98、122、124和183道。如图6-14所示。

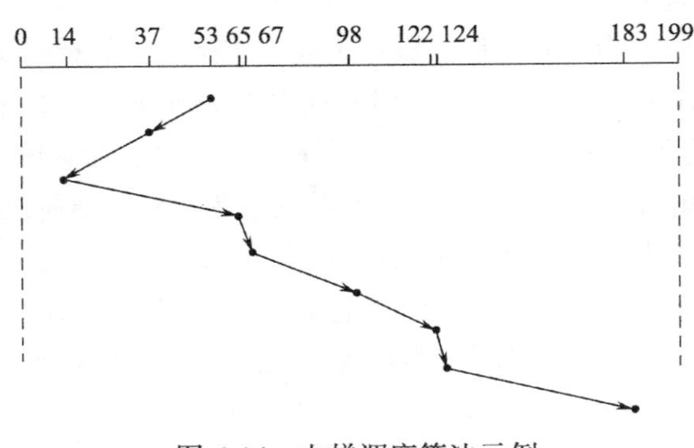

图6-14　电梯调度算法示例

6.5　Linux系统设备管理

设备管理是操作系统五大管理中最复杂的部分。与UNIX系统一样，Linux系统利用设备文件方式统一管理硬件设备，从而将硬件设备的特性及管理细节对用户隐藏起来，实现用户程序与设备的无关性。在 Linux 系统中，硬件设备分为三种，即块设备、字符设备和网络设备。

6.5.1 Linux 设备管理概述

用户是通过文件系统与设备交互的。所有设备都作为特殊文件，从而在管理上就具有下列共性：

1）每个设备都对应文件系统中的一个索引节点，都有一个文件名。设备的文件名一般由两部分构成：第一部分是主设备号，第二部分是次设备号。主设备号代表设备的类型，可以唯一地确定设备的驱动程序和界面，如 hd 表示 IDE 硬盘，sd 表示 SCSI 硬盘，tty 表示终端设备等；次设备号代表同类设备中的序号，如 hda 表示 IDE 主硬盘，hdb 表示 IDE 从硬盘，等等。

2）应用程序通常可以通过系统调用 open( ) 打开设备文件，建立起与目标设备的连接。

3）对设备的使用类似于对文件的存取。打开设备文件以后，就可以通过 read( )、write( )、ioctl( ) 等文件操作对目标设备进行操作。

4）设备驱动程序是系统内核的一部分，它们必须为系统内核或者它们的子系统提供标准的接口。例如，终端驱动程序必须为 Linux 内核提供一个文件 I/O 接口，SCSI 设备驱动程序应该为 SCSI 子系统提供一个 SCSI 设备接口，同时，SCSI 子系统也应为内核提供文件 I/O 和缓冲区。

5）设备驱动程序采用一些标准的内核服务，如内存分配等。另外，大多数 Linux 设备驱动程序都可以在需要时装入内核，不需要时卸载下来。

图 6-15 给出了设备驱动的分层结构。从图中可以看出，处于应用层的进程通过文件描述符 fd 与已打开文件的 file 结构相联系。在文件系统层，按照文件系统的操作规则对该文件进行相应处理。对于一般文件（即磁盘文件），要进行空间的映射——从普通文件

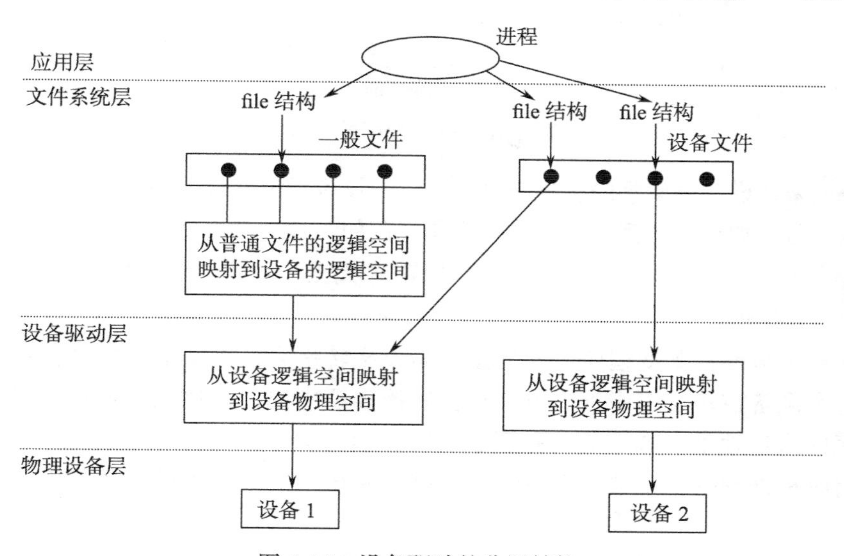

图 6-15 设备驱动的分层结构

的逻辑空间映射到设备的逻辑空间，然后在设备驱动层做进一步映射——从设备的逻辑空间映射到物理空间（即设备的物理地址空间），进而驱动底层物理设备工作。对于设备文件，则文件的逻辑空间通常就等价于设备的逻辑空间，然后从设备的逻辑空间映射到设备的物理空间，再驱动底层的物理设备工作。

6.5.2　设备驱动程序的接口

设备驱动程序是管理设备动作的核心模块，如设备的打开、关闭、读、写等，控制设备上数据的传输。可以从上、下两个方向进入设备驱动，上面来自用户程序的系统调用，经文件系统进入；下面来自设备中断。也就是说，驱动程序有两个接口：与文件系统的接口以及与硬件的接口。如图 6-16 所示。

UNIX/Linux 文件系统和设备驱动程序之间使用标准的交互接口。无论是字符设备、块设备，还是网络设备的设备驱动程序，当内核请求它们提供服务时，都使用同样的接口。

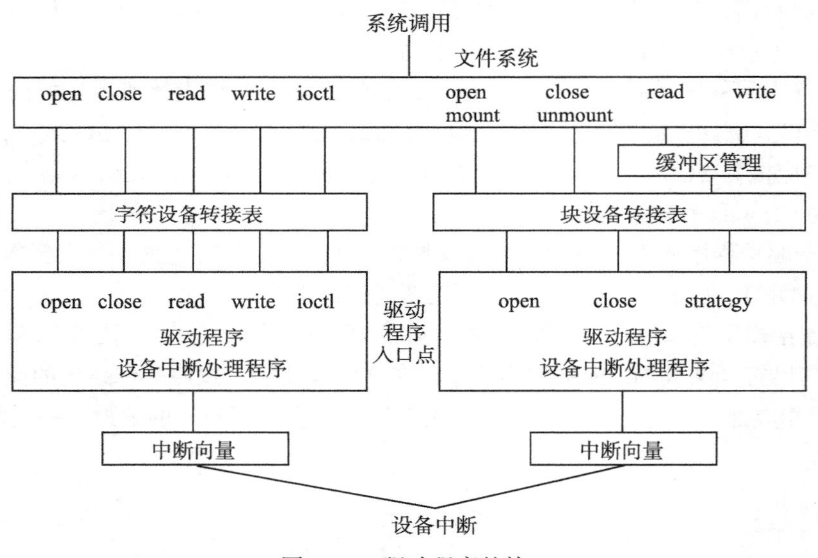

图 6-16　驱动程序的接口

一般说来，设备驱动程序接收来自上层、与设备无关软件的抽象请求，并且要使该请求得以执行。如果请求到来时驱动程序是空闲的，那么就立即执行该请求；否则，若该驱动程序正忙于处理前面的请求，就会把新请求放入未完成请求队列中，随后完成工作后尽快予以处理。

文件系统与设备驱动程序之间的接口是设备转接表：块设备转接表和字符设备转接表。每类设备在转接表中都占有一项。转接表项中记录了对该类设备执行操作的各个子程序的入口地址，如设备的打开、关闭、读、写等子程序的入口点。转接表是在系统初启时根据硬件的配置情况建立的，整个系统只有这两个设备转接表，如图 6-17 所示。

硬件与驱动程序之间的接口是由机器的相关控制寄存器或操纵设备的 I/O 指令以及

中断向量组成。对硬件I/O的监控可以采用轮询模式或中断模式。当出现设备中断时，由相应的设备控制器发出中断请求，系统要确定中断来源，并且调用相应的中断处理程序。

块设备转接表			
表项	open	close	strategy
0	gdopen	gdclose	gdstrntegy
1	gtopen	gtclose	gtstrategy

字符设备转接表					
表项	open	close	read	write	ioctl
0	conopen	conclose	conread	conwrite	conioctl
1	dzbopen	dzbclose	dzbread	dzbwrite	dzbioctl
2	syopen	nulldev	syread	sywrite	syioctl
3	nulldev	nulldev	mmread	mmwrite	nodev
4	gdopen	gdclose	gdrend	gdwrite	nodev
5	gtopen	gtclose	gtread	gtwrite	nodev

图6-17 设备转接表示例

通常，驱动程序与设备类型是一对一的关系，即系统可以用一个盘驱动程序控制所有同一类型的磁盘，利用一个终端驱动程序控制所有同一类型的终端，等等。而不同类型的设备，以至不同厂家生产的设备都需用不同的驱动程序控制。

6.5.3 Linux系统的缓冲技术

Linux系统采用多重缓冲技术来平滑和加快文件信息从内存到磁盘的传输。当从盘上读数据时，如果数据已经在缓冲区中，则核心就直接从中读出，而不必从盘上读；仅当所需数据不在缓冲区中时，核心才把数据从盘上读到缓冲区，然后再由缓冲区读出。核心尽量想让数据在缓冲区停留较长时间，以减少磁盘I/O操作的次数。

在系统初启时，核心根据内存大小和系统性能要求分配若干缓冲区。一个缓冲区由两部分组成：存放数据的内存数组（一般就称为缓冲区）和一个缓冲控制块（又称缓冲首部，buffer_head结构，其中记载缓冲区的使用情况）。缓冲区和缓冲控制块是一一对应的。系统通过缓冲控制块来实现对缓冲区的管理。

缓冲控制块buffer_head中包括设备号、盘块号、当前缓冲区状态、缓冲区地址、指向散列队列和自由链的双向指针。

与5.7.2节所介绍的数据块缓冲区构造方式相同，自由链只有一条，而散列队列可以有多个。

当进程想从特定盘块上读取数据或打算把数据写到特定盘块上时，核心要查看该块是否已在缓冲池中。如果未在，则为该块分配一个空闲的缓冲区。当核心用完缓冲区后，要把它释放，链入自由链。

6.5.4 块设备管理

1. 磁盘块的读/写方式

UNIX/Linux 对磁盘块的读操作有两种方式，即立即读（bread）和预读（breada）。对磁盘块的写操作有三种方式：立即写（bwrite）、异步写（bawrite）和延迟写（bdwrite）。

执行立即读时，进程首先申请缓冲区。如果该块已在缓冲区中，则立即返回，而不必真正从磁盘中读该块。如果它不在缓冲区中，则系统将调用磁盘驱动程序以“调度”一个读请求并睡眠等待 I/O 操作完成。磁盘驱动程序将通知磁盘控制器硬件，它要读数据，之后磁盘控制器将数据传送到该缓冲区。最后，I/O 操作完成时发出中断，磁盘中断处理程序就唤醒该睡眠进程。该进程被调度运行后，就把缓冲区中数据移到该进程的内存区，然后释放缓冲区，以便其他进程可以访问它。

当一个进程顺序读取文件时，为加快它的前进速度，提高 CPU 和块设备工作的并行程度，核心还提供了预读盘块程序 breada。其实现思想是：核心检查第一块是否在缓冲区中，如不在，则调用磁盘驱动程序读该块。如第二块不在缓冲区中核心指示盘驱动程序异步读它。然后进程睡眠，等待第一块 I/O 传送完成。该进程被唤醒后就返回第一块的 buffer_head，而不管第二块是否读完。以后，第二块读完后发出盘 I/O 中断，由中断处理程序识别异步读完成，并释放相应的 buffer_head，使执行预读的进程能直接从缓冲区中取走第二块的数据。在预读开头，如第一块已在缓冲区，则核心立即检查第二块是否在缓冲区，然后进行如上所述的相应处理。

把缓冲区内容写到磁盘块上的方式与上述方式有些类似，但数据传送的方向相反。执行立即写时，系统将通知磁盘驱动程序，有一个缓冲区内容要写出去。磁盘驱动程序就调度该块进行 I/O 操作，该进程睡眠等待 I/O 操作完成，并在以后被唤醒时释放该缓冲区。

UNIX/Linux 系统中还有异步写和延迟写。对于前者，核心启动磁盘写数据，但并不等待其完成。以后 I/O 操作完成时，核心释放其 buffer_head。而对于后者，核心仅在 buffer_head 中进行延迟写标记，释放 buffer_head，进程继续执行，并不启动磁盘进行 I/O 传输。因为核心期望该缓冲区内容被写到盘上之前，增加进程使用它的机会。如果进程随后要改变该缓冲区的内容，核心这样做就可节省额外的磁盘 I/O 操作。

2. 磁盘块读/写的实现机制

对块设备的存取和对文件的存取方式一样，其实现机制也与字符设备使用的机制相同。为了记录各个块设备的名称及其对应的设备操作函数接口，Linux 系统中有一个名为 blkdevs 的结构数组，它描述了一系列在系统中登记的块设备。数组 blkdevs 也使用设备的主设备号作为索引。blkdevs 数组元素类型是 device_struct 结构，该结构中包括指向已登记的设备驱动程序名的指针和指向 block_device_operations 结构的指针。在 block_device_operations 结构中包含指向有关操作的函数指针，是连接抽象的块设备操作与具体块设备类型的操作之间的枢纽（实现块设备转接表功能）。如图 6-18 所示。在块设备注册或取消注册时相应的函数要使用这些数据结构。

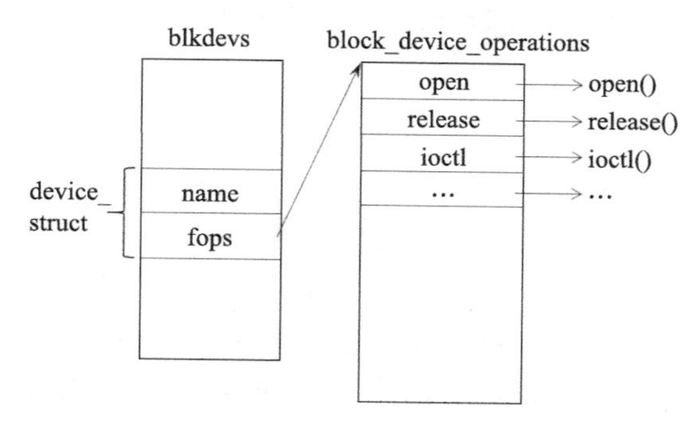

图 6-18 块设备操作相关数据结构示意图

块设备有多种类型，如 IDE 设备和 SATA 设备。每类块设备都在 Linux 系统内核中登记，并向内核提供自己的文件操作。为了把各种块设备的操作请求队列有效地组织起来，内核中设置了一个结构数组 blk_dev，该数组中的元素类型是 blk_dev_struct 结构。如图 6-19 所示，blk_dev_struct 结构由三个成分组成，其主体是执行操作的请求队列 request_queue 和一个函数指针 queue，还有一个辅助指针 data。当指针 queue 不为 0 时，就调用所指向的函数来找到具体设备的请求队列。这是考虑到多个设备可能具有同一主设备号的情况。该指针在设备初始化时被设置好。通常当它不为 0 时还要使用该结构中的另一个指针 data，后者用来提供辅助性信息，帮助该函数找到特定设备的请求队列。每一个请求数据结构 request 都代表一个来自缓冲区的请求。

request_queue 指向由 request 结构组成的队列。每当缓冲区要与一个登记过的块设备交换数据，它都会在 blk_dev_struct 的 request_queue 所指向的队列中添加一个请求数据结构 request。如图 6-19 所示。每一个 request 都有一个指针指向一个或多个缓冲区数据结构 buffer_head，每个 request 结构都是一个读写数据块的请求，每一个请求结构都放在一个静态链表 all_requests 中。如果这些请求是添加到一个空的请求链表中，则调用设备驱动程序的请求函数开始处理该请求队列，否则设备驱动程序就简单地处理请求队列中的每一个请求。

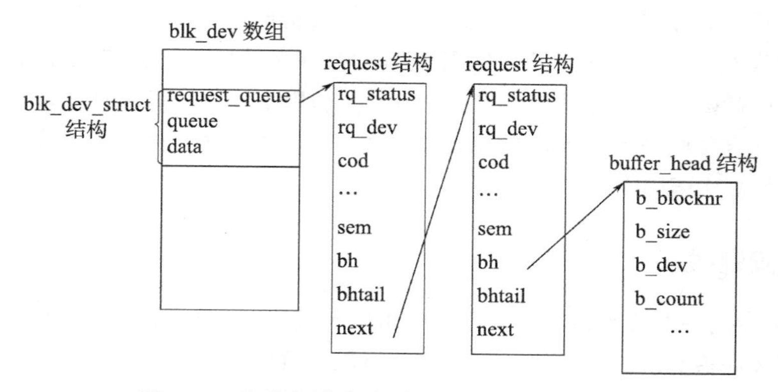

图 6-19 块设备请求队列相关数据结构示意图

当设备驱动程序完成了一个请求后，就把 buffer_head 结构从 request 结构中移走，并标记 buffer_head 结构已更新，同时解锁，这样就可以唤醒相应的等待进程。

6.5.5　字符设备管理

与块设备利用缓冲技术进行数据传输不同，字符设备以字节为单位进行数据处理，一般不使用缓冲技术。大多数字符设备仅仅是数据通道，只能按顺序读写。在 UNIX/Linux 系统中，鼠标、键盘、打印机、终端等字符设备都作为字符特殊文件呈现在用户面前。用户对字符设备的使用就和存取普通文件一样。在应用程序中使用标准的系统调用来打开、关闭、读写字符设备。当字符设备初始化时，其设备驱动程序被添加到由 device_struct 结构组成的 chrdevs 结构数组中。device_struct 结构由两项构成：一个是指向已登记的设备驱动程序名的指针，另一个是指向 file_operations 结构的指针。而 file_operations 结构的成分几乎全是函数指针，分别指向实现文件操作的入口函数（实现字符设备转接表功能）。设备的主设备号用来对 chrdevs 数组进行索引。如图 6-20 所示。

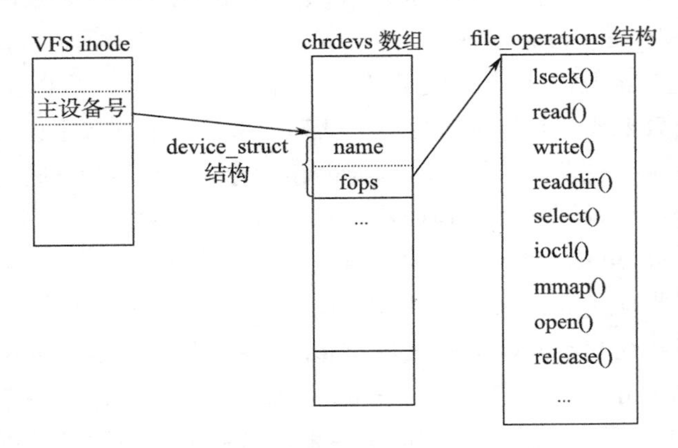

图 6-20　字符设备相关数据结构示意图

前面讲过，每个 VFS 索引节点都与一系列文件操作相联系，并且这些文件操作随索引节点所代表的文件类型不同而不同。每当创建一个 VFS 索引节点所代表的字符设备文件时，它的有关文件的操作就设置为默认的字符设备操作。默认的文件操作只包含一个打开文件的操作。当打开一个代表字符设备的特殊文件以后，就得到相应的 VFS 索引节点，其中包括该设备的主设备号和次设备号。利用主设备号就可以检索 chrdevs 数组，进而可以找到有关此设备的各种文件操作。这样，应用程序中的文件操作就会映射到字符设备的文件操作调用中。

6.5.6　可安装模块

Linux 提供了一种全新的机制，就是“可安装模块”。可安装模块是可以在系统运行时动态地安装和拆卸的内核模块。利用这个机制，可以根据需要在不必对内核重新编译连接的条件下，将可安装模块动态插入运行中的内核，成为其中一个有机组成部分；或者从内核卸载已安装的模块。设备驱动程序或者与设备驱动紧密相关的部分（如文件系统）都是利用可安装模块实现的。

在应用程序界面上，利用内核提供的系统调用可实现可安装模块的动态安装和拆卸。但在通常情况下，用户是利用系统提供的插入模块工具和移走模块工具来装卸可安装模块的。插入模块的工作主要有：

1）打开要安装的模块，把它读到用户空间。这种“模块”就是经过编译但尚未连接的 .o 文件。

2）必须把模块内涉及对外访问的符号（函数名或变量名）连接到内核，即把这些符号在内核映像中的地址填入该模块中需要访问这些符号的指令以及数据结构中。

3）在内核创建一个 module 数据结构，并申请所需的系统空间。

4）最后，把用户空间中完成了连接的模块映像装入内核空间，并在内核中“登记”本模块的有关数据结构（如 file_operations 结构），其中有指向执行相关操作的函数的指针。

如前所述，Linux 系统是一个动态的操作系统。用户根据工作中的需要，会对系统中的设备重新配置，如安装新的打印机、卸载老式终端等。为了适应设备驱动程序动态连接的特性，设备驱动程序在其初始化时就在系统内核中进行登记。Linux 系统利用设备驱动程序的登记表作为内核与驱动程序接口的一部分，这些表中包括指向有关处理程序的指针和其他信息。

小结

各种计算机设备是整个系统中的重要组成部分。由于外设种类繁多，所以管理很复杂。

按工作特性可把设备分为存储设备和 I/O 设备两大类，在 UNIX/Linux 系统中分别把它们称为块设备和字符设备。按设备的共享属性可分为独占设备、共享设备和虚拟设备；按传输方式可分为串行设备和并行设备。对设备的标识分为逻辑设备号和物理设备号。用户在程序中使用逻辑设备号，由系统把它转换成物理设备号，实现用户程序与设备的无关性。

缓冲技术是得到广泛采用的平滑数据 I/O 速率的办法。引入缓冲的主要目的是缓和 CPU 与 I/O 设备间速度不匹配的矛盾；提高 CPU 和设备的并行性；减少对 CPU 的中断次数，放宽 CPU 对中断响应时间的限制。利用缓冲技术可增强系统的处理能力和提高资源的利用率。按照数据到来速率和离去速率的不同，可用单缓冲、双缓冲或多缓冲。对缓冲区的使用是通过对缓冲控制块的申请、释放等操作实现的，系统设立不同的队列来管理缓冲控制块。

不同规模的计算机系统，其 I/O 系统的结构也有差异，通常分为主机 I/O 系统和微机 I/O 系统。DMA 方式与中断控制方式相比，成百倍地减少了 CPU 对 I/O 控制的干预，因而，DMA 传送的基本思想是用硬件机构实现中断服务程序所要完成的功能。

不同系统中设备管理的方式有差别，但基本上都要达到以下目标：使用方便、与设备无关、效率高、管理统一。设备管理应具备监视设备状态、进行设备分配、完成 I/O 操作、缓冲管理与地址转换等功能。

根据设备的物理特性和为了管理上方便、有效，通常采用的设备分配技术有三种：独占、共享和虚拟。SPOOLing 系统就是典型的虚拟设备系统，它是利用常驻内存的进程来实现数据的预输入和结果的缓输出的。

设备分配算法常用的有两种：先来先服务和优先级高的优先服务。

系统处理输入输出请求的步骤大致如下：用户进程发出 I/O 请求→执行到与 I/O 请求相对应的系统调用后，转去执行操作系统的核心程序——有关文件操作的代码→系统接收这个 I/O 请求，调用相应设备驱动程序→设备驱动程序具体完成 I/O 操作→ I/O 完成后，用户进程重新开始执行。

设计 I/O 软件主要应考虑到设备独立性、统一命名、出错处理、同步和异步传输等问题。

设备驱动程序是控制设备动作（如设备的打开、关闭、读、写等）的核心模块，用来控制设备上数据的传输。通常，设备驱动程序与设备类型是一一对应的。注意，如果系统配置中的设备是不同厂家生产的，如不同品牌的磁带机，就应把它们作为不同类型的设备来对待。

设备驱动程序处于操作系统的底层。设备驱动程序层的目的是对核心 I/O 子系统隐藏设备控制器的差别，实现 I/O 子系统与硬件无关。

操作系统的一项职责就是有效地利用硬件。对于磁盘驱动器来说，就是尽量加快存取速度和增加磁盘带宽。通过调度磁盘 I/O 服务的顺序可以改进存取时间和带宽。磁盘调度算法有很多种，其中先来先服务法、最短寻道时间优先法和电梯法是常用的磁盘调度法。

先来先服务法是磁盘驱动程序每次接收一个请求，并按照接收顺序完成请求。这种算法最简单，最容易实现。但是很难优化寻道时间。最短寻道时间优先法是下一次总是处理与磁头最近的请求，力求使寻道时间最小化。但是这种算法有可能产生“饥饿”问题，在获得最小响应时间的目标和公平性之间存在着冲突。顾名思义，电梯法中对磁臂的调度类似于高层建筑中的电梯调度，即：磁头保持按一个方向移动，直到在该方向上没有请求为止，然后改变方向。电梯法在协调效率和公平性这两个相互冲突的目标方面有很好作用。当然，该算法还可以进一步改进。

在 UNIX/Linux 系统中，设备作为特殊文件对待，所以用户对设备的使用与对文件的使用方式相同。系统会根据主、次设备号调用相应的设备驱动程序。驱动程序有两个接口：与文件系统的接口以及与硬件的接口。通过设备转接表之类的数据结构，从对文件的操作转到对设备操作的请求。UNIX/Linux 系统采用多重缓冲技术来平滑和加快文件信息从内存到磁盘的传输。UNIX/Linux 对磁盘块的读操作有两种方式，即立即读（bread）和预读（breada）。对磁盘块的写操作有三种方式，即立即写（bwrite）、异步写（bawrite）和延迟写（bdwrite）。

Linux 提供了一种全新的机制，就是“可安装模块”。可安装模块是可以在系统运行时动态地安装和拆卸的内核模块。

习题 6

1. 解释以下术语：存储设备、输入输出设备、串行设备、并行设备、设备绝对地址。
2. 解释：UNIX/Linux 系统中的主、次设备号，块设备、字符设备。
3. 简要说明 DMA 的工作过程。
4. 设备分配技术主要有哪些？常用的设备分配算法是什么？
5. SPOOLing 系统的主要功能是什么？

6. SPOOLing 技术如何使一台打印机虚拟成多台打印机？
7. 操作系统中设备管理的功能是什么？
8. 操作系统中为什么要引入虚拟设备？
9. 简述 UNIX/Linux 系统中处理 I/O 请求的大致步骤。
10. 为什么要引入缓冲技术？设置缓冲区的原则是什么？
11. 设备驱动程序的主要功能是什么？它在系统中处于什么位置？
12. I/O 软件的设计目标是什么？它是如何划分层次的？各层的功能是什么？
13. 下述工作各由哪一层 I/O 软件完成？

① 为了读盘，计算磁道、扇区和磁头。

② 维护最近使用的盘块所对应的缓冲区。

③ 把命令写到设备寄存器中。

④ 检查用户使用设备的权限。

⑤ 把二进制整数转换成 ASCII 码打印。

14. 什么是寻道？访问磁盘时间由哪几部分组成？其中哪一个是磁盘调度的主要目标？
15. 假设一个磁盘有 200 个磁道，编号从 0 ～ 199。当前磁头正在 143 道上服务，并且刚刚完成了 125 道的请求。如果寻道请求队列的顺序是：

86, 147, 91, 177, 94, 150, 102, 175, 130

问：为完成上述请求，下列算法各自磁头移动的总量是多少？

① FCFS；② SSTF；③ 电梯法

16. 磁盘请求以 10、22、20、2、40、6、38 柱面的次序到达磁盘驱动器。寻道时每个柱面移动需要 6 ms，计算以下寻道次序和寻道时间：

① 先到先服务法；② 电梯调度算法（起始移动向上）

所有情况下磁臂的起始位置都是柱面 20。

17. 假设有 A、B、C、D 4 个记录存放在磁盘的某个磁道上，该磁道划分为 4 块，每块存放一个记录，其布局如下表所示：

块　号	1	2	3	4
记录号	A	B	C	D

现在要顺序处理这些记录。如果磁盘旋转速度为 20 ms 转一周，处理程序每读出一个记录后花 5 ms 的时间进行处理。试问处理完这 4 个记录的总时间是多少？为了缩短处理时间应进行优化分布，试问应如何安排这些记录？并计算处理的总时间。

第7章　操作系统的发展和安全性

学习内容

从应用的角度看，现代操作系统的发展趋势一个是与现代生活、生产、国防、娱乐等设施紧密结合，如用于智能手机、微波炉、汽车电子、机器人、无人机等，这就是嵌入式系统；另一方面是与高速网络相结合，解决分布很广的若干计算机系统间的资源共享和并行工作等问题，这就是分布式系统和云计算系统，后者是当前最热门的信息技术之一。

今天机器杀毒了吗？随着信息化进程的推进和Internet的迅速发展，信息安全显得日益重要，针对信息安全的威胁必须采取一系列安全措施。

产品性能的好坏直接关系到用户的使用和产品的“生命”，为此必须对计算机系统进行科学、可行的评价。下面我们简要介绍有关方面的知识。

本章主要介绍以下主题：

- 操作系统发展的动力
- 现代操作系统的发展
- 嵌入式系统简介
- 分布式系统简介
- 云计算系统简介
- 系统的安全性
- 系统性能评价

学习目标

了解：推动操作系统发展的动力，云计算系统，安全性能评测标准。

理解：个人机操作系统、网络操作系统、嵌入式操作系统、多处理器系统以及分布式系统的特征，四种多机系统的比较，系统安全性和保护，保护域和存取矩阵等概念，性能评价的目的、指标和技术。

7.1　推动操作系统发展的动力

从操作系统形成至今的40多年间，其性能、规模、应用、结构等方面都取得飞速发展。推动操作系统发展的因素很多，主要可归结为硬件技术更新和应用需求扩大两大方面。

1. 硬件技术更新

伴随计算机器件的更新换代——从电子管到晶体管、集成电路、大规模集成电路，直至当今的超大规模集成电路，计算机系统的性能得到快速提高，也促使操作系统的性能和结构有了显著提高；从没有软件，到早期的监督程序、执行程序，发展成多道批处理系统、分时系统、实时系统等。计算机体系结构的发展——从单处理器系统到多处理器系统，从指令串行结构到流水线结构、超级标量结构，从单总线到多总线应用等，这些发展有力地推动了操作系统的更大发展，如从单CPU操作系统发展到对称多处理器系统（SMP），从主机系统发展到个人机系统，从单独自治系统到网络操作系统以及分布式系统、云计算系统。此外，硬件成本的下降也极大地推动了计算机技术的应用推广和普及。

2. 应用需求扩大

应用需求扩大促进了计算机技术的发展，也促进了操作系统的不断更新升级。为了充分利用计算机系统内的各种宝贵资源，形成了早期的批处理系统；为了方便多个用户同时上机、实现友好的人机交互，形成了分时系统；为了实时地对特定任务进行可靠的处理，形成了实时系统；为了适应现代生活、生产等方面的灵活应用，出现了嵌入式系统；为了实现远程的信息交换和资源共享，形成了网络系统、分布式系统以及云计算系统等。在当今信息时代，信息处理离不开计算机，也就离不开操作系统这个软件平台。可以预见，操作系统将会以更快的速度更新换代。

7.2 现代操作系统的发展

在第1章中介绍了操作系统的三种基本类型——批处理系统、分时系统和实时系统。近些年来，又开发出个人机操作系统、网络操作系统、嵌入式系统、多处理器系统、分布式系统和云计算系统等。伴随着硬件技术的飞速发展和应用领域的急剧扩充，操作系统不仅种类越来越多，而且功能更加强大，给广大用户提供了更为舒适的应用环境。

7.2.1 个人机操作系统

对于个人机（PC）系统大家并不陌生，基本上都用过Windows XP、Windows 7或者Linux系统。个人计算机时代是随着大规模集成电路（LSI）的开发，芯片集成度越来越高，以及价格迅速下降而到来的。从体系结构上看，个人机与小型计算机并无很大差别，但价格却相差很多。由于个人机的普及，使计算机进入百姓家庭，开创了计算机技术应用的新时代。

早期个人计算机多以Intel 8080、8086及Z80等为CPU，之后发展到x86系列、Pentium系列以及Core系列等处理器。还有一类功能更强大的个人机，通常称为**工作站**，如SUN工作站、IBM的RS/6000工作站等。工作站往往用于商业、大学和政府管理部门。

现在流行的个人机运行着两类个人机操作系统——单用户操作系统和多用户操作系统。

1. 单用户操作系统

单用户操作系统主要有早期的MS-DOS、OS/2，以及Windows系列的多种操作系统。这类系统具有以下4个特征：

1）个人使用。由于这种机器体积小、功能强、价格便宜，可在办公室、家庭、商店、学校等几乎任何地方安装使用。整个系统由一个人操纵，使用方便。

2）界面友好。除DOS外，都采用人机交互的工作方式。除命令行方式外，还支持图形界面，如窗口、菜单、滚屏等。无需专门研究，一般用户也能很快熟练操纵机器。

3）管理方便。用户可根据自己的使用需求，方便地对系统进行管理，如更改配置、安装新的设备或新软件、版本升级或降级等。

4）适于普及。它能满足广泛的一般性需求，是一般性事务处理、人机交互、学习、网上通信等方面的良好工具，同时低廉的价格促使其应用得到推广。

2. 多用户操作系统

多用户操作系统最主要的是UNIX系统以及各种类UNIX系统，Windows NT系列也属于多用户操作系统。在工作站上运行的各种UNIX系统是基于高性能的RISC芯片，如Solaris、SVR4、AIX、IRIX等。基于Intel芯片的UNIX系统主要有SCO OpenServer、SCO UnixWare 7、XENIX以及近来得到迅速推广的Linux。

多用户系统除了具有界面友好、管理方便和适于普及（尤其对SCO UNIX和Linux）等特征外，还具有多用户使用、可移植性良好、功能强大、通信能力强等优点。

7.2.2　网络操作系统

信息时代离不开计算机网络，特别是Internet的广泛应用正在改变着人们的观念和社会生活的方方面面。每天有上百万人通过网络传递邮件、查阅资料、搜寻信息，以及网上订票、网上购物等。

虽然个人机系统大大推动了计算机的普及，但单台计算机的资源毕竟有限。为了实现异地计算机之间的数据通信和资源共享，可将分布在各处的计算机和终端设备通过数据通信系统联结在一起，构成一个系统，这就是计算机网络，如图7-1所示。计算机网络需要两大支柱——计算机技术和通信技术，计算机网络是这两大技术相互结合的产物。

1. 计算机网络的特征

1）分布性。网上节点机可以位于不同地点，各自执行自己的任务。根据要求，一项大任务可划分为若干子任务，分别由不同的计算机执行。

2）自治性。网上的每台计算机都有自己的内存、I/O设备和操作系统等，能够独立地完成自己承担的任务。网络系统中的各个资源之间多是松散耦合的，并且不具备整个系统统一任务调度的功能。

3）互连性。利用互连网络把不同地点的资源（包括硬件资源和软件资源）在物理上和逻辑上连接在一起，在统一的网络操作系统控制下实现网络通信和资源共享。

4）可见性。计算机网络中的资源对用户是可见的。用户任务通常在本地机器上运行，利用网络操作系统提供的服务可共享其他主机上的资源。所以，用户心目中的计算机网络是一个多机系统。

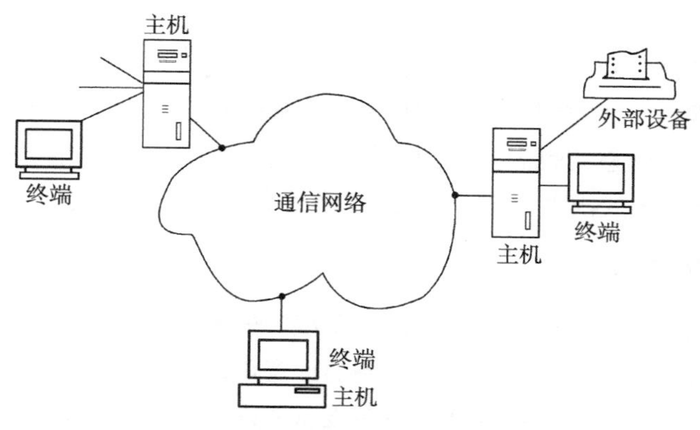

图 7-1　计算机网络示意图

2. 网络操作系统的任务

计算机网络要有一个网络操作系统对整个网络实施管理，并为用户提供统一、方便的网络接口。网络操作系统一般建立在各个主机的本地操作系统基础之上，其功能是实现网络通信、资源共享和保护，以及提供网络服务和网络接口等。这样，在网络操作系统的作用下，对用户屏蔽了各个主机对同样资源所具有的不同存取方法。网络操作系统是用户（或用户程序）与本地操作系统之间的接口，网络用户只有通过它才能获得网络所提供的各种服务。由于网络操作系统是运行在服务器之上的，所以有时我们也把它称为服务器操作系统。

网络操作系统的任务（或功能）应有以下四个方面：

1）网络通信。这是网络最基本的功能，其任务是发送方主机和接收方主机之间实现无差错的数据传输。其功能包括建立和拆除通信线路、控制数据传输、对传输数据进行差错检测和纠正、控制数据传输流量、选择适当的传输路径。

2）资源管理。对网络中的共享资源（包括硬件和软件）实施有效管理，协调各用户对共享资源的使用，保证数据存取方法的一致性，保证信息的安全性，并且允许入网计算机自主地工作。

3）网络服务。为方便用户使用，应该向用户提供多种有效的网络服务，主要有电子邮件服务、文件传输、存取和管理服务、共享硬盘服务、共享打印服务等。

4）网络管理。网络管理最基本的任务是安全管理，通过“存取控制”保证数据存取的安全性，通过“容错技术”保障系统的可靠性；此外，还应提供对网络性能进行监视、统计、调整及维护、报告等功能。

在网络操作系统中，用户知道多台计算机的存在，可在远程机器上登录，把文件从一台机器复制到另一台机器等。

目前局域网中常用的网络操作系统主要有以下几类：Windows，UNIX，Linux，NetWare等。

7.2.3 嵌入式操作系统

随着数字信息技术和网络技术的高速发展，嵌入式系统的应用时代已经到来，它已经广泛应用于军事、工业控制系统、信息家电、通信设备、医疗仪器、智能仪器仪表等众多领域。嵌入式操作系统也因此成为操作系统的热门研究课题之一，并得到迅速推广应用。嵌入式操作系统的概念和技术与通用操作系统有关，但在实现上又有其自身特点。

1. 嵌入式系统概述

通常将嵌入式计算机系统简称为嵌入式系统。嵌入式系统是不同于普通计算机系统的一种计算机系统，它不以独立的物理设备的形态出现，即它没有一个统一的外观，它的部件根据主体设备及应用的需要嵌入在该设备的内部，发挥着运算、处理、存储及控制等作用。

从体系结构上看，嵌入式系统主要由嵌入式处理器、支撑硬件和嵌入式软件组成。其中，嵌入式处理器通常是单片机或微控制器；支撑硬件主要包括存储介质、通信部件和显示部件等；嵌入式软件则包括支撑硬件的驱动程序、操作系统、支撑软件及应用中间件等。这些软件有机地结合在一起，形成系统特定的一体化软件。

嵌入式系统和通用计算机系统从外观、结构组成、运行方式、开发平台、应用程序等方面有关联又有区别。表7-1对嵌入式系统与通用计算机系统进行了比较。

表7-1 嵌入式系统与通用计算机系统的异同

特征	嵌入式系统	通用计算机系统
外观	独特，面向应用，各不相同	具有台式机、笔记本等标准外观
结构组成	面向应用的嵌入式微处理器，总线和外部接口多集成在处理器内部。软件与硬件紧密集成在一起	通用处理器、标准总线和外设。软件和硬件相对独立安装卸载
运行方式	基于固定硬件，自动运行，不可修改	用户可以任意选择：直接运行，或者修改后重新生成系统再运行
开发平台	采用交叉开发方式，开发平台一般采用通用计算机	开发平台是通用计算机
二次开发性	一般不能再进行编程开发	应用程序可重新编制
应用程序	固定。应用软件与操作系统整合为一体，在系统中运行	多种多样，与操作系统相互独立

随着后PC时代的到来，人们越来越多地接触到嵌入式产品。例如，智能民用消费品——微波炉、洗碗机、洗衣机、电视机、稳温调节器；办公自动化设备——传真机、复印机；通信类设备——手机、交换机、路由器等。

可以看出，嵌入式系统是以应用为中心、以计算机技术为基础、软件硬件可裁剪，适应应用系统对功能、可靠性、成本、体积、功耗严格要求的专用计算机系统。嵌入式系统是将先进的计算机技术、半导体技术和电子技术与各个行业的具体应用相结合后的产物。这种计算机应用系统中所包含的计算机并不是通用的计算机。

对嵌入式系统可以从不同角度进行分类，如硬件平台、规模、时限、应用领域、操作系统类型等，而从嵌入式系统的商业模式来看，可以分为商用型和开源型。商用型系统功能稳定、可靠，有完善的技术支持和售后服务，商品价格较高。开源型系统开放源码，使用费较低，如 Embedded Linux、RTEMS、eCOS 等。

2. 嵌入式软件系统的体系结构

嵌入式软件和通用计算机软件一样，一般分为系统软件、支撑软件和应用软件三大类。其中，系统软件负责控制、管理计算机系统的资源，如嵌入式操作系统、嵌入式中间件（CORBA、Java）等。

支撑软件提供辅助软件开发的工具，如系统分析设计工具、仿真开发工具、交叉开发工具、测试工具、配置管理工具、维护工具等。

应用软件是面向专用应用领域，利用辅助软件开发的软件，如手机软件、路由器软件、交换机软件、飞行控制软件等。

也可以依据嵌入式软件的运行平台，把嵌入式软件分为运行在开发平台上的软件和运行在嵌入式系统上的软件。前者负责提供设计、开发、测试工具等；后者就是嵌入式操作系统、应用程序、驱动程序及部分开发工具。图 7-2 示出嵌入式软件系统的体系结构。

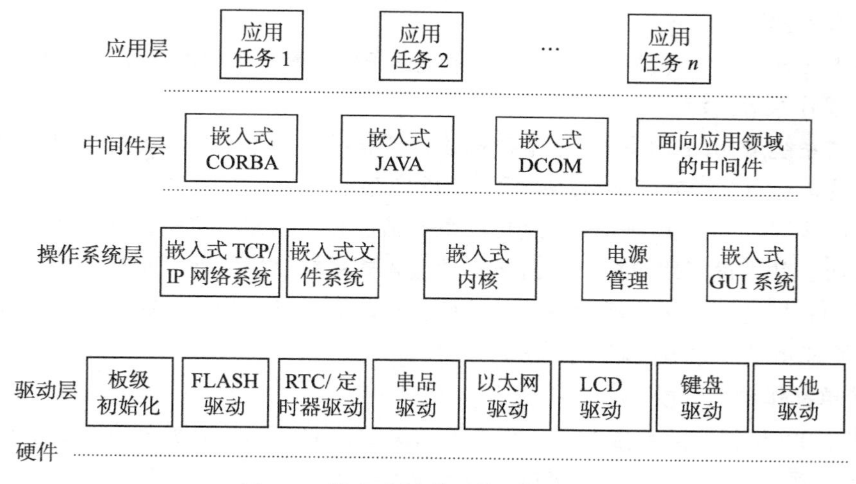

图 7-2　嵌入式软件系统的体系结构

3. 嵌入式操作系统概述

（1）基本功能与分类

从图 7-2 中可看出，操作系统层包括嵌入式内核、嵌入式 TCP/IP 网络系统、嵌入式文件系统、嵌入式 GUI 系统和电源管理等部分。其中，嵌入式内核是操作系统的核心基础和必备部分，其他部分要根据嵌入式系统的需要来确定。

从原理上说，嵌入式操作系统仍旧是一种操作系统，因此它同样具有操作系统在进程管理、存储管理、设备管理、处理机管理和输入输出管理等方面的基本功能。但是，由于嵌入式操作系统的硬件平台和应用环境与一般操作系统不同，所以它有自身的特点，其最大特点就是可定制性，即能够提供对内核进行配置或剪裁等功能，可以根据应用需要有选择地提供或不提供某些功能，以减少系统开销。

嵌入式操作系统与应用环境密切相关，所以可以从不同的角度对它们进行分类。例如，从应用领域角度看，可以分为面向信息家电的嵌入式操作系统、面向智能手机的嵌入式操作系统、面向汽车电子的嵌入式操作系统，以及面向工业控制的嵌入式操作系统；从应用范围角度来看，大致可以分为通用型嵌入式操作系统（如 Windows CE、VxWorks 和嵌入式 Linux 等）和专用型嵌入式操作系统（如 Palm OS、Symbian 等）；从实时性角度分类，嵌入式操作系统可分为嵌入式实时操作系统及嵌入式非实时操作系统，前者具有严格的实时特点，如 VxWorks、QNX、Nuclear、OSE、DeltaOS 和各种 ITRON OS 等；后者一般只具有宽松的实时特点，如 WinCE、版本众多的嵌入式 Linux、PalmOS 等。

近十年来，嵌入式操作系统得到飞速的发展，从支持 8 位微处理器到 16 位、32 位，甚至 64 位微处理器；从支持单一品种的微处理器芯片到支持多品种微处理器芯片；从只有内核到除了内核外还提供其他功能模块，如文件系统、TCP/IP 网络系统、窗口图形系统等。随着嵌入式系统应用领域的扩展，目前嵌入式操作系统的市场在不断细分，出现了针对不同领域的产品，这些产品按领域的要求和标准提供特定的功能。

由于 Linux 具有一系列特点和优势，所以在嵌入式系统应用中取得了巨大的成功。

（2）嵌入式操作系统发展历史

在嵌入式系统的发展过程中，从操作系统的角度来看，大致经历了以下 4 个阶段。

- 无操作系统阶段

嵌入式系统最初的应用是基于单片机的，一般没有操作系统的支持，只能通过汇编语言对系统进行直接控制，运行结束后再清除内存。

这一阶段嵌入式系统的主要特点是：系统结构和功能相对单一，处理效率较低，存储容量较小，几乎没有用户接口。由于这种嵌入式系统使用简便、价格低廉，因而曾经在工业控制领域得到非常广泛的应用。然而，它却无法满足现今对执行效率、存储容量都有较高要求的信息家电等场合的需要。

- 简单操作系统阶段

20 世纪 80 年代，随着微电子工艺水平的提高，IC 制造商开始把嵌入式应用中所需要的微处理器、I/O 接口、串行接口，以及 RAM 和 ROM 等部件集成到一片 VLSI 中，制造出面向 I/O 设计的微控制器，并一举成为嵌入式系统领域中异军突起的新秀。与此同时，嵌入式系统的程序员也开始基于一些简单的“操作系统”着手开发嵌入式应用软件，缩短了开发周期，提高了开发效率。

这一阶段嵌入式系统的主要特点是：出现了大量高可靠、低功耗的嵌入式 CPU（如 Power PC 等），并得到迅速发展。此时的嵌入式操作系统虽然还比较简单，但已经初步具有了一定的兼容性和扩展性，内核精巧且效率高，主要用来控制系统负载及监控应用程序的运行。

- 实时操作系统阶段

20 世纪 90 年代，在分布控制、柔性制造、数字化通信和信息家电等巨大需求的牵引下，嵌入式系统进一步飞速发展，而面向实时信号处理算法的 DSP 产品则向着高速度、高精度、低功耗的方向发展。随着硬件实时性要求的提高，嵌入式系统的软件规模也不断扩大，逐渐形成了实时多任务操作系统（RTOS），并且后者开始成为嵌入式系统的主流。

这一阶段嵌入式系统的主要特点是：操作系统的实时性得到了很大改善，已经能够运行在各种不同类型的微处理器上，具有高度的模块化和扩展性。此时的嵌入式操作系统已经具备了文件和目录管理、设备管理、多任务、网络、图形用户界面（GUI）等功能，并提供大量的应用程序接口（API），使应用软件的开发变得更加简单。

● 面向 Internet 阶段

21 世纪无疑是一个网络时代，将嵌入式系统应用到各种网络环境中的呼声自然也越来越高。目前大多数嵌入式系统还孤立于 Internet 之外，随着 Internet 的进一步发展，以及 Internet 技术与信息家电、工业控制等技术的结合日益紧密，嵌入式设备与 Internet 的结合才是嵌入式技术的真正未来。

（3）嵌入式操作系统选择

实现嵌入式系统时主要涉及硬件平台和软件平台的选择。在硬件平台的选择中最重要的是处理器选择，其主要因素包括：处理性能、技术指标、功耗、软件支持等。而软件平台选择的关键点是操作系统的选择。

可用于嵌入式系统软件开发的操作系统很多，适用于开发项目的需要就是选择的准则。需考虑的关键点包括以下几个：所提供的开发工具（如编译器、调试器等）、可移植性、内存要求、可裁剪性、是否提供硬件驱动程序、实时性能等。当然，还要选择合适的编程语言以及集成开发环境。

嵌入式系统应用开发的过程如图 7-3 所示。

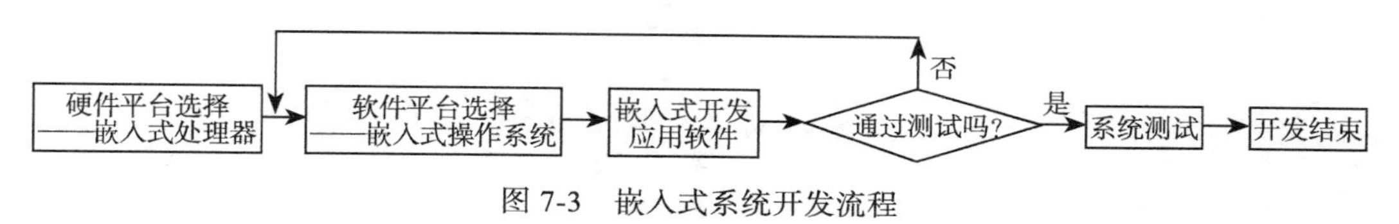

图 7-3　嵌入式系统开发流程

7.2.4　多处理器系统

1. 多处理器系统概念

至今很多 PC 都是单处理器系统，只有一个主 CPU。然而，对于一个复杂的实时性很强的计算任务来说，只用一个 CPU 难以胜任。所以，多处理器系统（也称并行系统或紧密耦合系统）就变得越来越重要了。多处理器系统有一个以上的处理器，它们共享总线、时钟、内存和外部设备。

最常用的多处理器系统是对称多处理器（SMP）系统，如图 7-4 所示。系统中的每个处理器运行同一个操作系统的副本，彼此通过共享内存实现通信。所有的处理器是对等的，没有主、从之分。

与此对应，有些系统采用非对称多处理器（ASMP）系统，其中每台处理器都指派专门任务：有一台主处理器（主控机）控制整个系统，而其余处理器（从机）执行主处理器下达的指令或者执行预先规定好的任务。这是一种主－从关系。

多处理器系统的优点主要有如下三点：

1）增加吞吐量。我们希望通过增加处理器的数量达到以较少时间完成更多任务的目的。显然，多处理器并行工作会提高处理速度。但 N 个处理器所提高的速率不是 N 倍，而是小于 N 倍。这是由于当多个处理器并行完成一项任务时，为协调彼此的工作，要有一定数量的开销。这种开销增加了对共享资源的竞争，减少了通过增加处理器而获得的收益。

2）提高性能 / 价格比。多处理器系统比多个单处理器系统更省钱，因为它们可以共享外部设备、大容量存储器及供电设施等。如果若干程序对同一组数据进行操作，那么把数据存放在一个盘上让所有处理器共享它们这种方式，肯定比多台计算机上各有自己的硬盘，每个盘上有一个数据副本的方式便宜得多。

3）提高可靠性。如果把各个功能适当地分配到几个处理器上，那么当一个处理器出现故障时不至于导致整个系统停止工作，只是执行速度放慢而已。例如有10个处理器，其中一个失效，那么剩余的9个处理器仍可工作；但要共同分担那个失效处理器的工作，整个系统的速度降低10%。这种不管硬件失效而能继续执行的能力被称为*适度劣化*，为适度劣化而设计的系统也称*容错系统*。

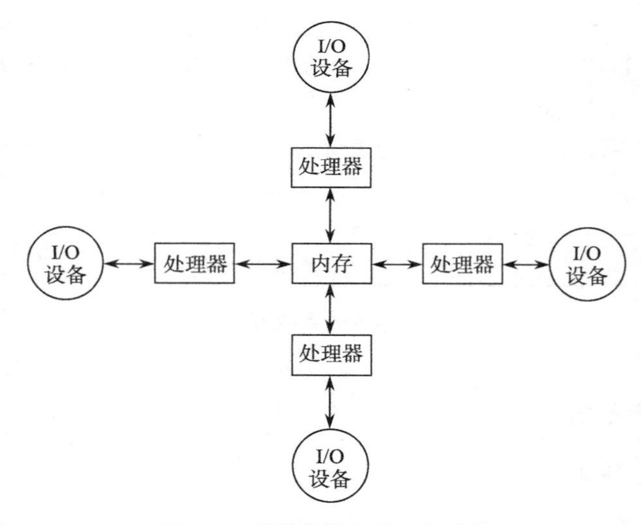

图7-4　对称多处理器系统结构

此外，随着超大规模集成电路集成度的提高，在同一个芯片上可以放两个或多个完整的CPU，这就是多核芯片。如双核和四核的芯片已经普及，带有上百个核的芯片也即将出现。这种多核芯片时常被称为片级多处理器（CMP）。从软件的角度来看，CMP与上述基于总线的多处理器和使用交换网络的多处理机并没有太大差别。

2. 多处理器操作系统

多处理器操作系统在功能上与多道程序操作系统有很多相似之处。但多处理器系统中并行性是核心问题，因此多处理器操作系统又要解决并行处理带来的新问题。概括起来，有以下几方面：各处理器任务的分派和调度；处理器间的通信管理；处理器失效的检测、诊断和校正；并行进程对共享数据存取时的保护等。

多处理器操作系统可以有多种组织形式，但基本上有三种结构，即主–从结构、对称结构和非对称结构。

7.2.5　分布式系统

1. 分布式系统的特征

分布式系统是多个处理机通过通信线路（如局域网或广域网）互连而构成的松散耦合的系统。从系统中某台处理机看来，其余的处理机和相应的资源都是远程的，只有它自己的资源才是本地的。至今，对分布式系统的定义尚未形成统一的见解。一般认为，分布式系统应具有以下四个特征：

1）分布性。分布式系统由多台计算机组成，它们在地域上是分散的，可以散布在一个单位、一个城市、一个国家甚至全球范围。整个系统的功能是分散在各个节点上实现的，因而分布式系统具有数据处理的分布性。

2）自治性。分布式系统中的各个节点都包含自己的处理机和内存，各自具有独立的处理数据的功能。通常，各个节点彼此在地位上是平等的，无主次之分，自治地进行工作，又能利用共享的通信线路来传送信息，协调任务处理。

3）并行性。一项大的任务可以划分为若干子任务，分别在不同的主机上执行。

4）全局性。分布式系统中必须存在一个单一的、全局的进程通信机制，使得任何一个进程都能与其他进程通信，并且不区分本地通信与远程通信，还应当有全局的保护机制。系统中所有机器上有统一的系统调用集合，它们必须适应分布式环境。在所有 CPU 上运行同样的内核，使协调工作更加容易。

2. 分布式系统的优点

（1）资源共享

若干不同的节点通过通信网络彼此互连，一个节点上的用户可以使用其他节点上的资源，如设备共享，使众多用户共享昂贵的外部设备，如彩色打印机；数据共享，使众多用户访问共用的数据库；共享远程文件，使用远程特有的硬件设备（如高速阵列处理器），以及执行其他操作。

（2）加快计算速度

如果一个特定的计算任务可以划分成若干并行运行的子任务，就可把这些子任务分散到不同的节点上，并同时在这些节点上运行，从而加快计算速度。另外，分布式系统具有计算迁移功能，如果某个节点上的负载太重，可把其中一些作业移到其他节点执行，从而减轻该节点的负载。这种作业迁移称为*负载共享*。

（3）可靠性高

分布式系统具有高可靠性。如果其中某个节点失效了，那么其余的节点可以继续操作，整个系统不会因为一个或少数几个节点的故障而全面崩溃。分布式系统有很好的容错性能。

系统必须能够检测节点的故障，采取适当的手段使它从故障中恢复过来。系统确定故障所在的节点后，就不再利用它来提供服务，直至恢复正常工作为止。如果失效节点的功能可由其他节点完成，则系统必须保证功能转移的正确实施。当失效节点被恢复或者修复时，系统必须把它平滑地集成到系统中。

（4）方便快捷的通信

分布式系统中各节点通过一个通信网络互连在一起。通信网络由通信线路、调制解调器及通信处理器等组成，不同节点的用户可以方便地交换信息。在低层，系统间利用传递消息的方式通信，这类似于单CPU系统中的消息机制。单独系统中所有高层的消息传递功能都可以在分布式系统中实现，如文件传递、登录、邮件、Web浏览及远程过程调用（RPC）。

分布式系统实现节点间的远距离通信，为人与人之间的信息交流提供很大方便。不同地区的人们可以共同完成一个项目，通过传送项目文件，远程登录进入对方系统来运行程序、发送电子邮件等，协调彼此的工作。

尽管分布式系统具备众多优势，但也有自身的缺点，主要是可用软件不足，系统软件、编程语言、应用程序以及开发工具都相对较少；还存在通信网络饱和或信息丢失以及网络安全问题，方便的数据共享同时意味着机密数据容易被窃取。

虽然分布式系统存在这些潜在的问题，但其优点远大于其缺点，而且这些缺点也正得到克服，所以分布式系统仍是人们研究、开发和应用的方向。

3. 分布式操作系统概述

分布式操作系统是配置在分布式系统上的共用操作系统。从用户看来，它是一个普通的集中式操作系统，提供强大的功能，使用户可以透明的方式访问系统内的远程资源。分布式操作系统实施系统整体控制，对分布在各节点上的资源进行统一管理，并且支持对远程进程的通信协议。

在分布式操作系统中，用户访问远程资源的方式和访问本地资源的方式是相同的。在这种操作系统的控制下，可以实现数据和进程从一个节点到另外节点的迁移。分布式操作系统要求实现面向用户的虚拟单处理机系统到具体的分布式系统的映射。它有如下三个基本功能：

1）进程管理。为了均衡整个系统中各节点上的负载，加速计算任务的完成，分布式操作系统应能实现进程或计算的迁移。为了保证不同节点上的进程对系统共享资源的合理使用，应能提供分布式互斥机制。为了达到各进程的高度并行执行，应该提供分布式同步机制，还要有应对死锁的相应措施。

2）通信管理。系统应该提供某些通信机制，使不同节点上的用户或进程可以方便地进行信息交换，实现对网络协议的支持。

3）资源管理。系统中的各种资源都由分布式操作系统进行统一管理和调度，如文件系统、内存管理等。这样做既可以提高资源的利用率，又可以方便用户使用。

4. 分布式操作系统的特点

分布式操作系统所涉及的问题远远多于以往的操作系统，归纳起来它应具有以下五个特点：

1）透明性。要让每个用户觉得这种分布式系统就是普通的单 CPU 分时系统，最容易的办法是对用户隐藏系统内部的实现细节，如资源的物理位置、活动的迁移、并发控制、系统容错处理等。用户只需输入相应的命令，就可以完成指定任务，而不必了解对该命令的并行处理过程。

在更低层次上是使系统对程序透明，即程序员使用系统调用时看不到多个处理器的存在，这往往更难实现。

透明性概念可以用于分布式系统的若干方面。表 7-2 列出了不同种类的透明性。

表 7-2　分布式系统不同种类的透明性

类　别	含　义
位置透明性	软硬件资源分布在各处，而用户不清楚资源的确切位置
迁移透明性	资源可以随意移动，而不必改变它们的名字
复制透明性	系统可以任意复制文件或其他资源，用户不清楚多个副本存在
并发透明性	多个用户可以自动共享资源，彼此不会注意对方的存在
并行透明性	任务被并行地执行，而用户并不知道（理论上要靠编译器、运行系统及操作系统三者的共同支持，目前尚无法实现这一点）

2）灵活性。可以根据用户需求和使用情况，方便地对系统进行修改或者扩充。

在构建一个分布式系统时灵活性很重要，它涉及分布式操作系统的结构。分布式操作系统的内核模型有两种，分别是单内核模型和微内核模型，如图 7-5 所示。

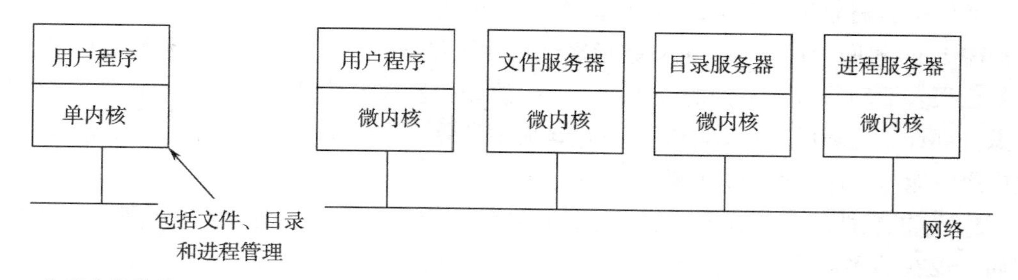

图 7-5　分布式操作系统的两种内核模型

单内核模型基本上是在现有的集中式操作系统上附加一些网络设施，再集成一些远程服务。多数系统调用通过执行陷入指令而转入核心态，由内核完成实际的工作后，再将结果返回用户进程。在这种方式下，大部分机器都有硬盘，且有本地的文件系统。许多基于 UNIX 的分布式系统就采用这种结构。

微内核模型是一种新式结构，大多数新设计的分布式系统都采用这种结构。微内核是操作系统的极小核心。它将各种操作系统共同需要的核心功能提炼出来，形成微内核的基本功能。一般地，微内核提供以下服务：①进程间通信机制。②某些内存管理工作。③有限的低级进程管理和调度。④低级的输入输出。

所有其他的系统服务都通过微内核之外的服务器实现。在这种系统中，用户需要获得系统服务时，就向相应的服务器发送消息，由服务器完成实际的工作并返回结果。这种方法的显著优点是精简核心的功能，提供一种简单的高度模块化的体系结构，提高了系统设计和使用的灵活性。

单内核唯一潜在的优点是性能，执行系统调用时陷入内核，让内核完成具体工作，这比向远程服务器发消息要快得多。然而研究表明，单内核模型的优势正逐步消失，未来的趋势很可能是微内核系统占主导地位。

3）可靠性。即如果系统中某台机器不能工作了，就有另外的机器完成它的工作。可靠性包括可用性、安全性和容错性。

① *可用性*表示系统可以正常工作的时间比例。改善可用性的方法有：使大量关键成分不要同时起作用，或者提供冗余—— 关键的硬件和软件部分提供备份。系统中的数据不应该发生丢失或篡改，且当文件存放在多个服务器上时，所有的副本应当保持一致。

② *安全性*指文件和其他资源必须受到保护，防止未授权使用。安全性问题对分布式系统尤为严重，因为服务器无法直接确定要求服务的消息来自何方。

③ *容错性*指在一定限度内对故障的容忍程度。也就是说，不至于让整个系统随某一服务器的失败而崩溃。分布式系统一般能够屏蔽故障，用户并不清楚系统内部所发生的问题。

4）高性能。分布式系统有很高的性能，它不仅执行速度快、响应及时、资源利用率高，而且网络通信能力强。利用基准测试（Benchmark）手段可以部分度量系统的性能。

通信是影响分布式系统性能的基本问题，因为在局域网上发送一个消息并得到回答大约需 1 ms 时间。单靠减少消息数量来优化性能并不一定奏效，因为改善性能的最佳办法是让很多活动并行在不同的处理器上，但这需要发很多消息。可供采用的方法是仔细考虑全部计算任务的粒度。如果作业包含大型计算、少量交互和很少数据，就能较好地适应通信能力。这种作业具有粗粒度并行性。

5）可扩展性。分布式系统能根据使用环境和应用需要，方便地扩充或缩减其规模。例如，现在的多数分布式系统的设计能力是几百台 CPU 一起工作，以后的系统能力会变得非常大，即使上百台机器失效了，系统照常工作，因为这些失效机器仅是全系统机器的一小部分。因此，所设计的系统应能适应不断增长的应用需求，不能每次都从头开始。

扩展可分为水平扩展和垂直扩展。*水平扩展*指添加或移除客户工作站，对系统性能影响很小；*垂直扩展*指移植到更大的或更快的服务器或多服务器上。

分布式系统有很多显著优点，但也存在不足之处。这包括：现有的供分布式系统使用的软件相对来说很少（包括操作系统、编程语言和应用程序等），通信网络会出现饱和或者产生其他问题（如信息丢失），以及安全性问题（这是数据易于共享的反面）。

7.2.6　四种多机系统的比较

通常所说的多机系统其实包括四种类型：多处理器系统（Multiprocessor System）、多计算机系统（Multicomputer System）、网络系统（Network System）和分布式系统（Distributed System）。由于网络系统和分布式系统都具有通过网络互连的分布属性，所以习惯上把二者统归为分布式系统。但是它们无论在对外接口上，还是内部的功能及实现方面，都有显著的区别。所以，网络操作系统与分布式操作系统并不是同样的操作系统。

下面对这四种系统进行简要比较。

1）多处理器系统。它的每个节点只有一个 CPU，所有外部设备都是共享的。这些 CPU 放在一个机箱中，它们共享同一个内存，彼此紧密地耦合在一起，借此实现通信。整个系统共享同一操作系统，从用户看来，它是一台虚拟的单处理机。整个系统存在单一的运行队列，并且共享同一个文件系统，整个系统在集中管理方式下运行。

2）多计算机系统。又称集群计算机（Cluster Computers）系统或 COWS（Clusters of Workstations）系统。它的每个节点除 CPU 外，还有本地内存和网卡，有时也有用于分页的硬盘。除磁盘以外，外部设备是共享的。通常，整个系统放在一个房间中，各节点通过专用的高速网络互连在一起。多计算机的各个节点运行同样的操作系统，各节点上有自己的进程，不同节点上的进程通过发送消息的方式进行通信。整个系统共享同一个文件系统，且是集中式管理方式。

3）网络系统。网络系统的每个节点是一个完整的计算机，不仅有 CPU、内存，还有完整的一组设备。系统中的各个节点可能散布在很广的地域范围内，甚至遍及全球。它们通过传统的网络（如局域网、广域网等）互连起来，实现松散耦合。各个节点上有自己的本地操作系统，它们可以是不同的；在本地操作系统之上加上网络软件，即构成网络操作系统。在用户面前，各节点上的网络操作系统可能是完全不同的，但要遵循同样的网络协议。每个节点有自己的文件系统。各节点通过共享文件实现彼此通信。由于各节点都是一个自治系统，所以有各自的运行队列。在网络系统中不具备进程迁移的功能。

4）分布式系统。分布式系统有很多特征与网络系统相同，如各节点是自治系统，通过网络松散地耦合在一起，没有共享内存等。但分布式系统与网络系统又有显著的区别，如在用户看来，分布式系统是虚拟的单机系统，通常各节点上运行统一的操作系统，利用消息机制实现通信，具备数据迁移、计算迁移和进程迁移等功能。

在分布式系统中必须有一个单一、全局的进程通信机制，所以任何进程之间都可彼此通信，而且通信机制是相同的—— 不管在哪台机器上，是本地通信还是远程通信，通信机制都一样，也必须有一个全局保护模式。

在分布式系统中任何地方的进程管理都必须相同，在不同机器上进程的创建、终止、启动及停止等都没有区别。在所有机器上都使用同一组系统调用，并且不会产生异样感觉。

网络操作系统和分布式操作系统都可在分散的计算机环境中运行，各节点机器通过网络进行通信，但前者是在各主机原有操作系统的基础上进一步扩充的，使之对所有主机提供一个通用接口；而后者是从头开始建立的整体环境，用以优化全网络的操作。两种技术的主要差别是如何看待和管理局部 / 全局资源。网络操作系统认为资源是节点局部所有的，可以通过对局部节点的请求实现网络控制和对管理成员的干预。分布式操作系统认为资源是全局共有的，并按整体思想进行统一管理，对资源的存取利用全局机制而不是局部机制。因此，分布式操作系统控制和管理资源是建立在单一系统策略基础上的。

7.2.7　云计算系统

1. 云计算定义

当前，人们热议的一个话题是云计算（Cloud computing）。它是一种新兴的商业计算模型，被喻为“革命性的计算模型”。它将计算任务分布在大量计算机构成的资源池上，各种应用系统能够根据需要获取计算力、存储空间和各种软件服务，从而使得超级计算能力能通过互联网实现自由流通，这种资源池称为“云”。“云”是一些可以自我维护和管理的虚拟计算资源，通常为一些大型服务器集群，包括计算服务器、存储服务器、宽带资源等。云计算将所有的计算资源集中起来，并由软件实现自动管理，无需人为参与，这使得应用提供者无需为繁琐的细节而烦恼，能够更加专注于自己的业务，有利于创新和降低成本。

如图 7-6 所示，在云计算系统中，“云”中的资源在使用者看来是可以无限扩展的，并且可以随时获取，按需使用，随时扩展，按使用付费。这种特性经常称为“像水电一样使用 IT 基础设施”。

图 7-6　云计算示意图

云计算是分布式计算（Distributed Computing）、并行计算（Parallel Computing）和网格计算（Grid Computing）进一步发展的结果，或者说是这些计算机科学概念的商业实现。

至今，云计算还没有一个统一的定义，许多专家和从业人员用多种方式来定义云计算。

维基百科是这样给云计算下定义的：云计算将 IT 相关的能力以服务的方式提供给用

户，允许用户在不了解提供服务的技术、没有相关知识以及设备操作能力的情况下，通过 Internet 获取需要的服务。

中国云计算专家咨询委员会副主任、秘书长刘鹏教授给出的定义：云计算将计算任务发布在大量计算机构成的资源池上，使各种应用系统能够根据需要获取计算力、存储空间和各种软件服务。

美国国家标准与技术研究院（NIST）的定义是：云计算是一种按使用量付费的模式，这种模式提供可用的、便捷的、按需的网络访问，进入可配置的计算资源共享池（资源包括网络、服务器、存储、应用软件、服务），只需投入很少的管理工作，或与服务供应商进行很少的交互，就能够快速获得相应资源。

从以上定义可以看出，云计算涵盖了云计算平台和云计算服务两个方面。

云计算平台也称为云平台，即 IT 资源池。“池”中的 IT 资源是一个有机体，可以动态配置，灵活扩展，自动化管理。这个池用“云”这个概念来表示。

云计算服务，即 IT 资源的使用模式。传统的 IT 资源是在用户端本地部署和使用的，现在是在云端部署，并且以服务的方式向用户提供 IT 资源。用户通过网络随时随地获得服务，并根据资源使用情况付费。这种使用模式用“云服务”这个概念来表示。

2. 云服务模型

对于云计算的分类，目前比较一致的方式是按服务的层次和云的归属两个维度进行划分。按云服务的层次划分，不同的云服务商提供不同的服务，如资源租赁服务、应用设计服务、软件服务等。美国国家标准与技术研究院通常把云服务分为基础设施即服务（IaaS)、平台即服务（PaaS）和软件即服务（SaaS)。三种类型云服务对应不同的抽象层次，不同的厂家又提供了不同的解决方案。

1）基础设施即服务 (IaaS)：向客户提供处理、存储、网络以及其他基础计算资源，客户可以运行任意软件，包括操作系统和应用程序。用户不管理或者控制底层的云基础架构，但是可以控制操作系统、存储、发布应用程序，以及可能限度地控制选择的网络组件。

2）平台即服务 (PaaS)：客户使用云供应商支持的开发语言和工具，开发出应用程序，发布到云基础架构上。客户不管理或者控制底层的云基础架构，包括网络、服务器、操作系统或者存储设备，但是能控制发布应用程序和可能的应用程序运行环境配置。

3）软件即服务 (SaaS)：客户所使用的、由服务商提供的这些应用程序运行在云基础设施上。通过各种各样的客户端设备可以访问这些应用程序。这是一种通过 Internet 提供软件的模式，厂商将应用软件统一部署在自己的服务器上，客户可以根据自己的实际需求，通过互联网向厂商定购所需的应用软件服务，按定购的服务多少和时间长短向厂商支付费用，并通过互联网获得厂商提供的服务。客户不管理或者控制底层的云基础架构，包括网络、服务器、操作系统、存储设备，甚至独立的应用程序机能，在可能异常的情况下，限制用户可配置的应用程序设置。

按云的归属来看，可以把云计算分为公有云、私有云和混合云。公有云一般由 ISP

构建，面向公众、企业提供公共服务，由ISP运营；私有云是指由企业自身构建的为内部使用的云服务；混合云是把公有云和私有云结合在一起的方式，即在私有云的私密性和公有云的灵活及廉价之间做出一定权衡的模式。例如，企业可以将非关键的应用部署到公有云上，而将安全性要求高、关键的核心应用部署到完全私密的私有云上。

3. 云计算特点

继个人计算机、互联网变革之后，云计算被看作第三次IT浪潮，也是中国战略性新兴产业的重要组成部分，它正成为当前全社会关注的热点。这与其具有的一系列特点分不开，可以归纳为以下几点：

1）超大规模。“云”具有相当大的规模，大型云计算系统拥有上百万台服务器，如Google云计算已经拥有100多万台服务器，Amazon、IBM、微软、Yahoo等的“云”均拥有几十万台服务器。企业私有云一般拥有数百上千台服务器。“云”能赋予用户前所未有的计算能力。

2）虚拟化。云计算支持用户在任意位置、使用各种终端获取应用服务。所请求的资源来自“云”，而不是固定的有形的实体。应用在“云”中某处运行，但实际上用户无需了解也不用担心应用运行的具体位置。只需要一台笔记本或者一个手机，就可以通过网络服务来实现我们需要的一切，甚至包括超级计算这样的任务。

3）高可靠性。“云”使用了数据多副本容错、计算节点同构可互换等措施来保障服务的高可靠性，使用云计算比使用本地计算机可靠。

4）通用性。云计算不针对特定的应用，在“云”的支撑下可以构造出千变万化的应用，同一个“云”可以同时支撑不同的应用运行。

5）高可扩展性。“云”的规模可以动态伸缩，满足应用和用户规模增长的需要。

6）按需服务。“云”是一个庞大的资源池，用户按需购买；云系统可以像自来水、电、煤气那样计费。

7）价格低廉。由于“云”的特殊容错措施可以采用极其廉价的节点来构成云，“云”的自动化集中式管理使大量企业无需负担日益高昂的数据中心管理成本，“云”的通用性使资源的利用率较之传统系统大幅提升，因此用户可以充分享受“云”的低成本优势，只要花费几百美元、几天时间就能完成以前需要数万美元、数月时间才能完成的任务。

当然，云计算正在起步、发展阶段，还存在不少问题，主要包括：①*数据隐私问题*。如何保证存放在云服务提供商的数据隐私不被非法利用，不仅需要技术的改进，还需要法律的进一步完善。②*数据安全性*。有些数据是企业的商业机密，数据的安全性关系到企业的生存和发展。云计算数据的安全性问题如果解决不了，会影响云计算在企业中的应用。③*用户的使用习惯*。如何改变用户的使用习惯，使用户适应网络化的软硬件应用是长期而艰巨的挑战。④*网络传输问题*。云计算服务依赖网络，网速低且不稳定将使云应用的性能不高。云计算的普及依赖网络技术的发展。⑤*缺乏统一的技术标准*。云计算的美好前景让传统IT厂商纷纷向云计算方向转型，但是由于缺乏统一的技术标准，尤其是接口标准，各厂商在开发各自产品和服务的过程中各自为政，这为将来不同服务之间的互连互通带来严峻挑战。

当前影响云计算发展的关键是安全问题。上述这些问题已受到人们的足够重视，正得到改善和解决。总之，人们对云计算寄予厚望，其被视为科技业的下一次革命，期望它为人们的工作方式和商业模式带来根本性改变。

4. 云操作系统简述

云计算操作系统又称为云计算中心操作系统、云 OS。云操作系统以分布式操作系统为基础、云存储技术作为支撑，它在云计算体系结构中扮演了传统架构中操作系统的角色，是云计算后台数据中心的整体管理运营系统。云操作系统是指构架于服务器、存储、网络等基础硬件资源和单机操作系统、中间件、数据库等基础软件之上的并且用于管理海量的基础硬件和软件资源的云平台综合管理系统。在资源管理方面有别于传统操作系统，它必须具有把物理资源抽象成逻辑资源的能力。一个典型的云操作系统依赖于以下技术：虚拟化技术、分布式存储、并行处理、中心管理和分布式服务。其中最关键的是虚拟化技术，它实现了物理资源的逻辑抽象和统一表示，将物理设备的具体技术特性加以封装隐藏，对外提供统一的逻辑接口，从而屏蔽了因物理设备的多样性而导致的应用复杂性。虚拟化技术主要包括计算虚拟化、存储虚拟化、网络虚拟化、应用虚拟化等。

云操作系统通常包含以下几个模块：大规模基础软硬件管理、虚拟计算管理、分布式文件系统、业务 / 资源调度管理、安全管理控制等。

简单来讲，云计算操作系统有以下几个作用，一是管理和驱动海量服务器、存储等基础硬件和将一个数据中心的硬件资源逻辑上整合成一台服务器；二是为云应用软件提供统一、标准的接口；三是管理海量的计算任务以及资源调配。

作为核心竞争力，Google、网易、腾讯等国内外大型网站都有自己的云操作系统，另外比较知名的产品还有 VMware 的 vSphere 和浪潮的云海。浪潮云海 OS 是第一款国产的云计算中心操作系统。两者的不同处在于：浪潮云海 OS 是一个产品化、模块化的通用云操作系统，适合于各种类型的云计算应用；VMware 的产品更多是针对虚拟化整合，面向私有云等小规模云应用。

7.2.8　操作系统发展展望

与计算机芯片和应用软件的发展速度相比，操作系统的更新速度缓慢。设计一个操作系统比设计一个应用程序要困难得多，其主要原因有以下几方面：程序量庞大、复杂；必须处理并发；既要阻止怀有敌意的用户，又要与伙伴共享信息和资源；必须预测未来硬件和应用程序的变化；提供系统的通用性；要考虑系统的可移植性和向后兼容性等。

为了满足实际的需求，操作系统必须得到进一步发展。可以想象，未来操作系统大致应具有以下新的特征：

1）更强的分布式处理能力。通过网络将分散在各处的计算机资源互连在一起，使它们能有效地共享资源，方便地进行信息交换，能协同完成大型、复杂的任务。

2）更高的安全性和可靠性。信息时代要求资源共享，而资源共享中的问题是数据的安全性和系统的可靠性。为了预防网上“黑客”的侵入以及形形色色计算机病毒的感染，必须在安全性方面取得更大的进步。另外操作系统应更加稳固、可靠，对系统故障有自动诊断、修复及容错能力。

3）符合开放式模型。开放式系统期望在不同厂家提供的系统之间建立一种公共的计算环境；保护客户投资，客户可以自由地选择硬件和升级、更换软件，而不使以前工作报废，也不致重新培训人员；不同厂家生产的软、硬件也可以方便地组合在一起使用。

4）更方便的用户界面。人机交互手段不限于键盘、屏幕、鼠标，而是更类似于人际交往，如语音控制及交流、图像识别、压力传感、不同文字的识别与转换等。

随着信息处理技术的高速发展，人们对操作系统会提出新的更高的要求，从而促进操作系统向着更高、更强、更好的方向发展。

7.3　系统安全性

7.3.1　信息安全问题

随着信息化进程的推进和Internet的迅速发展，信息安全显得日益重要。信息安全问题，特别是网络安全问题也开始引起公众的普遍关注。如果这个问题解决不好，将会危及一个国家的政治、军事、经济、文化和社会生活，使国家处于信息战和高度经济金融风险的威胁之中。信息安全已成为亟待解决的、影响国家大局和长远利益的重大关键问题。信息安全保障能力是21世纪综合国力、经济竞争实力和生存能力的重要组成部分。

信息安全涉及众多方面，主要包括计算机安全和网络安全。随着计算机的广泛应用，人们把大量的数据及其他信息保存在计算机中。为了保护它们免受破坏，计算机系统必须是安全的，应能有效地阻止未授权用户对相应文件的存取。伴随网络技术的快速发展，人们通过网络共享资源、交流信息，同时也带来网络安全问题。如今，人们一边享受上网带来的方便和快乐，一边又对黑客入侵和病毒危害感到不安和恐惧。

在描述系统安全方面的问题时，人们往往交替使用“安全性”（Security）和“保护”（Protection）这两个术语。严格来说，二者是有区别的：前者表示总体性问题，它保证存储在系统中的信息（包括数据和代码）以及计算机系统物理资源的完整性，不被未授权人员读取或修改；后者表示具体的操作系统机制，通过控制文件存取来保护计算机中的信息，简单地说，它是内部问题。但二者的界限并不十分清晰。

人们希望所用的系统是安全可靠、方便快捷的，然而，当今的信息系统时时受到各种制约、侵袭和干扰。对安全环境造成重要影响的因素主要有三个方面：对安全的威胁、对安全的攻击和偶然数据丢失。

1. 对安全的威胁

从安全的角度出发，计算机系统有三个总目标，也恰好对应三种威胁。这三个总目标是数据保密性、数据完整性和系统可用性。

1）数据保密性所关注的问题是为保密数据保守秘密。例如，某些数据的主人只想让它们对某些人可用，而对其他人不可用，那么系统就应保证未授权用户无权访问这些数据。最基本地，数据主人应能指定谁可以看什么，系统应正确执行这些指示。而对应的威胁就是数据暴露——未授权的人也存取到保密数据。

2）*数据完整性*表示在未经主人许可的情况下，未授权用户不能修改任何数据。数据修改不但包括更改数据，而且包括移走数据和添加虚假数据。如果在数据主人决定修改数据之前，系统不能保证其中所存放的数据保持不变，这种系统就不适宜作为信息系统。对应的威胁就是数据篡改，它使所存数据失去完整性、可靠性。

3）*系统可用性*意味着任何人不能干扰系统的正常工作。对应的威胁是拒绝服务。如今，像拒绝服务这样的攻击时有发生。例如，一台计算机是 Internet 服务器，若连续不断地给它发送请求，那么仅检查和抛弃新来的请求就能耗光它的全部时间，该服务器就会失去功用。现在，很多解决保密性和完整性攻击问题的模型和技术已在使用，然而，阻止像拒绝服务这样的攻击却要困难得多。

安全问题还涉及很多其他方面的事情，如隐私权问题等。

2. 对安全的攻击

非法入侵包括两种类型，即*被动入侵*和*主动入侵*。被动入侵者只是想获取自己未被授权阅读的文件；而主动入侵者更危险，他们想对未授权使用的数据进行修改。入侵者通常分为以下 4 种类型：

1）非技术用户偶然探听。如偶尔阅读到他人的电子邮件和文件。在多数 UNIX 系统中，默认所有新建文件是可读的。

2）内部人员窥探。有的学生、程序员、操作员和其他技术人员往往认为突破本地计算机系统的安全措施是个人能力的体现。他们热衷于为此花费大量精力。

3）窃取钱财。经常发生黑客试图突破防范而进入银行系统，从中盗取钱财。

4）商业或军事间谍。间谍有目的地盗窃程序、商业秘密、专利、技术、电路设计、市场计划、军事机密等，他们为竞争对手或外国服务。其采用的手法甚至包括电话窃听和计算机电磁辐射接收，以及释放“病毒”，使对方的整个系统崩溃。

显然，上述入侵者的动机和所造成的危害是不同的。系统设计时要根据系统的运行环境、作用及设想的入侵者等诸多因素，确定系统所要达到的安全等级。

另一类安全灾害是计算机病毒（Virus），近些年来它蔓延很快。由于计算机病毒具有潜在的巨大破坏性，它已成为一种新的恐怖活动手段，并且正演变成军事系统电子对抗的一种进攻性武器。

计算机病毒是一种在计算机系统运行过程中能把自身精确复制或有修改地复制到其他程序体内的程序（或程序片段），它能攻击合法的程序，使之受到感染。计算机病毒是人为制造的程序段，可以隐藏在可执行程序或数据文件中。当带毒程序运行时，它们通过非授权方式入侵计算机系统，依靠自身的强再生机制不断进行病毒体的扩散。

计算机病毒可对计算机系统实施攻击，操作系统、编译系统、数据库管理系统和计算机网络等都会受到病毒的侵害。

1）操作系统。当前流行的微型计算机病毒往往利用磁盘文件的读写中断，将自身嵌入到合法用户的程序中，进而实现计算机病毒的传染机制。

2）编译系统。计算机病毒能够存在于大多数编译器中，并且可以隐藏在各个层次当中。每次调用编译程序时就会造成潜在的计算机病毒攻击或侵入。

3）数据库管理系统。计算机病毒可以隐藏在数据文件中，它们利用资源共享机制进行扩散。

4）计算机网络。如果在计算机网络的某个节点机上存在计算机病毒，那么它们会利用当前计算机网络在用户识别和存取控制等方面的弱点，以指数增长模式进行再生，从而对网络安全构成极大威胁。

传统入侵者与病毒之间存在差别，前者表示个人行为，试图闯入系统、造成损害；而后者是人为编写的一个程序，把它放到网络上会造成危害。入侵者往往目标专一，试图进入某些系统（如银行系统或国防部门），窃取或破坏特定的数据；而病毒则引发更大范围的破坏。有人曾比喻说，入侵者像持枪杀手，它要杀掉某个具体人；而病毒作者像身藏炸弹的恐怖分子，它要杀掉所有人。

3. 偶然数据丢失

除了恶意入侵者对安全造成的威胁外，有价值的数据也会偶然丢失。造成数据丢失的原因有如下三类：①自然灾害。如火灾、水灾、地震、战争、骚乱、磁带或软盘受潮或受侵蚀等。②硬件或软件出错。如CPU发生故障、磁盘或磁带不可读、电信故障、程序出错等。③人为故障。如数据入口不对、磁带或磁盘安装不正确、运行程序有错、丢失磁盘或磁带等。

7.3.2　一般性安全机制

1. 安全措施

为了保护系统，使之安全地工作，必须采取一系列安全措施，包括如下4个层面：

1）物理层。包含计算机系统的站点在物理上必须是安全的，防止入侵者用暴力或偷偷地进入机房。

2）人员层。必须仔细审查用户，减少把访问权限授予一个用户而他随后又把访问权限交给入侵者的机会（如因受贿而交换权限）。

3）网络层。现代计算机系统中很多数据都是通过私有线路、Internet共享线路或拨号线路进行传递的。所以，数据窃听如同闯入计算机系统一样有害。通信过程中突然被打断可能就是远程拒绝服务攻击造成的，这降低了用户对系统的信任度。

4）操作系统层。操作系统必须保护自己，免受有意或无意的安全侵害。

若要保证操作系统的安全，必须保持前两层的安全性。高层（物理层或人员层）在安全方面的漏洞会使低层（操作系统）严格的安全措施不起作用。

一方面，系统硬件必须提供保护机制，允许实现安全特性；另一方面，操作系统从一开始设计时就要考虑各种安全问题，采取相应措施。

2. 主要的安全机制

针对上述安全威胁，国际标准化组织 ISO 对开放系统互连（OSI）的安全体系结构制定了基本参考模型（ISO 7498-2）。模型提供了如下 5 种安全服务：

1）认证（Authentication）。证明通信双方的身份与其声明的一致。

2）访问控制（Access Control）。对不同的信息和用户设定不同的权限，保证只允许授权的用户访问授权的资源。

3）数据保密性（Data Confidentiality）。保证通信内容不被他人捕获，不会有敏感的信息泄露。

4）数据完整性（Data Integrity）。保证信息在传输过程中不会被他人篡改。

5）抗否认（Non-repudiation）。证明一条信息已经被发送和接收，发送方和接收方都有能力证明接收和发送的操作确实发生了，且能确定对方的身份。

下面介绍目前根据该模型所建立的主要的安全机制。

（1）身份鉴别

传统的身份鉴别方法一般是靠用户的登录密码来对用户身份进行认证，但用户密码在登录时是以明文方式在网络上传输的，很容易被攻击者在网络上截获，进而可对用户的身份进行仿冒，使身份认证机制被攻破。

在目前的电子商务等应用场合，用户的身份认证依靠基于 RSA 公开密钥体制的加密机制（该算法以其发明者 R.L. Rivest、A. Shamir 和 L. Adleman 三人的名字命名）、数字签名机制和用户登录密码的多重保证。服务方对用户的数字签名信息和登录密码进行检验，全部通过以后，才对此用户的身份予以承认。用户的唯一身份标识是服务方发放给用户的“数字证书”，用户的登录密码以密文方式传输，确保身份认证的安全可靠。

（2）访问控制

在目前的安全系统中建立安全等级标签，只允许符合安全等级的用户访问。同时，对用户进行分级别的授权，每个用户只能在授权范围内操作，实现对资源的访问控制。通过这种分级授权机制，可以实现细粒度的访问控制。

（3）数据加密

当需要在网络上传输数据时，一般会对敏感数据流采用加密传输方式。一旦用户登录并通过身份认证以后，用户和服务方之间在网络上传输的所有数据全部用会话密钥加密，直到用户退出系统为止，而且每次会话所使用的加密密钥都是随机产生的。这样，攻击者不可能从网络上传输的数据流中得到任何有用的信息。

（4）数据完整性

目前，很多安全系统基于 Hash 算法和 RSA 公开密钥体制方法对数据传输的完整性进行保护。具体做法是：对敏感信息先用 Hash 算法制作数字文摘，再用 RSA 加密算法进行数字签名。一旦数据信息遭到任何形式的篡改，篡改后所生成的数字文摘必然与由数字签名解密后得到的原始数字文摘不符，可以立即查出原始数据信息已经被他人篡改，从而确保数据的完整性不被破坏。

（5）数字签名

数字签名可以实现以下两个主要功能：

1）服务方可以根据所得到信息的数字签名，确认客户方身份的合法性。如果用户的数字签名错误，则拒绝客户方的请求。

2）用户每次业务操作的信息均由用户的私钥进行数字签名。因为用户的私钥只有用户自己才拥有，所以信息的数字签名如同用户实际的签名和印鉴一样，可以作为确定用户操作的证据。客户方不能对自己的数字签名进行否认，从而保证了服务方的利益，实现了通信的抗否认要求。

（6）防重发

在网络中还存在一种攻击方式，即“信息重发”。攻击者截获网络上的密文信息后，并不将其破译，而是把这些数据包再次向接收方发送，以实现恶意的目的。所以系统必须能够区分重发的信息。

由于用户发送信息的操作具有时间唯一性，即同一用户不可能在完全相同的时刻发出一个以上的业务操作，所以接收方可以采用“时间戳”方法保证每次操作信息的唯一性。在每个用户发出的操作数据包中，加入当前系统的时间信息，使时间信息和业务信息一同进行数字签名。由于每次业务操作的时间信息各不相同，即使用户多次进行完全相同的业务操作，也会得到各不相同的数字签名。这样，可对每次的业务操作进行区分，保证了信息的唯一性。

（7）审计机制

对用户的每次登录、退出及用户的每次会话都会产生一个完整的审计信息，并且记录到审计数据库中备案，这样可以方便日后的查询、核对等工作。

7.3.3　保护机制

在操作系统中，进程必须受到保护，防止其他进程的活动对它造成侵害。为此，有各种机制用于保护文件、内存区、CPU和其他资源，使它们只被得到授权的进程操作。保护是一种机制，它控制程序、进程或用户对计算机系统资源的访问。这种机制必须提供声明各种控制的方法及某些执行手段。

1. 保护域

计算机系统是进程和对象的集合体。“对象”既可以是硬件对象（如CPU、内存、打印机、磁盘和磁带驱动器等），也可以是软件对象（如文件、程序和信号量等）。每个对象有唯一的名字，可与系统中其他对象相互区分；每个对象只能通过预先定义的有意义的操作进行访问。从本质上讲，对象是抽象的数据类型。

能够执行的操作取决于对象。例如，CPU仅可以执行，内存区可以读/写，而CD-ROM或DVD-ROM只可读，数据文件可以创建、打开、关闭、读、写和删除，程序文件可以读、写、执行和删除。

进程只能访问被授权使用的资源。进一步，任何时候进程应该只访问完成当前任务所必需的那些资源。这种需求通常称为“*需者方知*”（need-to-know）原则。这种办法可以有效地限制因系统中一个进程发生故障而造成的破坏程度。例如，进程 P 引用过程 A，则只允许过程 A 访问自己的变量和传给它的形式参数，它不能访问进程 P 的全部变量。同样地，当进程 P 调用编译程序来编译某个具体文件时，编译程序不能随意访问文件，而只能访问与被编译文件相关的一组文件（如源文件、前导文件等）。反过来，编译程序也会有自己的私有文件，用于统计或者优化，这些文件是进程 P 不能访问的。

（1）域结构

从上面的讨论看出，需要用某种方法禁止未授权进程访问某个对象，保护机制还应在必要时限定进程只执行合法操作的一个子集。为此，引入域的概念。*域是* < 对象，权限 > 对的集合，每个对标记一个对象和一个可执行操作的子集，允许执行的操作称为*权限*。

例如，域 D 定义为 <file F, { read , write }>，那么在域 D 上执行的进程对文件 F 可读可写，除此之外，它不能对 F 执行任何其他操作。

不同的域可以相交，相交部分表示它们有共同的访问权限。例如，在图 7-7 中给出三个域，它们分别是 D_1、D_2 和 D_3。其中 D_2 和 D_3 相交，表明访问权限 <O_4, {print}> 被 D_2 和 D_3 共享，这意味着在两个域上执行的进程都可以打印对象 O_4。注意，进程必须在域 D_1 中执行才能读 / 写对象 O_1。另一方面，仅域 D_3 中的进程才能执行 O_1。

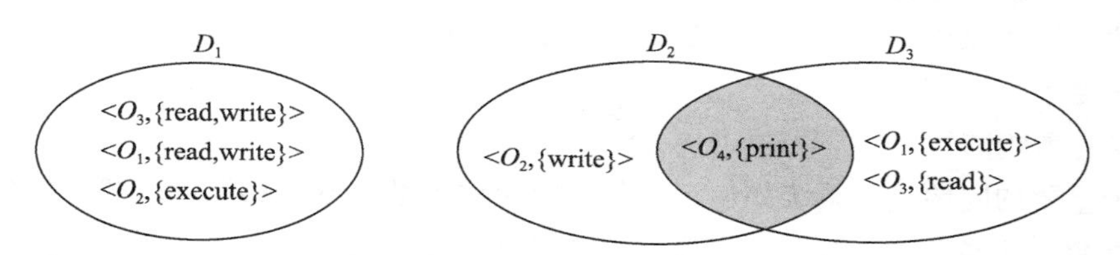

图 7-7 有三个保护域的系统示例

进程和域之间的联系可以是*静态联系*或*动态联系*。如果进程的可用资源集在进程的整个生命期中是固定的，那么这种联系就是静态联系；反之，则是动态联系。

进程在运行的不同阶段对资源的使用方式不同。例如，在前一阶段需要对文件执行读操作，而在后一阶段需要执行写操作。如果进程和域之间的联系是固定的，而且期望坚持“需者方知”原则，就必须有一种机制用来改变域中的内容。如果保护域是静态的，那么在定义该域时必须同时包含读和写的访问权。但这样做将违背“需者方知”原则，所以必须允许修改域的内容，使之总是反映最小需求的访问权。

如果是动态联系，要有一种机制允许进程从一个保护域切换到另一个域，同时允许改变域中内容。如果不能改变域中内容，则可创建一个新域，其中包含所需要的内容，当希望改变域内容时就切换到这个新域。

域可以用以下三种方式实现：

1）每个用户可以是一个域。此时，被访问的一组对象依赖于用户标识符（UID）。当更换用户时，通常是一个用户退出，另一个用户登录，就执行域切换。

2）每个进程可以是一个域。此时，被访问的一组对象依赖于进程标识符（PID）。当一个进程向另一个进程发送消息，然后等待回答时，发生域切换。

3）每个过程可以是一个域。此时，被访问的一组对象对应于该过程内部所定义的局部变量。当执行过程调用时，发生域切换。

进程可以在管理模式和用户模式下执行。当进程在管理模式下执行时，它可以执行特权命令，获得对计算机系统的全面控制。如果它在用户模式下执行，只能引用非特权指令，在预先定义的内存空间内执行。利用这两种模式可以保护操作系统（在管理域中执行）不受用户进程（在用户域中执行）的侵害。在多道程序设计操作系统中，只有两个保护域是不够的，因为用户也要保护自己免受他人侵害，因此需要更精心的设计。

（2）UNIX 保护域

在 UNIX 操作系统中，进程域是用它的 UID 和 GID 来定义的，其中 UID 表示用户标识符，GID 表示组标识符。利用由 <UID, GID> 组成的对，建立一张包括所有对象（文件，包括表示 I/O 设备的特殊文件等）的完整访问表，并列出这些对象是否可以读、写或执行。如果两个进程具有相同的 <UID, GID> 对，那么它们有完全相同的对象集，而具有不同 <UID, GID> 对的进程就会访问不同的文件集。在多数情况下，这些对象集是重叠的。

如果一个文件置上 SETUID 或 SETGID 位，当一个进程对该文件执行 exec 操作（更换进程映像）时，它就得到新的有效 UID 或 GID。有不同的 <UID, GID> 对，就有不同的文件集和可用操作。运行一个有 SETUID 或 SETGID 的程序也可引起域切换，因为可用权限改变了。

（3）存取矩阵

一个重要的问题是，系统如何记录某个对象属于哪个域？我们可以把对象与域的对应关系抽象地想象为一个矩阵，矩阵的行表示域，列表示对象，每个方块列出其权限，图 7-8 列出了对应图 7-7 的矩阵。给定这个矩阵和当前的域号，系统就可以确定是否能用特定方式从指定域中访问指定对象。

如果注意到域本身也是对象，那么利用 enter 操作可以很容易地把域切换包含在矩阵模型中。图 7-9 重新给出了图 7-8 的矩阵，只是新增了作为对象的三个域。域 D_1 中的进程可以切换到域 D_2，但一旦切换了就不能再切换回去，这种情况类似于在 UNIX 系统中执行 SETUID 程序。本例中不允许执行其他域切换。

域 \ 对象	O_1	O_2	O_3	O_4
D_1	read write	execute	read write	
D_2		write		print
D_3	execute		read	print

图 7-8　存取矩阵示意图

域 \ 对象	O_1	O_2	O_3	O_4	D_1	D_2	D_3
D_1	read write	execute	read write			enter	
D_2		write		print			
D_3	execute		read	print			

图 7-9　把域作为对象的存取矩阵示意图

2. 存取控制表

从图 7-9 可以看出，该矩阵可以很大，且空项很多，大多数域对多数对象完全没有存取权限，存储这样一个又大又空的矩阵会造成磁盘空间的极大浪费。有两种实用方法可用来存储矩阵，即按行或按列存储矩阵，而且只存储非空元素。这两种方法有很大的不同。

按列存储技术中，每个对象与一个有序表关联，其中列出可以访问该对象的所有域以及怎样访问。这张表称为存取控制表（Access Control List，ACL），如图 7-10 所示。其中有三个进程，每个进程属于不同的域 A、B 和 C，有三个文件 F_1、F_2 和 F_3。为了简化，设每个域严格对应一个用户，即用户 A、B 和 C。

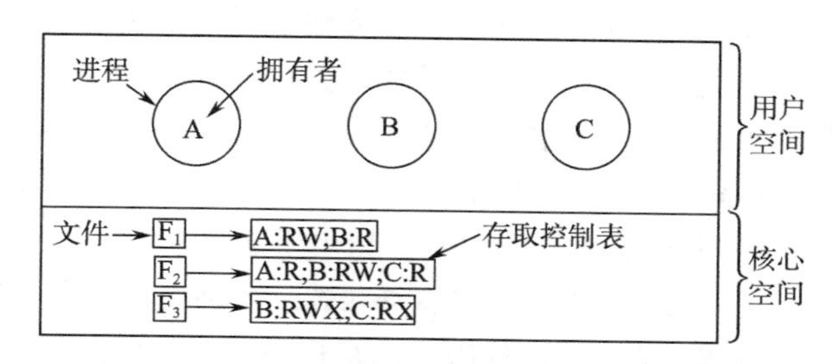

图 7-10　使用存取控制表管理文件的存取示意图

可以看出，每个文件有一个相关联的存取控制表。文件 F_1 的 ACL 中有两项（以分号隔开），第 1 项表明用户 A 所拥有的任何进程都可读、写该文件，第 2 项表明用户 B 所拥有的任何进程可以读该文件。不允许上述用户对 F_1 执行其他操作，也不允许其他用户对 F_1 执行任何操作。注意，上述权限是由用户而非进程授予的。就保护系统而言，凡是用户 A 的进程都可读写文件 F_1，它并不关心到底有多少个进程，只关心文件主是谁，不管进程 ID。

上例说明了利用 ACL 进行保护的最基本形式。访问权限也仅给出读、写和执行三种，而实际应用中规定的访问权限要多于三种，如删除对象和复制对象等，且形式往往更复杂。

很多系统支持用户组的概念。在 ACL 中可以包含用户组名。每个进程有一个用户 ID（UID）和一个组 ID（GID）。在这种系统中，一个 ACL 项的形式如下：

```
UID1, GID1: 权限 1; UID2, GID2: 权限 2; ……
```

在此情况下，当提出访问对象请求时，就利用调用者的 UID 和 GID 进行核查。如果它们出现在 ACL 中，就可以使用列出的权限；否则，拒绝该访问请求。

同一用户可以属于不同的组，扮演不同的角色，并可在不同的存取控制表中出现，具有不同的存取权限。用户存取某个文件时的结果取决于其当前登录时选择了哪一组。当他登录时，系统会要求他选取一个可用的组，甚至要用不同的注册名和口令，以便区分。在 ACL 项中，GID 或 UID 位置可以出现通配符，例如，针对文件 file1：

```
Meng, *: RW
```

表示不管用户 Meng 属于哪一组，他对文件 file1 都有读 / 写权限，但没有其他权限。

如果对于文件 abc 有如下 ACL 项：

```
Zhang, *: (none); *, *: RW
```

表示除了用户 Zhang 以外，其他任何用户对文件 abc 都可读 / 写。因为对表中各项从左至右按序扫描，只要发现第 1 项适合它，对后面各项不再进行检查。

在 UNIX 系统中，文件的用户分为文件主、同组用户和其他用户三类。为每类用户提供三个表示权限的位，即 rwx。这是 ACL 方案的一种压缩形式。

3. 权限表

对存取矩阵按行分割是实施简化的另一种方法。采用这种方法时，对每个进程都赋予一张它能够访问的对象表，以及每个对象允许进行的操作（域），该表称为*权限表*（Capability List），其中每一项称为权限。图 7-11 是进程和它的权限表示例。

图 7-11 中有三个进程，各自的主人分别是 A、B 和 C，有三个文件 F_1、F_2 和 F_3。授予用户的权限表明他对某个对象的具体权限，如用户 A 的进程可以读文件 F_1 和 F_2。通常，每个权限由文件（更一般化是对象）标识符和表示各种权限的位图组成。在类 UNIX 系统中，文件标识符可能是 i 节点号。权限表本身也是对象，可以从别的权限表指向它，从而很容易实现子域共享。

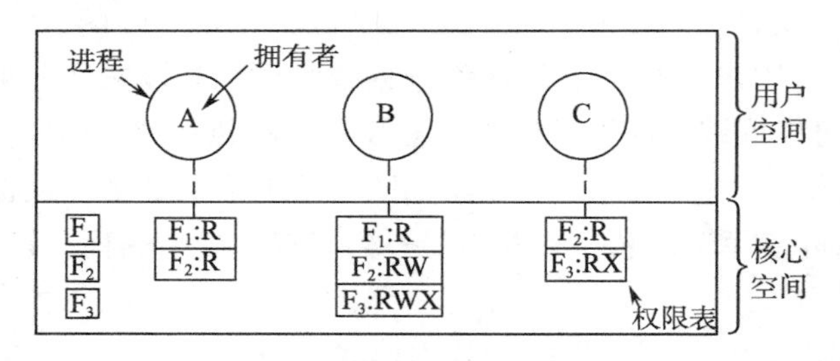

图 7-11　进程及其权限表示例

很明显，应当防止权限表被用户篡改。常见的保护权限表的方法有以下三种：

1）带特征位的体系结构在硬件设计时为每个内存字设置一个额外（特征）位，表明该字是否包含权限。特征位不参与算术或比较运算，不能用在普通指令中，它只能被运行在核心模式（即操作系统）下的程序所修改。

2）在操作系统内部保存权限表。用户利用它们在权限表中的位置来引用各种权限。寻址方式类似于 UNIX 系统中的文件描述字。

3）在用户空间中保存权限表，但是管理权限采用加密形式，用户不能随意改动它们。此方法特别适合于分布式系统。

从以上分析可以看出，存取控制表和权限表方式各有长处和不足。

1）权限表的效率很高，如果一个进程要求"打开由权限 3 指向的文件"，那么不必做进一步的核查；对于存取控制表（ACL），则必须进行搜索，这可能要花较长时间。如果不支持用户组的方式，为了授予每个用户对一个文件的读权限，就要在 ACL 中列举出所有的用户。权限表方式可以很容易地对进程进行封装，而ACL方式则不行。

2）ACL允许有选择地撤销权限，而权限表方式则不行。

3）如果一个对象被删除，但其权限未被删除，或者权限被删除而对象未被删除，都会产生问题。采用ACL方式不会出现此类问题。

多数系统都把存取控制表和权限表方式结合起来使用。当一个进程首次访问一个对象时，就搜索存取控制表，如果访问被拒绝，则产生意外情况。否则，建立一个权限，且与该进程关联在一起。以后的访问就使用权限表，保证实现的效率。当最后一次访问时，取消该权限。

7.4　系统性能评价

产品性能的好坏直接关系到用户的使用和产品的“生命”，其影响之大是众所周知的。计算机系统是软件、硬件及各种资料的集合体，如何对它进行更科学、更可行的评价是很复杂的问题。计算机发展初期，人们用简单的技术指标（如加法速度、存储容量）描述计算机性能，用简单的测量方法收集计算机运行信息。随着计算机系统不断更新，系统性能问题日趋复杂，从20世纪60年代中期起，开始研究计算机系统性能评价的概念、方法和工具，逐渐形成计算机科学技术的一个分支学科。

1. 性能评价的目的

性能评价的目的通常有3个：

1）选择评价。性能评价者要决定从某个商家购进的计算机系统是否符合要求，即购买者的评价。

2）性能规划。评价者的目标是估计尚未存在的系统的性能。它可能是一个完整的新计算机系统，或者是新的软件工具、应用程序，或者是新硬件设备、部件。这是设计者的评价。

3）性能监视。评价者积累已有系统或部件上的性能方面的数据，以确定系统达到的性能目标，有助于估计按计划进行修改会带来的影响，为决策者做出决定提供所需的管理数据。这往往是系统维护者的评价。

性能评价通常是与成本分析综合进行的，借以获得各种系统性能和性能价格比的定量值，从而指导新型计算机系统（如分布计算机系统）的设计和改进，以及指导计算机应用系统的设计和改进，包括选择计算机类型、型号和确定系统配置等。

对开发商来说，在系统开发的最初阶段，就要预计新系统的应用特性、工作量等。在开发和实现过程中，要通过性能评价和预计来确定最佳的硬件结构、操作系统的资源管理策略和正在开发的系统是否达到性能目标等。当产品在市场上销售时，开发者还必须能回答潜在用户对系统性能提出的各种问题。

由于系统的用途、使用环境、体系配置及价格等因素的不同，其评价标准也就不同。但可以按照系统规模、用途等项指标把它们分成不同的类别和档次，对属于同一类别、档次的系统可以按统一的标准测量、评价。

2. 性能评价指标

系统性能指标有两类：可靠性和工作能力。

（1）可靠性

计算机系统的可靠性是指在规定的条件下和规定的时间内计算机系统能正确运行的概率。通常，可靠性用平均无故障间隔时间来表示，即系统能正确运行时间的平均值。一般判断系统正确运行的标准是：①出现故障时，程序不被破坏或停止；②运行结果不包含由故障所引起的错误；③执行时间不超过一定的限度；④程序运行在允许的领域内。

与计算机系统可靠性密切相关的还有系统的可维护性和可用性。可维护性是指系统可维修的状况，通常用平均修复时间来表征。可用性就是计算机系统的使用效率，并以系统在任意时刻能正确运行的概率来表示。所以，从广义上讲，可靠性、可用性和可维护性统称为计算机系统的可靠性指标。

（2）工作能力

工作能力是指在正常工作状态下系统所具有的能力。表征工作能力的性能指标很多，一般随所评价的系统和目标而异，它们是系统性能评价的主要研究对象。常用的工作能力指标包括以下方面：

1）指令执行速度。常用每秒百万条指令（MIPS）作为单位。

2）吞吐量。在单位时间内计算机系统完成的所有工作负载称为吞吐量。工作负载的单位依不同的系统而异，如实时处理系统为事务，批处理系统为作业等。

3）工作负载。即测量提交给系统的总的工作数量。简单地说，它是加到系统上的服务需求量，它反映环境对系统性能的影响。

4）响应特性。通常用响应时间、周转时间等度量。响应特性是实时处理和分时处理计算机系统的重要性能指标。

5）利用率。在给定的时间内，系统资源实际得到使用的时间所占的比例，如硬件（CPU、内存、I/O设备）利用率，软件利用率，数据库利用率，通信网络利用率等。

还有很多指标是无法度量的，如易使用性、易维护性等，这些可根据用户的反映和评价者的意愿来决定，但往往有主观性。

3. 性能评价技术

性能代表系统的使用价值。性能评价技术的研究目标是使性能成为可量化、可度量和可评比的客观指标，以及探索从系统本身或从系统模型获取有关性能信息的方法。前者即测量技术，后者包括模拟技术和分析技术。

1）测量技术。测量是最基本、最重要的系统性能评价手段。实施测量时，测试人员通过测试设备向被测设备输入一组测试信息并收集被测设备的原始输出，然后进行选择、处理、记录、分析和综合，并且解释相应结果。上述这些功能一般是由被测的计算机系统和测量工具共同完成的，其中测量工具完成测量和选择功能。

测量工具分硬件工具和软件工具两类。测量时，硬件工具被附加到被测计算机系统内部，用来测量系统中出现的比较微观的事件（如信号、状态）。典型的硬件检测器有定时器、序列检测器、比较器等。例如，可用定时器测量某项活动的持续时间；用计数器记录某一事件出现的次数；用序列检测器检测系统中是否出现某一序列（事件）等。

软件测量工具是一类检测程序，它们在被测计算机系统上运行，利用它们可以实现数据的采集、状态的监视、寄存器内容的变化等项检测任务。例如，可按程序名或作业类收集内存和外存的使用量、打印纸页数、CPU 使用时间、网络传输时间等基本数据；或者针对某个程序或特定的设备收集程序运行过程中的一些统计量，以及发现需要优化的应用程序段等。

硬件工具的监测精度和分辨率高，对系统干扰少；而软件工具的灵活性和兼容性好，适用范围广。

2）模拟技术。在系统的设计、优化、验证和改进（如功能升级）过程中，当遇到不可能或不便于采用测量方法和分析方法的情况，可以构造模拟模型来近似目标系统，进而间接了解目标系统的特性。

模拟模型采用程序语言进行描述。为系统模拟发展的通用模拟语言（如 GPSS、SIMULA）不仅能描述计算机系统，还能适用于一般系统模拟。为计算机系统模拟发展的专用模拟语言（如 ECSS、CSS）使用更方便，但应用范围较窄。此外，还有计算机模拟程序包可供直接选用。

模拟模型建立后，需要检验它的合理性、准确度等，还要设计模拟试验，对感兴趣的输出值进行统计分析、误差分析等数据处理。

3）分析技术。分析技术可为计算机系统建立一种用数学方程式表示的模型，进而在给定输入条件下通过计算获得目标系统的性能特性。

计算机系统由一组有限的资源组成，系统中运行的所有进程共享这些资源必然出现排队现象，因此可以应用排队论来描述计算机系统中的这类现象。例如，可采用单队列、单服务台的排队系统来描述处理机的工作模型。通过求解排队系统的参数获得处理机性能指标，如服务台忙的程度对应处理机利用率，顾客等待服务的平均时间对应处理机响应时间，顾客在排队系统中的平均逗留时间对应处理机周转时间等。

计算机系统的分析模型一般是某种网状的排队系统，求解往往很困难。对于有些复杂的计算机系统，要建立它的分析模型就很困难。因此，分析技术的应用是有局限性的。

4. 安全性能评测标准

1985 年，美国国防部正式公布了一个有关可信计算机系统安全性能的评测标准（TCSEC）的文件，由于其封面是橙色的，所以人们通常称它为“橙皮书”。该标准根据操作系统的安全特性把它们分为 7 个级别，其中 A 级安全性最高，D 级最低。表 7-3 给出“橙皮书”的安全准则，其中，“ × ”表示这里有新的要求，“→”表示来自下面更低级别的要求也在此适用。

D 级的一致性最容易得到，它完全没有安全性方面的要求，该级别中包括不能通过最小安全测试的所有系统。MS-DOS 和 Windows 95/98/Me 就属于 D 级。

C 级适用于多用户协作环境。C1 级要求保护模式的操作系统和用户注册认证，以及用户能够指定哪些文件可用于其他用户和如何使用（自由存取控制），也要求最少的安全测试和文档。C2 级添加了新的要求，自由存取控制直至单个用户级。它也要求分给用户的对象（如文件、虚存页面）必须全初始化为 0，还需要少量的审计。如 UNIX 系统中简单的 rwx 权限模式符合 C1 级，但不符合 C2 级。为此，需要采用存取控制表（ACL）或者等价的更精细的方式。现在很多正在使用的 UNIX 系统已达到 C2 级。

B 级和 A 级要求对所有的受控用户和对象赋予安全标记，如不保密、秘密、机密或绝密。

表 7-3　“橙皮书”安全准则

准　则	D	C1	C2	B1	B2	B3	A1
安全策略							
自由存取控制		×	×	→	→	×	→
对象重用		×		→	→	→	→
标号				×	×	→	→
标号完整性				×	→	→	→
已标记信息的导出				×	→	→	→
标记人工可读的输出				×	→	→	→
强制存取控制				×	×	→	→
主体敏感标记					×	→	→
设备标记					×	→	→
职责							
识别与认证		×	×	×	→	→	→
审计			×	×	×	×	→
可信路径					×	×	→
保证							
系统体系结构		×	×	×	×	×	→
系统完整性		×	→	→	→	→	→
安全性测试		×	×	×	×	×	×
设计说明和检验				×	×	×	×
隐藏通道分析					×	×	×
可信的设施管理					×	×	→
配置管理					×	→	×
可信的恢复						×	→
可信的分布							×
文档							
安全特征用户指南		×	→	→	→	→	→
可信设施手册		×	×	×	×	×	→
测试文档		×	→	→	×	→	×
设计文档		×	→	×	×	×	×

总之，计算机系统性能评价是一项重要工作，其最终目的是使计算机系统的设计、制造和使用形成有机的系统工程整体。

小结

推动操作系统发展的因素很多，主要可归结为硬件技术更新和应用需求扩大两大方面。未来的操作系统将与其他相关领域的技术紧密结合，在人类活动中发挥更大作用。

我们最熟悉的计算机系统是个人机操作系统，主要包括 Windows 系列和 UNIX/Linux 系列，它们用于台式机和笔记本电脑中。

嵌入式技术和人们的生活结合得越来越紧密，因此，嵌入式操作系统成为操作系统的热门研究课题之一，并得到迅速推广应用。其最大特点就是可定制性。

多处理器系统有一个以上的处理器，它们共享总线、时钟、内存和外部设备。多处理器操作系统可以有多种组织形式，但基本上有三种结构，即主–从结构、对称结构和非对称结构。

信息时代离不开计算机网络，特别是 Internet 的广泛应用正在改变着人们的观念和社会生活的方方面面。网络操作系统运行在服务器之上，其任务包括：网络通信、资源管理、网络服务和网络管理。

分布式系统在整个计算机研究领域中是一个近年来颇受人们重视且发展迅速的新方向，它把计算机技术和通信技术的综合应用推向新阶段。它将计算功能分散化，充分发挥各自治处理机的效能，统一、协调地完成总目标。分布式系统应具备分布性、自治性、并行性和全局性等基本特征。

分布式系统与多处理器系统有同有异。其主要区别在于耦合方式和通信联系。网络操作系统和分布式操作系统都可在分散的计算机环境中运行，两种技术的主要差别是如何看待和管理局部/全局资源。分布式操作系统控制和管理资源是建立在单一系统策略基础上的。

如今，大数据和云计算正成为热门的话题。但云计算至今还没有一个统一且被各方接受的定义。云计算具有的一系列特点，包括超大规模、虚拟化、高可靠性、通用性、高可扩展性、按需服务、价格低廉和节能环保等。云操作系统以分布式操作系统为基础，它在云计算体系结构中扮演了传统架构中操作系统的角色，用于管理海量资源的云平台综合管理系统，为云应用软件提供统一、标准的接口。

操作系统受到的威胁来自多个方面，从系统内部的攻击到从外部侵入的病毒。信息安全显得日益重要。信息安全主要包括计算机安全和网络安全。计算机安全主要是操作系统安全。对安全环境造成重要影响的原因有非授权用户存取数据的威胁、入侵者和病毒造成破坏，以及天灾人祸造成的数据丢失。

保护涉及操作系统内部问题。计算机系统包含很多对象，它们都需要保护，防止滥用。对象可以是硬件或软件。存取权限是对对象执行操作的许可。域是一组存取权限。进程在域中执行，可以使用域中的任一存取权限来存取和操纵对象。在进程的生存期中，它可限定在一个保护域，也能够从一个域切换到另一个域。

存取矩阵是一般的保护模型，它所提供的保护机制并未将保护策略强加于系统或用户。将策略和机制分开是其重要的设计特性。

计算机发展初期，人们用简单的技术指标（如加法速度、存储容量）描述计算机性能，用简单的测量方法收集计算机运行信息。随着计算机系统不断更新，系统性能问题日趋复杂。从 20 世纪 60 年代中期起，人们开始研究计算机系统性能评价的概念、方法和工具，逐渐形成计算机科学技术的一个分支学科。

习题 7

1. 解释以下术语：可定制性、安全性、保护、保密、计算机病毒、保护域、存取矩阵。
2. 计算机网络有什么特征？网络操作系统的主要功能是什么？
3. 什么是嵌入式系统？嵌入式系统与通用计算机系统有何异同？
4. 什么是分布式系统？它有哪些主要特征？
5. 什么是分布式操作系统？分布式操作系统的主要功能是什么？
6. 多机系统主要包括哪几种类型？它们之间有何异同？
7. 什么是云计算？它有哪些特点？
8. 推动操作系统发展的主要动力是什么？
9. 你认为信息安全问题在当今为什么越来越重要？它主要涉及哪些方面？
10. 对安全环境造成重要影响的因素主要有哪些方面？
11. 为了保护系统主要应当采取哪些安全措施？一般性的安全机制包括哪些方面？
12. 你认为操作系统在安全方面应注意哪些问题？
13. 如何利用域结构保护相应的对象？如何利用存取控制表保护相应的文件？ Linux 系统中如何规定文件的存取权限？
14. 存取控制表（ACL）和权限表方式各有什么优缺点？
15. 对 3 种不同的保护机制，即权限、存取控制以及 UNIX/Linux 操作系统的 RWX 位，简述下面的情况分别适用于哪些机制。

    ① 甲用户希望除他的同事外，任何人都能读取他的文件。

    ② 乙用户和丙用户希望共享某些秘密文件。

    ③ 丁用户希望公开他的一些文件。
16. 性能评价的目的主要包括什么？系统性能指标主要有哪两类？各包括哪些主要内容？
17. 性能评价技术主要包括什么？

附录A　实验指导

为了配合“操作系统原理”课程的教学，培养学生运用学过的操作系统基本原理、基本方法解决具体问题的能力，便于教师指导学生完成上机实践，特设计8个实验指导方案。每个实验方案都以各章节的重点内容为基础，对实验目的和要求、主要原理和概念、实验环境、实验内容等项进行统一规划设计。另外，我们给出了每个实验的建议学时数，教师可根据本校教学大纲中规定的学时数和教学内容要求，酌情选择这些实验。

实验一　进程同步和互斥

（建议4学时）

一、实验目的和要求

1．掌握临界资源、临界区概念及并发进程互斥、同步访问原理。

2．掌握信号量和P、V操作原语的概念及其一般应用。

3．掌握利用VC++或Java语言线程库实现线程的互斥、条件竞争，并编码实现P、V操作，利用P、V操作实现两个并发线程对有界临界区的同步访问。

4．通过该实验，学生可在源代码级完成进程同步互斥方案的分析、功能设计、编程实现，控制进程间的同步、互斥关系。

二、实验环境

1．知识准备：学过进程管理及处理机调度等章节内容。

2．开发环境与工具：

- 硬件平台——个人计算机。
- 软件平台——Windows/Linux操作系统；VC++语言或Java语言开发环境。

三、实验内容

1．实现临界资源、临界区、进程或线程的定义与创建。

2．利用两个并发运行的进程，实现互斥算法和有界缓冲区同步算法。

四、实验方案指导

该实验方案由以下几个关键设计项目组成：

1）并发访问出错。即设计一个共享资源，创建两个并发线程，二者并发访问该共享资源。当没有采用同步算法时，线程所要完成的某些操作会丢失。

2）互斥锁。并发线程使用线程库提供的互斥锁，对共享资源进行访问。

3）软件方法。设计并编程实现计数信号量和P、V操作函数，并发线程通过调用P、V操作函数实现线程的互斥。

4）同步访问多缓冲区。利用上面的软件方法完成P、V操作，可实现两个线程对多缓冲区的同步访问。

以下是对该项目中包含的部分功能的实现方法、实现过程、技术手段的描述，供师生参考。

1．模拟线程并发运行

假设我们使用POSIX线程库，而POSIX并没有真正提供线程间的并发运行。我们设计的系统应支持符合RR调度策略的并发线程，每个线程运行一段时间后自动挂起，另一个线程开始运行。这样一个进程内所有线程以不确定的速度并发执行。

2．模拟一个竞争条件——全局变量

创建两个线程t1和t2，父线程主函数main( )定义两个全局变量accnt1和accnt2，每个变量表示一个银行账户，初始化为0。每个线程模拟一个银行事务：将一定数额的资金从一个账户转到另一个账户。每个线程读入一个随机值，代表资金数额，在一个账户上做减法，在另一个账户上做加法，用两个变量记录两个账户的收支情况。良性情况下收支应平衡，即两个全局变量之和应为0。

下面代码片段描述每个线程的主要行为：

```
counter=0;
do{
    tmp1=accnt1;
    tmp2=accnt2;
    r=random( );
    accnt1=tmp1+r;
    accnt2=tmp2-r;
    counter++;
}while(accnt1+accnt2 == 0);
printf("%d",counter);
```

两个线程运行的代码相同，只要各自代码不被交叉执行，两个收支余额之和就应一直为0。如果线程被交叉执行，某个线程可能会读入一个旧的accnt1值和一个新的accnt2值，或相反，这样会导致某个值的丢失。当这种情况出现时，线程停止运行，并把出现情况的位置（counter的值）打印出来。

3．模拟一个竞争条件——共享文件

主线程创建两个共享文件f1和f2，每个文件包含一个当前银行账户。线程使用随机数对文件进行读/写，方式同上。注意：文件在读/写过程中不要加互斥访问锁，以免不会出现交叉访问的情况。

4．测试出现一个竞争条件的时间

在我们的编程环境中，一般无法支持线程的RR调度，必须编程实现两个线程间的切换。在两个赋值语句之间插入以下代码：在指定区间（比如0到1）生成一个随机数，如果该数小于一个极限值（如0.1），调用线程自动挂起函数yield( )，自动放弃CPU，另一个线程开始运行，于是导致一个数据更新的丢失。

5．互斥锁

POSIX 线程库提供一个二值信号量，称为 MUTEX，它可以加锁或解锁。如果对已被另一个线程加上锁的 MUTEX 加锁，就会引发该线程被阻塞，MUTEX 解锁时唤醒它。使用这些原语，很容易实现互斥进入 CS（临界区）。进入 CS 时加锁，离开 CS 时解锁。系统负责阻塞或唤醒线程。

6．用软件方法实现互斥访问临界区

用标准编程语言设置变量的值，用线程“忙等待”实现互斥访问 CS。设计两个线程的部分代码如下：

```
        int c1=0,c2=0,will_wait;
p1:     while(1){
                c1=1;
                will_wait=1;
                while(c2&&(will_wait= =1));          /* 忙等待 */
                CS1;
                c1=0; program1;
        }
p2:     while(1){
                c2=1;
                will_wait=2;
                while(c1&&(will_wait==2));           /* 忙等待 */
                CS2;
                c2=0; program2;
        }
```

该软件方法使用三个变量 c1、c2、will_wait，解决两个线程的同步问题。两个线程分别将 c1 和 c2 设置为 1，表示自己试图进入临界区，并将 will_wait 分别设置为 1 和 2，以消除任何竞争条件。通过“忙等待”循环实现线程的阻塞。当线程退出 CS 时，分别将变量 c1 和 c2 设置为 0。

我们可以比较互斥锁和软件方法这两种解决方法的效率。可以通过重复相同的循环次数，测量各自的执行时间，尽量减少可能的外部干扰，重复测试几次并计算平均值。

实验二　进程及其资源管理

（建议 4 学时）

一、实验目的和要求

1．掌握进程、进程控制块及进程状态转换等概念，掌握进程的基本管理方法。

2．理解资源共享与互斥特性，以及操作系统管理资源的基本方法。

3．理解进程调度的概念和基本方法。

4．掌握利用 VC++ 或 Java 线程库实现一个管理器，用来实现操作系统对进程及其资源的管理功能。

二、实验环境

1．知识准备：学过进程管理、处理机调度及死锁等章节内容。

2．开发环境与工具：

- 硬件平台——个人计算机。
- 软件平台——Windows/Linux 操作系统，根据需要，任选安装 VC++ 语言、Java 语言或 C 语言开发环境。

三、实验内容

1．设计一个函数，它实现建立进程控制块和资源控制块的结构，并对相关数据结构初始化的功能。

2．开发一系列操作，由进程调用这些操作，达到控制进程申请或释放各种资源的目的。

四、实验方案指导

该实验方案由以下几个关键设计项目组成：进程数据结构表示；资源数据结构表示；进程对资源的操作；调度程序；用户功能 shell 界面。

以下是对该项目中有关设计功能的实现方法、实现过程、技术手段的描述，供师生参考。

1．进程数据结构表示

每个进程有唯一的 PCB。使用结构体实现进程 PCB 表，它包含以下成员：

① 进程 ID——进程的唯一标识，供其他进程引用该进程。

② 内存——是一个指针链表，它在创建进程时已申请完毕，可用链表实现。

③ 其他资源——表示除去内存之外的所有资源。

④ 进程状态——包括两个数据，一个是状态码，另一个是状态队列链表指针。

⑤ 生成树——包括两个数据类型，本进程的父进程和本进程的子进程。

⑥ 优先级——供进程调度程序使用，用来确定下一个运行进程，可以设定为静态整数。

2．资源数据结构表示

每个资源都用一个称为资源控制块的数据结构表示，使用结构类型实现资源控制块 RCB。资源控制块包括以下字段成员：

① RID——资源的唯一标识，由进程引用。

② 资源状态——空闲 / 已分配。

③等待队列——是被本资源阻塞的进程链表，本资源正被其他进程占用。所有资源都设定为静态数据，系统启动时初始化。

3．进程管理及进程对资源的操作

（1）进程操作及进程状态转换

① 进程创建——（无）→就绪。

② 申请资源——运行→阻塞。

③ 资源释放——阻塞→就绪。

④ 删除进程——（任何状态）→（无）。

⑤ 调度程序——就绪→运行或运行→就绪。

（2）具体实现功能

① 根据上述数据结构，用高级语言设计相应函数，分别实现创建进程、删除进程、挂起进程、唤醒进程等功能。

② 设计一个函数，实现调度程序，在每个进程操作执行完毕后自动调用执行。

③ 实现两个资源操作：申请资源和释放资源。

（3）相关参考算法

```
request(RID)                                          /* 申请资源算法 */
{     r=get_RCB(RID);                                 /* 获取资源控制块首地址 */
      if (r->status=='free' ) {                       /* 资源可用 */
          r->status='allocated';                      /* 分配给调用进程 */
          insert(self->other_resources,r);  }         /* 插入一个RCB指针指向进程资源链表 */
      else {                                          /* 资源不可用 */
           self->status.type='blocked';               /* 记录阻塞 */
           self->status.list=r;                       /* 指向所请求资源的RCB*/
           remove(RL,self);                           /* 将进程从就绪队列中删除 */
           insert(r->waiting_list,self);  }           /* 插入资源等待队列 */
      scheduler( );                                   /* 调度程序运行选择下一个运行进程 */
}
release(RID)                                          /* 释放资源算法 */
{     r=get_RCB(RID);                                 /* 获取资源控制块首地址 */
      remove(self->other_resource,r);                 /* 从进程资源链表中删除该资源 */
      if (waiting_list==NULL)  r->status='free';      /* 等待队列为空，置资源状态为空闲 */
      else {                                          /* 等待队列不为空 */
           remove(r->waiting_list,q);                 /* 从等待队列中移出一个进程 q*/
           q->status.type='ready';          /* 将进程 q 的状态设为就绪 */
           q->status.list=RL;                         /* 进程 q 的状态指针指向就绪队列 */
           insert(RL,q); }                            /* 进程 q 插入就绪队列 */
     scheduler( );                                    /* 调度程序运行选择下一个运行进程 */
}
```

4．调度程序

调度策略采用固定优先级和可剥夺优先级调度算法。即调度程序必须维护 n 个不同优先级的就绪队列，各就绪队列可为空，也可包含多个进程。0 级进程优先级最低，$n-1$ 级进程优先级最高。创建进程时就赋予了固定的优先级，并在进程的生存期内保持不变。当新进程创建或阻塞进程被唤醒时，它就被插入同级的就绪队列中。

调度程序按“先来先服务”和优先级“从高到低”的方式处理就绪队列，即从最高优先级的非空就绪队列的队首选择一个进程进入运行态。这样的调度策略很容易导致“饥饿”进程出现。因为对进程 q 来说，只有当优先级高于自己的所有进程都运行完毕，或都进入阻塞状态时，它才能得到运行权。

为了简化调度程序，我们假定系统中至少有一个进程处于就绪态。为确保这一点，设计一个特殊进程init，该进程在系统初始化时自动创建，并赋予最低优先级0级。init进程有两个作用：充当“闲逛”进程，该进程运行时不申请任何资源，以免被阻塞；作为第一个被创建的进程，它没有父进程，可创建比自己优先级高的其他进程。所以init进程是进程生成树的根进程。

该调度程序的算法描述如下所示：

```
scheduler( )
{     找出最高优先级进程 p;
     if( (self->priority<p->priority)||self->status.type!='running'||self==nil)
           preempt(p,self);            /* 调度进程 p, 替换当前进程 self*/
}
```

每当任一进程的操作执行完毕，必须执行进程调度程序，它是当前运行进程的一部分。当前运行进程调用该函数，后者决定该进程是继续执行还是被其他进程剥夺运行权。作出判断的依据是：是否存在另外高优先级进程p，如果存在，p将剥夺当前进程self的运行权。

发生运行权被剥夺的情况有以下几种：

① 当前进程刚刚完成release()操作，由此被唤醒的进程的优先级高于当前进程。

② 当前进程刚刚完成create()操作，新创建进程的优先级高于当前进程。

③ 当前进程刚刚完成request()操作，并且申请的资源不可用，则当前进程的状态就改为“阻塞”；或者由于分时运行进程的需要，调度程序被一个timeout操作调用运行。在timeout操作中当前进程的状态改为“就绪”。

④ 当前进程刚刚完成destroy()操作，进程自己删除自身，它的PCB表不再存在。

剥夺操作包括以下工作：将选中的最高优先级进程p的状态改为“运行”。如果当前进程依然存在且没有阻塞，则将其状态改为“就绪”，以便随后能得到执行。最后，进行上下文切换，保留当前CPU的各个寄存器值，放入PCB表。装入中选进程p的寄存器值。

本实现方案没有对实际的CPU进行访问来保存或恢复寄存器的值，因此上下文切换的任务只是将正在运行进程的名字显示在终端屏幕上。从这一点可以认为，用户终端屏幕开始扮演当前运行进程功能的角色。

5. 用户功能shell界面

为了测试和演示管理器的各项功能，本方案设计开发一个shell界面，它可以重复接收终端输入的命令，唤醒管理器执行相应的功能，并在屏幕上显示结果。

使用上述系统，终端就能展示当前进程。只要输入一个命令，就中断当前进程的执行，shell界面调用进程资源管理器中的函数F，并传递终端输入的参数。该函数执行后将改变PCB、RCB及其他数据结构中的信息。当调度程序执行时，决定下一个要运行的进程，并改变其状态值。保存当前进程的CPU各寄存器值（虚拟CPU），然后恢复中选进程的值。调度程序将系统状态信息显示在屏幕上，提示下一步操作。特别地，它始终提示正在运行的进程是什么，即终端和键盘正在为哪个进程服务。另外，函数F也可能返回一个错误码，shell也将它显示在屏幕上。

shell命令的语法格式规定如下：

命令名　　参数

例如，执行命令行 `cr A 1` 时将调用对应的管理器函数 create(A, 1)，即创建一个名为A、优先级为1的进程。同理，命令 `rq R` 将调用函数 request(R) 执行。

以下显示说明 shell 界面的交互内容（假定进程A的优先级为1，并且正在运行）。由“*”开始的行视为 shell 的输出结果。提示符“>”后面是提示用户输入的命令。

```
…
* process A is running
> cr B 2
* process B is running
> cr C 1
* process B is running
> rq R1
* process B is blocked;process A is running
…
```

6．进程及资源管理器的升级版

可对上述基本型进程功能资源管理器进行功能扩展，使管理器能够处理时钟到时中断和 I/O 处理完成中断。

1）相对时钟到时中断。假设系统提供一个硬件时钟，周期性产生一个时钟到时中断，引发调用函数 timeout( ) 的执行。

2）I/O 处理完成中断。使用名为 IO 的资源表示所有的 I/O 设备。该资源的 RCB 由以下两部分组成：IO（表示所有的 I/O 设备）和 Waiting_list（等待队列）。

3）扩展 shell。显示当前运行进程，并添加一个系统调用 request_IO()。终端也能表示硬件，用户能够模拟两种类型的中断，即时钟到时、I/O 完成处理。为了实现以上功能，必须添加新的 shell 命令，调用以下三个系统调用：request_IO()，IO_completion()，timeout()。

实验三　银行家算法

（建议4学时）

一、实验目的和要求

1．理解死锁概念、银行家算法及安全性检测算法。

2．学会在 Linux 操作系统下使用 C 语言函数和指针进行编程的方法。

3．掌握利用 C 语言设计实现银行家算法的基本过程。

4．验证银行家算法对于避免死锁的作用。

二、实验环境

1．知识准备：学过进程管理、处理机调度及死锁等章节内容。

2．开发环境与工具：

- 硬件平台——个人计算机。
- 软件平台——Linux 操作系统，C 语言开发环境。

三、实验内容

1. 定义并初始化进程及其资源数据结构。
2. 提供一个用户界面，用户利用它可动态输入进程和资源种类等相关参数。
3. 设计实现安全状态检测和银行家死锁避免算法的功能函数。

四、实验方案指导

以如下几组初始数据为例，设计相应程序，判断下列状态是否安全。

（1）3 个进程共享 12 个同类资源

状态 a 下：allocation=(1,4,5)，max=(4,4,8)。判断系统是否安全。

状态 b 下：allocation=(1,4,6)，max=(4,6,8)。判断系统是否安全。

（2）5 个进程共享多类资源

状态 c 下：判断系统是否安全？若安全，给出安全序列。若进程 2 请求 (0,4,2,0)，可否立即分配？

分配矩阵	最大需求矩阵	可用资源向量
0 0 1 2	0 0 1 2	1 5 2 0
1 0 0 0	1 7 5 0	
1 3 5 4	2 3 5 6	
0 6 3 2	0 6 5 2	
0 0 1 4	0 6 5 6	

实现方案的主要工作是如何输入，如何初始化数据，如何调用对应功能函数，如何输出结果。下面给出一个实现方案，供参考。

1）开发一个交互程序，首先从文件中读入系统描述信息，包括进程的数目、资源的种类和数量、每个进程的最大资源请求。程序自动根据文件内容创建一个当前系统描述。例如，每类资源的数目用一维数组 R[m] 描述，m 为资源的种类。每个 R[j] 记录资源 Rj 的数量。进程的最大需求矩阵用 Max[n][m] 表示，Max[i][j] 记录进程 Pi 对资源 Rj 的最大需求。分配矩阵和请求矩阵可使用二维数组表示。

2）用户输入一个请求，格式类似：request(i,j,k) 或 release(i,j,k)，在这里，i 表示进程 Pi，j 表示资源 Rj，k 是申请 / 释放的数量。对每一个请求，系统回应是满足要求还是拒绝分配。

3）设定一个申请和释放序列，无任何检测和避免死锁的算法，分配会导致死锁。

4）设定一个申请和释放序列，按照安全性算法进行设计，回应系统是否安全。然后实现银行家算法，确保没有死锁的分配。

实验四 进程调度

（建议4学时）

一、实验目的和要求

1. 掌握系统调用概念、进程调度功能和调度程序常用算法。
2. 学会在Linux操作系统下使用C函数和系统调用的编程方法。
3. 掌握利用C语言设计实现不同调度策略的进程调度算法。
4. 验证不同进程调度算法对性能的影响。

二、实验环境

1. 知识准备：学过进程管理、处理机调度等章节内容。
2. 开发环境与工具：
   - 硬件平台——个人计算机。
   - 软件平台——Linux操作系统，C语言开发环境。

三、实验内容

1. 定义、初始化进程数据结构及其就绪队列。
2. 提供一个用户界面，用户利用它可输入不同的调度策略及相关参数。
3. 设计实现调度程序，调用下面的功能函数。
4. 设计函数，实现计算平均周转时间，实现不同调度算法。

四、实验方案指导

关键设计内容如下，供参考。

1）用C语言的结构类型及其链表，完成PCB表数据结构设计，并动态生成一组进程组成的就绪队列链表。每个进程都由PCB记录运行时间、优先级、到达系统时间等数据。也可根据需要，自行添加不同调度算法需要的数据。

2）设计实现不同调度算法的函数，如先来先服务法、短作业优先法、优先级法等。设计一个函数，计算出这组进程的平均周转时间。

3）设计总控函数，实现进程调度程序。根据用户界面的输入，调用相应的调度算法，实现进程调度，计算调度性能指标值。

实验五 存储管理

（建议4学时）

一、实验目的和要求

1. 掌握系统调用概念、内存管理的基本功能和分区法内存分配的基本原理。

2．学会 Linux 操作系统下使用 C 语言函数和系统调用进行编程的方法。

3．利用 C 语言设计实现分区法内存分配算法。

4．验证无虚存的存储管理机制。

二、实验环境

1．知识准备：学过进程管理、处理机调度、存储管理等章节内容。

2．开发环境与工具：

- 硬件平台——个人计算机。
- 软件平台——Linux 操作系统，C 语言开发环境。

三、实验内容

1．创建空闲存储管理表和模拟内存。

2．设计并实现一个内存分配程序，分配策略可以分别采用最先适应算法、最佳适应算法和最坏适应算法等，并评价不同分配算法的优劣。

3．提供一个用户界面，用户利用它可输入不同的分配策略。

4．进程向内存管理程序发出申请、释放指定数量的内存请求，内存管理程序调用对应函数，响应请求。

四、实验方案指导

该实验方案由以下几个关键设计项目组成。

1）设计实现一个空闲分区表。

2）设计实现模拟内存。考虑实现的便利，本方案不访问真正的内存。定义一个字符数组 char mm[mem_size] 或使用 Linux 系统调用 mm=malloc(mem_size)，用来模拟内存。利用指针对模拟内存进行访问。

3）设计一组管理物理内存空间的函数。用户接口由以下三个函数组成：

```
void *mm_request(int n)    // 申请 n 个字节的内存空间。如申请成功，则返回所分配空间的首地址；如不能满足申请，则返回空值
void mm_release(void *p)  // 释放先前申请的内存。如果释放的内存与空闲区相邻，则合并为一个大空闲区；如果与空闲区不相邻，则成为一个单独的空闲区
void *mm_init(int mem_size)        // 内存初始化。返回 mm 指针指向的空闲区
```

4）设计实现不同策略的内存分配程序。对于采用不同分配策略的内存管理程序，从以下两个方面进行调度程序性能的比对：内存利用率以及找到一个合适的分配空间所需查找的步骤。

设置一个模拟实验。分别构建一个随机生成的请求与释放队列。释放队列中的操作总是得到满足，队列总为空；请求队列的操作能否被满足，取决于空闲区能否满足申请的空间大小。若不能满足，则该操作在队列中等待相应释放操作唤醒。请求队列采用 FIFO 管理，以避免“饥饿”现象的发生。

内存管理程序应对内存初始化，随机设定内存空间的占有、空闲情况，随机设定申请和释放的操作队列。调用释放操作开始运行，调用申请操作，如能满足则分配空间，否则等待释放操作唤醒。

下面给出一个模拟内存管理的程序框架（伪码形式）。可对性能数据指标进行统计。

```
for(i=0;i<sim_step;i++){                       /* 设定模拟程序执行次数 */
    do{                                        /* 循环调用请求操作，直到请求不成功 */
        get size n of next request;            /* 设定请求空间大小 */
        mm_request(n);                         /* 调用请求操作 */
    }while(request successful);                /* 请求成功，循环继续 */
    record memory utilization;                 /* 统计内存使用率 */
    select block p to be release;              /* 释放某空间 p*/
    release(p);                                /* 调用释放操作 */
}
```

以上程序由主循环控制固定次数的模拟步骤。对于每次循环，程序完成如下处理步骤：内循环尽可能多地满足内存请求，请求内存大小值随机生成。一旦请求失败，挂起内存管理程序，直至释放操作被执行。此时进行系统内存利用率的统计、计算，随机挑选一个内存分配空间完成释放操作。本次主循环执行完毕，开始下一次循环。

需要在程序中完成以下设计：确定请求分配空间大小，统计性能数据，选择一个内存区释放。

实验六　页面置换算法

（建议 4 学时）

一、实验目的和要求

1．掌握内存管理基本功能和请求分页式管理的基本原理以及页面置换算法。

2．学会在 Linux 操作系统下使用 C 函数和系统调用的编程方法。

3．掌握利用 C 语言设计实现不同置换策略的页面置换算法。

4．验证虚存存储管理机制及其性能。对于生成的引用串，计算、比对不同页面置换算法的缺页率。

二、实验环境

1．知识准备：学过进程管理、处理机调度、存储管理等章节的内容。

2．开发环境与工具：

- 硬件平台——个人计算机。
- 软件平台——Linux 操作系统，C 语言开发环境。

三、实验内容

1．创建空闲存储管理表、模拟内存、页表等。

2. 提供一个用户界面，用户利用它可输入不同的页面置换策略和其他附加参数。

3. 运行置换程序，输出缺页率结果。

四、实验方案指导

熟悉页面置换算法及其实现，了解计算机系统性能评价方法，编制页面置换算法的模拟程序。方案设计重点提示如下：

1）假定系统有固定数目的内存块 F，物理块号依次为 0 ～ $F-1$。进程的大小为 P 页，其逻辑页号依次为 0 ～ $P-1$。随机生成一个引用串 RS，即从 0 ～ $P-1$ 组成的整数序列。定义一个整型数组 int M[F] 表示所有物理块，如果 M[i]=n，表示逻辑页 n 存放在物理块 i 中。

2）生成引用串。用随机数方法产生页面走向，页面走向长度为 L。

3）根据页面走向，分别采用 FIFO 和 LRU 算法进行页面置换，设计一个函数自动统计缺页率。

4）假定可用内存块和页表长度（进程的页面数）分别为 m 和 k。初始时，进程的页面都不在内存。

5）参考其他项目设计，将不同置换算法设计实现为函数，能在界面上方便调用执行。

实验七　文件系统

（建议4学时）

一、实验目的和要求

1. 理解文件的构造、命名、存取、使用和保护等概念，加深对文件操作、文件存储的理解。

2. 掌握文件系统的功能，通过数据结构定义文件系统，并完成相应操作。

3. 学会在 Linux 操作系统下使用 C 语言编程和有关文件的系统调用的方法。

4. 验证文件存储空间管理功能。

二、实验环境

1. 知识准备：学过进程管理、处理机调度、存储管理和文件系统等章节内容。

2. 开发环境与工具：

- 硬件平台——个人计算机。
- 软件平台——Linux 操作系统，C 语言开发环境。

三、实验内容

1. 用 C 语言中链表结构模拟定义 i 节点数据结构及其相关数据块数据结构。

2. 设计一个用户界面，用户可输入不同的参数，表示运行不同的函数功能，如空闲存储空间分配、空闲块释放等。

3．设计一个函数，实现空闲存储空间的管理。

4．设计一个函数，实现 i 节点方式的文件存储。

四、实验方案指导

空闲存储空间的管理与实现。以成组链接法为例，编程模拟实现磁盘空闲区的管理。空闲块成组链接如图 5-19 所示。

有以下几个关键实验步骤：

1）用 C 语言链表结构自动生成以上空闲块成组链接表。

2）设计实现空闲块成组链接法空闲块分配函数，函数功能是对超级块进行以下操作：当需要为新建文件分配空闲盘块时，总是先把超级块中表示栈深 n（即栈中有效元素的个数）的数值减 1，即 $n=n-1$；以 n 作为检索超级块中空闲块号栈的索引，得到的盘块号就是当前分出去的空闲块。如果需要分配 k 个盘块，则上述操作就重复执行 k 次。

如果当前栈深的值是 1，表示当前栈中只有 1 个空闲盘块——组长块，那么，栈深值（1）减 1，结果为 0，此时系统进行特殊处理：以 0 作为索引下标，得到组长盘块号 m；然后，把 m 块中的内容——下一组所有空闲盘块的数量（50）和各个盘块的块号—— 分别放入超级块的栈深和空闲块号栈中，这样，超级块的栈中就记载了下一组盘块的情况；最后把 m 块分配出去。

3）设计实现空闲块成组链接法空闲块释放函数。该函数功能是对超级块进行以下操作：当释放一个盘块时，总是先进行栈深加 1 操作 $n=n+1$，将释放的盘块号存入 n 所指示的栈单元中。如果需要释放 h 个盘块，则上述操作就重复执行 h 次。

如果栈深的值是 50，表示该栈已满，此时还要释放一个盘块 p，则进行特殊处理：先将该栈中的内容（包括栈深值和各空闲块块号）写到需要释放的盘块 p 中；将栈深及栈中盘块号清 0；以栈深值 0 为索引，将盘块号 p 写入相应的栈单元中，然后栈深值加 1—— 栈深值变为 1。这样，盘块 p 就成为新组的组长块。

4）随机对成组链表初始化，调用分配函数或回收函数，输出成组链表结果。验证分配和回收的正确性。

读者可能会问，一个文件在存储设备上如何存放？采用哪种存取方法？文件的存储分配涉及以下三个问题：①创建新文件时，是否一次性分配所需的最大空间？②为文件分配的空间是否连续？③为了记录分配给各个文件的磁盘空间，应该使用何种数据结构来记录？

已知每个文件有一个 i 节点，其中列出了文件属性和文件分配的各块号，存放物理块号的方式如下：开始的 10 个磁盘块号放在 i 节点中（直接块），对于稍大的文件，i 节点中有一个一次间接地址，指向存放磁盘块地址的磁盘块（间接块），如果文件更大，i 节点中有一个二次间接地址，指向一次间接地址块，再由它们指向存放磁盘块地址的盘块，如图 5-10 所示。

实验八 磁盘调度算法

（建议4学时）

一、实验目的和要求

1. 理解文件读/写基本原理和磁盘调度算法的作用。
2. 学会在Linux操作系统下使用C语言函数和指针进行编程的方法。
3. 利用C语言设计实现不同磁盘调度算法，如FIFO、SSTF、SCAN等算法。
4. 验证不同磁盘调度算法对性能的影响。

二、实验环境

1. 知识准备：学过进程管理、处理机调度、存储管理和设备管理等章节内容。
2. 开发环境与工具：
   - 硬件平台——个人计算机。
   - 软件平台——Linux操作系统，C语言开发环境。

三、实验内容

1. 设计一个函数，其功能是动态创建I/O请求队列及其相关参数，如磁道号等。
2. 提供一个用户界面，用户可输入不同的调度策略及相关参数。
3. 设计相应程序计算平均移臂距离。

四、实验方案指导

实现本实验的关键内容如下，供参考。

1）实现电梯算法。

2）实现FIFO、SSTF算法。

3）写一个驱动程序，测试不同的算法。设置多次循环，在每次循环中，驱动程序随机调用函数request(n)和release()。如果执行request(n)，系统会将n转换成1～T之间的一个随机值，T是磁盘的磁道数。对每种算法，计算平均移臂距离。

附录 B　Linux 常用系统调用和库函数

为了帮助读者熟悉 Linux 环境，以便在实际编程时快捷正确地运用系统调用和库函数，附录 B 列出了常用的 Linux 系统调用以及系统函数，供读者参考。

B.1　有关文件操作的系统调用

常用的有关文件操作的系统调用有 creat、open、close、read、write、lseek、link、unlink、mkdir、rmdir、chdir、chmod 等。表 B-1 列出了这些系统调用的格式和功能说明。

表　B-1

格　　式	功　　能
#include <sys/types.h> #include <sys/stat.h> #include <fcntl.h> int creat(const char *pathname, mode_t mode);	创建新文件。其中，参数 pathname 为指向文件名字符串的指针，mode 是表示文件权限的标志。若成功，则返回值为只写打开的文件描述符；若出错，则返回值为 -1。mode 值可以是八进制数字（如 0644）或是 <sys/stat.h> 中定义的一个或多个符号常量进行按位或的结果（如 S_IRWXU，值为 00700；S_IUSR 或 S_IREAD，值为 00400）

#include <sys/types.h>
#include <sys/stat.h>
#include <fcntl.h>
int open(const char *path, int oflags);
int open(const char *path, int oflags, mode_t mode);
	打开文件。指针 path 标示要打开的文件名或设备名，oflags 定义对该文件要进行的操作。在打开一个不存在的文件时（即创建文件），才用 mode 参数指定文件的权限（其值与 creat 相同）。oflags 的常用符号常量是：O_RDONLY，值为 0，表示只读；O_WRONLY，值为 1，表示只写；O_RDWR，值为 2，表示可读 / 写。若成功，返回一个文件描述符，供后继的 read、write 等系统调用使用；否则，返回 -1

#include <unistd.h> int close(int fd);	关闭由文件描述符 fd 指定的文件。若成功，返回 0；否则，返回 -1
#include <unistd.h> #include <sys/types.h> #include <sys/stat.h> #include <fcntl.h> size_t read(int fd,const void *buf,size_t count);	从文件描述符 fd 所表示的文件中读取 count 字节的数据，放到缓冲区 buf 中。其返回值是实际读取的字节数，可能会小于 count。如果返回值为 0，则表示读到文件末尾；若为 -1，则表示出错
#include <unistd.h> #include <sys/types.h> #include <sys/stat.h> #include <fcntl.h> size_t write(int fd,const void *buf,size_t count);	将缓冲区 buf 中 count 字节的数据写入文件描述符 fd 所表示的文件中。其返回值是实际写入的字节数。如果发生 fd 有误或磁盘已满等问题，则返回值会小于 count；如果没有写出任何数据，则返回值为 0；如果在 write 调用中出现错误，则返回值为 -1，对应的错误代码保存在全局变量 errno 中。errno 和预定义的错误值声明在 <errno.h> 头文件中

（续）

格 式	功 能
#include <unistd.h> #include <sys/types.h> off_t lseek(int fd,off_t offset, int whence);	对文件描述符fd所表示文件的读/写指针进行设置：若whence取值为SEEK_SET（值为0），则读/写指针从文件开头算起移动offset位置；若取值为SEEK_CUR（值为1），则指针从文件的当前位置起移动offset位置；若取值为SEEK_END（值为2），则指针从文件结尾算起移动offset位置。off_t表示有符号整型量类型
#include <sys/types.h> #include <sys/stat.h> int mkdir(const char *path, mode_t mode);	创建目录。目录名由path指定，mode表示赋予该目录的权限。如果成功，则返回值为0；否则，返回 -1，并由errno变量记录错误码
#include <unistd.h> #include <sys/types.h> #include <sys/stat.h> int rmdir(const char *path);	删除由path所指定的子目录（该目录必须是空目录）。如果成功，则返回值为0；否则，返回 -1，并由errno变量记录错误码
#include <unistd.h> #include <sys/types.h> int chmod(const char *path, mode_t mode);	修改由path所指定的文件或子目录的访问权限，新权限由mode参数给出。如果成功，则返回值为0；否则，返回 -1。只有文件属主或超级用户才能修改该文件的权限
#include <unistd.h> int link(const char *path1,const char *path2);	链接文件，参数path1指向现有文件，path2表示新目录数据项。如果成功，则返回值为0；否则，返回 -1，由errno变量记录错误码
#include <unistd.h> int unlink(const char *path);	解除文件链接。通过减少指定文件（由path指定）上的链接计数，实现删除目录项。如果成功，则返回值为0；否则，返回 -1。删除文件需要拥有对其目录的写和执行权限
#include <unistd.h> int chdir(const char *path);	将当前工作目录改到path所指定的目录上。如果成功，则返回值为0；否则，返回 -1
#include <sys/stat.h> mode_t umask(mode_t newmask);	把进程的新权限掩码（umask）设置为newmask所指定的掩码。掩码是新建文件和目录应关闭的权限位。使用该调用时，只能使掩码更严格，而不能放宽。无论成功与否，均返回原来的掩码值

B.2 有关进程控制的系统调用

常用的有关进程控制的系统调用有fork、exec、wait、exit、getpid、sleep、nice等。表B-2列出了这些系统调用的格式和功能说明。

表 B-2

格 式	功 能
#include <unistd.h> #include <sys/types.h> pid_t fork(void);	创建一个子进程。pid_t表示有符号整型量。若执行成功，在父进程中，返回子进程的PID（进程标志符，为正值）；在子进程中，返回0。若出错，则返回 -1，且没有创建子进程

#include <unistd.h>
#include <sys/types.h>
pid_t getpid(void);
pid_t getppid(void);
	getpid返回当前进程的PID，而getppid返回父进程的PID

（续）

格 式	功 能

#include <unistd.h>
int execve(const char *path,char *const argv[],char *const envp[]);
int execl(const char *path, const char *arg,…);
int execlp(const char *file, const char *arg,…);
int execle(const char *path, const char *arg,…,char *const envp[]);
int execv(const char *path, char *const argv[]);
int execvp(const char *file, char *const argv[]);
	这些函数被称为“exec 函数系列”，其实并不存在名为 exec 的函数。只有 execve 是真正意义上的系统调用，其他都是在此基础上经过包装的库函数。该函数系列的作用是更换进程映像，即根据指定的文件名找到可执行文件，并用它来取代调用进程的内容。换句话说，即在调用进程内部执行一个可执行文件。其中，参数 path 是被执行程序的完整路径名；argv 和 envp 分别是传给被执行程序的命令行参数和环境变量；file 可以简单到仅仅是一个文件名，由相应函数自动到环境变量 PATH 给定的目录中寻找；arg 表示 argv 数组中的单个元素，即命令行中的单个参数

#include <unistd.h>
void _exit(int status);
#include <stdlib.h>
void exit(int status);
	终止调用的程序（用于程序运行出错）。参数 status 表示进程退出状态（又称退出值、返回码、返回值等），它传递给系统，用于父进程恢复。_exit 函数比 exit 函数简单些，前者使进程立即终止；后者在进程退出之前，要检查文件的打开情况，执行清理 I/O 缓冲区的工作

#include <sys/types.h>
#include <sys/wait.h>
pid_t wait(int *status);
 	
pid_t waitpid(pid_t pid, int *status,int option);
	wait( ) 等待任何要僵死的子进程；有关子进程退出时的一些状态保存在参数 status 中。如成功，返回该终止进程的 PID；否则，返回 −1
	而 waitpid( ) 等待由参数 pid 指定的子进程退出。参数 option 规定了该调用的行为：WNOHANG 表示如没有子进程退出，则立即返回 0；WUNTRACED 表示返回一个已经停止但尚未退出的子进程的信息。可以对它们执行逻辑“或”运算

#include <unistd.h> unsigned int sleep(unsigned int seconds);	使进程挂起指定的时间，直至指定时间（由 seconds 表示）用完，或者收到信号
#include <unistd.h> int nice(int inc);	改变进程的优先级。普通用户调用 nice 时，只能增大进程的优先数（inc 为正值）；只有超级用户才能减小进程的优先数（inc 为负数）。如成功，返回 0；否则，返回 −1

B.3 有关进程通信的函数

在 Linux 系统中，涉及进程通信的函数很多，既有系统调用，也有 ISO C 语言标准定义的库函数。由于二者的格式和使用方式一致，所以在表 B-3 中列出了有关进程通信的函数的格式和功能，并未区分系统调用和库函数。

表 B-3

	格 式	功 能
管道	#include <unistd.h> int pipe(int filedes[2]);	创建管道。参数 filedes[2] 是有两个整数的数组，存放打开文件描述符。其中，filedes[0] 表示管道读端，filedes[1] 表示写端。若成功，返回值为 0；否则，返回 −1
	#include <sys/types.h> #include <sys/stat.h> int mkfifo(const char *pathname, mode_t mode);	创建 FIFO 文件（即有名管道）。pathname 是要创建的 FIFO 文件名，mode 是给 FIFO 文件设定的权限。如执行成功，返回 0；否则，返回 −1，并将出错码存入 errno 变量

（续）

	格　式	功　能

信号	`#include <sys/types.h>`
	`#include <signal.h>`
	`int kill(pid_t pid,int signo);`
		发送信号，即将参数 signo 指定的信号传递给 pid 标记的进程。若 pid>0，则它表示一个进程 ID；若 pid=0，则表示同一进程组的进程；若 pid=-1，则表示除发送者外，所有 pid>1 的进程；若 pid<-1，则表示进程组 ID 为 pid 绝对值的所有进程

	`#include <signal.h>` `int raise(int signo);`	向进程本身发送信号 signo
	`#include <unistd.h>` `unsigned int alarm(unsigned int seconds);`	在指定时间 seconds（秒）后，将向进程本身发送信号 SIGALRM，又称闹钟时间
	`#include <signal.h>` `void (*signal(int signum,void (*func)(int)))(int);`	改变某个信号的处理方式，即确定信号编号与进程针对其动作之间的映射关系。signal 的类型是一个函数指针，它指向一个返回 void 的函数，该函数仅仅接受一个整数（信号编号）作为实参。signal 函数的第一个参数是信号编号，第二个参数是一个函数指针（指向新的信号处理器）
	`#include <signal.h>` `int sigaction(int signum, const struct sigaction *act, struct sigaction *oldact);`	用于改变进程接收到特定信号后的行为。其第一个参数是要捕获的信号（除 SIGKILL 和 SIGSTOP 外）；第二个参数是指向结构 sigaction 型变量的指针，该结构中包含指定信号的处理、信号所传递的信息、信号处理函数执行过程中应屏蔽掉哪些函数等，即为信号 signum 指定新的信号处理行为；第三个参数所指向的对象用来保存原来对该信号的处理行为

消息队列	`#include <sys/types.h>`
	`#include <sys/ipc.h>`
	`#include <sys/msg.h>`
	`int msgget(key_t key, int flags);`
		创建一个新队列或打开一个已有队列。参数 key 是一个键值，其类型在 <sys/types.h> 中声明；flags 是一些标志位。该调用返回与键值 key 相对应的消息队列描述字。如果没有消息队列与 key 相对应，且 flags 中包含了 IPC_CREAT 标志位，或者 key 为 IPC_PRIVATE，则创建一个新的消息队列。如果执行失败，则返回 −1，且设置出错变量 errno 的值

	`#include <sys/types.h>`
	`#include <sys/ipc.h>`
	`#include <sys/msg.h>`
	`int msgsnd(int msqid, struct msgbuf *ptr,size_t nbytes, int flags);`
		向 msqid 代表的队列发送一个消息，即把发送的消息存储在 ptr 指向的结构中，消息的长度由 nbytes 指定。参数 flags 有意义的值是 IPC_NOWAIT，指明在消息队列中没有足够空间容纳要发送的消息时，msgsnd 立即返回且设置 errno 变量为 EAGAIN

	`#include <sys/types.h>`
	`#include <sys/ipc.h>`
	`#include <sys/msg.h>`
	`int msgrcv(int msqid, struct msgbuf *ptr, size_t nbytes, long type,int flags);`
		从 msqid 代表的队列中读取一个消息，并把它存储在 ptr 指向的结构中，参数 nbytes 为消息长度，type 为请求读取的消息类型，flags 为读消息标志

	`#include <sys/types.h>`
	`#include <sys/ipc.h>`
	`#include <sys/msg.h>`
	`int msgctl(int msqid,int cmd,struct msqid_ds *buf);`
		对 msqid 所标志的消息队列执行 cmd 所指示的操作。cmd 可以是：IPC_RMID——删除队列 msqid；IPC_STAT——用来获取消息队列信息，返回的信息存储在 buf 指向的 msqid_ds 结构中；IPC_SET——用来设置消息队列的属性，包括队列的 UID、GID、访问模式和队列的最大字节数

（续）

	格　式	功　能
信号量	#include <sys/types.h> #include <sys/ipc.h> #include <sys/sem.h> int semget(key_t key,int nsems,int semflg);	创建一个新信号量或访问一个已经存在的信号量。参数 key 是一个键值，唯一标志一个信号量集；nsems 指定打开或新建的信号量集中所包含信号量的数目；semflg 是一些标志位，能与权限位做“按位或”来设置访问模式
	#include <sys/types.h> #include <sys/ipc.h> #include <sys/sem.h> int semop(int semid,struct sembuf *semops, unsigned nops);	最常用的信号量例程。它在一个或多个由 semget 函数创建或访问的信号量（由 semid 指定）上执行操作。semops 是指向结构数组的指针，其中的元素是一个 sembuf 结构，它表示一个在特定信号量上的操作。nops 是该结构数组元素的个数。如调用成功，则返回 0；否则，返回 -1
	#include <sys/types.h> #include <sys/ipc.h> #include <sys/sem.h> int semctl(int semid, int semnum, int cmd, union semun arg);	控制和删除信号量。实现对信号量的各种控制操作：参数 semid 指定信号量集；semnum 指定对哪个信号量操作，只对几个特殊的 cmd 操作有意义；cmd 指定具体的操作类型，如 IPC_STAT——复制信号量的配置信息，IPC_SET——在信号量上设置权限模式，GETALL 返回所有信号量的值等；arg 用于设置或返回信号量信息
共享内存	#include <sys/types.h> #include <sys/ipc.h> #include <sys/shm.h> int shmget(key_t key,int size,int flags);	获得一个共享内存区的标志符或创建一个新共享区。参数 key 是表示共享内存区的一个键值，size 指定该区的大小，flags 用来设置存取模式。如成功，返回共享内存区的标志符；否则，返回 -1
	#include <sys/types.h> #include <sys/ipc.h> #include <sys/shm.h> char *shmat(int shmid, char *shmaddr, int flags);	把共享内存区附加到调用进程的地址空间中。参数 shmid 是要附加的共享内存区的标志符；shmaddr 通常都为 0，则内核会把该区映像到调用进程的地址空间中它所选定的位置；如果给定 flags 为 SHM_RDONLY，则意味该区是只读的；否则，默认该区是可读 / 写的。如成功，返回值是该区所链接的实际地址；否则，返回 -1
	#include <sys/types.h> #include <sys/ipc.h> #include <sys/shm.h> int shmdt(char *shmaddr);	把附加的共享内存区从调用进程的地址空间中分离出去。参数 shmaddr 是以前调用 shmat 时的返回值。如调用成功，则返回 0；否则，返回 -1

B.4　有关内存管理的函数

C 语言函数库提供了对内存动态管理的函数，用户根据需要可以从操作系统中获取、使用和释放内存，实现内存动态分配。表 B-4 列出了这些系统调用的格式和功能说明。

表　B-4

格　式	功　能
#include <stdlib.h> void *malloc(size_t size);	分配没有被初始化过的内存块，其大小是 size 所指定的字节数。如成功，则返回指向新分配内存的指针；否则，返回 NULL
#include <stdlib.h> void *calloc(size_t nmemb, size_t size);	分配内存块并且初始化，其大小是包含 nmemb 个元素的数组，每个元素的大小为 size 字节。如成功，则返回指向新分配内存的指针；否则，返回 NULL

（续）

格　　式	功　　能
`#include <stdlib.h>` `void *realloc(void *ptr, size_t size);`	能够改变以前分配的内存块的大小，即调整先前由malloc或calloc所分配内存的大小。参数ptr必须是由malloc或calloc返回的指针，而表示大小的size既可以大于原内存块的大小，也可以小于它。通常，对内存块的缩放操作在原地进行。如不行，则把原来的数据复制到新位置。另外，realloc不对新增内存块初始化；如不能扩大，则返回NULL，原数据保持不动；如ptr为NULL，则等同malloc；如size为0，则释放原内存块
`#include <stdlib.h>` `void free(void *ptr);`	释放由ptr所指向的一块内存。ptr必须是先前调用malloc或calloc时返回的指针

附录C　Linux常用命令

C.1　登录和退出系统

1. 登录：登录系统时，用户需要输入注册名和密码，密码验证正确后，用户登录成功。

```
Login: guest [Enter]
Password: ****** [Enter]
```

2. 修改密码：在首次登录后，为防止他人使用自己的注册名，建议用户修改密码。

```
$ passwd[Enter]              (其中"$ "为提示符。下同)
Old Password:
New Password:
```

3. 退出：用户可以输入logout或exit或按Ctrl+D组合键，退出系统。

```
$ logout [Enter]
```

C.2　文件操作命令

1. 列出文件：列出指定目录中的文件名和子目录名。

   命令：`ls [option] directory_name`

   选项：

   - -a：显示指定目录下所有子目录和文件，包括以点开头的隐藏文件。
   - -l：以长格式显示文件的详细信息，包括文件类型、权限、链接数、文件主名、文件主组名、字节数和日期。
   - -R：递归显示指定目录的各个子目录中的文件。
   - -d：如果参数是目录，则只显示它的名字（不显示其内容）。往往与-l选项一起使用，以得到目录的详细信息。
   - -t：按修改时间的新旧排序，最新的优先。

2. 显示文件：显示出指定文件的内容。

   命令：`cat filename`

   功能：显示出文件的内容。滚动显示时，按Ctrl+S组合键暂停显示，按Ctrl+Q组合键继续显示。

3. 按屏显示文件：显示文件内容，每次显示一屏。

   命令：`more filename`

可以用下列不同的方法对提示做出回答：

1）按 Space 键，显示文本的下一屏内容。

2）按 Enter 键，只显示文本的下一行内容。

3）按斜线符（/），接着输入一个模式，可以在文本中寻找下一个相匹配的模式。

4）按 H 键，显示帮助屏，该屏上有相关的帮助信息。

5）按 B 键，显示上一屏内容。

6）按 Q 键，退出 more 命令。

4. 显示文件类型：按内容区分文件类型，如 ASCII text、directory、C program text 等。

命令：`file filename ...`

5. 显示文件开头若干行：在屏幕上显示指定文件的开头若干行，行数由参数值来确定。显示行数的默认值是 10。

命令：`head [option] filename`

选项："-n" 显示文件的开始 n（n 为数字）行。

6. 显示文件的末尾部分：默认显示文件的末尾 10 行。

命令：`tail [option] filename`

选项："-n" 显示文件最后 n（n 为数字）行。如果用 "+n" 选项，则从每个文件的第 n 行开始输出。

7. 格式化显示文件内容：每页 66 行文件内容，包括 5 行页眉和 5 行页脚。

命令：`pr filename`

8. 拷贝文件：将源文件或目录复制到目标文件或目录中。

命令：
```
cp [option] filename1 filename2
cp [option] filename... directory
cp -r directory1  directory2
```

选项：

- -i：覆盖目标文件之前给出提示，要求用户予以确认。
- -p：除复制源文件的内容外，还将其修改时间和存取权限也复制到新文件中。
- -r：递归复制目录，即将源目录下的所有文件及其各级子目录都复制到目标位置。

9. 移动文件或文件改名：对文件或目录重新命名，或者将文件从一个目录移到另一个目录中。

命令：
```
mv filename1 filename2
mv filename... directory
mv directory1 directory2
```

10. 删除文件：删除文件或目录。

命令：`rm [option] filename`

选项："-r" 递归地删除指定目录及其下属的各级子目录和相应的文件。

11. 复制管道内容：将管道内容复制到标准输出，同时复制到指定文件。

命令：`tee [option] filename`

选项：

- -a：输出时附加到指定文件的后面。
- -I：忽略中断信号。

12. 链接文件：为文件或目录建立一个链接。

命令：`ln [option] filename linkname`

`ln [option] directory pathname`

选项：

- -i：提示是否删除目的地文件。
- -s：建立符号链接，而不是硬链接。

13. 改变文件存取权限：改变或设置文件或目录的存取权限，有符号法和八进制数字法。

命令：`chmod {u|g|o|a}{+|-|=}{r|w|x} filename`

`chmod [who][op][mode] directory`

选项：

（1）符号法

表示操作对象的字母：

- u (user)：表示文件或目录的所有者。
- g (group)：表示同组用户，即与文件属主有相同组 ID 的所有用户。
- o (others)：表示其他用户。
- a (all)：表示所有用户，它是系统默认值。

表示操作的符号：

- +：添加某个权限。
- −：取消某个权限。
- =：赋予给定权限并取消其他所有权限（如果有的话）。
- 表示存取权限的字母：
- r (read)：可读。
- w (write)：可写。
- x (execute) 可执行（或搜索目录）。

（2）八进制数字法

用三位八进制数表示权限，每位数字分别表示用户本人、同组用户、其他用户的权限，如 4（即二进制 100）表示可读，2（即二进制 010）表示可写，1（即二进制 001）表示可执行。例如，某个文件的存取权限是：文件主有读、写和执行的权限，组用户有读和执行的权限，其他用户仅有读的权限。用符号模式表示是“rwxr-xr--”，用二进制数字表示是“111　101　100”，用八进制数字表示是“754”。

14. 改变文件所有者：改变某个文件或目录的所有者和 / 或所属的组。

命令：`chown username filename`

```
chown -R username directory
```

选项："-R"递归式地改变指定目录及其所有子目录、文件的文件主。

15. 查找文件：在指定路径名下查找与表达式匹配的文件。

命令：`find pathname [option] expression -print`

选项：

- -name '字符串'：查找文件名与所给字符串相匹配的所有文件。
- -user '字符串'：查找用户名与所给字符串相匹配的所有用户的文件。
- -group '字符串'：查找组名与所给字符串相匹配的所有用户组的文件。
- -path '字符串'：查找路径名匹配所给字符串（可含通配符）的所有文件。

16. 搜索字符串：在指定文件或标准输入中逐行搜索匹配模式的字符串。

命令：`grep [option] pattern filenames`

选项：

- -v：找出与模式不匹配的文本行。
- -c：只显示文件中包含匹配字符串的行的总数。
- -n：在输出包含匹配模式的行之前，加上该行的行号（文件首行的行号为1）。
- -R：以递归方式查询目录下所有子目录中的文件。

17. 比较文件内容：比较两个文件的内容是否相同。

命令：`cmp [-l] [-s] file1 file2`

选项：

- -l：给出两文件不同的字节数。
- -s：不显示两文件的不同处，仅给出比较结果。

18. 比较文件不同处：比较两个文本文件，并找出它们的不同，并且告诉用户，为了使两个文件一致，需要修改它们的哪些行。如果两个文件完全一样，则该命令不显示任何输出。

命令：`diff file1 file2`

19. 比较文件相同处：用来对两个已排序文件进行逐行比较。如果没有选项，那么comm从这两个文件中读取正文行，进行比较，最后生成三列输出，依次为：第1列表示在file1中出现的行，第2列表示在file2中出现的行，第3列表示在file1和file2中共同出现的行。

命令：`comm [-123] file1 file2`

选项：

- -1：不显示第1列。
- -2：不显示第2列。
- -3：不显示第3列。

20. 文件排序：将逐行对指定文件中的所有行进行排序，并将结果显示在标准输出上。如果不指定文件或者使用"-"表示文件，则排序内容来自标准输入。

命令：`sort [option] filename`

选项：

- -r：按逆序排序。默认排序输出是按升序排序的。
- -d：按字典顺序排序，比较时仅考虑空白符和字母数字符。
- -f：排序时不区分字母的大小写。

21. 建立或打开存档文件：文件管理工具，用来将文件归档或从归档文件中恢复文件。

    命令：`tar [option] tarfile filename`

    选项：

    - -c：建立一个新的存档文件。
    - -x：从归档文件中恢复文件。
    - -v：显示处理文件过程的信息。
    - -f <备份文件>：指定备份文件名。

22. 文件内容统计：统计指定文件的字节数、字数、行数，并将统计结果显示出来。

    命令：`wc [option] filename`

    选项：

    - -l：统计文件的行数。
    - -w：统计文件的字数。
    - -c：统计文件的字符数。

C.3 目录操作命令

1. 显示目录：显示当前工作目录的全路径名。

   命令：`pwd`

2. 新建目录：创建新目录。

   命令：`mkdir directory_name`

3. 改变当前工作目录：没有目录名时，转到用户主目录。

   命令：`cd directory_name`

4. 删除空目录：若目录中有文件或子目录，请参考命令 `rm -r directory_name`。

   命令：`rmdir directory_name`

C.4 信息显示命令

1. 回显字符串：将命令行中的参数显示到标准输出（即屏幕）上。

   命令：`echo [-n] [arguments]`

   选项：“-n”在参数被显示后，光标不换行。

2. 显示登录用户名：列出所有正在使用系统的用户、所用终端名和注册到系统的时间。

命令：`who`

3. 显示当前用户名：列出使用该命令的当前用户的相关信息。

   命令：`whoami`

4. 确定命令位置：查找并显示给定命令 command 的绝对路径，环境变量 PATH 中保存了查找命令时需要遍历的目录。

   命令：`which command`

5. 显示或设置系统时间：只有超级用户才能设置系统时间。

   命令：`date`

6. 显示日历：显示公元 1—9999 年中任意一年或者任意一个月的日历。如果使用该命令时不带任何参数，则显示当前月份的日历。如果在 cal 命令后只有一个参数，则该参数被解释为年份，而不是月份。

   命令：`cal [month] year`

7. 统计命令执行时间：统计给定命令执行所花费的总时间，显示结果中，real 是命令开始执行到结束的时间；user 是指进程花费在用户模式中的 CPU 时间；sys 是花费在内核模式中的 CPU 时间，代表在内核中执行系统调用所花费的时间。

   命令：`time [command]`

8. 显示用户标识信息：显示有效的用户 ID(UID) 和组 ID(GID)。

   命令：`id [-a] [user]`

   选项："-a" 显示用户名、UID 和该用户所属的所有组。

9. 显示主机标识：显示主机的唯一标识，不可改变。

   命令：`hostid`

10. 显示和设置主机名：显示和设置系统的主机名称，只有超级用户才能设置主机名。

    命令：`hostname`

11. 显示磁盘剩余空间：统计文件系统中空闲的磁盘空间，包括已安装的文件系统名、块设备名、总字节数、已用字节数、剩余字节数占用百分比。

    命令：`df [option]`

    选项：

    - -i：显示 inode 信息。
    - -k：以 k（1024 字节）为单位显示磁盘空间的使用信息。

12. 显示磁盘使用空间：统计当前目录下子目录及其所有文件的使用磁盘空间的情况。

    命令：`du [option] [filename]`

    选项：

    - -a：显示所有文件的大小。
    - -s：显示指定目录所占磁盘大小。

13. 显示联机帮助手册：格式化并显示某一命令的联机帮助手册页。

格式：`man [option] command_name`

选项：

- -a：在所有的 man 帮助手册中搜索。
- -M < 路径 >：指定 man 手册搜索的路径。

C.5　进程命令

1. 显示进程：显示系统内各个进程的信息，包括进程 ID、终端名、执行时间和命令等。

   命令：`ps [option]`

   选项：

   - -a：显示系统中与终端相关的（除会话组长之外）所有进程的信息。
   - -l：以长列表格式显示进程信息。
   - -e：显示所有进程的信息。等价于 -A。
   - -f：显示进程的所有信息，包括 UID、PPIP、C 与 STIME 等项。

2. 后台进程：将指定命令放到后台运行。

   命令：`command &`

   在指定命令的末尾加上“&”符号，该命令就在后台运行。

3. 终止进程：向指定的进程发送信号或终止进程。

   命令：`kill [option] pid`

   选项：

   - -9：强行终止进程。
   - -s signal：指定需要发送的信号，signal 既可以是信号名（如 KILL），也可以是对应信号的号码（如 9）。
   - -l：显示信号名称列表，这也可以在 /usr/include/linux/signal.h 文件中找到。
   - -p：指定 kill 命令只是显示进程的 PID（进程标志号），并不真正发出结束信号。
   - -a：并不限定与当前进程在同一组的进程（UID 相同）要把命令名转换成 PID。

4. 进程休眠：使进程暂停执行一段时间。参数 time 为进程将休眠的时间，以秒为单位。

   命令：`sleep time`

5. 显示作业状态：显示当前 shell 下正在运行的后台作业的情况。

   命令：`jobs [option]`

   显示结果：第一列方括号中的数字表示作业序号，它是由当前运行的 shell 分配的，而不是由操作系统统一分配的。

   第二列中的“+”号表示相应作业的优先级比“–”号对应作业的优先级高。

   第三列表明作业状态，是否为运行、中断、等待输入或停止等。

   最后列出的是创建当前这个作业所对应的命令行。

选项：“-l”长列表显示作业状态，可以在作业号后显示出相应进程的PID。

6. 前台作业：将指定的后台作业转到前台运行。

命令：`fg job_no`

其中，参数job_no是一个或多个进程的PID，或者是命令名称或者是作业号（前面要带有一个%号）。

7. 后台作业：把前台进程换到后台执行。

命令：`bg job_no`

其中，job_no是一个或多个进程的PID、命令名称或者是作业号，在参数前要带%号。

8. 按时间启动程序：在指定时间执行命令或命令文件。

命令：`at [option] [time] [data] [file]`

选项：

- -r：删除以前用at命令提交的作业。
- -l：列出当前at队列中所有的作业。

C.6 程序编译运行

1. C语言程序编译、连接：对C源程序进行编译、连接等操作，正确完成后生成默认的可执行文件a.out。

命令：`gcc [option] filename`

选项：

- -o：指定可执行文件名，默认为a.out。
- -c：对多个C源文件分别编译，只生成.o的目标文件，不进行连接。
- -llib_name：连接时搜索由lib_name命名的库。如-lm表示连接系统的数学库。

2. 运行C语言程序：运行可执行文件。

命令：`$ a.out` 或 `$ filename`

在提示符“$”后面输入可执行文件名。

参考文献

[1] 孟庆昌 . 操作系统 [M]. 3 版 . 北京：电子工业出版社，2017.

[2] 孟庆昌 . Linux 教程 [M]. 4 版 . 北京：电子工业出版社，2016.

[3] Andrew S Tanenbaum. Modern Operating Systems[M].4th ed.New Jersey：Prentice Hall, 2014.

[4] Abraham Silberschatz. Operating System Concepts[M].9th ed.New Jersey：John Wiley&Sons, Inc, 2013.

[5] William Stallings. Operating Systems：Internals and Design Principles[M].7th ed.New Jersey：Prentice Hall, 2012.

[6] 张尧学 . 计算机操作系统教程 [M]. 4 版 . 北京：清华大学出版社，2013.

[7] 毛德操 . Linux 内核源代码情景分析 [M]. 杭州：浙江大学出版社，2001.

[8] 李善平 . 边干边学—— Linux 内核指导 [M]. 杭州：浙江大学出版社，2002.

[9] 汤小丹 . 计算机操作系统 [M]. 西安：西安电子科技大学出版社，2007.

[10] 孟庆昌 . UNIX 教程（修订本）[M]. 北京：电子工业出版社，2000.

[11] 孟庆余 . 电子数字计算机实时操作系统 [M]. 北京：国防工业出版社，1991.

[12] 胡元义，等 . 操作系统课程辅导与习题解析 [M]. 北京：人民邮电出版社，2002.

[13] 陈文智 . 嵌入式系统开发原理与实践 [M]. 北京：清华大学出版社，2005.

[14] 徐国平 . UNIX 网络管理实用教程 [M]. 北京：清华大学出版社，2002.

推荐阅读

现代操作系统（原书第4版）

书号：978-7-111-57369-2 作者：［荷］安德鲁 S. 塔嫩鲍姆 赫伯特·博斯 定价：89.00元

本书是操作系统的经典教材。在这一版中，Tanenbaum教授力邀来自谷歌和微软的技术专家撰写关于Android和Windows 8的新章节，此外，还添加了云、虚拟化和安全等新技术的介绍。书中处处融会着作者对于设计与实现操作系统的各种技术的思考，他们的深刻洞察与清晰阐释使得本书脱颖而出且经久不衰。

第4版重要更新

- 新增一章讨论虚拟化和云，新增一节讲解Android操作系统，新增研究实例Windows 8。此外，安全方面还引入了攻击和防御技术的新知识。
- 习题更加丰富和灵活，这些题目不仅能考查读者对基本原理的理解，提高动手能力，更重要的是启发思考，在问题中挖掘操作系统的精髓。
- 每章的相关研究一节全部重写，参考文献收录了上一版推出后的233篇新论文，这些对于在该领域进行深入探索的读者而言非常有益。

作者简介

安德鲁 S. 塔嫩鲍姆（Andrew S. Tanenbaum） 阿姆斯特丹自由大学教授，荷兰皇家艺术与科学院教授。他撰写的计算机教材享誉全球，被翻译为20种语言在各国大学中使用。他开发的MINIX操作系统是一个开源项目，专注于高可靠性、灵活性及安全性。他曾赢得享有盛名的欧洲研究理事会卓越贡献奖，以及ACM和IEEE的诸多奖项。

赫伯特·博斯（Herbert Bos） 阿姆斯特丹自由大学教授。他是一名全方位的系统专家，尤其是在安全和UNIX方面。目前致力于系统与网络安全领域的研究，2011年因在恶意软件逆向工程方面的贡献而获得ERC奖。

推荐阅读

计算机体系结构基础 第3版

作者：胡伟武 等 书号：978-7-111-69162-4 定价：79.00元

我国学者在如何用计算机的某些领域的研究已走到世界前列，例如最近很红火的机器学习领域，中国学者发表的论文数和引用数都已超过美国，位居世界第一。但在如何造计算机的领域，参与研究的科研人员较少，科研水平与国际上还有较大差距。

摆在读者面前的这本《计算机体系结构基础》就是为满足本科教育而编著的……希望经过几年的完善修改，本书能真正成为受到众多大学普遍欢迎的精品教材。

—— 李国杰　中国工程院院士

- 采用龙芯团队推出的LoongArch指令系统，全面展现指令系统设计的发展趋势。
- 从硬件工程师的角度理解软件，从软件工程师的角度理解硬件。
- 优化篇章结构与教学体验，全书开源且配有丰富的教学资源 。

推荐阅读

计算机科学与工程导论：基于IoT和机器人的可视化编程实践方法 第2版

作者：陈以农 陈文智 韩德强 ISBN：978-7-111-57444-6 定价：39.00元

从问题到程序——用Python学编程和计算

作者：裘宗燕 ISBN：978-7-111-56445-4 定价：59.00元

计算机组成基础 第2版

作者：孙德文 章鸣嬛 ISBN：978-7-111-53347-4 定价：39.00元

数据挖掘与商务分析：R语言

作者：裘宗燕 ISBN：978-7-111-52118-1 定价：45.00元

数据结构：C语言描述 第2版

作者：殷人昆 ISBN：978-7-111-55982-5 定价：55.00元

算法设计与分析

作者：黄宇 ISBN：978-7-111-57297-8 定价：49.00元